区域研究理论与区域规划编制

张忠国 主编

孙 莉 郑文升 曹传新 副主编

中国建筑工业出版社

图书在版编目（CIP）数据

区域研究理论与区域规划编制/张忠国主编．—北京：中国建筑工业出版社，2016.9

ISBN 978-7-112-19825-2

Ⅰ.①区… Ⅱ.①张… Ⅲ.①区域规划-研究 Ⅳ.①TU982

中国版本图书馆CIP数据核字（2016）第217178号

本书以基本理论阐述与实际案例分析相结合的方式，阐释了区域的相关概念，主要内容包括：导论、区域研究理论基础、区域规划编制概述、区域规划方法体系、区域发展战略与区域产业规划、区域城镇体系规划与空间管制规划、都市区与城市群规划以及区域旅游体系规划。

本书既可作为高校城市规划专业的课程教材，也可作为规划部门、国土部门和建设部门等相关人员的参考用书。

* * *

责任编辑：刘晓翠 张 健 王 跃
责任校对：李美娜 张 颖

区域研究理论与区域规划编制

张忠国 主编

孙 莉 郑文升 曹传新 副主编

*

中国建筑工业出版社出版、发行（北京海淀三里河路9号）

各地新华书店、建筑书店经销

北京红光制版公司制版

北京富生印刷厂印刷

*

开本：787×960毫米 1/16 印张：24 字数：448千字

2017年1月第一版 2017年1月第一次印刷

定价：**58.00**元

ISBN 978-7-112-19825-2

（29191）

前　言

2011 年我国城镇化水平突破了 50%，从此我国由农业化社会走向了工业化社会。城镇化水平的迅速提高给城市及区域带来的问题也是空前的，如何协调城市与区域的发展，实现城乡统筹和科学发展，全面实现建成小康社会的目标，是摆在我们城乡规划工作者面前的重要课题。

从国际视野来看，区域规划是从第二次世界大战之后的以重建和恢复战争创伤为中心的区域资源开发与生产力配置规划开始的。20 世纪 60 年代是以重点解决区域发展不平衡的国土整治规划为特点，20 世纪 70 年代是以协调人口、资源、环境和经济发展为目的的综合规划为特色，今天的区域规划强调的是可持续发展思想的体现和满足全球化和信息化的特殊要求，可见，区域规划已经成为各国和政府进行生产力要素的优化配置，实现区域经济社会的协调有序发展，实现政府对区域发展的有效调控的最有效的手段之一。目前，我国正处在国家“十三五”规划的初期，社会经济发展日新月异，同时也面临着前所未有的挑战。我国面临着人口过度膨胀、资源短缺、区域基础设施薄弱、环境破坏等城市与区域的问题，还面临着城市化加速和适应世界经济一体化与后工业化的多重压力，在这样的背景之下，区域经济与规划的研究显得格外重要。

本书以基本理论阐述与实际案例分析相结合，系统阐述了区域经济与规划的基本概念和基本理论，在借鉴国外区域规划先进经验的基础上，重点介绍了区域发展战略与区域产业规划、区域城镇体系规划、区域空间管制规划、区域旅游体系规划和都市区与城市群规划的编制程序与编制方法。本书既具有教材的特点，又具有研究专著的特色，可供城市规划专业本科生和研究生使用，也可供规划部门、国土部门、建设部门和经济部门的工作人员进行参考。

区域规划是一项综合性、科学性和时代性很强的工作，也是一个交叉性学科，所以涉及各个领域。本书是在作者从事区域经济与规划教学的基础上，参考多年国内外的相关规划研究实践的基础上完成的。由于时间和收集的资料有限，再加上作者的水平有限，书中可能会有缺点和错误，在此敬请专家和读者批评指正。另外，对于参与本书工作的老师和研究生给予衷心的感谢！

编者

2016 年 3 月

目　录

第1章　导　　论

1.1　区域释义

1.1.1　区域概念

“区域”（Region）是一个相对广泛的概念。人类的任何生产、生活活动都离不开一定的区域。不同的研究对象、不同学科的学者和研究文献对“区域”的概念存在有不同的界定。《简明不列颠百科全书》把区域定义为：“区域是指有内聚力的地区。根据一定标准，区域本身具有同质性，并以同样标准与相邻诸地区、诸区域相区别。”《全俄中央执行委员会直属俄罗斯经济区划问题委员会拟订的提纲》将区域定义为“所谓区域应该是国家的一个特殊的经济上尽可能完整的地区。这种地区由于自然特点、以往的文化积累和居民生产活动能力的结合而成为国民经济总链条中的一个环节。”事实上，这里所指的区域，是能够在国民经济分工体系中承担一定功能的经济区概念。

不同学科的学者对区域的定义也体现了各学科的研究差异。政治学一般认为区域是国家管理的行政单元；但在国际政治学中，对于区域的定义略有变化。例如美国著名国际政治学教授布鲁斯·拉西特（Bruce M. Russett）认为，区域的定义是灵活的，并提出了五种不同的区域划分标准：（1）社会文化相似度；（2）政治态度和对外政策相似度；（3）政治上相互依存度；（4）经济相互依存度；（5）地理位置邻近程度。其中前四点并不依赖于地理位置的临近，而是强调国家之间的互动，愈来愈远离“地理区域”的原始含意，更多的是对一整体介于个别国家和全球整体之间的中间层次或过渡层次进行研究。同时将区域作为一种功能单位的观念日益突出。而奈（Nye）则将区域定义为一个国际性区域，是由有限数量的国家，借着彼此间地缘关系及一定程度的相互依存性，而联结在一起的。概略而言，对区域主义理论中的区域的界定主要根据两大分类标准，一个是地理上的相似性，另一个是非地理性的概念。社会学将区域看作是具有相同语言、相同信仰和民族特征的人类社会聚落。经济学一般视区域为由人的经济活动所造成的、具有特定地域特征的经济社会综合体。一般认为“区域”是泛指国民经济的一个次级地理单元。

而在“区域”概念的源头——地理学，对区域也没有一个确切的定义：“一个区域是指一个连续的地段，其中心具有一定程度的共性，却又缺少明确的界线；”“区域是地球表面的一个部分，它以一种或多种标志区别于邻近部分；”“区域是空间，是指地球表面某一特定范围；”“区域是地球表壳的地域单元，整个地球由无数区域组成。”英国地理学家迪金森（R. Dickinson）认为，“区域概念是用来研究各种现象在地表特定地区结合成复合体的趋向的。瓦尔特·艾萨德（Walter Isard）在其著作《区域科学导论》中指出，区域是一个能动的机体或区域系统。它内部的各组成部分之间存在高度相关性。这种相关性既包含区域内部因子的一致性（或相似性），以区别于其他区域，也包含区域内部联系的功能性。目前对区域比较全面和本质化的界定是由美国地理学家惠特尔西（D. Whittlesey）提出的。20 世纪 50 年代由惠特尔西主持的国际区域地理学委员会研究小组在探讨了区域研究的历史及其哲学基础后提出：“区域是选取并研究地球上存在的复杂现象地区分类的一种方法，”认为“地球表面的任何部分，如果它在某种指标的地区分类中是均质的话，即为一个区域”，并认为“这种分类指标，是选取出来阐明一系列在地区上紧密结合的多种因素的特殊组合。”从理论地理学和区位论的角度看，区域是点、线、面等区位要素结合而成的地理实体的组合，包括有地理类型、地带和网络的全部内容，如综合自然区（自然综合体）、综合经济区（经济综合体）和综合地理区（地理复合体）。

总之，就区域的本质而言，它是地球表面的一个范围，是地球表面各种空间范围的泛称或抽象。由此可以简要表述为：区域是一个空间概念，是地球表面上占有一定空间的、以不同的物质客体为对象的地域结构形式。

1.1.2 区域特征属性

1. 区域的基本属性

从区域的概念辨析可知，区域最为基本的两大属性是空间属性和系统属性。空间属性是区域的根本性质，系统属性是区域的本质内涵。

区域的空间属性主要表现为区域是地球表面的一部分，并占有一定的空间（三维）、具有一定的范围和界线，这些空间可以是自然的、经济的、社会的。其范围是依据不同要求、不同指标体系而划分出来的，且有大有小；其界线往往具有过渡性特征，是一个由量变到质变的“地带”（自然界区域界线有时是截然的，但大部分是过渡性的）。

区域的系统属性主要表现为区域具有一定的体系结构形式。相对上级区域，区域自身是一个空间部分；相对下级区域，区域自身又是一个系统。因此，区域的分级性或多级性、层次性是系统属性的表征。因而区域具有上下左右之间的关系（纵向的、横向的）。每个分区都是一个区域的组成部分。

因此，从空间属性来看，区域是客观存在的。从系统属性来看，区域是人们按照不同的客观要求将对象加以划分的若干子系统或者组成部分的集合，是主观对客观的反映。空间属性是区域的客观属性，系统属性是区域的主观属性。

2. 区域的主要特征

(1) 区域的可度量性

每一个区域都是地球表壳的一个具体部分，可以在地图上度量出来，它有一定面积，有明确的范围和边界。区域的边界可以用经纬线和其他地物控制。例如，各国国界有着明确的经纬度范围，国界线用界碑来控制。

与可度量性紧密联系的是区域和区域之间在位置上的排列关系、方位关系和距离关系，即通常所说的“区位”(Location) 中的自然区位。如我国位于亚洲东部，与俄罗斯、蒙古、印度等国相邻；上海在我国的东部沿海，西与江苏、浙江两省接壤。

(2) 区域的系统性

区域的系统性反映在区域类型的系统性、区域层次的系统性和区域内部要素的系统性三个方面。

区域类型的系统性是按照区域的自然社会经济等特征分类而表现的不同区域类型的整体性。区域的性质取决于具体客体的性质，具体客体的多样性决定区域类型的多样性，地表上的任何自然客体、社会经济客体都要落到一定的区域。

区域层次的系统性是按照区域的功能能级特征分类而表现的不同区域层次的等级性。区域的功能大小取决于自身辐射能力的强弱，每一个区域都是由若干不同功能大小的区域按照等级递进传递而有机形成发展的整体。每一个区域都是上一级区域的局部，除了最基层的区域，每一个区域都由若干个下一级区域组成。若干个下一级区域在构成上一级区域时，不是简单的组合，而是会发生质的变化，出现新的特征。因此，每一类区域都可以分为若干层次。以行政区为例，我国分成省（自治区、直辖市）、县（旗，自治县、自治旗）、乡镇三级。

区域内部要素的系统性是指每一个区域都是内部各要素按照一定秩序、一定方式和一定比例组合成的有机整体，不是各要素的简单相加。例如，每一个自然区是自然要素的有机组合，每一个经济区域是经济要素的有机组合。

(3) 区域的不重复性

区域的不重复性主要是指每个区域的形成发展都具有独特的地域个性，而这个地域个性差异是不可复制的，也是不可重复的。因此，对任何一个区域，都可以按同一原则、同一指标进行下一层次的细划分工作，且同一层次的区域不应该重复，也不应该遗漏。

（4）区域的动态性

区域的动态性是从区域演变的时间尺度来认识的。随着时间的变化，区域所处的环境会不断变化，按照区域划分的标准，区域的边界也会不断变化。如我国学术界在研究长江三角洲时将该地域界定为包括上海市和江苏省沿江地区8市（南京、苏州、无锡、常州、扬州、镇江、南通、泰州）以及浙江省环杭州湾7市（杭州、宁波、湖州、嘉兴、绍兴、舟山、台州）共16个城市的地域。2007年5月，国务院召开长江三角洲地区经济社会发展座谈会，在会上提出了长江三角洲的概念，即江苏、浙江和上海“两省一市”，成为中央政策对“长江三角洲”的新注解。

1.1.3 区域的类型

1. 区域的形态类型

按照区域的空间尺度的形态大小可将区域分为“点”、“线”、“面”。“点”状区域是指具有几何上的确定位置，以地理坐标量度之，如居民点。“线”状区域是指具有几何上的确定线段，以走向和长度量度之，如交通线。“面”状区域是指具有几何上的确定范围，以形态和面积量度之，如经济区。

依据“点、线、面”的形态实体，区域形态的地理实体主要是指网络、地带和地域类型。网络是由“点”、“线”构成的，如城镇体系、交通网络。地带是由“线”、“面”构成的，如气候带、工矿带、林带。地域类型是由“点”、“面”构成，如土地类型、城市功能区等。

区域是由“点”、“线”、“面”结合而成。与区域相近的词有“地区”（area）、“地域”（territory），其实质是一致的。只是“区域”是泛指，而“地区”则是特指，如华东地区；“区域”范围有大有小，而“地域”一般范围较大，且更强调地方性、景观性。

2. 区域的物质类型

根据地壳上的物质多样性的标准，区域可以分成自然区域和社会经济区域两大类。在自然区域中，有综合自然区、地貌区、土壤区、气候区、水文区、植物区、动物区等；在社会经济区域中，有行政区、综合经济区、部门经济区、宗教区、语言区、文化区等。

3. 区域的功能类型

根据区域功能和内在联系程度等的不同，惠特尔西将区域划分为三大类。第一类是单一特征的区域，如坡度区。第二类是多种特征的综合区域，其中又可分为几个亚类：第一亚类是产生于同类过程、形成高度内在联系的区域，如气候区、土壤区、农业土地利用区等；第二亚类是由不同类过程作用，形成较少内在联系的区域，如根据资源基础及其综合利用而划出的经济区；第三亚类是仅具有松散的内在联系的区域，如按地理环境要素的结合划分的传统自然区。第三类是根据人类对地域开发利用的全部内容而分异的总体区域，即为研究和教学服务的一般地理区。

4. 区域的成长类型

根据区域内部各组成部分之间在特性上存在的相关性，将区域分成均质区和枢纽区。均质区具有单一的自然地理特征、相似的社会发展阶段等，是根据内部的一致性和外部的差异性来划界的，其特征在区内各部分都同样表现出来，气候区即是均质区，农业区也具有均质区的特色；城市内部根据职能分化而出现的与周围毗邻地域存在着明显职能差别的区域，如城市中成片的住宅区、工厂区、商业区、文教区等，都可看成是均质区。

枢纽区或称结节区、功能区，其形成取决于内部结构或组织的协调，这种结构同生物细胞相似，即包括一个或多个核（中心），以及围绕核的区域。枢纽区的内部靠核向外引发流通线路来联结周围一定的地域，起到功能一体化的作用。也就是说，它是由区域内的核心以及与其功能上紧密相连，具有共同利益的外围地区所组成。例如，目前在区域研究和规划中普遍采用的城市经济区，即是以城市为中心，其集聚和辐射能力达到的地区。城市内部商业中心和其服务范围共同形成的区域也可看成是枢纽区。枢纽（结节）区应具备三个主要特性，即核心、结节性和影响范围。在区域中能产生聚集性能的特殊地段即为核心，结节性表示该核心在一定地域范围内对人口、物质、能量、信息等要素的交换产生聚集作用的程度，此地域范围即为影响范围。

1.2 区域发展

1.2.1 区域发展新背景

区域随社会发展需要而变化，不同的社会发展阶段，区域具有不同的特征和内涵。20 世纪 40～50 年代兴起的科技革命浪潮、20 世纪 80 年代中国的改革开放，加上日益强化的人类生态环保理念，促使人类社会逐步走向新的历史阶段，区域及区域规划的背景也随之发生了重大变化。国外学术界提出的后工业社会、信息社会、知识经济时代以及我国的新型工业化等都是对这一新的发展形态的描述与概括。具体来讲，这些新的时代背景包括科技革命带来的知识化与信息化、政治变革带来的民主化与开放化、环境革命带来的生态化、经济发展带动的广泛的市场化以及上述因素综合形成的全球化。

1. 知识经济崛起加快了区域功能的重构

"知识经济"概念，最早是20世纪60年代由美国的弗里茨·马克卢普(Fritz Machlup)等学者率先提出来的，但这一创造性的见解当时并没有引起社会各界的重视，一直到20世纪90年代，知识经济概念才逐渐引起各方面的重视。1990年联合国研究机构提出了"知识经济"概念。1996年"经济合作与发展组织(OECD)"在国际组织文件中首次正式使用了"知识经济"概念，并对这一概念的内涵作了界定：知识经济是建立在知识和信息的生产、分配和使用上的经济。1997年2月，时任美国总统的克林顿在一篇报告中也明确提出了"知识经济"概念。1997年6月召开的全球知识大会的主题主要也是讨论全球知识经济的发展问题。知识经济首先在发达的工业化国家出现，并对这些国家的经济产生了持久而深刻的影响。知识和信息成为发达国家经济发展的首要资源，高新技术产业成为新的经济增长点。在工业经济时代，发达国家的三大支柱产业是建筑业、汽车业、钢铁业。20世纪70年代以后，钢铁工业衰落，而电脑、通信、航空航天、金融等产业崛起。知识经济也使发达国家经济结构发生变化。知识经济是以新知识、新技术为基础的经济，这种经济直接依赖于知识和信息的生产扩散和应用。知识经济不但使发达国家创造了新的工业群，而且还扩散到传统的工农业，引起产品质量、档次的提升和新产品的出现。知识经济渗透到第三产业则使金融、科研、高教等部门成为创造高附加值的行业。知识经济对国际资本流动的影响与信息技术产业类似，也是通过产业结构的调整和产业结构的高级化引导国际资本的流动。

2. 信息技术的普及推动了区域空间的嬗变

20世纪70年代以来，伴随着世界高新科学技术的发展，一些具有远见卓识的经济学家、社会学家和未来学家对未来社会经济提出了富有想象力的见解。20世纪80年代以来，世界上出现了新的科技革命浪潮。美国的约翰·奈斯比特于1982年在《大趋势》中提出了"信息经济"。随着现代信息、技术的开发与广泛应用，以信息技术为核心的高新技术产业迅猛发展起来，它们包括光纤通信技术、交互式网络技术、多媒体技术和智能计算机技术。在现代社会中，人类活动的各个领域都同信息技术紧密联系在一起，信息技术对人类的经济活动的影响是巨大的。一个显著的例子是，互联网和计算机技术的发展使得各国的闲散资金轻易得以聚集，且在世界范围内毫无阻隔的自由流动。自20世纪70年代以来，国际金融流动的规模已经扩大到每天数万亿美元，这么巨大的资本流动很容易控制各国经济。正如1992年他们击败了意大利和英国经济，20世纪90年代末击败了东亚许多国家的经济那样。全球金融市场日益一体化使一些国家的政府向全球市场力量让出一部分经济自主权。用一位才华横溢的作者的话来说——“地理概念的终结”使各国政府与其说联系更紧密，不如说不得不进行合作以对抗资金全球化流动的外部效应。信息技术的飞速发展，相应地促进了信息产业的发育以及社会的信息化转型。信息社会逐步取代工业社会而开始登上人类历史的舞台。信息产业具有不同于传统产业的空间逻辑，“网络空间”的出现不仅扩大了城市的内涵，而且打破了工业化形成的集中的生产模式，使集中与分散的趋势并行存在。信息高速公路产生的“同时化”效应，使人们进一步摆脱了交通的束缚，进而导致传统的圈层式城市化的衰落，以及城市空间结构的分散化。20 世纪 90 年代以来，信息化与全球化相互促进，推动了新的国际分工体系的形成，促进了全球经济结构的大规模重组。

3. 生态文明的重视引发了区域的可持续性建设

自工业社会以来，人类的工业开发系统主要是作为自然界的对立物而存在。随着人类对自然认识的进步和科技的发展，可持续发展的思想应运而生并被广泛接受，生态产业、生态工业、生态城市等理念也得到了探索和普及，生态工业园区在国内外也得到实践。随着信息技术、纳米技术、生物技术、基因技术等的进一步发展和成熟，以清洁生产、降低资源消耗和环境零污染等为标志的完全生态化的产业体系将成为可能。在这种完全生态化的产业体系支撑下，未来的区域空间将成为生态化的空间。

4. 全球经济一体化的蔓延推进了区域联系尺度的扩大

20 世纪中后期一度存在的两大世界经济体系并存的局面消失，各种贸易壁垒降低，资本高度自由流动，而广大发展中国家和经济转型国家则为资本扩张提供了一个逐步完善和开放的市场体系，使跨国界、跨区域的生产要素的直接配置得以顺利地实现。世界市场的全球性得到了充分展示，市场经济的运作机制也得到了普遍认同。世界体系的发展所提供的结构性要素与科技革命所提供的技术性要素相结合，成为世界经济全球化趋势不可逆转的深刻根源。全球化以两种最为明显的面目出现：其一是以新的生产、财政和消费体系为基础的全球化经济的出现；其二是“全球文化”理念。全球化与知识经济、数字经济和高技能服务经济的新经济现象的萌生和发展相结合，极大地促进了世界一体化的进程。经济全球化提高了世界市场的一体化程度，各国企业要想在世界市场上保有一席之地，就必须参与世界经济的大交流、大循环。充分利用国际分工以及发挥本地优势。因此，要求各国经济体制的同一性，以及注重市场自由竞争作用的市场经济体制已成为各国的必然选择。经济体制的同一性消除了贸易与投资自由化的体制壁垒，这对国际资本流动产生了广泛的影响。

对于中国而言，除了上述普遍化的时代背景之外，还有自身改革开放所带来的外向化、市场化与民主化的影响。总体而言，影响中国区域规划的时代背景的转换可以概括为三个方面：一是由工业社会向后工业社会的转变；二是由计划经济向市场经济的转化；三是由城乡二元化发展到统筹城乡发展、全面建设小康社会的转变。中国这三大时代背景的根本性变革决定了新的区域观与传统区域观具有本质的差异。

1.2.2 区域发展新观念

在上述新的区域发展背景的影响下，人们对区域的认识、对区域发展要素及其内涵的理解发生了新的变化，这些变化主要反映在以下几个方面：

1. 区位认知区域化——区域的全球化成为评价某地区竞争力的重要因素

在传统工业化发展阶段，与其生产方式相关联的区位观认为，交通区位和经济地理区位是区域发展的主要区位要素，占据了良好的交通区位和经济地理区位的区域必然比其他区域发展得快。随着信息社会的到来和知识经济的发展，传统区位要素对区域发展的影响力正在逐步下降，知识和信息区位逐步成为主导区位要素。而随着全球区位论的逐步确立，区域在全球体系中的区位成为评价区域发展区位条件的新尺度。

此外，在传统的低速发展状态下，区位似乎是静止不变的。但是，随着社会发展节奏的加快，空间区位特别是直接制约区域发展的经济地理区位快速动态发展变化，以及现代交通和通信网络不断地改变着不同区域的区位优势。最明显的例子是，随着跨江大桥的修建，江苏沿江北岸的扬州、南通等城市的区位发生迅速变化；同时随着现代通信网络的普及，浙江许多地处山区的专业化中小城市与村镇可以连接世界市场，成为某一个专业化产品的世界性生产基地，比如闻名世界的圣诞礼品生产专业村镇——浙江溪坦村、驰名世界的小商品城市——义乌市等。

2. 资源转换智慧化——创新驱动的区域资源成为提升区域竞争力的核心动力

在传统的区域资源观中，区域发展的资源主要是有形的自然物质资源，有形的物质资源，包括自然资源、土地资源和劳动力资源，是区域发展的基础，从而形成了以农业、矿业等第一产业为主和以资源加工、再加工的第二产业为主的区域经济特点。随着微电子技术产业发展而带动的信息资源是一种新的推动区域发展的动力资源，并全面影响着区域的经济与社会生活。对国内外各种信息的采集、处理、传输成了新区域经济运行的主体过程。在新的区域资源观中，知识和信息资源等无形的非物质资源逐渐取代了自然物质资源而成为决定区域发展的关键要素。可以说，谁掌握了信息资源，谁就掌握了发展的主动权。与之相关的是在生产力要素中人力资源的重要性显著上升，而物质资料的作用逐步下降。正如人们所说，当今世界（区域）的竞争也就是人才的竞争。作为智力中心、创新中心和信息中心的城市，也就成为区域发展的核心。城市以信息的汇集和传输扩大其影响，发挥着组织区域经济社会发展的作用。区域发展最重要的条件是建立强有力的中心城市，争取人才，掌握信息。另外，区域发展的机制、政策环境、政府服务效能等构成区域发展的软环境，也作为一种重要的非物质资源而受到重视，在一定程度上，这是区域生产关系的重要组成部分。好的区域发展的制度安排，可以降低区域发展的社会成本，充分发挥其他资源的效率，这是新增长理论和制度经济学所倡导的制度对经济发展的决定作用，也符合马克思主义所认为的生产关系对经济发展的能动作用。

区域资源观变化的第二个方面是传统发展模式下形成的主要依赖本地资源的发展观被打破，在现代信息和流通体系的支撑下，区域的发展不再仅仅依靠当地的资源条件，更重要的是获取和支配更大区域的资源。也就是说，传统资源观中的本地资源与外来资源的界限日渐消失，对区域资源的支配能力成为区域竞争力的重要标志。

3. 要素配置市场化——区域要素流动市场化成为区域健康发展的重要基础

传统的区域市场观有两种思想：一种是以西方发达资本主义国家为代表的自由市场主义，认为市场在社会生活的各个方面都可以发挥调节作用，反对对区域发展的人为干预；另外一种以当时的社会主义阵营为代表，注重人为的计划对区域发展的指导和调节作用，排斥市场的自我调节能力。随着资本主义经济危机的不断出现，以及社会主义国家不断出现的经济停滞，自由市场观和纯计划调节观都被逐步抛弃，自由市场经济、计划经济向有限干预的现代市场经济的转变，一方面既要承认市场在经济生活中的主宰地位，同时也要接受对市场负面效应的有效管制。也就是说，政府与市场的力量必须有机地结合起来，使市场导向与政府调控共同促进区域发展。

传统的区域发展是以本区域（更多是行政区域）的条件（资源、劳动力、资金等）为依据，为本区域服务为目标的。这是一种区域自我经济循环的过程，带有某种封闭性。因此，其发展受到区域条件的很大约束。随着市场经济要素的日趋发育和地区性、区域性以及世界性统一市场体系的逐步形成，原来以行政区域代替市场区域的做法也逐步淡出历史舞台，立足于封闭的行政区域的“诸侯经济”模式由于违背市场规律，导致区域经济核心竞争力下降而逐步被打破。在全球层面，基于国际经济通则的世界统一市场体系和相应组织逐步形成（如 WTO）。在全球区域层面，跨国与跨境的区域性市场体系不断发育（如欧盟、东盟、北美等统一市场体系逐步发育），商品等要素流动已经打破了国境这一最坚实的行政区域。在国内，原来由地方政府推动、基于行政区域对外来产品的“封锁”逐步销声匿迹，全国统一大市场已经逐步规范和健全。

4. 空间结构开放化——区域空间的开放程度决定一个区域发展的活力

在传统的区域观念中，区域空间是一个有界且封闭的区域，区域内部联系密切而与外部区域相互孤立，区域结构要素是静态的，区域空间稳定性较高。新的区域空间则是有界但外向开放的空间，区域要素呈现高度的流动性，区域空间因而具有高度的易变性。也就是说，新的区域空间是一个开放的空间、流动的空间和创新的空间。此外，在综合各种新的理论学说的新区域主义者看来，区域不仅仅是一个范围的概念，也是一个具有特殊内涵的实体的概念。以城市地区这一空间类型为例，在城市之间的动态竞争的影响下，城市本身的影响范围在不断变化，从而导致城市地区的空间范围也在不断变化。空间构成要素的流动性突出表现在人才、资本、技术的跨界组合、扩散与迁移。以硅谷为例，硅谷的技术在硅谷孵化成功后，可能在韩国或者中国台湾、中国大陆地区进行产业化，美国的资本也可能在不同的区域进行投资。这是全球化、信息化的必然结果。

5. 区域发展全面化——可持续发展成为评价区域健康发展的主要标志

20 世纪以来，特别是 20 世纪 50 年代以来，人口爆炸、资源枯竭、环境恶化成为当今世界人类面临的最迫切的挑战。现今已达 50 多亿人口的地球，肩负着支撑人类生存的巨大压力；加速工业化过程中，对不可再生的自然资源大量消耗，更向人类发出严重的警告。据资料，按资源的埋藏量用每年的消耗量去除，估计尚可用 500 年。如按复利法计算，假定年消耗量以平均 3.5％的速度递增，那就只能维持 90 多年。虽然，这只是一种粗略的估计，但反映了地球上资源容量严峻的限制性；由于盲目开垦、过度采伐、破坏水系、“三废”污染等等而导致生态环境严重恶化的状态更是触目惊心。因此，当今天人类以先进的技术、工艺加快经济发展和城市化的同时，一个严肃的问题摆在世界的面前，人类社会要不要持续下去？于是，当 1987 年联合国世界环境与发展委员会提交联合国的《我们共同的未来》报告和 1992 年巴西的世界环境发展会议通过的《21 世纪议程》提出“可持续发展”的思想时，得到了全世界各国政府和人民的普遍赞同。由此，可持续发展也成为区域发展的主题和基本原则，实现人口、资源、环境、经济发展（PRED）相协调是区域发展的主要目的。人类不能仅仅为了生产和发展，而要看到未来的生存；不仅为了这一代人的生存发展，而且还要为下一代人留有生存和发展的可能；不能因为发展而破坏生存空间，而是要优化生存空间，使人类社会得到更好的发展。

传统的区域发展观把单纯的区域经济增长作为区域发展的目标，这是与传统工业化时代短缺经济的模式相适应的。随着需求经济的形成，区域发展的内涵得以扩展，由单纯追求经济总量的增长逐步演变为追求社会、经济的全面发展，特别是人的生活质量和素质的全面提高。20 世纪 90 年代以来随着人们对生态环境的关注，区域发展的含义又产生了新的变化。人们认识到环境并不是无限制的，环境资源和容量对发展的承载性是有限的，区域发展必须尊重生态伦理，实现资源、环境、人口的协调与可持续发展。也就是可持续发展的观念逐步确立并被接受，成为指导区域发展的主流发展观。

1.2.3 区域发展新特点

区域发展是当代世界重大的社会经济问题，也是中国经济地理和区域科学研究的主要课题。上述区域发展中的三大变化，对区域研究提出新的要求，也使之出现了新的动向。同时，也进一步提出了进行全面的区域统一规划的必要性和迫切性。

1. 区域发展是综合多维的过程

区域发展是一个综合的多维发展过程，不仅包括资源开发与配置、人口生产、经济增长等物质实体的发展，还包括科技、教育、信息、政策等非物质实体的发展。

2. 区域发展是动态连续的过程

区域发展是一个动态渐进的连续发展过程，不仅包括新开发地区的发展，而且包括已开发地区的再发展和再进步。

3. 区域发展是可持续发展过程

区域发展是一个人口、资源、环境、经济和社会相互作用的持续协调发展过程，既包括经济发展，也包括人口与社会发展，还包括生态平衡与环境保护的发展，因而是人（社会）、物（经济）、地（自然）三者的协调发展。

4. 区域发展是开放联动的过程

区域发展是一个与相邻区域互动互进的联合协作发展过程，既包括区域内部多维连续与协调发展，又要考虑对相邻区域或更大区域的影响与联动效应，加强区域联合与协作正是基于区域发展的这一特点。

1.3 区域科学

区域科学是 20 世纪 50 年代以来蓬勃发展、以区域为研究对象的新兴学科。由于区域内涵的丰富性，问题的复杂性，类型的多样性和发展的动态性，使之成为相关学科如地理学、经济学、社会学、政治学、法学、规划学等共同研究的对象，从而提出了跨学科综合研究的必要性，导致了区域科学的诞生和发展。

1.3.1 区域科学研究对象和内容

1. 区域科学基本概念和研究对象

瓦尔特·艾萨德（Walter Isayd）的《区域科学导论》一书的译者对区域科学作了简洁和明确的解释：区域科学是用各种近代计量分析和传统区位分析相结合的方法，由区域或空间的诸要素及其组合所形成的差异和变化的分析入手，对不同等级和类型区域的社会、经济发展等问题进行研究的一门应用学科。区域科学的研究对象——区域，是一个能动的机体或区域系统。

2. 区域科学的研究内容

一般认为，区域科学研究的内容和任务包括：（1）对影响区域发展的各种要素（社会经济、自然环境、文化心理……）及其综合效益进行分析，从而研究各种社会经济现象的时空规律；（2）研究区位、聚落、城市化地区和全球性区域系统以及人类居住方式、经济活动、资源有效利用在自然环境背景下所有活动的地域差异；（3）对存在于区域内的各种行为单位利益及价值观念的矛盾和冲突以及区域的社会、政治、经济活动与生态环境间的相互影响进行分析；（4）系统地探讨解决区域发展中出现的各类问题的方法，提出区域发展的优化模式。有的学者认为，区域科学的内容包括区位、空间相互作用、空间结构与市场体系、空间组织构成的区际系统动力学、空间组织即区域系统动力学；城市、城市体系及城市职能，人口过程及其空间意义，资源利用及其与生态环境的冲突与协调，区域信息系统等。此外，据我国地理学的经验和问题还可包括区域发展，人口、资源、环境发展协调理论及地理工程，随机空间动力学，区域的自然类型性质与行为。

总之，区域科学是一门有关区域或空间系统的治理、开发、管理且具有地域性、综合性和实践性的学科。

1.3.2 区域科学研究新趋势

1. 区域科学研究的新背景

一是区域的重要性不断上升。全球化竞争时期的区域角色与作用正在发生着深刻变化。西方国家通过在区域层面的国家部分职权下移和地方政府以联盟方式部分权力上移，以形成新的国家制度竞争优势，进一步突出了区域作为全球经济竞争中单元的地位和作用。区域已经成为当今全球竞争体系中协调社会经济生活的一种最先进形式和重要竞争优势来源。这种以生产技术和组织变化为基础、以提高区域在全球经济中的竞争力为目标而形成的区域发展理论、方法和政策导向，即是目前西方国家或地区广泛兴起的新区域主义（New Regionalism）。全球化浪潮中区域作为经济、文化、政治组织的回归趋势逐渐明晰。长期致力于区域功能整合、政治灵活性和制度机制创新的新区域主义及其发展，成为促进世界区域规划发展变革的重要理论之一。在此过程中，作为市场经济条件下国家宏观调控区域发展的重要方法和手段，新时期的区域规划的功能目标在于，通过多主体的协调合作，自上而下与自下而上的力量磨合平衡，各种利益集团（政府、部门、社团、企业等）全纳性参与，寻求解决区域内各种利益冲突的方法和途径，实现区域经济社会的可持续发展。

二是区域公共管理的严峻挑战。伴随着战后西方城市的快速复兴与繁荣以及中央政府的鼓励和支持，城市区域的规划和治理得到蓬勃开展。将大都市区域内众多地方政府整合而成一个统一的、综合目标的、强有力的大都市区政府的观点曾经一度盛行，并直接影响到西方许多国家大都市区政府的纷纷建立。例如，开始于1947年英国的大伦敦政府组织相继进行了一系列的整合运动，不仅依据《城乡规划法案》明确规定和保障了大伦敦的整合区域规划地位，而且1967年英国中央政府通过发布新的《伦敦地方政府法案》成立了大伦敦市政会（宣布调整合并了大都市区域内自治郡和伦敦城）并对整个区域进行统一的规划，直至1986年被撒切尔政府取消大伦敦市政会。这仍然为2000年伦敦大都市区政府重新成立奠定了基础。不过，西方国家受自由市场主义和政府间竞争理论影响，区域治理理念发生了根本性变化，多中心治理模式倍受瞩目和欢迎。因此，国家的综合性区域规划受到一定限制，较多地出现了一些针对专门类型地区、特定问题的专业区域规划。

三是组织网络联盟时代的区域合作兴起。区域治理进入组织网络联盟时代，相关组织之间（政府机构、企业、社团、私人志愿者等）由于长期相互联系、作用而形成的一种相对稳定的合作结构形态，通过集体决策、联合行动提供公共产品或服务，以便更迅速地适应全球化环境的需要。组织网络联盟既强调区域内不同层级、不同行政单元政府间的协调，也鼓励地方政府之间结成城际联盟（networks）以强调其协调职能的发挥；与此同时，由政府与私营企业、非营利组织等联合向区域供给公共物品。组织网络联盟深刻地影响着20世纪90年代以来西方区域治理与规划的基本范式，新区域主义正是体现了这一种基本精神，强调在区域内建立互惠、合作和共同发展的网络体系，建立由政府与广泛社会团体共同参加的区域治理网络，采取多种形式解决公共问题。

2. 区域科学研究的新动向

区域科学在全世界已得到广泛的重视，并成为包括发达国家和发展中国家指导国家和地区发展规划重要的理论依据，具有实际的应用价值。区域科学研究在我国起步较晚，但针对我国日益迫切的区域问题，它有着巨大的发展前景。和传统的区域研究相比，目前的区域研究热点及方向已经发生了很大的变化。

第一，区域研究对象已经从节点区域、单独的行政区逐渐转向类型区、功能区（均质区）和地域系统（跨行政区）；从国内特定地域的经济发展转向区域的内外统筹和协同发展。

第二，区域研究中所关注的重点已经从生产和供给转向消费及福利分配；从制造业专业化及其分工转向服务业、产业链分工与集群发展；更加注重低碳、绿色、循环经济以及产业与事业之间的互动。

第三，区域研究中所探讨的主要战略策略从引进外资与技术、加工制造与出口、经济实力提高，转向地缘环境、国土安全、文化软实力提高和构筑外经外贸新格局等；从城市建设、城镇化和劳动就业转向新型城镇化、产城互动和城市群建设。

第四，区域相互作用对区域发展的影响研究日益受到关注。一个区域的发展必然受到其他区域的影响，即区域相互依赖的影响。通过区域相互依赖的研究，可以探究某区域的发展会对其他与之相互依赖的区域产生何种影响，当其发展条件发生变化时，其他区域的发展又会受到什么影响。比如，我国的进出口主要集中在东部沿海地区，大量研究也揭示出外贸是沿海地区经济增长的重要贡献因素。但是，沿海地区的经济增长对中西部地区产生了什么样的影响，还缺少实证性研究，这使人们很难判断外贸变化对我国区域发展格局的全部影响。

第五，区域分工与区域公平之间的关联研究逐渐受到学者重视。在全球化深入发展的趋势下，区域专业化分工增强，区域发展很大程度上依靠区域协作，而这也引发了区域公平问题。如何真正保障区域公平发展必须考虑区域之间的相互依赖关系。这一点在节能减排上尤为重要。例如，2000 年以来内蒙古自治区发展了大量的煤电产业，碳排放强度很高；但是，其电力主要供应京津地区。这表明节能减排指标的分配不能“一刀切”，应该考虑区域间相互依赖性而有所区别，才能保证指标的公平分配。

综上，学科热点的变化取决于两大因素，一是学科本身的发展规律，二是外部需求的刺激。从学科自身发展规律看，区域科学研究热点的这些变化，与日本的经济地理学的转变非常相似——战后日本经济地理学的研究热点变化特点是：从狭义的经济地理学向广义的经济地理学——社会经济地理学转换；将社会、政治、制度、文化等纳入研究视野，从物质生产和流动的空间过程及空间结构向非物质方面转换；从地方尺度向全球制度转换。此外，由于我国的科学研究属于跟踪性研究，所以，世界上相关学科的发展直接影响到我国的学科建设。以可持续发展为例，1987 年以挪威首相布伦兰特夫人为首的世界环境与发展委员会（WCED）发表了报告《我们共同的未来》，1992年里约热内卢“环境与发展”大会提出《21世纪议程》。此后，我国的可持续发展才开始掀起高潮，并一直延续至今，并将国土安全、生态安全和社会安全等纳入可持续发展范畴，由此导致转型与跨越发展策略的出笼。新型城镇化则是在国外城镇化研究的基础上将中国特色的城乡户籍制度改革、社会治理机制及可持续发展理念融合的结果。

第 2 章　区域研究理论基础

2.1　区域研究

2.1.1　区域研究的发展

区域作为人类聚居的场所，或者经济社会活动载体，都是人类为了自身发展和社会进步而进行开发、利用、改造的对象。要进行上述工作，必须要对区域进行系统全面的了解和深入的研究。地理作为研究人类活动与地表自然环境关系，即人地关系的学科，其中心或集中点即是研究反映各种人地关系的地域系统，或称区域系统。因此，区域研究历来就是地理学一个传统的、基本的研究领域。有学者认为地理学就是研究地表物质区域（空间）变化规律的科学。

随着社会发展、科技进步和人口增加，在人类的能动作用下，地球表面已成为日益繁荣、复杂、多样的经济社会实体，人们对区域的研究，也有了很大进展。从最初的记载、描述、解释到预测（内容）；从定性分析到定量、建模（手段）；从单要素分析到系统分析；从单项、单部门研究到综合研究（方法），区域研究日益走向成熟并成为建立区域科学的重要基石。

人类经济社会发展的区域性差异和区域性的经济社会发展，是人类社会的共同现象。对人类经济社会活动各个方面呈现出的区域现象的探索，包括如何描述和度量区域差异性的特征、解释区域差异性的形成因素和内在机理、寻求最有利的方式促进本区域的发展等，实际上构成了一系列的、多学科参与的区域研究领域。

区域研究最早来源于地理学的发展，早在 17 世纪就出现了以区域为对象的宇宙志式的记叙性的地方地理学（chorography）和小地区地理学（topography）。19 世纪后期近代科学的大分化使得大量的自然、生物和社会科学从地理学中独立出来，地理学也形成了自然、人文和区域三大分支。区域问题一方面仍吸引着大批的地理学者，另一方面也引起了大批经济学、政治学、社会学、工程学和生态学工作者的关注和参与研究。经过 100 多年的发展，各国的区域研究团体都已先后成立，世界上大约有几百所大学的研究机构和政府部门在从事此项研究，联合国不仅成立了专门机构——地区发展研究中心，而且还频繁地召开区域资源开发和经济社会发展的专门会议。可以说，区域研究由于直接涉及区域规划、国土开发与整治、生产力和交通布局、区域和城市就业、住房和公共福利的地方政策等一系列重大问题，已成为当代最使多学科学者感兴趣、又深为政府和企业决策部门所关注的学科之一。

2.1.2 区域研究的特征

单个系统的独立性。区域研究的基本出发点之一，就是把区域问题看作是各个系统自身运转发展的一个方面，由此也形成了区域研究的多系统特征。任何一个区域都存在着自然、生物、社会、经济和生态等一系列跨区域分布的系统，其各自的运行法则和规律都是自成一体的。以自然系统的气候而言，区域的气候虽也受到其本身的海陆位置和地形因素的影响，但起主导作用的是大气系统的环流特征。再以一个地区的经济发展而言，虽然有若干区域性的因素（如矿产资源、水资源等）在起作用，但更多的是一般经济系统要素（劳动力、土地、资本积累、技术进步和社会经济制度）有效配置和优化组合的结果。因此，可以认为，经济社会自然各个系统和区域范围的对应关系，是整体和局部的关系。

整体组合的关联性。区域是经济社会自然多系统的地域综合，区域内多个系统在形成发展和相互并存过程中总是相互影响、相互作用的。区域研究也一直是建立在对各种区域现象因果关联的探索之上。无论从早期的环境决定论学派（认为区域的自然条件、资源和位置制约着区域经济方式、人口分布和文化特征），还是其后的文化决定论学派（或称景观学派，认为景观变化的主力是人类集群），以及成为当今热点的人类生态学派和可持续发展理论（更为强调人类对自然与生物环境的和谐发展），都可以看出，区域研究的特色是把不同起源的事件和事态看作是在特定地域上的相互联结和影响的综合作用整体，由此也形成了区域研究的综合性特征。

区域系统的差异性。区域内多系统由于受其本身和相互间非均质作用过程的影响，既可能在区际间形成本区域和其他区域间显著的差异特征，又可能在区域内部形成特定的空间差异和重新组合格局。区域差异或称空间差异的存在，实际上是区域研究存在的基本前提，而对区域发展和空间分布组合格局化的不懈追求，更推动了区域研究的发展。尤其是19世纪后期近代科学的分化，促使区域研究更为注重空间分析专门技术的发展。可以认为，对区域位置、结构、类型和网络等一系列空间概念的关注和引入，是区域研究的特有方法，由此也形成了区域研究的空间性特征。

2.2 区域经济研究

2.2.1 区域经济概念与特征

1. 区域经济的概念

区域经济以一定地域为范围，并与经济要素及其分布密切结合的区域发展实体。区域经济反映不同地区内经济发展的客观规律以及内涵和外延的相互关系。

区域经济是在一定区域内经济发展的内部因素与外部条件相互作用而产生的生产综合体。每一个区域的经济发展都受到自然条件、社会经济条件和技术经济政策等因素的制约。水分、热量、光照、土地和灾害频率等自然条件都影响着区域经济的发展，有时还起到十分重要的作用；在一定的生产力发展水平条件下，区域经济的发展程度受投入的资金、技术和劳动等因素的制约；技术经济政策对于特定区域经济的发展也有重大影响。

区域经济是一种综合性的经济发展的地理概念。它反映区域性的资源开发和利用的现状及其问题，尤其是指矿物资源、土地资源、人力资源和生物资源的合理利用程度，主要表现在地区生产力布局的科学性和经济效益上。区域经济的效果，并不单纯反映在经济指标上，还要综合考虑社会总体经济效益和地区性的生态效益。衡量区域经济合理发展应当有一个指标系统，从中国许多地区经济发展情况来看，一般包括以下 5 个方面：第一，考虑整个国家经济发展的总体布局，分析地区经济在国家经济中的地位和作用；第二，地区经济发展的速度和规模是否适合当地的情况（包括人力、物力和资金等因素）；第三，规划设计的地区经济开发和建设方案能否最合理地利用本地的自然资源和保护环境；第四，地区内各生产部门的发展与整个区域经济的发展应当比较协调；第五，除生产部门外，还要发展能源、交通、电信、医疗卫生和文化教育等区域性的基础设施。注意生产部门与非生产部门之间在发展上的相互适应。

2. 区域经济的特征

区域经济既包含着其本身的经济系统及其子系统，也包含着系统的运行、结构、组织、目标以及增长与发展，同时还包含着系统内部的各种经济联系以及涉及外部的区域之间的、同国民经济整体的经济联系。作为中观经济的区域经济有其自身的特征。

第一，宏观背景的一致性。区域经济运行与发展是在国家的社会经济制度之下进行的，一般不存在根本制度背景的差异（实行一国两制的香港、澳门及两岸统一以后的台湾则属于特殊情况）；同时，整个国民经济的宏观运行态势以及国家主要的宏观经济政策，是区域经济运行和发展的共同的宏观环境。

第二，较高程度的开放性。在宏观背景一致性的条件下，区域经济就比国家经济具有更大的开放性，亦即国内区域经济之间的相互联系、相互影响和相互依赖的程度要高于世界经济范围内的国与国之间的依赖程度。区域之间的市场关系，由于使用同一种货币而不存在汇率障碍，由于统一税制而不存在关税壁垒，因此资本、劳动力、技术、信息等要素在区域间比在国际上具有更大的流动性。同时，国家总是要采取各种调控政策与手段，促进国内统一市场的形成与发展，健全与完善整个国民经济的市场体系，这也促进了区域经济开放程度的提高。

第三，经济活动的相对独立性。区域经济是整个国民经济大系统中具有相对独立性的子系统，不同的区域在经济增长、发展水平、产业结构以及发展战略上都有其本身不同于其他区域的特点。随着我国社会主义市场经济体制的建立与完善，以及地方自主权的适度扩大，区域经济的相对独立性也会得到更大程度的实现。

第四，经济发展的不平衡性。在区域经济活动具有相对独立性的基础上，不同区域是存在差异的。有自然资源的差异，包括地理位置与气候、地质地貌、土壤、植被、地下矿藏、水力、森林等方面的差异；有经济活动的差异，包括劳动力、资金、技术等要素流动与配置的差异，生产发展水平高低与规模大小的差异，产业结构与成长演进的差异，市场容量与发育程度的差异，经济活动成本与效率的差异等；还有人文环境与其他非经济因素的差异，包括人口的数量、素质、密度以及民族宗教信仰、历史文化传统、社会发育程度、居民性格特征、风俗习惯等方面的差异。这些差异的存在，必然导致区域间经济发展的不平衡性，表现为区域间在经济实力、经济增长速度、经济发展水平和人民群众生活水平上的不平衡。

第五，区域经济利益的相对独立性和利益关系的可协调性。由于形成以上特征，又决定了相对独立的区域经济利益的存在。区域经济利益集中表现为区域内人民群众生活水平的提高，具体地表现为在区域内尽可能实现充分就业，保持区域内市场稳定与物价稳定，扩大区域财政收入，争取更多的建设资金，促进区域经济增长，增加区域居民收入等。区域经济利益的相对独立性，可能导致区域之间的经济利益矛盾，也可能导致区域利益与国家利益的矛盾。但是，区域经济利益是从属于国家经济利益的，区域经济利益与国家经济利益、不同区域之间的经济利益，从根本上看具有一致性，因而区域经济利益相对独立性与国际上不同国家经济利益的高度独立性是不同的，区域经济利益相对独立性所形成的利益矛盾比世界范围内国家之间的利益矛盾更具有可协调性；同时，由于存在着统一的中央政府权威，区域经济利益关系不但可以在出现利益矛盾或冲突时进行事后协调，而且更可以在利益矛盾或冲突发生之前进行协调。

2.2.2 区域资源差异与劳动地域分工协作理论

任何社会生产总要落脚到地理空间上，所谓劳动地域分工，就是指相互关联的社会生产体系在地理空间上的分异，它是社会分工的空间形式。地域分工的前提条件是生产产品的区际交换与贸易，是产品的生产地和消费地的分离。关于劳动地域分工，有五种经典的理论模式。

1. 绝对优势说

（1）绝对优势的提出

亚当·斯密（Adam Smith）是18世纪古典政治经济学创始人，他首先提到了绝对优势理论。该理论提出的历史背景或所处时代是工厂手工业向机器大工业过渡的资本主义上升时期。

（2）绝对优势的理论前提

1）世界上仅仅共存两个国家，且只有两种商品。

2）各国劳动力唯一投入，各国劳动资源在某一时间，国家不变，且具有同质性。劳动力市场充分就业。

3）劳动力在国内不同产业间可自由流动，国之间不可流动。

4）两国技术水平都保持不变，不同国家使用不同生产技术，各国内技术相同。

5）劳动边际报酬一定。

6）完全竞争存在于所有市场，没有任何一个生产者和消费者有足够力量对市场施加影响，他们都是价格的接受者。

7）国家间实行自由贸易，不存在政府对贸易的干预或管制。

8）运输费用和其他交易费用为零。

9）企业的生产决策以利润极大化为目标。消费者的消费决策以效用极大化为目标。

10）不存在货币流通，即生产者在进行生产决策，消费者进行消费决策时能够考虑到所有价格。

11）进出口贸易值相等，因此不用考虑货币在国家间流动。

（3）绝对优势的主要观点

生产绝对成本比较：如果一国生产单位数量某种商品使用的资源绝对量较少或效率较高，他在这种商品的生产上具有绝对优势（如表2-1、表2-2）。

由此可见，进行地域分工后，在相同的劳动日数的情况下，产量（小麦或布匹）有了成倍的增加。

进行地域分工前加拿大和英国小麦和布匹生产效率　　表 2-1

	小麦		布匹	
	劳动日数	产量/t	劳动日数	产量/t
加拿大	50	50	150	20
英国	150	50	50	20
合计	200	100	200	40

进行地域分工后加拿大和英国小麦和布匹生产效率　　表 2-2

	小麦		布匹	
	劳动日数	产量/t	劳动日数	产量/t
加拿大	200	200		
英国			200	80
合计	200	200	200	80

（4）绝对优势理论与应用意义及局限性

绝对优势理论在专业化生产和国际贸易的方面应用的意义非常大，它能够使资源、劳动力和资本得到最有效地利用和最大化地利用。

绝对优势理论是资本主义国际贸易理论的基础，对于促进世界性经济交流，解释当时国际和区际的地域分工和生产力布局起到积极作用。

同时，绝对优势理论也具有一定的局限性，它对于解决经济水平差异很大的地区之间的贸易交流问题还是有一定的局限性。

2. 比较成本说

（1）比较优势原理的提出

大卫·李嘉图（David Ricardo）于 1817 年在《政治经济学及赋税原理》一书中提出比较优势理论。该理论认为如果一国生产某种商品机会成本低于其他国家，该国则在该生产上有比较优势；反之，如果一国生产某种商品机会成本高于其他国家，则缺乏比较优势（见表 2-3）。

美国和欧洲进行国际贸易前后以劳动时间计的相对利益　　表 2-3

国家 每小时劳动可得	美国		欧洲	
	食品	衣服	食品	衣服
国际贸易进行前	1 单位	1/2 单位	1/3 单位	1/4 单位
国际贸易进行后	1 单位	3/4 单位	1/2 单位	1/4 单位
比较利益增加	0	1/4 单位	1/6 单位	0

由此可见，美国在生产衣服这一商品，其国际贸易前后，每小时利益可得的比较利益增加 1/4 单位，欧洲在生产食品这一商品，其国际贸易前后，每小时利益可得的比较利益增加 1/6 单位。

（2）比较成本学说的优势与局限

比较优势原理较好地解释了地域分工和国际贸易的问题。但是单用劳动时间计算比较利益是不全面的，各地生产要素结构和内在关系是复杂的。因此比较成本学说也被称为国际贸易的纯理论。

3. 相互需求论

相互需求论亦称国家相互需求论，由约翰·穆勒（John Stuart Mill）创立，穆勒是 19 世纪中叶很有影响的一位英国经济学家。他的主要观点认为：由比较成本决定的界限内，国际商品交换的实际比率，是由两国间的相互需求决定的（见表 2-4）。

英国和德国产品交换比率 **表 2-4**

产品国家	细布（m）	麻布（m）
英国	10	15
德国	10	20

两国产品交换比率的界限是由各国国内的交换比率决定的。10∶15 和 10∶20 是交换比率的上下限。显然，以这两个比率是不可能展开国际贸易的。两国的交换比率，必应在这个界限内产生一个新的交换比率，才能使双方都得利益（见表 2-5）。

两 国 汇 率 **表 2-5**

国家 / 交换比率	英国		德国	
	细布	麻布	细布	麻布
国际贸易前	10	15	10	20
等价情况	20	0	0	40
10∶15	10	15	10	25（赢利 5）
10∶20	10	20（赢利 5）	10	20
10∶17	10	17（赢利 2）	10	23（赢利 3）

约翰·穆勒认为，使用哪一种比率，在比较成本决定的范围内，是由两国对彼此产品的相互需求决定的。需要不甚迫切、需要量不大的国家可以多得利益；反之，需求迫切、需要量大的国家将会以不利的交换比率参与贸易。

4. 资源禀赋理论

俄林（Bertil Cotthard Ohlin）是 20 世纪上半叶瑞典著名经济学家，赫克歇尔（Eli・Hechsher）是他的老师。该理论简称 H－O 理论，又称资源赋予学说。

该理论的主要观点认为：产品生产的地域分工，是由资源禀赋不同形成的价格差异造成的。从一国范围来看，国内各地区由于生产要素价格的差异导致国内贸易的形成；从国际范围来看，各国生产要素价格的差异导致国际贸易的形成。

资源禀赋要素包括土地、劳动力、资本。造成资源禀赋差异的因素有自然条件、自然资源、财产占有情况、交通运输条件、经济和社会的安定程度、生产要素的供求关系等。由不同要素造成的商品生产可分为劳动密集型、资本密集型、土地密集型、资源密集型、技术密集型等多种类型。例如，澳大利亚等国土地较充裕，资本和劳动力较稀缺，因而形成小麦、羊毛、肉类等产品的专门化。英国、法国等一些工业高度发达的西方国家，因资本雄厚，劳动力有一定保障，但土地较少，故以加工工业产品和集约农业商品输出换取粮食和畜产品。

5. 地理分工论

该理论是由苏联著名的经济地理学者巴朗斯基提出的。该理论建立在马克思主义的基础上。

主要观点：包括经济利益是地理分工发展的动力。

主要公式：

$$C_v > C_p + t \tag{2-1}$$

式中 C_v——销售地商品价格；

C_p——生产地商品价格；

t——运费。

地理分工的必要条件是生产地与消费地分离，地理分工的两种情况是绝对地理分工、相对地理分工，影响地理分工的两种因素包括自然因素、社会因素。地理分工的原动力始于对经济利益的追求，区域分工和国际贸易的基础，两个地方劳动生产率或生产成本的绝对差异。特别是该理论对运输和关税在地理分工中的作用做了精辟的分析。交通运输技术的改善，引起运费下降，扩大了地理分工的广度和深度，所得利益又使更多资本和劳动力投入交通事业，但关税却是地理分工发展的阻力。

2.2.3 区域产业结构关联和地域生产综合体理论

1. 区域产业结构关联理论及其应用

区域产业结构是区域内部各种产业在一定时期内稳定占有产品和资源的比重。产业结构的关联认为，一个产业的出现，给其他产业活动产生不同效应的直接或间接影响。分为前向效应和后向效应两类。前向效应指某个产业出现后，其产品可作为其他产业的原料供应者，促使产业的延伸和发展。后向效应指某个产业出现后，引起对原料和其他产品的需求，刺激原料产业的萌生和发展。

2. 地域生产综合体

该理论是由苏联地理学家巴朗斯基、科洛索夫斯基率先提出的。依循区域产业结构关联和区际分工协作的基本思想。指在一定区域范围内，根据国民发展的目标和地区资源的特点，围绕一个或若干个具有区际意义的专业化部门（或企业），发展起与其配套协作（直接或间接的）或有其他技术、经济联系的工业部门以及必要的区域性公用工程，共同组成一个密不可分的生产有机体。各部门之间相互依存、相互促进，以实现对地区资源的最大可能的开发和最大效益综合利用。苏联的学者研究认为，地域生产综合体是由一些具有不同功能的部分所组成的，这些组成部分按照它们与综合体内的主导专门化企业的关系又可分为：经营类、关联类、依附类、基础设施类。

地域生产综合体实际上是一种典型的产业集聚，集聚的核心是专门化企业，围绕着这个核心有关联类依附类企业以及所有企业共同享有的基础设施。

苏联从 20 世纪 30 年代开始组建的第一个乌拉尔—库兹巴斯综合体起迄今已经在西伯利亚和远东地区建立了各类综合体。苏联的综合体理论是以传统的计划经济体制为基础的，综合体的投资完全由国家投资完成。与增长极理论相比较，自上而下形成集聚的特征更加明显。西方的产业综合体理论由美国区域科学家艾萨德于 1959 年提出来的。明确提出工业生产综合体是布局于一定区域的一组工业活动，他们属于同一个集团，该集团因技术、生产、市场和其他联系而给每项工业活动都带来相当程度的利益。

2.3 区域空间研究

2.3.1 区域空间的概念与特征

1. 区域空间概念

区域空间是指按照某一标准或者影响因素所确定的范围界线。本质上，区域、空间、区域空间都是指范围界线。因此，区域空间研究实际上是针对区域或者区域系统为研究对象的理论和实践探索工作，其核心侧重点在于空间尺度的探索。

由于各种经济活动的经济技术特点及由此而决定的区位特征存在差异，所以它们在地理空间上所表现出的形态是不一样的。比如，工业、商业等表现为点状，交通、通信等则表现为线状，农业多表现为面状。这些具有不同特质或经济意义的点、线、面依据其内在的经济技术联系和空间位置关系，相互连接在一起，就形成了有特定功能的区域空间结构。一般地，区域空间的形态结构由点、线、网络和域面四个基本要素所组成。为此，区域空间研究根据尺度不同也有微观、中观、宏观尺度的区域空间研究。

2. 区域空间结构

一般来说，区域空间结构是指一个地区各种要素的相对位置和空间分布形式。从经济活动角度定义，区域空间结构是由区域核心、网络系统和外围空间共同组成的。从普遍角度定义，区域空间结构由乡村地域和城镇地域共同组成的。

影响区域空间结构的因素主要有自然地理环境、社会经济活动、人口状况、城市化水平、区域的开放程度、对外联系以及历史文化习俗活动、科技发展水平等因素。区域空间结构是自然、人文因素长期作用的结果。

3. 区域空间形态

区域空间结构中的点是指某些经济活动在地理空间上集聚而形成的点状分布形态。一般地，工业、商业、服务业等部门的组织在空间上因有集聚的要求往往呈现出点状，于是就形成了相应的工业点、商业网点、服务网点等。由于这些点在空间上往往是同位的，因而引起区域内的人口和社会活动也向它们的集聚地集中。集相关经济活动、社会活动和人口于同一个地方的城市也就因此而产生了，并且成为区域空间结构中的重要的点。可见，点是区域经济活动的重要场所，是区域经济的重心所在。经济活动在地理空间上的集聚规模有大小之分，相应地，区域空间结构中的点也有规模等级之分。区域内各种规模不等的点相互连接在一起就形成了点的等级体系。

区域空间结构中的线是指某些经济活动在地理空间上所呈现出的线状分布形态。根据经济活动的性质，线包括了交通线（由铁路、公路、水运、航空等组成）、通信线（由各种通信设施组成）、能源供给线（由各种能源设施组成）、给排水线（由各种水利设施组成），还有由一定数量的城镇作线状分布所形成的线。由城镇所组成的线是区域空间结构中一种综合性的重要的线，在区域经济发展中具有特殊意义，因而往往被称之为轴线。线可以根据组成要素的数量、密度、质量及重要性等分成不同的等级。同类但不同等级的线之间往往在功能上是互补的，它们相互连接，相互补充，共同完成某一种经济活动。

区域空间结构中的网络是由相关的点和线相互连接所形成的。网络是连接空间结构中点与线的载体，网络的意义在于它能够使连接起来的点和线产生出单个点或线所不能完成的功能。网络可以分为单一性网络和综合性网络。前者是由单一性质的点与线组成，如交通网络、通信网络、能源供给网络等。后者是由不同性质的点与线组成。正是由于网络的存在，才可能产生区域经济发展中的各种商品流、资金流、信息流、人流。

区域空间结构中的域面是由区域内某些经济活动在地理空间上所表现出的面状分布状态。最常见的有，农业空间分布所呈现的域面，各种市场所形成的域面，城市经济辐射力所形成的域面。另外，其他经济活动在一定地理空间范围内作较密集的连续分布，也可看作是域面。

由上述分析可知，点、线、网络和域面不是简单的空间形态，它们具有特定的经济内涵和相应的功能。区域空间结构就是由各种点、线、网络和域面相互结合在一起构成的。有学者对点、线、域面之间的组合方式进行了系统的研究，指出有7种组合模式。“点—点”构成节点系统，表现为条状城镇带和块状城镇群。“点—线”构成交通、工业等经济枢纽系统。“点—面”构成城市—区域系统，表现为城镇聚集区、城市经济区。“线—线”构成交通、通信、电力、供排水等网络设施系统。“线—面”组成产业区域系统。“面—面”组成宏观经济地域系统，如经济区、经济地带。“点—线—面”就构成了空间经济一体化系统。具体表现为节点相互依存，域面协调发展，通道配套运行，各种空间经济实体的联系交错密集，呈现网络化系统。

2.3.2 古典区位理论

1. 农业区位论

(1) 杜能农业区位论的背景与目的

杜能（Johan Heinrich von Thunen，1783—1850）于1826年完成了《孤立国同农业和国民经济的关系》（以下简称《孤立国》）一书，奠定了农业区位理论的基础。

杜能农业区位论产生的背景是寻求企业型农业时代的合理农业生产方式。杜能农业区位理论是当时德国（普鲁士）社会经济背景下的产物。19世纪初，普鲁士进行了农业制度改革，所有的国民都可拥有动产，并可自由分割及买卖。取缔了所有依附于土地所有者的隶属关系，农民在法律上成为自由农民，可独立支配属于自己的农场。尽管这种农业制度改革，取消了贵族阶级的许多特权，但贵族却成为大的土地所有者，并由此成了独立的农业企业家。同时，由于土地的自由买卖关系，在这一时期出现了大量的农业劳动者。由农业企业家和农业劳动者构成的农业企业式经营在此时期出现，因此可以说杜能著《孤立国》的时代是企业型农业建立的时代。那么企业型农业建立时代的合理农业生产方式又是什么呢？这是杜能试图要解答的主要问题。

杜能农业区位论研究的目的是探索农业生产方式的地域配置原则。杜能著《孤立国》的时代，在普鲁士的农业领域，著名的农业学家泰尔（A. D. Thaer，1757—1828）的合理农业论占主导地位。泰尔提出为改变普鲁士农业的落后状况，应该在普鲁士全面取代三圃式农业生产方式而改为轮作式农业生产方式。针对上述泰尔的合理农业论，杜能的《孤立国》试图论证对于各地域而言，并非轮作式农业一定都有利这一观点，从而提出合理经营农业的一般地域配置原则。

杜能为了弄清这一问题，从一个假想空间，即“孤立国”出发，探索合理农业生产方式的配置原则。为了研究的需要，杜能本人从1810年起在德国梅克伦堡购置了特洛农场。十多年的农业经营数据他都详细地记载下来，成为他用来检验自己提出的假说的数据基础。根据农场水平的数据检验后，杜能建立起了著名的农业区位论。

（2）杜能农业区位论主要观点

1）理论前提

杜能对于其假想的“孤立国”，给定了以下六个假定条件：一是肥沃的平原中央只有一个城市；二是不存在可用于航运的河流与运河，马车是唯一的交通工具；三是土质条件一样，任何地点都可以耕作；四是距城市50英里之外是荒野，与其他地区隔绝；五是人工产品供应仅来源于中央城市，而城市的食物供给则仅来源于周围平原；六是矿山和食盐坑都在城市附近。

于是产生了下面两个问题：第一，在这样一种关系下，农业将呈现怎样的状态；第二，合理经营农业时，距离城市的远近将对农业产生怎样的影响。换句话说，即为了从土地取得最大的纯收益，农场的经营随着距城市距离的增加将如何变化。

孤立国的前提条件除上述给定的六个外，从需要解答的问题中可知，企业经营型农业是追求利益最大化（即合理的）的农业，因此，追求利益最大化也是其重要的前提条件。

杜能考察问题的方法是“孤立化的方法”。利用这一方法是为了排除其他要素（像土质条件上的肥力，河流等）的干扰，而只探讨一个要素（即市场距离）的作用。即不考虑所有的自然条件差异，而只是考察在一个均质的假想空间里，农业生产方式的配置与距城市距离的关系。这种研究方法即我们通常所利用的两种基本科学方法（演绎和归纳法）之一的演绎方法。

2）形成机制

根据前述各种假设，以及运费与距离和重量成比例，运费率因作物不同而不同，农产品的生产活动是追求地租收入最大的合理活动等前提条件，杜能给出的一般地租收入公式如下：

$$R = PQ - CQ - KtQ = (P - C - Kt)Q \tag{2-2}$$

式中 R——地租收入；

P——农产品的市场价格；

C——农产品的生产费；

Q——农产品的生产量（等同于销售量）；

K——距城市（市场）的距离；

t——农产品的运费率。

地租收入 R 对同样的作物而言，随距市场距离增加的运费增多而减少。当地租收入为零时，即使耕作技术可能，经济上也不合理而成为某种作物的耕作极限。在市场（运费为零）点的地租收入和耕作极限连接的曲线被称为地租曲线。每种作物都有一条地租曲线，其斜率大小由运费率所决定，不容易运输的农作物一般斜率较大，相反则较小。杜能对所有农业生产方式的土地利用进行计算的结果，得出各种方式的地租曲线的高度以及斜率（图 2-1 上部）。因农产品的生产活动，是以追求地租收入为最大的合理活动，所以农场主选择最大的地租收入的农作物进行生产，从而形成了农业土地利用的杜能圈结构（图 2-1 示）。

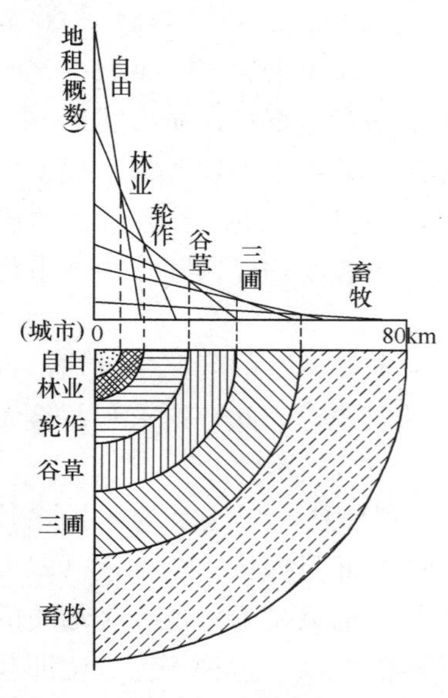

图 2-1　杜能圈形成机制与圈层结构示意图

3）农业生产方式的空间配置原则

如图 2-1 所示，农业生产方式的空间配置，一般在城市近处种植相对于其价格而言笨重而体积大的作物，或者是生产易于腐烂或必须在新鲜时消费的产品。而随着距城市距离的增加，则种植相对于农产品的价格而言运费小的作物。在城市的周围，将形成在某一圈层以某一种农作物为主的同心圆结构。随着种植作物的不同，农业的全部形态随之变化，将能在各圈层中观察到各种各样的农业组织形式。以城市为中心，由里向外依次为自由式农业、林业、轮作式农业、谷草式农业、三圃式农业、畜牧业这样的同心圆结构。

第一圈——自由式农业圈。为最近的城市农业地带，主要生产易腐难运的产品，如蔬菜、鲜奶。由于运输工具为马车，速度慢，且又缺乏冷藏技术，因此需要新鲜时消费的蔬菜，不便运输的果品（如草莓等），以及易腐产品（如鲜奶等）等就在距城市最近处生产，形成自由式农业圈。本圈大小由城市人口规模所决定的消费量大小而决定。

第二圈——林业圈。供给城市用的薪材、建筑用材、木炭等。由于重量和体积均较大，从经济角度必须在城市近处（第二圈）种植。

第三圈——轮作式农业圈。没有休闲地，在所有耕地上种植农作物，以谷物（麦类和饲料作物马铃薯、豌豆等）的轮作为主要特色。杜能提出每一块地的六区轮作，第一区为马铃薯，第二区为大麦，第三区为苜蓿，第四区为黑麦，第五区为豌豆，第六区为黑麦。其中耕地的50％种植谷物。

第四圈——谷草式农业圈。为谷物（麦类）、牧草、休耕轮作地带。杜能提出每一块地的七区轮作。同第三圈不同的是总有一区为休闲地，七区轮作为第一区黑麦，第二区大麦，第三区燕麦，第四区、五区、六区为牧草，而第七区为荒芜休闲地。全耕地的43％为谷物种植面积。

第五圈——三圃式农业圈。此圈是距城市最远的谷作农业圈，也是最粗放的谷作农业圈。三圃式农业将农家近处的每一块地分为三区，第一区黑麦，第二区大麦，第三区休闲，三区轮作，即为三圃式轮作制度。远离农家的地方则作为永久牧场。本农业圈内全部耕地中仅有24％为谷物种植面积。

第六圈——畜牧业圈。此圈是杜能圈的最外圈，生产谷麦作物仅用于自给，而生产牧草用于养畜，以畜产品如黄油、奶酪等供应城市市场。据杜能计算本圈层位于距城市51～80km处。此圈之外，地租为零，则为无人利用的荒地。

4）杜能农业区位论的应用研究

杜能农业区位论尽管是在众多的理论前提下演绎出的一般性理论，但由于抓住了问题的本质，可以用此理论来解释许多现实的土地利用。主要研究实例涉及宏观尺度（国家或大洲范围）、中观尺度（城市范围）以及微观尺度（农村聚落范围）。

宏观尺度的研究事例有乔纳森的研究。他综合欧洲的人口密度，各种农作物、家畜、水果的分布与农业景观，以西北欧为中心划分出七大地带。分别为第一地带（温室、花卉），第二地带（园艺、果品、马铃薯、烟草），第三地带（奶酪制品、肉用牛羊、饲料、纤维用亚麻），第四地带（普通农业地带），第五地带（面包用谷物、油用亚麻），第六地带（牧场），而第七地带则为森林（图 2-2）。

真正意义上的杜能圈结构是以市场（大城市）为中心的城市周围地区的土地利用分布的圈层形态。但由于完全符合“孤立国”条件的地域，在现实中很难找到，因此，严密地与杜能环相符合的研究事例较少，但类似杜能环的研究成果事例却有一些。如 20 世纪 80 年代初，上海市郊区的农业类型围绕城区形成四个圈域：第一圈为距市中心 10km 以内，以蔬菜、奶牛、花卉为主的圈层；第二圈为距市中心 10～20km 之间，是以棉花、蔬菜、奶牛、自给性粮食生产为主的圈层；第三圈为距市中心 20～35km 之间，是以商品粮、棉花、季节性蔬菜为主的圈层；而第四圈为距市中心 35km 以外地区，

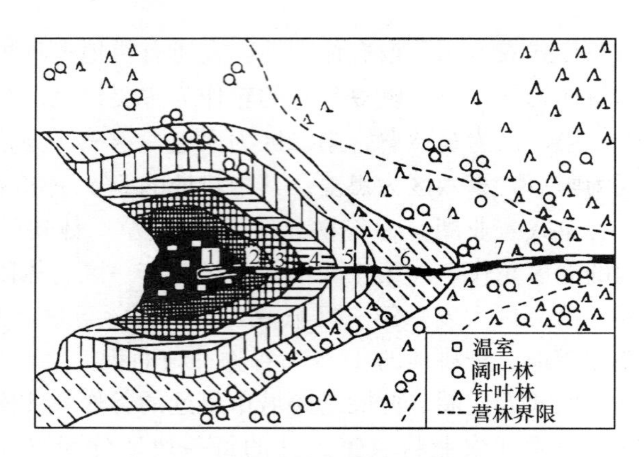

图 2-2　欧洲城市周围的农业地带

以商品粮、棉花、渔业和奶牛为主的圈层。从整体来看，大致可反映出杜能的环状结构来。另外，北京市郊区也有同样的圈层结构表现，近郊区为蔬菜、鲜奶、蛋品；远郊区内侧为粮食和生猪，外侧为粮食、鲜瓜果、林木；而外围山区则为林业、牧业和干果。

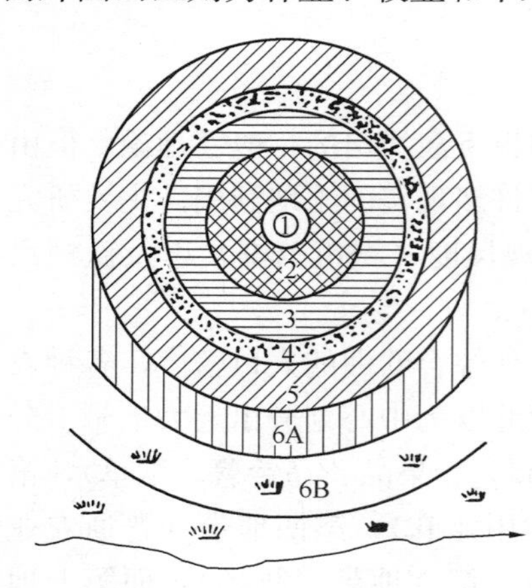

图 2-3　卢旺达村落周围典型的土地利用形态

1—住宅区；2—香蕉地；3—内侧耕地；4—咖啡种植地；5—外侧耕地；6—河谷耕地；A—雨季种植；B—旱季种植

纳瓦佛等人的研究表明，在发展中国家存在有以农村聚落为中心的同心圆状土地利用形态，从而验证了微观尺度的杜能圈模式。在中部非洲卢旺达的丘陵地带，围绕农村居住聚落呈现同心圆状的土地利用状态。即从内向外，依次为：①居住聚落；②芭蕉林；③内侧耕地，无休闲地，集约度高；④咖啡栽培地；⑤外侧耕地，有休闲地，集约度低；⑥丘陵冲积地上的耕地；⑥A 为雨季也耕作的相对干燥地；⑥B 为只有旱季才耕作的低湿耕地（图 2-3）。这种围绕农村聚落为中心的土地利用形态是基于节约时间而出现的，即费时的耕作布局在村落附近。

5）杜能农业区位论的意义

农业地理学上的意义。杜能农业区位论揭示了即使在同样的自然条件下，也能够出现农业的空间分异。这种空间分异源于生产区位与消费区位之间的距离，致使各种农业生产方式在空间上呈现出同心圆结构。除此之外，还有对于农业地理学而言具有同样重要意义的两个原理：第一是不存在对于所有地域而言的绝对优越的农业生产方式，也即只存在农业生产方式的相对优越性；第二是距市场越近，单位面积收益越高的农业生产方式的布局是合理的，由此而形成的农业生产方式布局，从农业地域总体上看收益最大。总而言之，杜能农业区位论的重要贡献在于对农业地域空间分异现象进行的理论性、系统性的总结。

经济区位研究上的意义。杜能农业区位论对经济区位研究而言，其孤立化的研究思维方法具有重要意义。这种方法对于韦伯以及克里斯塔勒等后来的区位理论研究者有很大影响与启发。同时，杜能第一次从理论上系统地阐明了空间摩擦对人类经济活动的影响，用此原理不仅仅可说明农业土地利用，对于其他土地利用仍然有效，是土地利用一般理论的基础。

（3）理论与现实

孤立国条件下的杜能圈，是一种完全均质条件下的理论模式。杜能本人也意识到完全的“孤立国”在现实中很少存在，首先他考察了河流的影响，其次考察了其他小城市的影响，进而考察了谷物价格和土质的影响。

在“孤立国”内，若有一条可以通航的河流存在，由于航运价格大大低于马车运费（杜能假定航运费仅为马车运费的 1/10），那么沿河农场距市场（城市）161km 的谷价仅相当于距市场（城市）16km 的非沿河农场。距河岸 8km、且距市场（城市）161km 的农场也仅相当于“孤立国”中距市场（城市）24km 的农场。由此导致有通航河流存在时，同心圆模式成为沿河流伸展的狭长型分布模式（图 2-4）。当孤立国内不仅有一个大城市，还有其他小城市的情况下，小城市周围的农场需供应小城市农产品，同时小城市需供应周围地区农业生产资料，从而形成以小城市为中心的独立模式。然而，由于很少有小城市向大都市供应物品，这对孤立国的基本模式影响范围较小（图 2-4）。

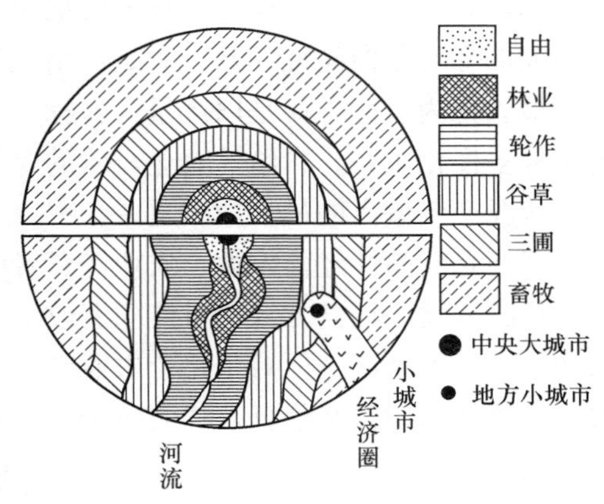

图 2-4　可通航河流和其他小城市对“孤立国”模式的影响

土质一定（谷物产量为 10 斗）时，城市中谷物（裸麦）价格变动于 1.5～0.6 塔勒时，农业的空间分布（如图 2-5 左侧所示）。即随谷物价格降低，商业性谷物种植范围明显向城市中心缩小，相反畜牧圈的面积扩大。

当城市的谷物价格一定（裸麦价格＝1.05 塔勒/斗）时，土质从单产

10～4斗变化时，农业的空间分布（如图 2-5 所示）。随着土质的劣化，单产的降低，谷作农业圈的范围缩小，而畜牧圈的面积扩大。

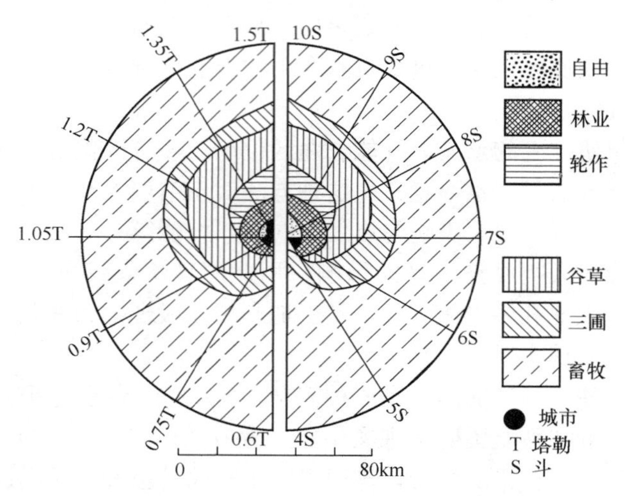

图 2-5　谷价与土质对“孤立国”模式的影响

除上述自然条件的现实与理论差异很大外，杜能圈是建立在以商品农业为基础，而且农场也是以追求最大的地租收入为前提的。现实中，农业中的相当大部分不是商品性经营，而是自给性经营。自给性农业经营一般不是以利润最大化为目标，而是以产量为目标；不强调单一品种专业化生产而强调多品种多样化生产。自给性农业经营的存在是导致杜能模式与现实农业空间分布状况产生偏离的最大原因之一。

即使是商品性经营农业，农业经营者的目的也不是永远不变的。随着经营者年龄变化，经营方针也可能随着改变。此外，即使商品农业经营者的目的是追求最大利润，但对于每个农业经营者而言，他是不可能完全获取关于农业经营的知识以及信息，加之每个农业经营者把握与处理信息的能力又各不相同，因此现实中的农业生产方式的空间配置定会出现同理论上的偏移。

技术发展与交通手段的发达使得杜能理论中起决定性作用的距离因素的制约变小。杜能理论中，主要的陆上交通工具是马车。而现代，随着火车、汽车、飞机等交通手段的发展，高速公路的建设，运送农产品到市场的运费在降低，时间在缩短。冷冻技术、保鲜技术等的发展，生产地到市场的时间距离缩短，使得某些农产品的供求范围伸展到数百或上千千米的空间尺度。因此，在现实中找到杜能所勾画的完整的圈层结构是比较困难的。

在“孤立国”中，杜能只是考虑了农业的土地利用，而没有考虑到城市周围地区的土地利用。一般而言，现代城市周围，不仅仅有农业土地利用，同时也混杂着写字楼、商业、住宅、工厂等各种各样的土地利用。美国地理学家辛克莱尔通过研究美国中西部的许多大城市周围的土地利用，提出了同杜能圈完全相反的城市周围土地利用模式，即所谓的“逆杜能圈”。

他指出，杜能理论在发展中国家即使现在也基本同现实相吻合，然而在发达国家的城市周围，却表现出同杜能圈模式正好相反的地理现实。在工业化、城市化迅速发展的城市地区，由期待地价上升的投机者、开发商以及农民的开发而形成的“无秩序开发状况”随处可见。在城市近处的农民，由于农地可以随时转化为住宅等城市用地，因此对农地的资本和劳动投入少，放弃耕种或者采取临时性耕作现象常见；而远离城市的农民，农地难以转换为城市用地，因此对农地的投入较多，而从事相对集约度高的经营（图 2-6）。

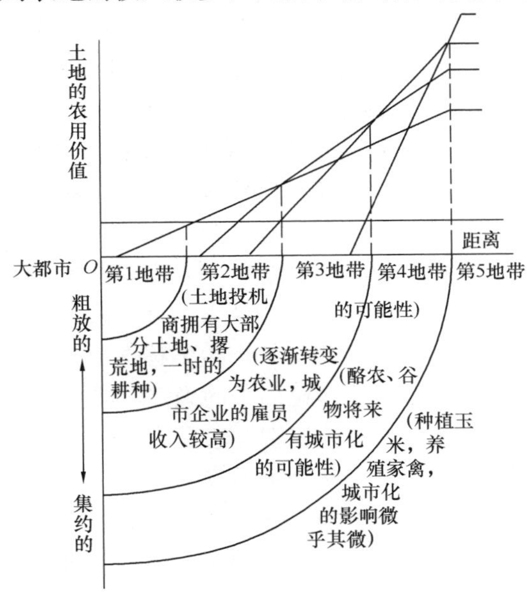

图 2-6 城市蔓延与农业土地利用模式（逆杜能圈）

2. 工业区位论

（1）韦伯工业区位论的背景与目的

韦伯（Alfred Weber，1868—1958）是德国经济学家，他于 1909 年出版了《工业区位论：区位的纯理论》一书，从而创立了工业区位论。韦伯提出工业区位论的时代，是德国在产业革命之后，近代工业有了较快发展，从而伴随着大规模人口的地域间移动，尤其是产业与人口向大城市集中的现象极为显著的时代。在这种背景下，韦伯从经济区位的角度，探索资本、人口向大城市移动（大城市产业与人口集聚现象）背后的空间机制。在上述背景以及目的之下，韦伯在经济活动的生产、流通与消费三大基本环节中，挑选了工业生产活动作为研究对象。通过探索工业生产活动的区位原理，试图解释人口的地域间大规模移动以及城市的人口与产业的集聚原因。韦伯在提出工业区位论之前，对 1860 年以后德国的工业区位进行了详尽的调查，著有《工业分布论》一文，这成为其工业区位论研究的实证基础。

（2）韦伯工业区位论主要观点

1）基本概念与理论前提

在韦伯工业区位论中，有两个重要的概念。其一是区位因子，其二是原料指数。

区位因子（Locational Factors）及其分类。区位因子为经济活动在某特定地点所进行时得到的利益。利益即费用的节约。从工业区位论角度讲，即在特定区位进行特定产品生产可比别的场所用较少的费用。

区位因子分为一般因子和特殊因子。一般因子与所有工业有关，例如，运费、劳动力、地租等；而特殊因子与特定工业有关，例如空气湿度等。在区位因子中，使工业企业向特定地点布局的区位因子，被称为区域性因子。例如，工业受运费的影响，而向某一特定地点集中，那么运费即区位因子中的区域性因子。区域性因子是形成工业区位基本格局的基础。而由集聚利益（相关工业集聚以及相关设施的有效利用）向某一地点集聚，或由于集聚而导致地价上升而向其他地点分散，则为集聚、分散因子。集聚、分散因子对地域条件所决定的工业区位基本格局，产生偏移作用。

一般区位因子的确定。一般区位因子的确定，即在区位因子中寻求与所有工业均相关的区域性因子。具体识别办法是通过分析某些孤立的生产过程与分配过程，找出影响工业生产与分配的成本因素。从工业产品的生产到分配过程中，主要成本包含如下方面：布局场所的土地和固定资产（不动产与设备）费；获取加工原料和动力燃料费；制造过程中的加工费；物品的运费。

在整个生产过程与分配过程中，都必须投入资本与劳动。因此与资本有关的利率、固定资产折旧率，以及和劳动有关的劳动费也必须纳入生产与分配成本中去。因此，一般成本因素如下：布局场所的土地费；固定资产（不动产与设备）费；获取加工原料和动力燃料费；劳动成本；物品的运费；资本的利率；固定资产的折旧率。

在上述七种成本因素中，固定资产的折旧率以及利率没有区位意义；土地费（地租）在考虑集聚、分散因素之前认为是一样的，因此不宜作为区域性区位因子；固定资产费主要反映在购入价格上，一般不与区位发生直接关系。因此可以排除上述七种成本因素中的四种，只剩下以下三种：原料、燃料费，劳动成本，运费。

获取同种同质量的原料与动力燃料的价格，因产地不同而不同，工厂区位在价格相对低廉的原料、燃料地，将有利于成本的节约，因此原料、燃料费是一个区域性区位因子。劳动成本因各区域劳动力供给状况以及生活水准差异变化很大，这种差异水平直接影响到工厂区位是趋近还是远离某一地区，因此，劳动成本是一个区域性区位因子。运费是原料、燃料获取以及产品分配过程中必不可少的成本，同时运费依工厂区位不同而不同，因此，运费也是一个区域性区位因子。由此可知，原料、燃料费，劳动成本，以及运费是影响所有工业的三个一般区位因子。

出于理论研究以及便于处理，可将原料、燃料价格的地区差异用运费差异来替代，这样，影响工业区位的一般区位因子分别为运费和劳动费。

2）构建步骤

韦伯工业区位理论是建立在以下三个基本假定条件基础上的：一是已知原料供给地的地理分布；二是已知产品的消费地与规模；三是劳动力存在于多数的已知地点，不能移动各地的劳动成本是固定的，在这种劳动花费水平下可以得到劳动力的无限供应。在上述三种假定条件下，韦伯分成三个阶段逐步构建其工业区位论。

第一阶段：不考虑运费以外的一般区位因子，即假定不存在运费以外的成本区域差异，影响工业区位的因子只有运费一个。即韦伯工业区位论中的运费指向论。由运费指向形成地理空间中的基本工业区位格局。

第二阶段：将劳动费用作为考察对象，考察劳动费用对由运费所决定的基本工业区位格局的影响，即考察运费与劳动费合计为最小时的区位。即韦伯工业区位论中的劳动费指向论。劳动费指向论，可以使在运费指向所决定的基本工业区位格局发生第一次偏移。

第三阶段：将集聚与分散因子作为考察对象，考察集聚与分散因子对由运费指向与劳动费指向所决定的工业区位格局的影响，即为韦伯工业区位论中的集聚指向论。集聚指向可以使运费指向与劳动费指向所决定的基本工业区位格局再次偏移。

①运费指向论

在给定原料产地和消费地条件下，如何确定仅考虑运费的工厂区位，即运费最小的区位，是运费指向论所要解决的问题。运费主要取决于重量和运距，而其他因素，如运输方式、货物的性质等都可以换算为重量和距离。工业生产与分配中的运输重量主要来源于原料（包括燃料）以及最终产品的重量。下面从原料（包括燃料）入手，讨论工业区位的基本原理。

工业原料（Industrial Materials）的性质和重量。按原料的空间分布状况可分为遍在原料和局地原料。遍在原料即为任何地方都存在的原料，例如普通砂石等；而那些只有在特定场所才存在的原料，例如，铁矿石、煤炭、石油等则为局地原料。根据局地原料生产时的重量转换状况不同，将其分为纯原料和损重原料。纯原料即在工业产品中包含有局地原料的所有重量，而损重原料则为其部分重量被容纳到最终产品中。

运费指向论主要是使用原料指数（Material Index）判断了工业区位指向。原料指数为产品重量与局地原料重量之比，即

$$原料指数\ M_i = \frac{局地原料重量\ W_{\mathrm{m}}}{产品重量\ W_{\mathrm{p}}}$$

原料指数大小，决定理论上工厂的区位。从上式中可知原料指数是生产一个单位产品时，需要多重的局地原料。而在整个工业生产与分配过程中，需要运送的总重量为最终产品和局地原料的和。每单位产品的需要运送的总重量为区位重量（Locational Weight）。

$$\begin{aligned}区位重量 &= \frac{局地原料重量 + 产品重量}{产品重量} \\ &= \frac{局地原料重量}{产品重量} + 1 = 原料指数 + 1\end{aligned}$$

最小运费原理。在生产过程不可分割，消费地和局地原料地只有一个的前提下，依据最小运费原理的区位为：一是仅使用遍在原料时，为消费地区位；二是仅使用纯原料时，为自由区位；三是仅使用损重原料时，为原料地区位。这里，可以用上述的原料指数以及区位重量来得出一般的区位法则：

原料指数（M_i）>1（或区位重量>2）时，工厂区位在原料地；

原料指数（M_i）<1（或区位重量<2）时，工厂区位在消费地；

原料指数（M_i）$=1$（或区位重量$=2$）时，工厂区位在原料地、消费地都可（自由区位）。

在生产过程不可分割，原料地为两个，且同市场不在一起时，其区位图形为一三角形，即区位三角形（图 2-7（*a*））；而当原料地为多个，并不同

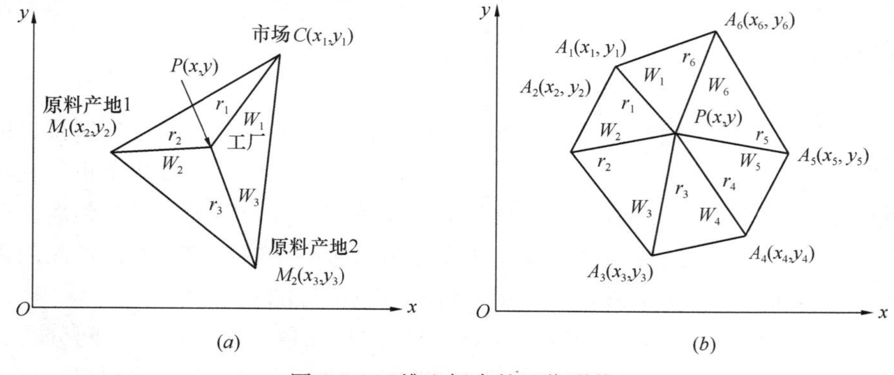

图 2-7　二维坐标中的区位形状

（*a*）三角形；（*b*）多边形

市场在一起，其区位图形为一多边形（区位多边形）（图 2-7（b））。韦伯对于区位的推求，采用了力学方法，即“范力农构架”（Varignnon Frame）（图 2-8）。即在给定生产 1t 供应市场（C）的产品，需原料产地 1（M_1）供应 3t 原料，原料产地 2（M_2）供应 2t 原料的区位三角形（图 2-8）中，工厂区位（P）应该选择在哪里。根据韦伯工业区位论的运费指向论，工厂区位应该在运费最小地点。韦伯假定运费只和距离与重量有关，那么运费最小地点应是 M_1、M_2 和 C 的重力中心（图 2-8）。

“范力农构架”可用以下公式来表示。即对于多原料地和市场的区位多边形而言，求解运费最小点即是求解区位多边形（包括区位三角形）的 P 点的坐标。

综合等费用线。最小运费指向是韦伯工业区位论的骨架，可以用综合等费用线来形象地加以说明。综合等费用线是运费相等点的连线，可以图示如下（图 2-9）。图中，设在单一市场 N 和单一原料 M 下，运输一个单位重量的原料，每千米需 3 个单位货币；而运输一个单位的产品，每千米只需 1/2 个单位货币；这样表示相同运输费用线将分别围绕 N、M 呈同心圆状。同心圆的一个货币单位的间隔就 N 而言，则为 2km；对 M 而言，则为 1km。这种呈同心圆状的线为等费用线。而综合等费用线则为全部运费相等地点的连线，图中 A——B——C——D——E——F 各点的连线，就是运费为 7 个货币单位的综合等费用线。A 点是原料地 M 的 2 个单位，市场 N 的 5 个单位的等费用线的交点；而 B 点是原料地 M 的 3 个单位，市场 N 的 4 个单位的等费用线的交点，依次类推。

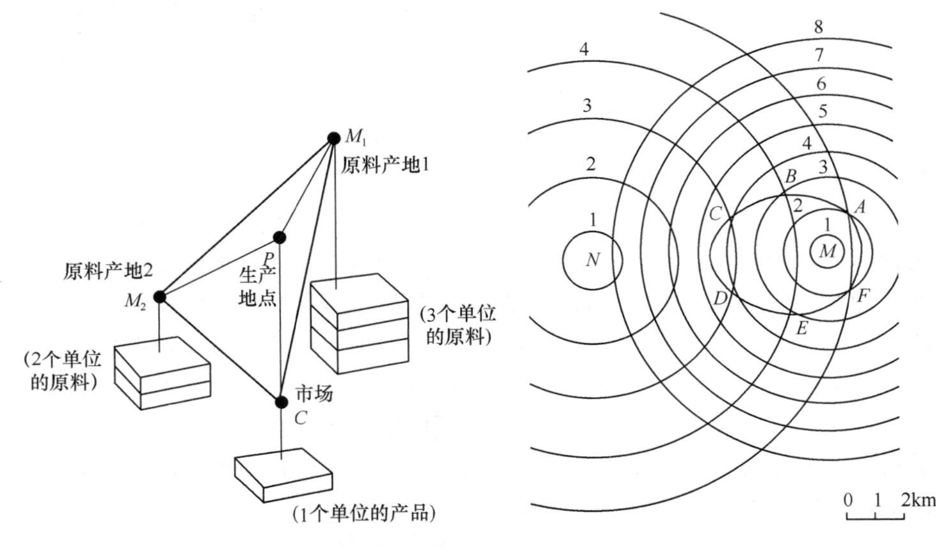

图 2-8 范力农构架（Varignncn Frame）

图 2-9 综合等费用线示意图

②劳动费指向论

运费随着空间距离的变化，表现出一定的空间规律性；而劳动费则不具有这种特性，它是属于地区差异性因子，它是使运费形成的区位格局发生变形的因子。

在此所说的劳动费不是指工资的绝对额，而是指每单位重量产品的工资部分。它不仅反映了工资水平，同时也体现了劳动能力的差距。劳动费主要反映在地区间的差异性上。

韦伯劳动费指向论的思路是：工业区位由运费指向转为劳动费指向仅限于节约的劳动费大于增加的运费。即在低廉劳动费地点布局带来的劳动费用节约额比由最小运费点移动产生的运费增加额大时，劳动费指向就占主导地位。对此韦伯用临界等费用线进行了分析。如图 2-10 中，围绕 P 的封闭连线即从运费最小点 P 移动而产生的运费增加额相同点的连线，理论上说以 P 为中心可划出无数条线，这即相当于图 2-10 中的综合等费用线。在这些综合等费用线中，与低廉劳动供给地 L 的劳动费节约额相等的那条综合等费用线称为临界等费用线。

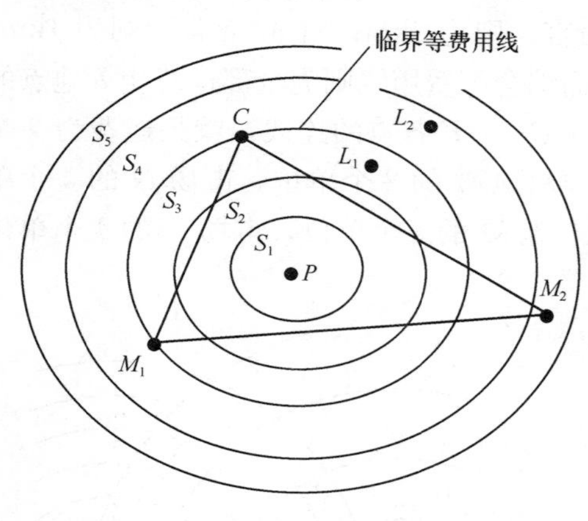

图 2-10　劳动费用最低区位的图解

在图 2-10 中，P 为运费最小地点，劳动力低廉地为 L_1、L_2，如果在 L_1、L_2处布局工厂，分别比 P（最小运费地点）处劳动费低 3 个单位。临界等费用线为标记为 3 的综合等费用线，因 L_1 在临界等费用线的内侧，即增加运费低于节约的劳动费，工厂区位将移向 L_1 处；相反，由于 L_2 在临界等费用线的外侧，则不会转向 L_2 处。

韦伯为了判断工业受劳动费用指向的影响程度，提出了“劳动费指数”的概念，即每单位重量产品的平均劳动费。如果劳动费用指数大，那么，从最小运费区位移向廉价劳动费区位的可能性就大；否则，这种可能性就小。但韦伯也认为劳动费指数只是判断劳动费指向的可能性的大小，而不是决定因素。因为尽管某种产品的劳动费指数高，但如果该产品生产所需要的区位重量非常大的话，也不会偏离运费最小区位。为此，他又提出了“劳动系数”的概念，即每单位区位重量的劳动费，用它来表示劳动费的吸引力。

$$劳动系数=劳动费/区位重量 \tag{2-3}$$

劳动系数大，表示远离运费最小区位的可能性大；劳动系数小则表示运费最小区位的指向强。进一步也可以说劳动系数越高，工业也就会更加向少数劳动廉价地集中。

劳动费指向受到现实中各种各样条件的影响，韦伯把这些条件称为环境条件。在环境条件中，人口密度和运费率对劳动费指向的作用较大。人口密度低的地区自然地劳动力的密度也低，人口密度高的地区劳动力的密度也高。劳动费指向与人口密度相关，人口密度低的地区劳动费相差小，人口密度高的地区劳动费相差大。因此，人口稀疏的地区工业区位倾向于运费指向；人口稠密的地区则倾向于劳动费指向。

工业区位从运费最小地点转向廉价劳动力地点，取决于运费增加程度。当运费率低时，即使远离运费最小地点，增加的运费也不至于很多，从而增加的运费比节约的劳动费少的可能性就大。因此，可使工业区位集中在这个特定的劳动供给地。

综上所述，决定劳动费指向有两个条件：一是基于特定工业性质的条件，该条件是通过劳动费指数和劳动系数来测定；二是人口密度和运费率等环境条件。

韦伯同时也论述了技术进步与区位指向的关系。他认为运输工具的改善会降低运费率，劳动费供给地的指向将变强。而机械化会带来劳动生产率的提高，降低劳动系数，导致在劳动供给地布局的工业会因运费的作用转向消费地。因此，技术的进步会产生两种相反的倾向。

③集聚指向论

集聚因子就是一定量的生产集中在特定场所带来的生产或销售成本降低。与此相反，分散因子则是集聚的反作用力，是随着消除这种集中而带来的生产成本降低。

集聚因子的作用分为两种形态：一是由经营规模的扩大而产生的生产集聚。大规模经营相对于明显分散的小规模经营可以说是一种集聚，这种集聚一般是由“大规模经营的利益”或“大规模生产的利益”所产生。二是由多种企业在空间上集中产生的集聚。这种集聚利益是通过企业间的协作、分工和基础设施的共同利用所带来的。

集聚又可分为纯粹集聚和偶然集聚两种类型：纯粹集聚是集聚因子的必然归属的结果，即由技术性和经济性的集聚利益产生的集聚，也称为技术性集聚；偶然集聚是纯粹集聚之外的集聚，如运费指向和劳动费指向的结果带来的工业集中。

分散因子的作用是集聚结果所产生的，可以说是集聚的反作用。这种反作用的方式和强度与集聚的大小有关。其作用主要是消除由于集聚带来的地

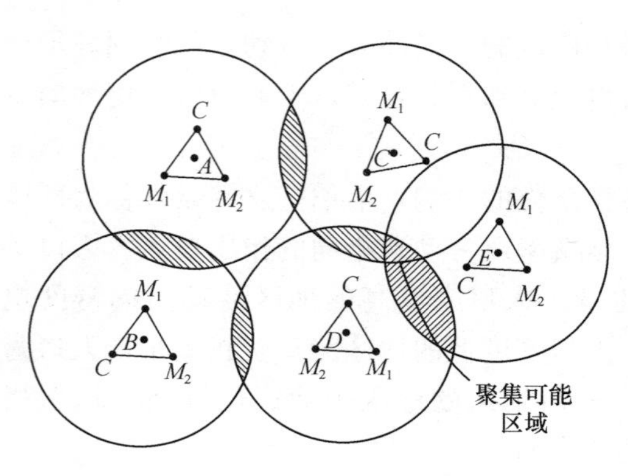

图 2-11　集聚指向的图解

价上升造成的一般间接费、原料保管费和劳动费的上升。

韦伯进一步研究了集聚利益对运费指向或劳动费指向区位的影响。他认为，集聚节约额比运费（或劳动费）指向带来的生产费用节约额大时，便产生集聚。一般而言，发生集聚指向可能性大的区域是多数工厂互相临近的区域。如图 2-11 所示，五个工厂不考虑集聚情况下的费用最小地点在图中的各处，假定当三个工厂集聚可由集聚利益使单位产品节约成本 2 个货币单位。为得到这一集聚利益，工厂必须放弃原有费用最小地点，从而增加运费。工厂的移动的前提必须是增加的运费低于 2 个货币单位。图中围绕各工厂的封闭连线，是同由集聚利益而节约的成本相等的运费增加额曲线，也即临界等费用线。在斜线部分三个工厂集聚可以带来 2 个单位成本的节约，并且又都在临界等费用线内侧，是最有可能发生集聚的区域。

为了判断集聚的可能性，他提出了加工系数的概念，即加工系数等于单位区位重量的加工价值。该系数高的工业，集聚的可能性也大；相反，集聚的可能性就小。

3）韦伯区位论的应用研究

①运费指向论的应用

按照韦伯的原料指数可将现实中的工业分为如下三种类型，并分别分析其区位倾向。

原料指数大于 1 的工业，如钢铁业、水泥业、造纸业、面粉业、葡萄酒酿造业、制糖业和乳制品业等。以水泥工业的区位布局为例分析如下。制造 1t 水泥需要主原料石灰石 1.33t，煤炭 0.43t，黏土 0.35t。当所有的原料都为遍在原料的话，那么，原料指数为 2.11。因此，在原料产地特别是在使用量大的石灰石产地布局的话，运费最低。实际上，现实中大型水泥厂几乎都是在接近石灰石的产地布局。

原料指数比 1 小的工业，如啤酒酿造业、清凉饮料制造业和酱油制造业等。下面以啤酒酿造业为例，就这类工业的区位作分析。生产 1t 啤酒一般需要主要原料水 10t，大麦和啤酒花等 0.03t。需要水较多是因为除啤酒酿造用水外，啤酒瓶的清洗和冷却也需要大量的水。啤酒酿造用水尽管对水质有一定的要求，但水仍可作为遍在原料，而大麦和啤酒花则属于局地原料。

这样啤酒酿造业的原料指数为0.035，是典型的消费指向性工业。现实中，啤酒厂几乎都布局于城市或其周边，即消费者集中的地区。

原料指数大致等于1的工业，如石油精制工业、机械器材组装工业和医疗器械制造工业等。石油精制工业是把原油精制后生产汽油、轻油和重油等石油产品的工业。原油是局地原料从原料到产品其重量几乎不发生变化，接近于纯粹原料，因此，可把石油精制工业的原料指数看作为1。这样从理论上讲，其生产区位是自由型。实际上，从世界石油精制工业的布局来看，既有在原油产地（波斯湾和墨西哥湾等）的，也有在消费地大城市（纽约等）的。

另外，研究工业区位受运费指向作用的实例很多，肯内利依据韦伯的工业区位论中的运费指向，对墨西哥钢铁工业区位进行了实例研究。研究结果表明，墨西哥城北部的两大钢铁工厂（蒙特雷和蒙克洛瓦）的区位，同考虑原料和产品运费最小的理论区位相吻合。其中，蒙特雷完全同运费最小区位点（等费用线最低点P）相重合，而蒙克洛瓦也处于理论上运费较低的区域内。

②劳动费指向论的应用

在其区位论著作中，韦伯测定了当时德国机械、金属和运输机械工业的劳动费指向程度。其测定方法是计算在劳动力源地布局的工业占德国整体工业的比例。其结果为：贵金属工业是62%，金属工业是43%，精密器械和光学器械工业是43%，机械制造业是24%，汽车制造业是24%，电器机械工业是11%，航空机械制造业是0。许多学者对该比例是否严密地表示了劳动费指向抱有疑义，但均认可其大致可反映劳动费指向的基本情况。

实际上，劳动费指数和劳动系数大的纺织业和精密机械零件行业的区位是典型的劳动费指向型产业。如在发达国家，纺织业及其他一些劳动密集型企业的区位基本是由大城市向都市周边和农村地域发展，然后再向发展中国家转移。其原因是在大城市劳动费用高，而都市周边和农村地域却具有大量的廉价劳动力。但远离消费地（大城市）的工业布局会造成与最小运费点和工业聚集地的空间偏离，带来运费增加和不能享受集聚利益的费用增加。因此，一般向都市周边和农村地域分散的工业大都是劳动系数高或者对集聚规模经济利益要求不高，靠单纯劳动可进行生产的行业。

③集聚指向论的应用

工业由分散走向集聚，再由集聚趋于分散已成为工业区位空间运动的一个规律。在这个过程中，有的属于“偶然集聚”，即由“运费指向”或“劳动费指向”带来在原料供给地或消费地的集聚，也有的属于“纯粹集聚”，即为了得到同种行业的集聚利益，而在已形成的区位空间内集聚（如消费地等）。如“二战”后，日本在“三湾一海”形成了高度密集的重化学工业集聚带，其原因是这一集聚带接近日本国内消费地；再则，这些工业的原料几乎100%依靠进口，而大的港口无疑便成为原料供给地，用韦伯的理论来讲是接近原料地，使原料运费最小化。也就是说，是由“运费指向”带来工业向“消费地集聚”和向“原料供给地集聚”的“偶然集聚”。20世纪70年代后，这种集聚有所缓和，特别是京滨工业地带的临海部工业的集聚出现停止。其原因是地价和劳动费上升，造成生产费用的增加。用韦伯的理论来讲是“分散因子”削弱了“集聚因子”的作用。

4）韦伯区位论的意义

如同农业区位论“鼻祖”杜能一样，韦伯是第一个系统地建立了工业区位论体系的经济学者。他的区位论是经济区位论的重要基石之一。他的两部区位论著作不仅是理论研究的经典著作，同时对现实工业布局仍然具有非常重要的指导价值。

如上述分析，韦伯区位论具有以下特色：①韦伯首次将抽象和演绎的方法运用于工业区位研究中，建立了完善的工业区位理论体系，为他之后的区位论学者提供了研究工业区位的方法论和理论基础；②韦伯区位论的最大特点或贡献之一是最小费用区位原则，即费用最小点就是最佳区位点。他之后的许多学者的理论仍然脱离不开这一经典法则的左右，仅仅是在他的理论基础上的修补而已；③韦伯的理论不仅限于工业布局，对其他产业布局也具有指导意义。特别是他的指向理论已超越了原有仅仅论及工业区位的范围，而发展成为经济区位布局的一般理论。

（3）理论与现实

尽管韦伯工业区位论意义重大，但仍然具有局限性，不能期待它解释所有的工业区位现象。这主要是因为有如下方面的理论与现实之间的差距。

第一，韦伯工业区位论中的运费，是重量和距离的函数，并且成比例地增加。而现实中的运费制度则是区段增加并且是远距离递减；运费率往往因原料、产品的不同而不相同，而不是韦伯工业区位论的统一的运价体系；同时，交通网以及运输线路的地形条件不同也影响运费：运输方式不同，即使是运输同样的物品，运价体系也不同。

第二，韦伯假定的完全竞争条件也是非现实的。产品价格，随着远离工厂的运费增加而上升，导致需求减少。需求减少，企业收入必将受到影响。对企业家来讲，不仅关注最小成本的节约，更多的是追求最大利润。

第三，就工厂经营而言，有生计性的经营和企业性的经营。生计性经营一般为小规模作坊式经营，而企业性经营则为相对大规模的工厂式经营。生计性经营往往不太考虑生产成本的场所差异，一般不会意识到最小成本，也不会受最小费用指向所左右。而企业性经营与其说关注成本最小，莫不如说关注利润最大。

第四，工厂区位是由工厂经营者所选定的，而这种决定也取决于决策者的主观因素。即使是完全同样的外部条件，不同的决策者可以选择完全不同的区位。同时，对不同的工厂经营者而言，有关最适区位的信息获取是有差异的，不可能获取完全的信息。即使是能够获取完全的信息，工厂经营者处理信息的能力也是有差异的。

第五，技术进步使得单位产品的原材料消耗下降，以及替代原材料的使用，都使最适区位发生变化，原料地指向弱化，消费地指向增强。技术进步使得产品发生从重、厚、长、大向轻、薄、短小发展，加之交通手段的发展，使得运费对工厂区位的影响越来越小。

第六，交通发达，使得在产品价格中的运费所占的比重越来越小，例如，电子产品（集成电路）中的运费所占比重只有千分之一。现代工业生产对于安全、快速的交通运输体系的支持，加之产品的轻量化趋势的加强，工业区位选择的空间余地进一步加大，越来越多的工厂趋向于空港区位、高速公路出入口区位。

第七，其他诸如地域政策因素，政府在一些地区鼓励工业发展而在另一些地区则限制工业发展，直接影响到工业区位的选择。特别是在企业规模与分工厂经济日益发展的今天，生产和管理相分离，工厂决策更多取决于企业战略等。

总之，当今世界由于技术和交通运输的发展，带来了原料使用量和劳动费以及运费的大幅度削减，本来属于原料地和劳动供给地指向的区位类型现在已变为消费地指向区位类型，特别是一些尖端技术工业布局受地域束缚极小，工业区位的选择范围得以扩大。在这种条件下，工业区位出现了新的指向型，如临空型、临海型和高智能型等区位类型。这些类型的工业区位不能直接地套用韦伯的理论。尽管如此，韦伯工业区位论的意义还是不容忽视的。

3. 中心地理论

（1）中心地理产生的背景与目的

进入 21 世纪，资本主义经济的高度发展，加速了经济活动集聚的进程。城市在整个社会经济中逐渐占据了主导地位，它成为工业、交通的集中点，商业、贸易和服务行业的聚集点。正因为这样，许多经济学家、社会学家和地理学家把研究的焦点对准了城市。在城市的社会和经济行为研究基础上，对城市的形态、空间分布和规模等级也开始了研究。中心地理论就是在这种社会、经济背景下产生的。

中心地理论也称作为中心地方论，是由德国地理学家克里斯塔勒提出的。在他的重要著作《德国南部的中心地——关于具有城市职能聚落的分布与发展规律的经济地理学研究》（中译本《德国南部中心地原理》）中，系统地建立起了这一对地理学尤其是聚落地理学具有重大影响的中心地理论。尽管在克里斯塔勒发表其著作之前，已有许多学者对中心地的等级和职能进行了零星的研究，但缺乏完整的理论体系。而克里斯塔勒则完成了对零散的中心地研究的系统化与理论化。

克里斯塔勒的中心地理论的最大目的就在于探索“决定城市的数量、规模以及分布的规律是否存在，如果存在，那么又是怎样的规律”这一课题。克里斯塔勒从小对地图具有浓厚的兴趣，20 岁进入达姆斯塔特大学学习。德国的地理学特别是城市地理学的知识对克里斯塔勒的影响较大，他除了从事地理学的研究外，还学习了国民经济学。他对韦伯的工业区位论尤其感兴趣。深厚的地理学知识和经济学功底对他创建中心地理论无疑奠定了基础。他从经济学观点来研究城市地理，认为经济活动是城市形成、发展的主要因素。他不仅注意每个具体城市的位置、形成条件，而且对一个区域的城市总体数量、区位、发展和空间结构更加关注，这些早期的研究工作是他形成系统的中心地理论体系的基础。

（2）中心地理论主要观点

克里斯塔勒的中心地理论的产生同杜能的农业区位论具有类似性，也是在大量的实地调查基础上提出的。他跑遍了德国南部所有城市及中心聚落，获得了大量基础数据和资料。在研究方法上，克里斯塔勒作为地理学者一反过去传统的归纳法，运用演绎法来研究中心地的空间秩序。提出了聚落分布呈三角形，市场区域呈六边形的空间组织结构。并进一步分析了中心地规模等级、职能类型与人口的关系，以及三原则基础上形成的中心地空间系统模型。

1）中心地理论的有关基本概念

中心商品（含服务）是指在少数的地点生产、供给，而在多数的地点消费的商品。一般而言，中心商品是在同消费者接触中实现的。故中心商品供应者，如百货商店，一般是在消费者容易到达的交通便利的少数地点布局。中心地职能为供给中心商品的职能。中心地为供给中心商品职能（中心地职能）的布局场所。

中心性是指就中心地的周围地区而言，中心地的相对重要性。也可理解为中心地发挥中心职能的程度。中心性一般可用下式表示：

$$C = B_1 - B_2 \tag{2-4}$$

式中　C——中心地的中心性；

B_1——中心地供给中心商品的总量；

B_2——中心地供给中心地自身的中心商品的数量。

从上式可知，中心性即中心地供给自身中心商品后的剩余，也即从中心地供给其周围区域的中心商品的数量。

以中心地为中心的区域称为中心地的补充区域，也称市场区域或中心地区域。具体说，是中心地的周围从中心地接受中心商品供给的区域。在中心地，中心商品有剩余，而在中心地的周围区域中心商品不足。中心地中心商品的剩余部分便用于补充周围区域的中心商品的不足部分，当两者（供给和需求）均衡时的区域范围也就成为补充区域的范围。

商品服务范围有上限与下限两种。商品服务范围上限是由对中心商品的需求所限定的，为中心地的某种中心商品能够到达消费者手中的空间边界。从理论上说商品服务范围上限为补充区域的边界。商品服务范围下限是由中心商品的供给角度所规定的边界。中心地即为供给某种中心商品而必须达到的该商品的最小限度的需要量，也称作门槛值或最小必要需求量。下限为中心地内该最小限度的消费者的空间范围。

根据中心商品服务范围的大小可分为高级中心商品和低级中心商品。高级中心商品是指商品服务范围的上限和下限都大的中心商品，比如高档消费品、名牌服装、宝石等，而低级中心商品则是商品服务范围的上限和下限都小的中心商品，比如小百货、副食品、蔬菜等。供给高级中心商品的中心地职能为高级中心地职能，反之为低级中心地职能。比如专营某名牌服装的专卖店和经营宝石的宝石店是高级中心地职能，而经营小百货的便民商店则是低级中心地职能。

具有高级中心地职能布局的中心地为高级中心地，反之为低级中心地。比如有宝石店的中心地是高级中心地，而仅有便民商店的中心地是低级中心地。低级中心地数量多，分布广，服务范围小，提供的商品和服务档次低，种类也少。而高级中心地数量少，服务范围广，提供的商品和服务种类也多。在二者之间还存在着一些中级中心地，其供应的商品和服务范围介于两者之间。

中心地的等级性表现在每个高级中心地都附属有几个中级中心地和更多的低级中心地。居民的日常生活用品基本在低级中心地就可满足，但如购买较高级的商品和寻求高档次的服务必须去中级中心地和高级中心地才能满足。不同规模等级的中心地之间的分布秩序和空间结构是中心地理论研究的中心课题。克里斯塔勒实地调查了德国南部不同等级中心地的数量、服务范围、提供的商品种类和中心地人口等，发现最低等级的村镇级中心地 M 数量最多，达 486 个，服务半径仅 4km，提供的商品和服务种类为 40 种，中心地的人口及其服务区人口也较少。随着中心地等级提高，中心地数量也愈来愈少，服务半径却逐渐增大，提供的商品和服务的种类也随之增加。克里斯塔勒的中心地理论最大特征之一是中心地的等级和中心职能是相互对应的。最低等级的中心地具有最低的中心职能，而比其高一级的中心地不仅具有自己固有的职能，同时也兼有最低中心地的中心职能，依此类推，最高级的中心地具备所有等级的中心职能。同时，同一等级的中心地以一定的间隔布局。

决定各级中心地商品和服务供给范围大小的重要因子是经济距离。经济距离为用货币价值换算后的地理距离，主要由费用、时间、劳动力三要素所决定，但消费者的行为也影响到经济距离的大小。因此，交通发达程度如何对于中心地的形成与发展意义重大。

2）中心地三原则与中心地系统的空间模型

克里斯塔勒认为中心地的空间分布形态，受市场因素、交通因素和行政因素的制约，形成不同的中心地系统空间模型。

①市场原则与中心地系统

克里斯塔勒认为在市场原则基础上形成的中心地的空间均衡是中心地系统的基础。

市场原则基础上的中心地系统以下列条件为基本前提：

第一，中心地分布的区域为自然条件和资源相同且均质分布的平原。人口均匀地分布，且居民的收入和需求，以及消费方式都相同。中心地在区域内的任何地方都可布局。

第二，具有统一的交通系统，且同一规模的所有城市，其交通便利程度一致。运费与距离成正比。

第三，消费者都利用离自己最近的中心地，即就近购买，以减少交通费。

第四，相同的商品和服务在任何一个中心地价格和质量都相同。消费者购买商品和享受服务的实际价格等于销售价格加上交通费。

第五，供给中心商品的职能，尽量布局于少数的中心地，并且满足供给所有的空间（所有居民）的配置形式。

第六，中心地职能在同一中心地集聚。

在满足上述的前提条件下，初始时某一区域的任何地点的消费者都可接受均匀分布的中心地提供的商品服务半径相同（克里斯塔勒设定为 21km）的商品服务。根据前提条件第五条的规定，初始状态的中心地分布将呈如图 2-12 所示的六边形结构。六边形结构从数学来看，其面积是仅次于圆的最优结构。但对于中心地区域内的消费者而言，还需要其他商品的服务。比如

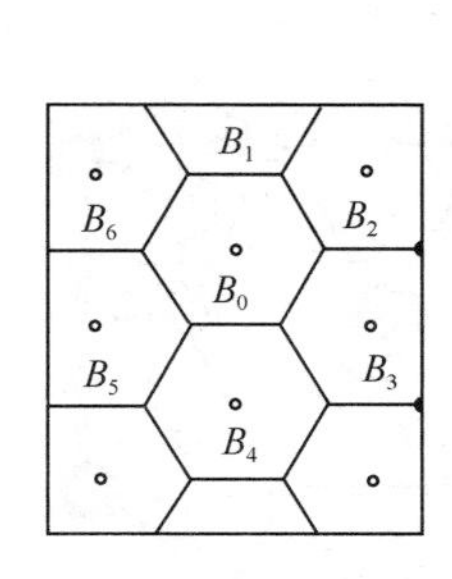

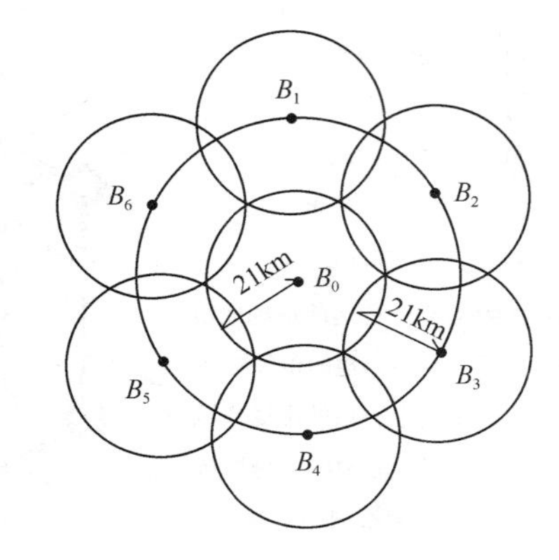

图 2-12　单一中心商品构成的中心地分布结构

商品服务半径为 20km 时，若仍然只靠原有的中心地供应，在每 3 个相邻中心地（B 级中心地）的市场区域之间都将存在着一个空白区（图 2-13 的阴影部分），空白区得不到该级中心地的服务或者说没有包含在该级中心地的市场区域中。这时就会在空白区出现一个次一级中心地（图 2-13 中的 K 级中心地），以满足空白区居民的需要。而这个次一级的中心地一定位于这一空白区的中心，也即上级 B 级中心地市场区域的顶点上。这是因为只有在这点上供应服务范围的运距最短。由 K 级中心地可以供应区域内消费者商品服务半径 12～20km 的所有商品。但当消费者进一步需求 11km 的商品时，若仍仅由 K 级中心地供应，则在 K 级中心地中间，也会出现一个空白区，这样比 K 级中心地低一级的 A 级中心地就会在此布局。以此类推，不同等级的中心地就逐渐形成。各级中心地从上到下组成一个有规模递减的多级六边形空间模型，此时所有中心地达到了空间均衡（图 2-3）。

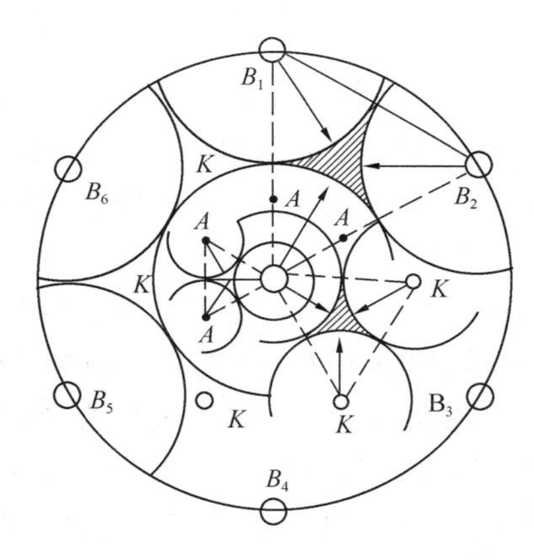

图 2-13　市场原则下的中心地系统形成原理示意图

上述分析的中心地系统的均衡就是在市场原则基础上形成的。克里斯塔勒认为，中心地的市场区域规模是按照一定的比例变化的。比如，上述分析的在市场原则下形成的中心地系统（图 2-14），各中心地的市场区域比其低一级的中心地市场区域大 3 倍，也就是说等级 m（$m>1$）中心地的市场区域内包含着 3 个等级 $m-1$ 中心地的市场区域。

如图 2-14 所示，B 级中心地的市场区域，包括了 1 个完整的 K 级中心

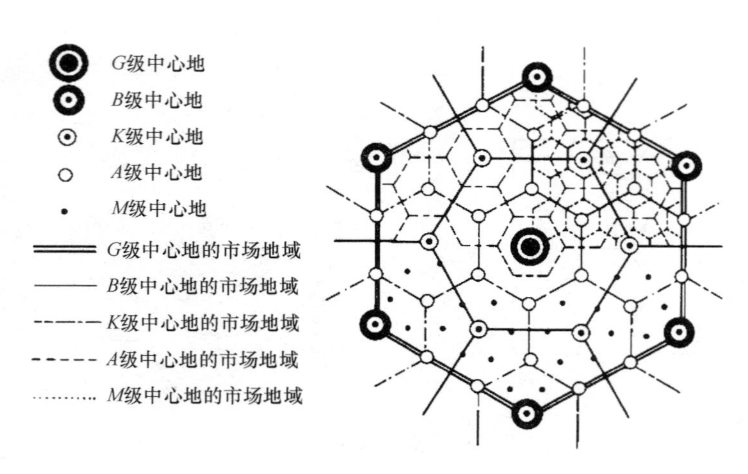

图 2-14　市场原则下的中心地系统

地的市场区域（中心部），在其周围还有 6 个 K 级中心地的市场区域的 1/3 部分。这样 1 个 B 级中心地的市场区域等于 $1+1/3\times6=3$ 个 K 级中心地的市场区域，以此类推，可以得出各等级中心地间的区域数量关系。各等级中心地的市场区域数具有如下关系，即：1，3，9，27，81，…。从这一数字排列关系可看出，是按 3 的倍数在变化，因此在市场原则基础上形成的中心地系统也称为 $K=3$ 的中心地系统。

现在再看一下各等级中心地的数量关系，即一个 m 级中心地包括几个 $m—1$，$m—2$，$m—3$，…，$m—i$（$1<i<m$）个中心地，由图 2-14 可见，每个 $m—1$ 级中心地（如 K 级中心地）包含在 3 个等距离的 m 级中心地中。这样，每个 m 级中心地（如 B 级中心地）共包含着 6 个类似的 $m—1$ 中心地。也就是说，m 级中心地在自己的市场区域内包含着 $1/3\times6=2$ 个 $m—1$ 级中心地。m 级中心地包括几个 $m—2$ 级中心地呢？从图 2-14 可看到，一个 m 级中心地内包含了 6 个 $m—2$ 级（图中为 A 级中心地）中心地。下面再分析一下，m 级中心地包含几个 $m—3$ 级中心地（图中的 M 级中心地）。从图可见，一个 m 级中心地内完整地包含了 12 个 $m—3$ 级（图中的 M 级中心地）；并且，与自己同一等级的中心地的每一条边界线上共同拥有 2 个 $m—3$ 级中心地（6 条边界线共同拥有 12 个，每个 m 级中心地拥有 6 个）。这样，一个 m 级中心地拥有 18 个 $m—3$ 级中心地。由此可得到各等级中心地的数量关系，为 1，2，6，18，54，…。即从区域内次级中心地开始，中心地的数量关系为低级中心地为其上一级中心地的 3 倍。

在市场原则基础上形成的中心地系统，各中心地间的距离的关系也有固定的关系，如图 2-15 所示，上一级中心地之间的距离是下级中心地距离的 $\sqrt{3}$倍。

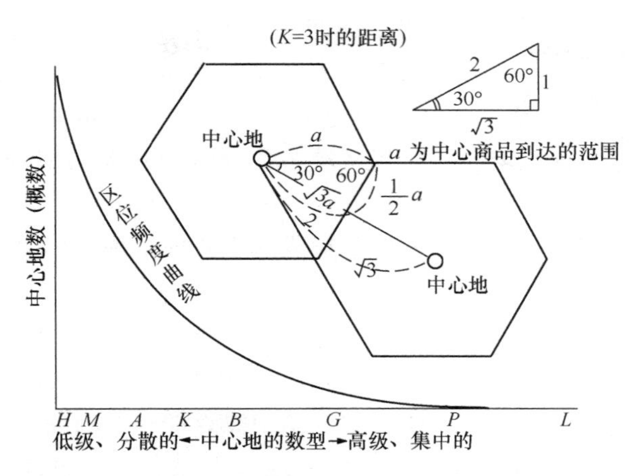

图 2-15　德国南部的中心地的数量和距离[3]

综上所述，在市场原则基础上的中心地系统具有如下特点：一是中心地具有等级性，且其各级的中心地与中心职能相对应；二是中心地按照一定的规则分布，一般是三个中心地构成的三角形的重心是低一级中心地布局的区位点；三是各等级间的中心地数量、距离和市场区域面积呈几何数变化（见表 2-6）。

市场原理基础上的中心地及其服务范围　　表 2-6

中心地等级	中心地数	服务区数	服务半径（km）	服务范围（km^2）	提供商品的种类数	中心地的人口数	服务区人口数
M	486	729	4.0	44	40	1000	3500
A	162	243	6.0	134	90	2000	11000
K	54	81	12.0	400	180	4000	35000
B	18	27	20.7	1200	330	10000	100000
G	6	9	36.0	3600	600	30000	350000
P	2	3	62.1	10800	1000	100000	1000000
L	1	1	108.0	32400	2000	500000	3500000
合计	729	……	……	……	……	……	

②交通原则基础上的中心地系统

交通原则基础上形成的中心地系统的特点是：各个中心地布局在两个比自己高一级的中心地的交通线的中点。比如 $m-1$（$m>1$）级中心地是布局在两个 m 级中心地连接线的中点（如图 2-16）。因此，如果同一级的中心地间铺设一条交通线，那么在这条交通线上布局着比它等级低的所有中心地。

在交通原则基础上形成的各等级中心地的市场区域具有什么关系呢？如

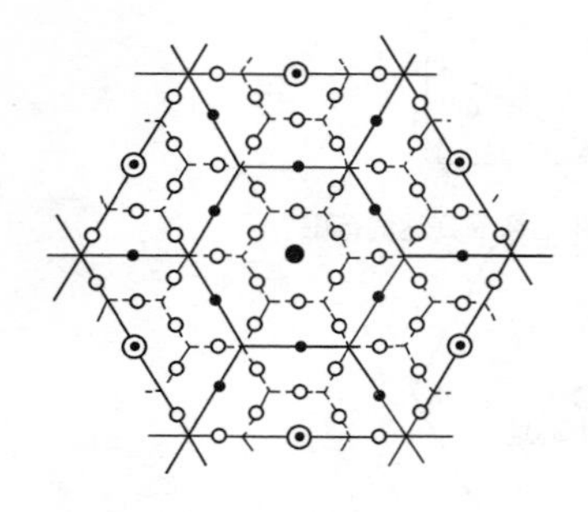

图 2-16　交通原则下的中心地系统

图 2-15 所示，1 个 m 级中心地的市场区域内包含着 1 个完整的 $m-1$ 级中心地和 6 个 1/2（总数为 $1+6\times1/2=4$）的 $m-1$ 级中心地的市场区域。各等级中心地的市场区域关系为：1，4，16，64，256，…。因此，在交通原则基础上形成的中心地系统也称为 $K=4$ 的中心地系统。

在这一条件下，各等级中心地的数量关系又如何呢？由图 2-16 可见，每个 $m-1$ 级中心地（图中黑点加一个圆圈）包含在 2 个等距离的 m 级中心地中，而每个 m 级中心地（大黑点）共包含着 6 个类似的 m—1 级中心地。也就是说，m 级中心地在自己的市场区域内包含着 $1/2\times6=3$ 个 $m-1$ 级中心地。而且，每个 m 级中心地的市场区域拥有 12 个 $m-2$ 级中心地（小黑点），及 48 个 $m-3$ 级中心地（小圆圈）。这样在交通原则基础上形成的中心地系统的中心地的数量关系为：1，3，12，48，192，…。

③行政原则基础上的中心地系统

行政原则基础上形成的中心地系统不同于市场原则和交通原则作用下的中心地系统，前者的特点是低级中心地从属于一个高级中心地。其来由是在行政区域划分时，尽量不把低级行政区域分割开，使它完整地属于一个高级行政区域。如图 2-17 所示，m 级中心地的市场区域大致包含了 7 个 $m-1$ 级中心地的市场区域，而且 m 级中心地的市场区域内拥有 $m-1$ 级中心地数量为 6 个。因此，各等级的中心地的市场区域数为：1，7，49，343，…，以 7 的倍数增加。因此，在行政原则基础上形成的中心地系统也称作为 $K=7$ 的中心地系统。中心地间的数量关系为：1，6，42，294，2058，…。

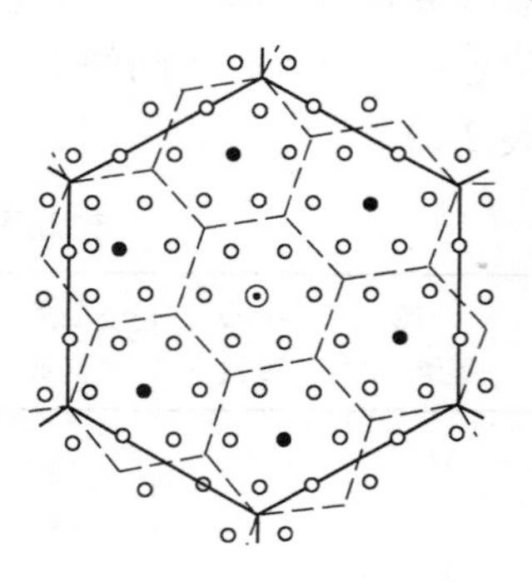

图 2-17　行政原则下的中心地系统

④“三原则”适合的条件

在“三原则”中市场原则是基础，而交通原则和行政原则可看作是对市场原则基础上形成的中心地系统的修改。并且克里斯塔勒进一步分析了“三原则”的中心地系统在怎样的条件下能够发挥出更大的作用。他认为，市场原则适用于由市场及其市场区域构成的中世纪的中心地的商品供给情形。

交通原则适用于 19 世纪交通大发展时期以及新开拓的殖民地国家。另外，也适用于新开发区、交通过境地带或聚落呈线状分布区域。克里斯塔勒还认为，在文化水平高、工业人口多（人口密度高）的区域，交通原则比市场原则的作用大。行政原则比较适用于具有强大统治机构的绝对主义时代，或者像社会主义国家以行政组织为基础的社会生活。另外，自给性强、与城市分离的山间区域内形成的以某一中心地为核心的自给区域，其行政原则的作用相对较强。

克里斯塔勒进一步强调，高级中心地对远距离的交通要求大。因此，高级中心地按交通原则布局，中级中心地布局行政原则作用较大，低级中心地的布局用市场原则解释较合理。

3）中心地理论的实证研究

上述是克里斯塔勒中心地理论的核心，他为了检验自己理论的正确与否，进行了实际研究。首先按照各中心地的中心性的大小进行中心地等级划分。所谓中心性是中心地对周围区域作用的相对意义的总和，实际上是表示中心地职能大小的一个指标。他在德国南部的实证研究中，使用各中心地拥有的电话门数来测定中心性（见下式）。在电话普及的初期，电话拥有门数某种程度上可反映中心地的经济活动状态。

$$Z_z = T_z - E_z T_g / E_g \qquad (2\text{-}5)$$

式中 Z_z——表示中心地 Z 的中心性；

T_z——表示中心地 Z 拥有的电话门数；

E_z——表示中心地 Z 的人口；

T_g——表示对象区域的电话数；

E_g——表示对象区域的人口。

克里斯塔勒根据上述公式对德国南部中心地的中心性进行了计算。然后，根据计算结果把当时德国南部的中心地划分为 7 个等级（L，P，G，B，K，A，M）。最高级的中心地 L 有慕尼黑（中心性为 2825）、法兰克福（中心性为 2060）、斯图加特（中心性为 1606）等，这级中心地基本是以一定的间隔布局。

克里斯塔勒还测定了各级中心地间的距离，他发现最低一级的中心地 M 间的距离为 7km。根据前文所述，高级的中心地间的距离是次一级中心地间距离的 3 倍。那么，理论上从低级到高级中心地各相同等级中心地之间的距离应为：7km，12km，21km，36km，62km，108km，185km。这个结果与当时实际测得的数据很吻合。高级中心地间距大，数量少，而低级中心地间隔小，数量多。他进一步分析了各区域中心地分布类型，在莱茵河谷区域呈直线分布着许多 P 和 G 级中心地，他认为用交通原则解释较好；而慕尼黑的南部区域人口密度比较低，是均质的农业区域，因此，中心地分布受市场原则的作用。

（3）克里斯塔勒中心地理论的意义和存在的问题

1）克里斯塔勒中心地理论的意义

第一，中心地理论是地理学由传统的区域个性描述走向对空间规律和法则探讨的直接推动原因，是现代地理学发展的基础。克里斯塔勒作为地理学者初次把演绎的思维方法引入地理学，研究空间法则和原理，无疑是对地理研究思维方法的一大革命。也正因为这样，他被后人尊称为“理论地理学之父”。

第二，中心地理论是城市地理学和商业地理学的理论基础。具体表现在如下几个方面：一是关于城市等级划分的研究；二是关于都市与农村区域相互作用的研究；三是关于城市内和城市间的社会和经济空间模型的研究；四是关于城市区位和规模，以及职能为媒介的城市时空分布的研究；五是关于零售业和服务业的区位布局、规模和空间模型的研究。

第三，中心地理论是区域经济学研究的理论基础之一。中心地与市场区域的关系，对研究区域结构具有重要的意义。在区域规划中，按照中心地理论可合理地布局区域的公共服务设施和其他经济和社会职能。在这方面德国的研究成果和实际经验可值得参考。

2）克里斯塔勒中心地理论存在的问题

克里斯塔勒的中心地理论尽管对地理学、城市经济学和区位理论作出了巨大的贡献，但仍然存在一些不足之处。当然这种缺陷是从现在的眼光来看的。

第一，克里斯塔勒只重视商品供给范围的上限分析，即中心地的布局是按照上限大小来决定。虽然他也提出了商品的供给下限，但缺乏详细分析。对各种商品得到怎样程度的超额利润论述也不明确。

第二，在克里斯塔勒的中心地系统中，K 值在一个系统中是固定不变的。事实上，由于区域的各种条件作用，所形成的区域模型各等级的变化用一个固定的 K 值无法概括。

第三，克里斯塔勒把消费者看作为“经济人”，认为消费者首先是利用离自己最近的中心地。但在现实中，消费者的行为是多目标的。因此，消费者更倾向于在高级中心地进行经济或社会行为活动。这样会导致高级中心地的市场区域范围扩大，使中心地系统结构发生变形。

第四，克里斯塔勒忽视了集聚利益，事实上，同一等级或不同等级的设施集中布局会产生出集聚利益。而他只重视各等级中心设施的出现，对出现的数量不感兴趣。

第五，中心地理论对需求的增加、交通的发展和人口的移动带来的中心地系统的变化没有进行论述。

2.3.3 增长极理论

1. 早期的空间极化发展思想

增长极（Growth Pole）概念最早是由法国经济学家弗朗索瓦·普劳克斯（Perroux）提出的。20世纪50年代初，他针对古典经济学家的均衡发展观点，指出现实世界中经济要素的作用完全是在一种非均衡的条件下发生的。他通过对实际经济活动的观察，认为"增长并非同时出现在所有地方，它以不同的强度首先出现于一些增长点或增长极上，然后通过不同的渠道向外扩散，并对整个经济产生不同的最终影响。"

普劳克斯的增长极概念是一个纯经济概念，是与地域空间系统无关的概念。他也使用"经济空间"概念，但他把经济空间定义为"存在于经济元素之间的结构关系"。他认为，在经济空间中，经济元素之间存在着不均等的相互影响，一些经济元素施加不可逆的或部分不可逆的影响，就是支配关系，他称之为支配效应。他指出："呈现在我们面前的国民经济像是相对活跃的集合体（一些领头产业、在地理上聚集的产业极与活动极）和相对被动的集合体（受推进产业和依存于地理上集聚的一些活动极的地区）的组合。前者导致后者产业增长现象"。

普劳克斯把经济空间分为三种类型：①作为计划内容的经济空间；②作为受力场的经济空间；③作为均质整体的经济空间。其中第二类型的经济空间是增长极的出发点。这类空间"由若干中心（或极、焦点）所组成。各种向心力或离心力则分别指向或背离这些中心。每一中心的吸引力和排斥力都拥有一定的场，它们与其他中心的场相互交汇。"

普劳克斯在其1955年的一篇论文《增长极概念》中进一步分析了产业支配关系的主要原因是创新能力在产业之间、经济元素之间的差异。认为富于创新的优势经济元素在经济空间中处于支配地位，而其他经济元素则处于受支配的地位。处于支配地位的经济元素具有"推动"效应，它自身的增长和创新会诱导、推动其他经济元素的增长。他认为，那些具有创新能力的增长公司或厂商构成推进型（或称为推动型）产业发展的核心。这些推进型企业通过扩大规模来增加销售和与其联系的其他企业的购买。因此，一个推动型企业的出现将导致一整群企业销售规模的增长。

显然，推动型企业推动效应的大小与其产生外部经济的能力有关。产业外部经济能力愈大的推动型企业，其推动效应就愈大。一般来说，推动效应的大小与产业的关联性相关。凡是前向、后向、侧向联系广的产业，都有较大的推动效应。在普劳克斯看来，增长极既是一个支配性的经济元素，又是一个具有强大推动效应的企业。它是发射离心力和向心力的中心（或极），每个中心都处在其他众多的中心之中，并具有一定的吸引力和排斥力的作用范围。

2. 增长极概念的转化

普劳克斯的增长极概念的原始涵义是模糊不清的。他是从抽象的经济空间出发，强调产业的部门联系，强调推动型企业对区域经济增长的作用。普劳克斯的增长极中的“极”，是指推动型的企业及与其相互依赖的产业部门，而不是地理空间的“极”。他对经济增长的空间结构是不够重视的。虽然1955年他在《“增长极”概念》文章中也注意到了把地域集聚作为极化过程的形成，提到了“在地理上集聚的产业极”，但是他并没有把地域的极化作为增长极的一个内在要素。

尽管普劳克斯提出的增长极本身的涵义比较模糊，基本上是指那些具有强大增长潜力的工业企业，它存在于抽象的经济空间，不是某一个具体的地理位置。然而，增长极这个概念提出后，“几乎一夜之间变成了具有魔力的标记”一时间成为许多学科研究的热门话题，并使增长极理论得到很快的充实和发展。法国地理学家布德维尔（U. Boudeville）在1957年和其他许多学者一起将“极”的概念引入地理空间，并提出了“增长中心”这一空间概念。

布德维尔强调经济空间的区域特征，认为“经济空间是经济变量在地理空间之中或之上的运用”，“增长极概念与推进型产业相关联。……把它作为经济活动在地理上集聚的极化作为不同于全国矩阵的部门复合体系统更为可取。总之，增长极将作为以拥有推进型产业的复合体的城镇出现。”1966年布德维尔给增长极下了一个简要的定义：增长极是指在城中心区配置不断扩大的工业综合体，并在其影响范围内引导经济活动的进一步发展。

布德维尔把增长极同极化空间、同城镇联系起来，就使增长极有了确定的地理位置，即增长极的“极”，位于城镇或其附近的中心区域。这样，增长极包含了两个明确的内涵：一是作为经济空间上的某种推动型工业；二是作为地理空间上的产生集聚的城镇，即增长中心。增长极便具有“推动”与“空间集聚”意义上的增长之意思。

布德维尔的增长中心的思想具有很强的吸引力。他提出了投资应该集中于增长中心，并且增长会从这个中心向周围地区传播的观点。从20世纪60年代起，人们对增长极的研究也自然就沿着部门增长极（推动型产业）和空间增长中心（集聚空间）两条主线展开。

3. 推动型产业的特征和作用机制

在区域规划实践中，利用增长极理论的核心问题之一是如何确定推动型产业。推动型产业是区域发展的领头产业或带头产业，自然也是主导产业。

它在区域经济运作中起着支配作用。这种产业通常应具备如下几个特征。

（1）产品需求收入弹性系数高，市场扩展和生产发展的速度快

产品需求收入弹性系数是指产品需求量的相对变动与消费者相应收入相对变动的比值。其计算公式为：

产品需求收入弹性系数＝产品需求量的增长速度/居民收入增长速度

各种产品的需求收入弹性系数是不完全相同的，有的高，有的低。需求收入弹性系数大于1的产品，表明随着人均收入的增长，该类产品的市场需求量将有不断扩大的可能，因而可进行大规模的生产；需求收入弹性系数小于1的产品，表明产品需求量将随收入的增加而相对减少，需有控制性的发展。需求收入弹性系数越高的产品，其产业发展的前景越好。

（2）有较强的创新能力，尤其是技术创新能力，具有较高的技术进步率

普劳克斯十分注重产业的创新能力，他认为经济元素之间地位的不同，有的处于支配的地位，有的处于受支配的地位，主要的决定性因素是经济元素之间创新能力的差异。创新能力强、技术进步速度快的产业，具有比较强的竞争能力。

（3）产业关联性强，能促进产业综合体的形成

产业关联性大的经济门类，即其前向、后向联系能力大，其产生的外部经济能力就强，它的增长对其他产业产生的波及效应就大，对区域经济的推动也就大。反之，则相反。

（4）生产分布具有高度的空间集中倾向，产品市场却十分宽广，能有全国性的甚至是国际性的销售市场（小区域，大市场）

产品的市场范围与产品的性质密切相关。空间分布集中倾向愈强的生产，其产品的市场范围愈广。

（5）产业的企业规模比较大

企业规模对地区经济的推动力有紧密联系。企业规模大，产品产值高，企业使用的劳动力数量多，创造的利税多，对区域经济的作用和影响就大，产业的增长就能够支撑和推动整个区域经济的增长。相反，企业规模小，在区域经济中的影响力也就很有限，尽管有较强的创新能力，对区域经济的推动作用也是较小。

根据普劳克斯的看法，某区域一旦有了推动型的产业，那么它就可以增加生产的总产出，这是推动型产业对经济体系总产出的直接贡献。同时，推动型产业可以启动其他产业的发展，这是推动型产业对经济体系总产出的间接贡献。这种贡献主要是推动型产业关联，包括前向联系、后向联系、旁侧联系产生扩散效益，带动其他相关产业的发展。由于扩散效益，推动型产业增加单位投入，必然产生若干倍的经济增长，这就是乘数效应。扩散效应和

乘数效应就是增长极的作用机制。

美国经济学家赫希曼（A. O. Hirschman）称这种效应为连锁作用。他认为经济发展的战略应该集中在少数主导部门。这种主导部门要根据在投入—产出中能产生最大的“后向联系”和“前向联系”方面来确定。一旦这样的主导部门被确定在某一地点上，那么新的投资就会受其引导，增值效应就会产生。

4. 增长极对周围区域的影响效果

增长极与周围区域的相互作用关系是增长极及以后提出的发展中心概念提出后，许多学者研究的重要课题。普遍认为，增长极对周围区域的经济发展会产生正负影响效果。

增长极对周围区域产生的负效果是极化作用的结果。由于增长极主导产业的发展，具有相对利益，产生吸引力和向心力，使周围区域的劳动力、资金、技术等要素转移到核心地区，剥夺了周围区域的发展机会，使核心地区与周围区域的经济发展差距扩大。这种负效果被称为极化效果。瑞典经济学家缪尔达尔则在研究极化发展理论时把这一过程称为“回流效应”。他认为，增长中心无论最初的扩展的原因是什么，其内部经济和外部经济的累积增长都会加强这个中心在区域中的地位。这一过程是通过资本、货物和服务等的流动得以实现的。

增长极对周围地区产生的正效果是扩散作用的结果。扩散作用是由于核心地区的快速发展，通过产品、资本、技术、人才、信息的流动，对其他地区的促进、带动作用，提高其他地区的就业机会，增加农业产出，提高周围地区的边际劳动生产率和消费水平，引发周围地区的技术进步。这种正效果被称为扩散效果。赫希曼在研究均衡发展理论时，把这一过程称为“涓滴效应”，也有人形象地把这一效果称为“波及效果”。

为什么推动型产业在某一地点出现后，会产生极化作用？这可以从两个方面加以说明：

第一是规模经济效应。由于推动型产业的快速增长，使生产规模不断扩大，规模经济效应导致生产成本逐渐下降，从而使产品价格下降，进而诱导相关产业进一步得到扩张，并且向核心地区集中，增强核心地区的竞争能力。

规模经济是指随着生产规模的扩大而导致单位产品成本的降低和收益的增加。在技术条件不变的前提下，在较长时期内，企业投入的各种生产要素的增加，即生产规模的扩大，可以得到各种益处，并使同种产品的单位成本比原来生产规模较小时降低。试以工厂生产为例。工厂的生产费用可分为两种，一种是基本不变的固定费用，另一种是不固定的可变费用。固定费用包括厂房地租、经营管理人员的工资、设备保险费和折旧费等，以及各种相对固定的税收等。在已建成投产的生产企业，固定费用与生产规模和生产水平基本无关，如每天生产 10 个单位产品或生产 1000 个单位产品都得花费基本相同的固定费用。可变费用包括原材料、燃料动力、工人工资、运费等，它随产量的增加而成正比例增长。企业的生产费用为固定费用与可变费用之和。其计算式是：

单位产品成本＝单位产品固定费用＋单位产品可变费用

如以 K 表示单位产品成本，C 表示总固定费用，M 表示总产品产量，V 表示单位产品的可变费用，则：

$$K=\frac{C}{M}+V \tag{2-6}$$

若 V 值一定时，则上式中 M 值越大，K 值就会相应地越小。这就是规模经济产生的原因。当然，规模经济也有一定的限度，超过某一限度的规模，又会成为规模不经济。

第二是聚集经济效应。不论是相同的生产部门在某一地点的聚集，还是不同类型的生产部门在同一地点的聚集，都能产生相当的经济效益。这是因为：①生产的聚集，能引起人口的增长，而人口的增长又会引起一系列为居民服务的行业相应的发展，从而带动地方经济的增长；②生产的聚集，将引发科技人才、科技信息的汇集，利于区域产业的创新和发展，从而提高区域的竞争能力；③生产的聚集，势必使一系列为它们服务的生产性和非生产性行业，如金融业、保险业、运输业、商业、供电业、邮政业、电信业、教育业、文化事业、娱乐业等也在聚集地区发展，各行业、各部门可以共同使用公共建筑和公共服务设施，既可以减少各单位的基础设施和服务设施的建设费用，又可以充分发挥这些设施的利用效率；④不同行业、不同部门的聚集，有利于开展专业化协作，发展联合化生产；⑤各种经济部门、各种产业在同一地区的聚集，有利于劳动力平衡，有利于社会就业和社区建设。

扩散作用是与极化作用同时存在但作用方向相反的另一种地域变化过程。它的表现是经济要素从核心地区向外围扩散、展延，从而带动整个区域经济的发展。扩散作用所以能够发生，是由于：

第一，极化中心的带动和促进作用。极化中心的原料、材料、燃料、仪器等物资要依赖周围地区的供应。极化地区的发展，必须从逐步扩大的地域范围内和其外围地区取得日益增多的农副产品、矿产品及各种初级原材料的供应，因而带动、促进了整个区域农业和初级加工工业的发展。极化中心要利用甚至依赖外围广大地域的市场。极化中心先进的技术装备、科学技术和经营管理经验，不可避免地会影响到周围地区，带动整个区域社会经济的进步和科学技术水平的提高。另一方面，极化中心为了满足自身的需要并提高经济效益，势必将一些创新活动，将一些加工过程中的初级加工工业、原料易腐烂变质或者加工后产品不宜远运的加工工业放在外围地区，因而使核心地区以外地区的一些工业生产也得到了发展。

第二，极化中心的经济“外溢”作用。随着极化中心社会经济的发展，原来对极化中心发生过重要作用的一些产业，如劳动密集型的工业、自然资源密集型的工业、某些污染严重的工业、仓储业等逐步向外地转移，而产生极化中心经济“外溢”现象。极化中心的产业外移，是带动和扶持外围地区经济发展的有效举措。极化中心经济“外溢”的另一个重要表现，是极化中心居民的外出旅游。核心地区人口密度大，外出休闲、度假、观光、游玩是居民生活中的一项重要内容。人均收入的增多，交通运输事业的发达，又使外出旅游活动的愿望成为可能。增长极核的外围区域可以通过发展多种类型的旅游业促进经济其他部门的发展。

第三，政府的调节。政府为了平衡地区经济发展，可以通过税收、地价、投资优惠、工业区位等政策、法规对极化过程进行干预，以强化扩散过程，防止和缩小极化中心与周围地区经济发展水平的差距。

增长极的极化作用和扩散作用是同时并存的复合过程。极化作用使区域经济向核心移动，工业、商业、金融等几乎所有的经济部门，以及科技、高等教育、文化体育事业、医疗卫生事业都会集中到一定的极化中心，导致人口、资金、物资向核心聚集，以致造成周围地区经济处于停滞、衰退，甚至萎缩。极化作用将扩大极化中心与周围地区经济发展水平的差距。扩散作用是一种离心力的作用，会使核心地区的信息、资金、产品、人口向周围地区转移，影响和带动周围地区经济的发展，缩小中心极化地区与外围地区经济发展水平的差距。扩散作用将使经济在地区间均衡地发展。

然而，极化作用与扩散作用不仅方向相反，而且作用力的大小也是不相等的。在它们的相互作用过程中，极化作用的强度比扩散作用的强度更大。因为增长极的出现，就意味着增长在地区之间的不均等，这是其本身不可避免的伴随物和出现的条件。人们可以从城乡关系等现实中体会到，在强大的市场经济规律作用下，如果没有政府的干预，极化中心与周围区域发展的差距将是在新水平上的扩大，而不是缩小。瑞典经济学家梁达尔通过分析经济发达地区与落后地区的关系，提出了累积因果循环理论。他认为市场力的作用通常是倾向扩大而不是缩小地区间的差异。在增长极的作用过程中，回流效应（即极化作用）总是大于扩散效应的。在市场机制自发作用的情况下，会出现发达地区越来越富，贫困地区相对越来越穷的现象。要缩小地区差距，唯一可行的办法是加强国家干预。

当然人们的认识不是完全一致的。美国发展经济学家赫希曼认为，增长极的“极”的累积性集中增长，在起始阶段会扩大中心与外围之间的差距，或扩大增长性地区与落后地区之间的差距，但是从长期看，地理上的涓滴效应（即扩散作用）将足以缩小区域之间的差距。因为增长的累积性集中不会无限地进行下去，一旦推进型企业的增长在国家领土的一部分生根，显然会产生一种力量来作用于领土的其他部分。这种趋势的不可避免性是由于增长中的“极”会产生集聚不经济，从而促进工业的分散，使地区差距趋于缩小。

5. 极化方式与扩散方式

（1）极化方式

极化是外围向中心的移动过程，形式多种多样。从极化波及和影响的范围来看，可以是全国性的，也可以只是地方性的。如深圳，如把经济地特区当作一个增长极来看待，则深圳经济特区的影响、波及范围非常之大，在开放初期全国各省市几乎都到那里开办联络点或设立办事处，深圳明显起到全国性增长极的作用。又如上海浦东，自从 20 世纪 90 年代把浦东作为开发的重点后，浦东的吸引力和辐射力达到了整个长江流域，其金融市场的辐射力更超出长江流域，波及全国许多省市，显然浦东亦具有全国性增长极的意义。有些增长极所处的区位条件较差，产生的推动作用亦较小，因此其吸引力和辐射力所能波及的地域范围就比较有限，往往只具有区域性或地方性的意义。

从增长极的数量和分布来看，一个区域可能只有一个极化中心，为单极吸引方式；一个区域也可以出现多个极化中心，形成多极吸引方式。如珠江三角洲，在改革开放前长期是以广州为中心的单极吸引方式。但自 20 世纪 80 年代中期以后，随着深圳和珠海经济特区城市的发展壮大，逐步形成了以广（州）佛（山）、（香）港深（圳）、珠（海）澳（门）三个双城为核心的多极吸引方式，珠江三角洲各地同时受到上述三个极核的吸引作用。

从极化现象的地域空间形态来看，也有多种形式。有向心式极化，即周围区域向极化中心的极化过程；有等级极化，即基层小节点，向区域次级增长极极化，而次级增长级又向首级增长极极化；有波状圈层式极化，即极化现象是围绕极化中心向外作波状圈层式展开。在一个区域中，几种极化方式可能同时存在。如乡镇首先向县内各中心城镇极化，各镇和中心城镇又向县城极化；各县城又向邻近的中心，如向中等城市极化；各县城和各中等城市再向省内的首位城市，如特大城市极化，呈现出等级式与网络式的极化过程。

（2）扩散方式

扩散是由极化中心向外围的移动过程。其作用方向恰好与极化方向相反。极化是向心流动，扩散是离心流动。扩散也有多种多样方式。

从扩散影响的范围来看，可以分为全国性的扩散和地方性的扩散。如果把香港看成是一个强大的增长极，它是世界性的金融中心、贸易中心和运输中心，香港城市辐射能力波及全国各地，香港可称之为影响全国的一个扩散中心。

从区域扩散中心的数量来看，它与极化中心数量是相应的。在一个区域中，可能只有一个中心扩散，为单核辐射方式；也可以有几个扩散中心，存在多极扩散，形成多极辐射方式。

从扩散作用的地域空间形态来看，同样有多种方式。对应于极化方式有：核心辐射扩散，即由极化中心向四周扩散，主要发生于中心城市向近郊或近邻地区扩散；等级扩散，即按照增长中心的等级层次，由高级到低级逐渐进行辐射，在这种扩散的方式中，与极化中心的距离因素将退为次要的地位；波状圈层扩散方式，由极化中心向外围逐步辐射，此时距离因素将明显发挥作用；跳跃式扩散方式，即极化中心的对外辐射，不受中心的等级层次和距离的影响，直接由高等级中心向低层次的中心或区域辐射。

与极化方式相类似，在一个区域内可能同时存在着多种扩散方式，既有核心扩散，又有等级扩散、波状圈层式扩散和跳跃式扩散等几种方式。

6. 对增长极理论的评价

自从普劳克斯提出增长极的概念后，模糊不清的“增长极”概念，一下子便具有魔术般的吸引力，引起各方面的广泛关注。以后，增长极、增长点、增长中心、发展中心、生长点等概念不断地出现在众多的描述性研究和规划研究的文献中。增长极理论不断得到修正和补充，并被广泛运用到区域规划的实践中。法国、英国、意大利、巴西、印度等许多国家先后都曾以增长极理论作为地区发展规划的指导。但是，由于增长极的极化效应和扩散效应是不相等的，在发展中国家和地区，增长极的极化效应往往比扩散效应大得多，因此有些国家应用增长极的发展理论并未引发起增长极腹地的快速增长或发展，落后地区的状态没有明显的改变，反而扩大了它们与发达地区之间的差距，特别是城乡之间差距的扩大。所以从 20 世纪 70 年代起，许多人开始怀疑增长极理论在区域开发和区域规划中的有效性。

不少人在对增长极的持续研究中取得了一系列富有意义的理论成果。如布赛尔在 1979 年 3 月于加拿大召开的关于平等、相互依赖和国际组织讨论会上，在其提交的论文《增长极：它们死了吗?》中，重新检验了增长极战略的目标，分析了促进战略目标实现的关键以及不同区域增长极战略的不同形式。又如英国的经济学家理查逊认为，断言增长极政策无效的结论为时过早。他认为，扩散效应和回流效应是随时间推移而变化的。整个过程可分为三个阶段：第一阶段是回流效应大于扩散效应；第二阶段是扩散效应增长，回流效应减弱；第三阶段是扩散效应继续加强，回流效应降至零。从第一阶段至第三阶段约需 15 年或更长的时间。

增长极理论是区域开发中不均衡开发理论的一个典型。它强调据点开发，强调集中开发、集中投资、重点建设、集聚发展、政府干预、注重扩散等，使它具有广泛的应用性。增长极理论强调经济结构的优化，着重发展启动型工业，也强调经济地域空间结构的优化，以发展中心带动整个区域。而且经过后人的不断发展，已派生出增长中心、生长点的概念和核心—边缘理论、发展中心理论等，增长极理论已成为内涵十分丰富的一个理论。

增长极理论对于区域开发和区域规划有重要的指导意义。增长极对于区域经济发展的积极影响有两个方面：一是极化中心本身的经济增长；二是极化中心对周围地区的影响。前者是集聚效果，后者是增长极的扩散效果。集聚效果是有关的生产和服务职能在地域上的集中而产生的经济效果和社会效果，主要通过规模经济和生产协作、生产联合、城市建设、资源合理利用等外部经济的节省而实现的。增长极的扩散效应，既表现在区域经济总量的增长上，也表现在区域经济部门结构的变化和区域经济空间结构的变化上，是通过区内的乘数作用和区际乘数作用来实现的。

中国在 20 世纪 80 年代的区域开发理论探求中已引入增长极理论，并把它作为一种有效的政策工具加以应用。在区域规划实践中，应用增长极理论时需要特别注意如下几点：

一是增长极与城镇的关系。不能把增长极与城镇等同起来。增长极一般要依托城市，或在城市附近建立，但并不是所有的城镇都是增长极。增长极是指具有发动型工业的产业集聚点，它能在一定的地域范围内起到经济集聚与扩散的作用，同地方经济融合为一体。只有具备发动型或启动型工业的城镇才能算是区域的增长极。

二是增长极类型与规模的选择。要根据当地的资源、对外经济联系条件和社会经济基础，根据市场的变动趋势，选择启动型工业，确定适合本区域发展的主导部门和发展规模。

三是选择适宜的地点培植增长极。增长极通常不是布置在原有相当规模的城镇建成区中，而是在原有城镇的附近或边缘，在不发达的较低层次的发展轴线上。这样既可以使增长极有充分的发展余地，又能使一定区域获得增长极带来的社会经济效益。

四是充分发挥增长极的功能。增长极最主要的功能是启动型的工业，核心是建立强大的工业系统。但增长极也应该是创新中心，社会交往和信息集聚中心及服务中心。因此，增长极既要大力培育启动型工业，也要大力发展满足区域发展多种社会职能的服务设施。

五是增长极的体系。要从城镇体系发展的要求出发，考虑增长极的体系问题。既有全国一级的增长极、相当于省、区级的增长极，也要有省内地区级增长极、县内增长极。增长极形成体系，必然要考虑增长极的分工与联系。

六是对增长极要集中投资。完善增长中心各项基础设施建设，建立相应的经济体制，创造有利于增长极发育成长的软环境，产生较高的投资效果。

当然，要清醒地注意到，增长极的极化作用是很强的，而扩散作用比较微弱，实施增长极策略，有可能造成地区经济发展水平差距的扩大，增大地区之间发展机会的不平等。其次，增长极一般以城镇为依托，又常不在已有的建成区，这种地方交通一般不便，生活服务设施相对较差，投资者往往又不愿意在这种新区投资，给增长极策略的实施带来困难。再者，增长极一般以现代工业为目标，技术装备和管理方法较为先进，培育增长极并不可能解决很多的就业问题。

2.3.4 核心—边缘理论

核心—边缘理论是解释经济空间结构演变模式的一种理论。虽然普洛夫（H. Prow）在分析世界经济空间组织格局时，曾把美国分为中心区和边缘区两部分，德莱西（F. Delaisi）也曾把欧洲分成由工业的中心区和农业的腹地区组成的中心—外围空间结构，但是较为系统、完整地提出“核心—边缘”演变模式的，还是美国区域发展与区域规划专家 J. R. 费里德曼（Frfedman）于 1966 年关于区域发展演变特征的研究，以及根据 K. G. 缪尔达尔（K. G. Myrdal）和赫希曼（A. D. Hischman）等人有关区域间经济增长和相互传递的理论，提出了核心与外围（或核心与边缘）发展模式。该理论试图解释一个区域如何由互不关联、孤立发展，变成彼此联系、发展不平衡，又由极不平衡发展变为相互关联的平衡发展地区域系统。

由于核心—边缘理论基本上是以极化效应（即向心倒流效应）和扩散效应（即离心扩散效应）来解释核心区域与边缘区域的演变机制，与增长极理论的机制解释有许多类似之处，故有些人常把这两种理论互相混淆，或者互相替换。又因为核心与边缘的关系有一定的控制和依赖的关系，与西方所谓激进经济学派的依附理论有一定的相似性，故有人也将该理论与依附理论相提并论，或视为同一。

1. 经济增长的空间动态过程

（1）工业化前期阶段

在工业经济不发达的时期，生产力水平也极低下。区域经济结构以农业为主，工业产值比重小于10%，商品生产不活跃，各地方基本上自给自足，经济发展水平的差异比较小，区际之间经济联系不紧密，彼此孤立。城镇的产生和发展速度慢，各自成独立的中心状态。多数城镇的规模都比较小，城镇等级系统不完整。

产业发展特征主要有：经济水平低下，发展缓慢，区域产业结构单一，一般以第一产业为主，其在区域经济中占有较大份额。农业是区域经济的主导产业，一般占整个经济的50%～80%。手工业和商业占有份额较少，手工业往往以传统技艺或手工操作为主。从资源投入密度来看，以土地和劳动力投入最多，生产目的主要是本区域居民生产和生活必需的需求，是一种自给自足的经济系统。

（2）工业化初期阶段

随着社会分工的深化，生产的发展，商品交换日益频繁，在某些位置优越、资源丰富或交通方便的地方，成为物资集散交换的中心，加工业和制造业得到发展，进而出现很高的经济增长速度，发展成为核心，也就是城市。相对于这个中心来说，其他地区就是它的边缘。在这个阶段，工业产值在经济中的比重一般在10%～25%之间。核心区域与边缘区域经济增长速度不同，差异扩大。这种关系一旦形成，核心区域就可以依靠它的支配地位，不断吸引边缘区域的劳动力、资金和资源，从而具有更大的发展优势，产生回流效应。边缘区域的人力、资金、物资向核心区域流动，核心地区也不断向边缘区域扩展，也就是城市化过程。核心区域经济实力增大，必然导致政治力量集中，使核心区域与边缘区域发展不平衡进一步扩大。

产业发展特征主要有：在区域农副产品和矿产资源开发的基础上，逐步形成以第二产业为主的主导工业，并在其带动下，逐步经历经济的非农化、综合化、重工业的过程。区域经济发展明显加快，区域经济的开发性也显露出来，并参与大范围的劳动地域分工。因此，其发展一方面需要本区域市场和原料的支撑；另一方面，也需要区外市场交换和资源的补充。此时，产业结构由单一型的第一产业为主，一、二、三的排列次序，演变为第二产业为主的二、一、三型的结构组合。

（3）工业化成熟阶段

又称为快速工业化阶段，工业产值在经济中的比重占25%～50%。核心区域发展很快，核心区域与边缘区域之间存在着不平衡的关系，并存在四个矛盾：一是权利分配问题，核心区域是决定政治、经济的权力区域，绝大多数的政策、决定都由核心区域制定，然后才下达到边缘区域；二是资金流动，多数资金都流向核心区域；三是技术创新，几乎所有的大学、科研机构都集中在核心区域，因此创新几乎都由核心区域流向边缘区域；四是人口流动，劳动力一般都由边缘区域流向核心区域，极少会倒流。所以，核心区域对边缘区域起着支配和控制作用。由于核心区域的效益驱动以及核心与边缘之间的矛盾越来越紧张，边缘区域内部相对优越的地方便会出现规模较小的核心区域，把原来的边缘区域分开，边缘区域逐渐分开且并入一个或几个核心区域中去。

产业的主要特征有：随着区域工业化快速发展，人均收入不断提高，以第二产业发展的原料工业为主转向以加工—组装为重心的结构，工业加工深度不断提高，经济综合化趋势不断增强，第三产业——服务业成为劳动力市场的主要导向因素，第三产业的就业率往往超过第一、第二产业，第二产业在国民经济中仍占主导地位。这一阶段产业结构的位次，往往表现为二、三、一型组合特征。

（4）空间相对均衡阶段

亦称之为后工业化阶段。核心区域对边缘区域的扩散作用加强，如核心区域需要从边缘区域得到更多的原材料和农产品，其规模经济所产生的剩余资本也投向边缘新的发展区，核心区域的先进技术将向更大的范围扩散，出现资金、技术、信息等从核心区域向边缘区域流动加强的特征。边缘区域产生的次中心逐渐发展，并趋向于发展到与原来的核心区域相似的规模，基本上达到相互平衡的状态。次级核心的外围也会依次产生下一级的新的核心，形成新的核心与边缘区域。整个区域成为一个功能上相互依赖的城镇体系，形成大规模城市化的区域，又开始了有关联的平衡发展。

产业的主要特征有：加工—组装工业高度发展，耐用消费品的全面普及，意味着第二产业为主的结构已走到尽头，随之而来是进入后工业化阶段。其主要经济特征是，知识、技术是推动区域经济发展的主动力，实现了社会信息化与产业高技术化。生物工程、光纤通信、海洋开发、自动化控制、航天技术等知识、技术密集型产业将成为主体，为高科技发展服务和为优质生活服务的产业得到进一步发展。此时，区域产业结构表现为以第三产业为主的三、二、一型结构模式。随着现代科学技术的发展，第三产业与知识、信息服务直接相关的产业又得到很大发展，正在形成一个新兴的独立的产业部门，即第四产业。目前，关于第四产业定义不尽相同，尚未形成统一认识，但一般可以称为知识或信息产业。这种知识信息产业主要是提供软件和无形服务。一旦第四产业形成并成为国民经济的主导产业，区域国民经济将出现质的飞跃，将由工业经济社会进入知识经济社会。第一产业的重塑，农业用现代知识、技术进行武装，第二次“绿色革命”的到来，动植物基因的重组，将从根本上改变农业完全依赖自然的状况。第二产业的改造，使原料、资本、劳动力等生产要素将退到第二位，知识、信息等智力要素将成为第二产业发展的新的动力。第三产业中金融、教育及闲暇服务部门将异军突起，并出现知识经济时代新的产业集合。

2. 经济活动的空间结构形态

经济活动的空间结构形态与经济发展水平相关。在不同的经济发展阶段，会出现不同的空间结构形态。依据核心—边缘理论，经济活动空间结构形态基本上可分为四种，即离散型、聚集型、扩散型、均衡型。

（1）离散型

生产力发展水平低下，经济活动前后向联系少，城市化水平极低，工业不发达，经济活动以小地域范围内的孤立、分散、封闭状态为特征。城镇规模小，职能较单一，等级均衡，同级城镇间联系不密切。城镇间的联系，以上下等级之间的行政、商业及其他服务性活动的联系为主。

（2）聚集型

商品经济的进一步发展，使区域中具有区位优势的城镇快速成长，形成极化发展的空间结构。城镇之间的横向联系也逐步加强，中心城市逐步形成。城市首位度提高，城镇数目比（即下一等级城镇数量与上一等级城镇数量之比）增大，城市化进程加快。

（3）扩散型

进入工业化成熟阶段，中心城市已具有相当大的规模，对区域的扩散作用日渐增加，周围城镇得到发展，成为新的增长点。随着扩散作用的日益加强，城市等级系列规模基本形成，各城镇的基础设施日益完善，小城镇数量增多，城镇职能分工和互补性明显。

（4）均衡型

区域经济已进入繁荣、发达、产业结构高技术化阶段。知识和信息成了推动生产力发展的主要动力。区域生产力逐步向均衡化发展，极化与扩散作用出现均衡。中心城市发展速度减缓，并出现郊区化、逆城市化现象。城市间联系密切，城市体系出现网络化、多中心的特征。

3. 核心区域与边缘区域的划分

什么是核心区域，什么是边缘区域？所有的空间极化理论对此都没有确切的定义。弗里德曼为了弄清区域发展不平衡和差异的程度，以便有针对性地制定区域发展政策，曾认为任何一个国家都是由核心区域和边缘区域组成。核心区域是由一个城市或城市集群及其周围地区所组成。边缘的界限由核心与外围的关系来确定。弗里德曼划分的区域类型有如下几种：

（1）核心区域

弗里德曼所指的核心区域一般是指城市或城市集聚区，它工业发达，技术水平较高，资本集中，人口密集，经济增长速度快。核心区域是经济发达地区。它包括如下几类：①国内都会区；②区域的中心城市；③亚区的中心；④地方服务中心。

（2）边缘区域

边缘区域是国内经济较为落后的区域。它又可分为两类：过渡区域和资源前沿区域。过渡区域又可以分为两类：

上过渡区域。这是联结两个或多个核心区域的开发走廊，一般处在核心区域外围，与核心区域之间已建立一定程度的经济联系，受核心区域的影响，经济发展呈上升趋势，就业机会增加，能吸引移民，具有资源集约利用和经济持续增长等特征。该区域有形成新城市、附属的或次级中心的可能。

下过渡区域。其社会经济特征处于停滞或衰落的向下发展状态。这类区域可能曾经有中小城市发展的水平，其衰落向下的原因，可能是初级资源的消耗，产业部门的老化，以及缺乏某些成长机制的传递，放弃原有的工业部门，与核心区域的联系不紧密。

资源前沿区域，又称资源边疆区，虽地处边远，但拥有丰富的资源，有开发的条件。这类区域有资源的发现和开发，可能出现新的增长势头，同时在这里有新聚落，有城镇形成的可能，资源前沿区域有可能发展成为次一级的核心区域。

核心区域与边缘区域会随着经济的发展发生变化。弗里德曼曾以美国核心—边缘区域的模式做过实例分析。他认为 19 世纪和 20 世纪初期，随着来自欧洲的资本、劳动力在美国东北部的集中，东北部成为美国制造业的中心，使该区域经济迅速发展，从而成为核心区域。该区域成为核心区域后，由于集聚经济和规模经济效应，东北部沿海一带发展为庞大的城市化区域。加利福尼亚当时还是资源型边缘区域，后来随着金矿的发现，移民的涌入，城市化快速发展，逐渐成为美国一个主要的次核心区域。而这时南方大部分地方经济都比较落后，城市化水平低，收入少，属于明显的边缘区域。以后，随着东北部制造业向外扩散，美国经济重心向南部和西部转移，财富也向南部和西部转移，国家的产业布局进行了调整，使区域关系发生了改变。尽管核心区域与边缘区域的对比仍然存在，但强度却已大大减弱。随着西部太平洋沿岸巨大城市带的形成与东部太平洋沿岸城市带的形成，它们与五大湖南部城市带并立，使核心区域和次核心区域范围扩大，边缘区域大大缩小，区域之间不平衡发展现象也有了很大改观。

4. 核心—边缘理论在规划中的应用

弗里德曼最初提出来的“核心—边缘”模型，其区域空间结构和形态的变化是与经济发展的阶段相联系的，这一观点明显受到了赫希曼、罗斯托等人的思想影响，是他们学术思想的进一步发展。弗里德曼对“核心”与“边缘”并没有明确的界定，只是一种模糊的概念。但是核心—边缘理论对于经济发展与空间结构的变化都具有较高的解释价值，对区域规划师具有较大的吸引力。所以该理论建立以后，众多的城市规划师、区域规划师和区域经济学者都力图把该理论运用到实践中去。现在看来，在处理如下几个关系方面都有一定的实际价值：

（1）城市与乡村的关系

城市是核心，乡村是边缘，这是最直观的理解。但是城市和乡村之间的关系，可以是剥削与被剥削、控制与被控制的关系，也可以是带动、互补、经济利益一体化、相辅相成的关系。

马克思主义基本原理告诉我们，在不同的生产方式下，有不同的城乡关系。在资本主义社会里，城乡关系是对立的。城市通过各种方式带动了周围乡村的发展，这是社会分工、生产力发展、城乡商品交流的必然结果。但是资本主义的城乡对立极大地限制了城市中心作用的充分发挥，乡村也无法得到应有的发展。在社会主义社会，城乡差别依然存在，但其根本利益是一致的，城市和乡村能够协调发展，实现一体化。

弗里德曼的核心—边缘理论认为，核心区域与边缘区域的关系，在经济发展的不同阶段会发生转化。在发展的初级阶段，是核心区域对边缘区域的控制，边缘区域对核心区域的依赖。然后，是依赖和控制关系的加强。但随着社会经济的发展，及核心扩散作用的加强，核心将带动、影响和促进边缘区域的发展。边缘区域将形成次级核心，甚至可以取代原来的核心区域。

核心—边缘理论的积极意义是阐明了核心与边缘的联系，发展核心，带动边缘，发展城镇，带动周围乡村，这在规划实践中可以借鉴。城镇和区域的利益关系是密不可分的。城镇是区域经济活动的中心，区域是城镇赖以存在和发展的基础。城镇通过交通、信息、商品、流通、金融等网络系统，把它与周围的区域紧密联结在一起，形成自己的腹地。因此，任何一个区域都要重视核心的发展，更要形成和壮大区域的中心城市。区域必须依靠中心城镇把区内各种经济社会活动凝结成一个整体。缺乏中心，区域经济将成一盘散沙。尤其是经济落后的地区，要十分注意培育自己的经济中心。其次，要重视大城市卫星城镇和农村小城镇的发展。这些城镇既可减轻大城市、特大城市规模过大的压力，又可以使城市周围区域和广大乡村形成新的增长中心。第三，要合理确定城镇发展规模，既要防止城镇数量过多，造成城镇规模过小不经济，又要防止特大城市规模无限度地发展，区域经济过分集中，造成规模过大不经济，对边远地区的辐射、扩散也“鞭长莫及”。第四，中心城市的工业和一些服务业，要主动地、有步骤地向外围扩散，促进本身产业结构的调整，带动边缘区域的发展。

（2）国内发达地区与落后地区的关系

发达地区与落后地区的划分是相对的，可变的。弗里德曼在描述核心—边缘发展模式时，划分了四种类型区：①核心区域已是创新活动基地，新的技术和新工业的发源地；②向上过渡区，是兴盛区域，投资增加，移入人口多于迁出人口的地区；③向下过渡区，是经济停滞，生产率低，青壮年人口大量移出的地区；④资源边疆区对核心区域能起合作作用，经济出现新的增长势头的地区。针对不同地区的发展状况、存在的问题和发展的潜力，应制订不同的发展规划方案，提出不同的发展策略。一般说来，核心区域应充分发挥当地优势，大力发展高科技产业，巩固和加强其金融、信息、商业、科技等产业的领先地位，适当向外围地区扩散传统工业和人口，改善核心区域城市人口和产业过度臃肿及环境质量退化的现象。要改善核心区域大城市交通系统，完善卫生城镇体系，克服和改变大城市的拥挤状态。对于上过渡区，要调整陈旧的产业结构，以高技术、高附加值、高需求收入弹性的产品作为主导部门的发展方向，搞好区内基础设施，密切加强与核心区域的联系和协作，更多地吸引核心区域的投资和外迁企业。对于下过渡区，宜改造传统产业部门，不断调整产业结构，增加新的就业岗位，并通过调整布局，发展与核心区域互补经济等手段，使其重新获得增长动力。资源边疆区宜尽可能变资源优势为深加工产品优势，不断壮大输出性强的基础部门，并通过这些部门发展对当地经济产生的产业关联效应，带动其他部门的发展。同时实施建设增长中心的策略，促使资源边疆区成长为具备次级中心的区域。

（3）发达国家与发展中国家的关系

20 世纪 60 年代后期起，许多激进学者用核心—边缘理论来讨论国际上发达国家与发展中国家的关系。他们认为，在世界经济体系中发达国家处于核心地位，发展中国家则处于边缘地位。核心与边缘处在不平等的地位上。边缘地位是核心国家通过殖民统治或凭借其政治经济优势所造成的。边缘对核心存在着依附，其表现是：①国民收入的大部分来自出口；②出口又集中在少数几种商品上；③经济要害部门为外国企业或跨国公司所控制。为什么边缘地区的经济不得不依赖核心区域？主要是发展中国家农业停滞，出口商品高度单一化，工业的发展又过分依靠外汇，财政赤字不断增加。而这些问题的解决，又有赖于发达国家的融资和外汇的获取。获取外汇具有压倒一切的、不可逆转的必要，这是形成依附的关键。发展中国家实现工业化需要资金、技术，发达国家拥有资金、技术的优势，从而形成边缘区域对核心区域的依附关系。

发展中国家对发达国家的依附有三种形式：一是殖民依附，发展中国家初级产品出口和工业制成品进口的规模及商品价格受发达国家控制，受其盘剥；二是金融依附，发展中国家资金短缺，工业资金往往依靠核心区域（即发达国家）的融资弥补，从而形成资金依附；三是技术依附，发展中国家科技落后，工业发展有赖于引进发达国家的技术，从而使发展中国家的工业发展受发达国家技术的控制。

激进经济学家萨米尔·阿明（S. Amin）等认为，发展中国家要摆脱对发达国家的依附关系，必须改造世界的社会制度，发展中国家要与现存国际体系“脱钩”。发展中国家要加强内部合作，走向集体自力更生道路。各个发展中国家都选择以本国资源为基础的产业，且优先考虑与发展中国家的合作，实行经济一体化。要建立国际经济新秩序，通过提高原料价格、控制自然资源、保证发展中国家的工业产品能进入发达国家市场的途径，实现国家之间的平等竞争。

这些理论揭示了国际上边缘与核心地位国家之间的关系，提出了发展民族工业和加强发展中国家之间联系等的主张，具有进步意义。但若只注重国家外部关系，其政策主张的实施也是十分困难的。

2.3.5 圈层结构理论

在距今160多年以前，德国的农业经济学家杜能在其名著《孤立国》中就已经指出，城市与郊区的农业经济活动，农业的布局会呈圈层式分布，将会以城市为中心，围绕城市呈向心环状分布。从中心向外，分别为自由农作区、林业区、轮作农业区、谷草农作区、三圃农作区和畜牧业区。这种圈层空间结构模式，被誉为“杜能环”。

1925年美国芝加哥大学社会学教授E. W. 伯吉斯对城市用地功能区的布局研究后指出，城市五大功能区是按同心圆法则，自城市中心向外缘有序配置的，并认为这是城市土地利用结构的理想模式。这种模式的空间结构是，从中心向外，分别是中心商业区、过渡性地区、工人阶级住宅区、中产阶层住宅区、高级或通勤人士住宅区，呈现出有序的圈层状态。

20世纪50年代以后，狄更生和木内信藏对欧洲和日本的城市分别研究，提出了近似的城市地域分异三地带学说，认为大城市圈套层是由中心地域、城市的周边地域和市郊处缘的广阔腹地三大部分组成，它们从市中心向外有序排列。1979年木内信藏《都市地理学》书中对三个城市地带作了进一步说明，中心地域是城市活动的核心；周边地域是与市中心有着上班、电话、购物等密切联系的日常生活圈；市郊外缘是城市中心的周边地缘向外延伸的广大地区或远郊区。

中国城市地理学者在大量的区域规划实践基础上，深化和发展了经济活动圈层式空间结构理论，建立了颇具特色的理论和模式。

1. 圈层结构理论的内涵

城市是一个不断变动着的区域实体。从外表形态来说，它是指有相当非农业人口规模的社会经济活动的实际范围。城市空间大体上可分为两大部分，一部分是建成区，另一部分是正在城市化的、与市区有频繁联系的郊区。城市与周围地区有密切的联系，由建成区至外围，如土地利用性质、建筑密度、建筑式样、人口密度、土地等级、地租价格、职业构成、产业结构、道路密度、社会文化、生活方式、公共服务设施等，都从中心向外围呈现出有规则的变化。

城市与区域是相互依存、互补互利的一个有机整体。在这个有机的整体中城市起着经济中心的作用，对区域有吸引功能和辐射功能，但城市对区域各个地方的吸引和辐射的强度不是相等的，如不考虑自然因素的障碍，其最主要的制约因素是离城的距离。城市对区域的作用受空间相互作用的“距离衰减律”法则的制约，这样就必然导致区域形成以建成区为核心的集聚和扩散的圈层状的空间分布结构。

城市与外围区呈圈层状的空间结构和沿点—轴线在空间不平衡发展具有一定的统一性，并非完全对立。因为城市的扩大，不是建成区扩展前沿的简单延伸，而是呈“线”状或“点”状逐步向外扩大，形成不连续的土地利用方式。在城市边缘区，城市居住用地、公共绿地、商业用地、工业用地与农业用地犬牙交错，城市社会经济文化与乡村社会经济文化互相过渡和交叉。边缘区域向建成区的转化实际就是乡村向城市的转向。这种转化过程在空间上反映出一定的层次性，但并非是几何图形上的同心圆式。所以城市边缘区域圈层划分的依据应该是城市及其腹地的生产力水平、经济结构、社会生活方式、人口就业构成、与核心建成区的距离、农业活动与非农业活动的地域差异的大小等。

2. 圈层结构的基本特征

用圈层结构来描述由城市到乡村的空间变化形态是十分贴切的。所谓“圈”，实际上意味着“向心性”，“层”体现了“层次分异”的客观特征。圈层结构反映着城市的社会经济景观由核心向外围呈规则性的向心空间层次分化。圈层结构中，城市是圈层构造的主体，由此便可得以出如下几种共识：一是各个城镇有各自的圈层状态；二是每个城镇都有较明显的直接腹地，故各个城市对周围圈层的影响范围都是有限的；三是圈层的大小与城市规模、城市对外交通的便利程度（易达性）、城市对外辐射强度成正比例；四是在城市密集区，圈层会产生交错叠置现象；五是因城市客观存在着等级系统，故各个以城市为核心的圈层也有相应的等级层次系统。

纵观城市和其周围区域，从内到外最少可以分为三个圈层，即内圈层、中圈层和外圈层，各圈层都有各自的特征：

（1）内圈层的特征

内圈层，可称为中心城区、城市核心区，是城市核心建成区。该圈层是完全城市化了的地区，基本上没有大田式的种植业和其他农业活动，以第三产业为主，人口和建筑密度都较高，地价较贵，商业、金融、服务业高度密集。内圈层是地区经济最核心部分，也是城市向外扩散的源地。核心区也有两种地域类型：一是结节地域，二是均质地域。结节地域是指结节点（具有集聚性能的特殊地段）与结节吸引区（各种不同规模集聚中心的有效服务区域）组合的区域。均质地域是指具有成片性专门职能的连续地段，即是与周围毗邻地域存在明显职能差异的连续地段。

（2）中圈层的特征

中圈层，可称为城市边缘区，它是中心城区向乡村的过渡地带，是城市用地轮廓线向外扩展的前缘。边缘区既不类同于核心建成区，也不同于一般的乡村，或者说边缘区既具有城市的某些特征，又还保留着乡村的某些景观，呈半城市、半乡村状态。

二在功能上，具有城乡二重性，发生着由乡村向城市逐渐转变的过程。这些地方是城市对外交通站、场、港口、机场等的重要场所，也是城乡物资交流最适宜的地方，建设有大量的集贸市场、批发商品市场、中转仓库等，因此是城乡客源汇集地带和物资交换地带。这一圈层的原有公路逐步转变为城市道路，并参考城市道路断面进行设计和建设。经济结构表现出综合性、多样性，但第一产业已不占重要地位，以生产禽、畜、蛋、奶、蔬菜、水产为主。工业发展快，起点高，但与城区的联系十分密切。

三在社会文化上是城乡社会习俗、生活方式、思想观念相互交错和衔接的地带。边缘人口构成复杂，既有城市人口，又有农村人口，还有大量外来暂住居民。农村人口基本上以第二、第三产业为主要职业。这些地方就业机会广，谋生手段多，人均收入高，生活方式与城市居民已无显著差别。随着收入的增多，生活方式的改变，原有的乡村思想、文化观念受到冲击，原有居民的居住、饮食、穿着打扮、消费时尚与城市居民已无二异，但在言谈举止、崇尚迷信、环境卫生等方面却保留着较多的农民本色。

四在空间景观上，是变乡村景观为城市景观。农村土地利用方式大量变为城市土地利用方式，农业居民点和村庄虽然保留，但范围逐步缩小，甚至被街区包围，出现城市中的“村庄”（“城中村”、农村“空心化”）。城市道路和各种基础设施延伸进入村庄，城市型建筑物越来越多。许多原来低矮的农房被周围市民使用的高楼大厦包围起来。

对城市边缘区，按照城乡相似性程度，可以进一步分为内边缘区和外边缘区两个层次。内边缘区的土地利用的冲突较多，即城市的平面膨胀与郊区农用地保留之间问题较多。外边缘区城乡过渡的特色更加明显，更近似农村，许多地方仍以农业土地利用为主要景观。

（3）外圈层的特征

外圈层可称为城市影响区，土地利用以农业为主，农业活动在经济中占绝对优势，与城市景观有明显差别，居民点密度低，建筑密度小。在许多地区，外圈层是城市的水源保护区、动力供应基地与假日休闲旅游地。外圈层中可能会产生城市工业区、新居住区的“飞地”，且一般在远郊区都有城市卫星镇或农村集镇或中小城市。

3. 城市圈层扩展的周期波动性和方向性

城市圈层向外扩展往往表现出周期波动性的特征，这与经济增长周期性波动现象密切相关。经济活动的周期性波动，城市的圈层扩张出现相应的周期性变动，形成加速、停滞、稳定等变化状态。在经济高速增长时期，城市工业投资增加，居民住宅、工业小区和道路建设大规模展开，边缘区土地被征用，改为工业、商业、文化、娱乐、城市住宅和基础设施等建设用地，城市建成区规模迅速扩大。在经济萎缩时期，基本建设项目少，大建设项目停建或缓建，投资减少，就业率停止增长甚至减少，城市圈层扩展基本上就停止下来，处在稳定状态。当经济进入复苏阶段，是城市社会经济从萎缩走向增长的转折点，城市建设主要在原有圈层内进行结构调整，边缘区向外圈层扩展的能力极为有限。只有当经济再次进入高速增长时期，城市圈层结构才会产生变化，产生扩大、向外延伸等新的阶段。

城市圈层式扩展是在城市张力和外围地区吸引力共同作用下进行的。城市张力和外围地区吸引力在边缘区和外圈层各个方向是不均等的，在城市对外交通干线方向上最大，因此使城市圈层式扩展具有明显的方向性。城市联结广大腹地的地域性交通干线，常常是连接城乡的主要线路，交通便利，干线上客货站、场和商业贸易市场较多，商业区位较好，人流、车流、货流、信息流引力也较大，所以区域性的交通干线往往也成为城市对外扩展的伸展轴线，使城市圈层式扩展沿交通干线逐步向外蔓延。

4. 圈层结构理论的实践意义

圈层结构理论与点—轴理论、核心—边缘理论具有有机的联系，该理论已被广泛地应用于不同类型、不同性质、不同层次的空间规划实践。

卫星城镇的规划、建设是圈层结构理论的应用之一。卫星城镇的建设和发展是第二次世界大战后出现的普遍现象。卫星城镇的布局具有很强的向心性空间层次分化特征，一般是围绕母城由近及远地呈圈层状配置卧城、工业城、城市疏散点等。不少国家的城市规划师均试图用圈层扩展理论指导卫星城镇的规划、建设，以解决特大城市过分拥挤的种种弊端。

圈层结构理论在日本已成为国土综合规划的重要指导思想，并且发展成为大城市经济圈构造理论，远远超出了城市圈层结构概念，转化为大区域经济圈模式。1987 年制定的《第四次全国综合开发计划》提出了多极化开发方案，将全国划分为 7 个经济圈：中央部分 3 个，即以东京都为中心的东京圈，以京都市、大阪市、神户市为中心的关西圈，以名古屋市为中心的名古屋圈；周围 4 个地方经济圈，即以札幌为中心的北海道圈、以仙台为中心的东北圈、以广岛为中心的中国和四国圈、以福冈为中心的九州圈。日本全国性的综合开发计划对各个经济圈都提出了开发与建设的基本方向，提出了开发与建设的政策措施。

圈层式空间结构理论也广泛用于城市经济区和综合经济区的研究。我国学者从欧美等国家引入规划理论，结合我国大都会区经济高速增长、规模迅速扩大的实际，注重研究城市发展和边缘区的关系，提出了城市经济圈的许多构想。南京、上海、石家庄、武汉、广州、北京等城市经济圈的模式都有人曾专门进行研究，并提出了建设性的建议。并且还将圈层理论应用于经济区的宏观研究，提出过环南中国海经济圈、东亚经济圈、环太平洋经济圈圈层结构模式。

2.3.6 点—轴渐进扩散理论

在区域规划中，采用据点与轴线相结合的模式，最初是由波兰的萨伦巴和马利士提出来的。波兰在 20 世纪 70 年代初期开展的国家级规划中，曾把点—轴开发模式作为区域发展的主要模式之一。1985 年萨伦巴到中国讲学时，在讲授沿海地区的空间发展模式时，曾对“节点与走廊发展模式”进行了讲解和图示，给人留下了深刻的印象。我国经济地理工作者陆大道研究员等在深入研究宏观区域发展战略基础上，吸吮了据点开发和轴线开发理论的有益思想，对生产力地域组织的空间过程作了阐述，提出了点—轴渐进式扩散的理论模式，把点—轴线开发模式提到了新的高度，同时构建了中国沿海与长江流域相交的“T”形空间发展战略。后来，点—轴开发成了《全国国土规划纲要》空间发展战略的主体思想。

1. 据点开发理论和轴线理论

据点开发理论是地域极化理论的一种。该理论认为，由于资金的有限，要开发和建设一个地区，不能面上铺开，而要集中建设一个或几个据点，通过这些据点的开发和建设来影响与带动周围地区经济的发展。日本第一次全国综合开发计划实施策略，就是据点开发策略。

轴线开发或者称带状开发是据点开发理论模式的进一步发展。该理论认为，区域的发展与基础设施的建设密切相关。将联系城市与区域的交通、通信、供电、供水、各种管道等主要工程性基础设施的建设适当集中成线，形成发展轴，沿着这些轴线布置若干个重点建设的工业点、工业区和城市，这样布局既可以避免孤立发展几个城市，又可以较好地引导和影响区域的发展。

在据点开发和轴线开发扩展的基础上，又进一步发展了条带开发模式。如20世纪80年代以后，中国提出的产业带模式。在中国沿海地带，重点开发“一环”(环渤海湾)、“一岛”(海南省)、“一湾”(北部湾沿岸)、“三个三角”(长江三角洲、珠江三角洲、闽东南三角洲)，联结成最大的产业密集带。这种开发模式构想便是在点—轴线开发基础上的进一步发展。

2. 点—轴渐进扩散理论的核心

该理论的核心是，社会经济客体大都在点上集聚，通过线状基础设施而连成一个有机的空间结构体系。

该理论的主要依据是如下两点：

(1) 生产力地域组织的演变过程与生产力发展水平相关

在生产力水平低下，社会经济发展极端缓慢的农业社会阶段，生产力是均匀分布的。这一点与核心—边缘理论的论述极为相似。到了工业化初期，随着手工业的发展和矿产资源的开发，以及农业商品经济的发展，首先在资源丰富、区位条件优越的地方，出现了工矿居民点和城镇，并在它们之间建设了交通线，以满足其经济和社会联系的需要。由于集聚效益的作用，资源和各种公用服务设施将维持在地区的中心城镇或工矿点集中，地方中心城镇有更多的工业企业和各种类型的经济企业和社会团体，连接城镇之间的交通沿线变成了交通线、能源供应线、通信线、供气、供水等线状基础设施束。在沿线及城镇周围，由于利益分配的矛盾，或有中间机会，必然出现新的集聚点，同时交通线得到相应延伸。以后，随着生产力的进一步发展，那些发展条件好、实力雄厚、效益高、人口和经济集中的城市会形成更大的集聚点，它们之间的线状基础设施也会变得更加完善，新的集聚点变成为次级经济中心，并延伸出次级发展轴线，构成中心和轴线系统。这种模式不断演变下去，整个区域将形成由不同等级的城镇和不同等级发展轴线组成的“点—轴系统”为标志的空间结构。区域交通网形成的四个阶段：单一径道——树状——回路——格状。陆大道指出，上述生产力地域组织的点—轴渐进式扩散演变过程模式，是在大量的地区发展经验基础上总结的，是普遍规律。人们自觉或不自觉地运用这一规律，沿发展轴线布置生产力。

(2) 事物相互引力和扩散方式的普遍性

这是点—轴渐进扩散理论的另一理论依据。生产力各要素，如劳动者、生产企业、能源生产设施、科研机构、教育机构、信息传输设施、基础设施等，与自然界许多客观事物相类似，在空间中有相互吸引力而集聚。几乎所有产业，特别是工业和第三产业的众多部门，都是产生和集聚于点上，并由线状基础设施联系在一起的。农业生产虽然是面状分布的，但农业生产的组织、管理机构、农业生产资料的供应，农产品的销售、加工等也都集中于点上的。产业和人口集聚于点上，这是相互引力的结果。当然，这种集聚的根本动因是经济利益和社会利益。另一方面，集聚于点上的产业和人口又要向周围区域辐射其影响力，包括向周围辐射产品、技术、管理方法、政策、法规等，以取得资本、劳动力、原料等经济运行的新动力，这就是扩散。而扩散在一般情况下是渐进式的，扩散必须沿一定的通道进行，不是大跨度跳跃式的。因此，城镇对外扩散也是沿着一定的轴线，沿着成束的线状基础设施渐进推移，而构成点—轴状空间结构。

点—轴渐进式扩散的结果，将形成点—轴—集聚区的空间结构。集聚区是扩大了的“点”或“点”的集合，是最高形式的空间集聚形式，在发展条件好的地方，往往是高级轴线交汇地附近发展起来的人口、城镇和服务设施密集的区域。

3. 点—轴开发模式

点—轴开发模式是点—轴渐进扩散理论在区域规划和区域发展实践中的具体运用，也是经济空间开发的一种重要方式。

点—轴开发“点”是指区域中的各级中心城市。它们都有各自的吸引范围，是一定区域内人口和产业集中的地方，有较强的经济吸引力和凝聚力。“轴”是联结点的线状基础设施束，包括交通干线、高压输电线、通信设施线路、供水线路等工程性线路。线状基础设计束经过的地带称为“轴带”，简称“轴”，轴带的实质是依托沿轴各级城镇形成产业开发带。区域内各个城镇是成等级系统的，同理，联结城镇的发展轴也是可分若干等级的。不同等级的轴线对周围的区域具有不同强度的吸引力和凝聚力。在区域规划中运用点—轴开发方式，分析和确定“点”及“轴”的位置与等级是一件事关全局的工作。

工作步骤通常是：首先，在区域范围内确定若干具有有利发展条件和开发潜力的线状基础设施经过的地带。作为发展轴，予以重点开发。其次，在各条发展轴线上，确定若干个点，作为重点发展的城镇，并且要明确各个重点发展的轴线，城镇应与其等级、开发先后次序相适应。一般应着重优先开发重点发展轴线及沿线地带内若干高等级、区位好的点（城市、镇）及其周围地区。以后随着发展轴及重点发展城市实力的增强，开发重心将逐步转移到级别较低的发展轴和中心城镇，并使发展轴逐步向不发达地区延伸，促进次级轴线和线上的城镇发展，最终形成由不同等级的发展轴及其发展中心组成的具有一定层次结构的点—轴系统，从而带动整个区域的发展。

4. 重点开发轴和重点发展点的选择

（1）重点开发轴的选择

区域经济发展轴的形成和发展具有重要的战略意义，要经过长时间循序渐进的过程，需大量的投入和持续的建设。因此，在一个区域内经济发展轴线，尤其是高层次的重点发展轴线不应该也不可能很多。当原有的发展轴线还未完全形成、发展时，除非是选择错误，一般不宜再开辟新轴线。当然，随着区域经济实力的增强，发展轴线也可升级，可出现更多的次级发展轴线。

重点开发轴的选择，通常考虑如下几方面：

1）最好由经济核心区域和发达的城市工业带组成

区域发展轴不是一般的交通线。它是产业、城镇、运输和通信等线状基础设施集中成束的地带或走廊。因此经济发展轴首先是城市发展轴，发展轴上的城市应有较强的经济吸引力和凝聚力，是经济、产业、人口等优先集聚地带和发达地带。如果重点发展轴能由经济核心区域、工业带或经济发展潜力巨大的城市带组成，是最为理想的。

2）有水陆交通运输干线为依托

交通运输干线及相应的综合运输通道是城市、发展中心、增长极、经济发达区域的联结线路，它们的发展壮大，对于促进区域发展具有重大意义。因此，许多国家和地区的经济发展轴都是由港口比较密集的沿海地带或主要通航河流的沿河地带构成，这与国际贸易对大规模的水上运输有高度的依赖有关。沿海地带、大江河沿线地区本身也是发展条件最好的地域，往往成为国家的经济重心区域。此外，主要铁路、高等级的公路是构成区域经济空间结构的基本骨架，经济开发的注意力一般都集中在这些便利的交通沿线地带，它们也是轴线选择的对象。但一般单功能的铁路干线，如以晋煤外运为主的大秦铁路，则较难成为重要的发展轴。

3）自然条件优越，建设用地条件好，农业生产发展水平较高的地带

区域经济发展轴是工业和大规模城市建设优先发展或着力发展的地带，良好的工程地质、水文地质条件有特殊重要的意义。那些地势开阔、平坦、切割度小、无断裂带通过、地震烈度小、不受淹浸、无需采取大量土石方工程措施和追加建设投资的地带，是经济活动能够最有效地发挥作用的地方，无疑是经济发展轴首先考虑之地。农业是一切经济活动的基础，农业生产水平高，城镇发展和工业建设就会有较好的基础。

4）矿产资源和水资源丰富的地带，特别是水资源丰富或者是水源可供给性良好的地带

在当今人口不断增加，城市建设和工农业生产发展迅速，人民生活水平日益提高的形势下，水资源的缺乏常常成为经济发展的重大制约因素。但是，具有矿产资源和水、土地资源均能很好组合的地带并不是很多。如中国山西省，能源资源丰富，但受水资源的制约较大。四川省矿产资源种类较多，水资源也丰富，但受能源的制约较大。西藏自治区的水、土地资源丰富，但探明的矿产储量较小，也成为制约经济发展的因素。

（2）重点发展城镇的选择

发展轴上的各个“点”是经济发展轴带地域的各级中心城镇，它们是轴线集聚作用和扩散作用的核心。与所有城市成等级系统一样，同一轴线地带上的点，也有等级层次，有相应的主次之分。重点发展城市的确定，通常从下述几个方面进行考虑：

1）城镇发展的条件及其在区域中的地位

根据各个城镇的位置、发展条件，分析其在区域城镇体系中的主要职能、发展方向及其在区内外的地位和作用，明确各中心城镇的吸引范围和辐射范围。重点发展的城镇应是地位重要，对发展轴的形成和发展作用大，吸引范围广的城镇。

2）城镇的发展规模

从区域城镇化发展水平、历史进程、未来发展速度和规模等级分布状况等方面，分析各城镇经济发展和社会发展趋势，明确发展轴上各中心城镇的发展规模。在经济比较发达的地区，一般采取网络开发模式，城市规模大，吸引范围广，辐射力强，往往选择规模较大的城市作为发展的重点。而在经济比较落后的发展中地区，需要培育新的增长极核，往往会选择一些规模相对较小的城镇作为发展的重点，通过对它们的开发，带动后进地方的发展。

3）城镇空间分布的现状

点—轴开发模式的实施，是从高级轴线向次级轴线及从高等级城市向次级城镇逐步展开的过程，因此确定重点发展城镇时，应根据城镇空间分布的现状，在与中心城市相适宜的距离上，选择有较好发展条件的点作为重点发展的城市，使其成为次级发展中心。高等级的中心城市将对次级中心城市进行扩散和经济协作。同理，围绕次级中心，将选择三级乃至四级中心城市。由此可见，与中心城市相适宜的距离，便成为选择重点发展城镇的依据之一。

5. 点—轴开发模式对区域发展的意义

点—轴开发模式是地域开发有效的方式之一。在尚未充分开发的区域，其作用更为显著，在规划实践中有重要的指导价值。

（1）有利于发挥集聚经济的效果

由点到轴，由点、轴到集聚区的空间结构是地域经济组织变化的客观趋势，点—轴开发模式顺应了经济发展在空间上集聚成点，并沿轴线渐进扩展的客观要求，有利于发挥集聚经济的效果。

（2）能够充分发挥各级中心城镇的作用

点—轴开发模式突出了城镇的地位和作用，点—轴渐进式扩散对区域经济增长的推动作用又比单独的点状开发方式要强。因为点—轴开发实际上是一种地带开发，在空间结构上是点和带的统一，点线与面的结合，基本上形成了一种网络。点—轴开发模式，可以发挥城镇在地带上的灵魂作用，能够较好地转化城乡经济二元结构，又能够通过轴线使整个区域逐步向网络系统发展。

（3）有利于把经济开发活动结合为有机整体

点—轴开发模式有利于把经济开发活动，尤其是城镇发展、工业布局与交通、能源、水源、通信线路等区域经济发展的支撑力量紧密结合为有机整体，使工业、农业、城镇的发展和布局与区域性的线状基础设施的发展相融合。统一规划，同步建设，协调发展，互相配套，避免实践中常常出现的时空上的相互“脱节”。

（4）有利于区域开放式地发展

点—轴开发模式有利于区域生产力要素的流通，使区域经济开放式地发展。生产力要素的流动是以交通及通信工具为主要载体，以能源等为动力的。点—轴开发模式的点，一般都是交通线的交汇点，或者是网络节点，它具有较高的交通可达性，因而往往成为区域开发的优选地位。它的发展，又会在离心力的作用下，通过线状基础设施和联结成的网络，将资金、信息、技术等向四周扩散，带动周围区域的发展。

然而，也有学者认为，点—轴开发模式比较适用于开发程度低、尚未奠定经济布局框架的国家和地区。对于那些经济已呈面状发展的地区，综合体开发或网络开发则更能体现其布局要求。

2.4 区域生态研究

2.4.1 区域生态学

1. 区域生态学的概念与内涵

（1）区域生态学的概念

生态学的发展至少经历了两个明显的转变过程，一是传统生态学，二是现代生态学。传统生态学是研究生物及环境间相互关系的科学，因此，早期生态学的概念在一定程度上偏重动物学和植物学，研究的重点也偏重对动物或植物与其生存环境间关系的研究。到20世纪60～70年代，动物生态学与植物生态学趋向汇合，生态系统研究日益受到重视，并与系统理论交叉。此后，随着城市化和人类生存范围的不断扩大，人与其他生物的生存空间不断交叉重复，生态学的概念和内涵也随之不断扩大，生态学的研究范畴也发生了改变。为此，一些学者提出生态学是研究生态系统的结构和功能的科学，现代生态学随之诞生。

20世纪70年代以来，在人口、资源和环境等世界性问题的影响下，生态学研究重心在逐渐转向生态系统的同时，与人类生态学的融合也在加强。生态学不再是孤立地研究生物，也不是孤立地研究环境，而是研究生物及其生态系统之间的相互关系，并特别将人纳入生态系统而成为重点研究对象。随着区域发展一体化的发展和人类对自然影响范围的扩大，一方面，生态学更加重视人与自然的关系，另一方面，随着区域性生态问题日益突出，区域生态逐步成为现代生态学的研究重点，区域生态学科的建立也日显迫切。根据生态学的发展历程和人类社会对生态学的需求，可将区域生态学定义为：区域生态学是研究区域生态结构、过程、功能，以及区域间生态要素耦合和相互作用机理的生态学子学科。

（2）区域生态学的内涵与特点

区域生态学的提出使生态学、地理学以及经济学紧密结合，并衍生出丰富的科学内涵。

1）“区域观念”是区域生态学的核心理念

区域观念就是要整体地、综合地、动态地分析事物发展的规律，而不是孤立、静止地看问题，就是要探究影响事物的发展过程、探究影响事物发展的因素及其作用规律，而不是就事论事。区域生态学的核心思想是树立区域观念，树立大区域、大流域的观念，不仅统筹考虑区域生态单元在结构、过程和功能上的匹配性，而且综合考虑区域间的相互影响、相互联系和相互依存。

2）“生态介质”是生态区域的联系纽带和核心要素

“生态区域”指以生态介质为纽带形成的具有相对完整生态结构、生态过程和生态功能的地域综合体。因此，生态介质是区域生态的联系纽带和核心要素，也正是因为生态介质的作用，才使一个区域不同单元之间联系起来，形成更大的完整的单元。根据生态系统构成要素和当前人类活动的影响，影响区域的突出生态介质有水、风和资源，通过这三种介质，分别形成流域、风域和资源圈三大类型生态区域。

3）区域生态学强调区域尺度生态整合性

传统生态学多以生物及其生境为研究对象，注重研究局部。区域生态学更注重区域的生态整合性，将由某一种或某几种生态介质联系的整个生态区域作为一体化研究对象，其中有两个方面是区域生态学研究的重点，一是区域之间在空间上的整合性，包括区域生态结构、生态过程和生态功能在空间的整合性，二是生态环境与经济、社会的整合性。区域生态学不仅研究区域的自然特性，而且特别关注资源环境对经济社会发展的支撑能力。因此从空间上讲，生态区域可划分为上、中、下不同的生态单元或生态功能体；从研究对象上讲，则可划分成自然生态子系统和经济社会子系统，其中自然生态子系统又可划分成环境子系统和资源子系统（图 2-18）。

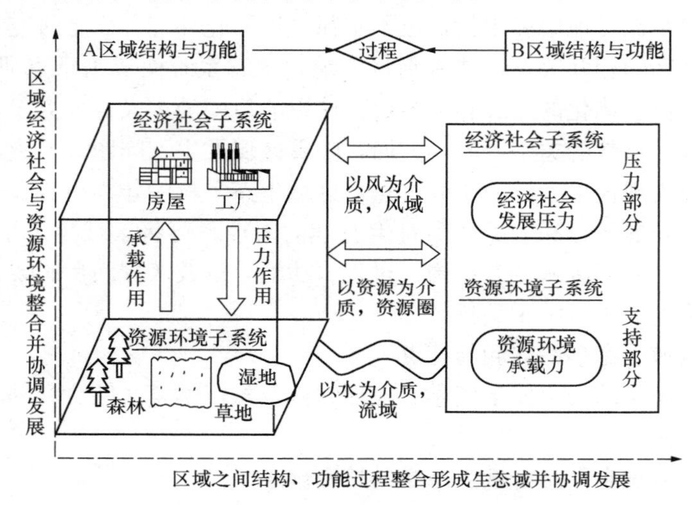

图 2-18　区域生态整合示意图

4）区域生态学强调生态学与经济学的融合，注重生态与经济的协调发展

早期，生态学（Ecology）和经济学（Economics）有很高程度的一致性，英文的生态学和经济学具有共同的前缀“eco-”，源于希腊文“oikos”，为栖息地或居所的意思，“logy”表示“研究”，“nomics”表示“管理”，可见两学科具有密切的相关性，都是为谋求生物或人类有良好的生存空间。但是，随着人类聚居地的集中，使人与自然逐步分离开来，经济学越来越偏向于人的利益，更注重生产的末端经济利益，忽视了生产的前端——自然的支撑能力；生态学则偏向于对物种和自然环境的研究。因此，在一定程度上，生态学与经济学的分离是造成生态保护与经济发展对立的重要原因。由于生态学家单纯追求生态保护和经济学家过分追求经济利益，导致长期以来，经济发展以牺牲生态为代价，人与自然的矛盾不断加剧。

随着人与其他生物在居住地的又一次融合，生态学和经济学的融合成为必然。人与自然的区域一体化，必然要求既考虑人类的发展，又考虑自然的发展。人的发展，终究离不开自然的支持，离不开自然用地所提供的生态服务。因此，在一个区域中，如何保持人与自然的和谐，保持自然对人类发展的持续支撑是区域生态学研究的关键。为此，区域生态学的建立，要生态学与经济学融合作为重要手段，综合考虑生态与经济的协调发展。

5）“区域综合体”是区域生态学研究的主要对象

区域生态学研究对象在空间上位区域，但该区域已经通过上述各类生态整合与生态经济融合形成“区域综合体”。所谓区域综合体，是指包括自然、经济、社会、文化、历史在内的多维组合体，该组合体不仅包括自然生态子系统，还包括经济社会子系统。区域经济学将研究区域综合体内外的资源环境与社会经济之间的相互依存、相互作用以及协同发展的过程和表现。

6）“区域可持续发展”是区域生态学研究的主要目标

由于缺乏区域理念，导致很多地区在区域生态保护和开发中存在生态不公平现象，从而影响区域的可持续发展，如河流上下游地区的水资源供给与生态补偿问题，资源输出与输入的生态公平问题等。区域生态学的建立，既要关注不同生态区域之间的协调发展，又要关注生态区域内各个生态功能体之间生态与经济的协调发展，其最终目的是为实现区域可持续发展提供理论支撑。

2. 区域生态研究范畴与要点

区域生态学以区域生态结构、过程与功能研究为基础和核心，研究区域生态完整性和生态分异规律、区域生态演变规律及其驱动力、区域生态承载力和生态适宜性、区域生态联系和生产资产流转等，并基于上述内容研究区域生态补偿和环境利益共享机制。

（1）区域生态完整性与生态分异规律

区域生态完整性是指区域生态系统结构、过程和功能的完整性，是指区域内维持各生态因子相互链接并能实现良性循环的状态。由于人类活动加剧，历史上形成的生态区域和生态功能体的生态完整性正在遭受破坏。因此，区域生态完整性作为区域生态健康的基础，是区域生态学研究的重点。

1）区域生态完整性。主要表现在结构、过程和功能三个方面的完整性，其中结构完整性表现在区域内部生态单元类型的齐全和相互之间的有机配置；过程完整性在空间上表现为区域内部不同生态功能组分间生态要素的有序流动和转移，如流域中自然水体的流动，而当流域中大坝建设后，水流过程的完整性即遭到破坏，过程完整性在时间上表现为区域生态功能组分在常态下可进行正常的演化、再生和进化，当遇到环境干扰时能通过自我修复维持其健康，或者跃变到另一个人类所期望的、能完全发挥生态功能的稳定状态；功能完整性表现在区域生态单元所需要的生态服务或资源能够获得并得到持续供给。生态完整性既能表征区域的自身可持续能力，又能反映其对人类经济社会的支撑作用，是区域生态学研究中的一个重要内容。

2）区域生态分异规律。主要是指构成区域的生态要素、生态系统及生态功能体在地表沿一定方向分异或分布的规律性现象。受区域自然条件差异性的影响，生态区域内不同生态单元具有明显的生态分异规律。区域生态分异既包括由于地形、地貌、水文或气象等生态要素的不同所引起的自然分异，又包括人为活动所引起的后天分异。区域生态分异是决定生态区域内不同生态功能体和生态要素空间格局的基础，是生态区划分的基础，也是决定人类合理开发自然资源的科学依据。因此，区域生态分异具有十分重要的现实意义。

区域内因有生态分异，才有生态差别，有差别才形成区域的生态完整性。因此，区域生态分异规律与生态完整性具有一致性。在区域生态研究中，必须综合考虑区域内部的生态分异与生态完整性。同样，在实践中，地域上的差异性和生态环境形成的复杂性，使得同一生态区域内不同生态单元存在不同的自然环境和生态特征，这就要求在资源开发和经济发展中，必须充分考虑区域生态完整性和区域生态分异规律，依据自然客观条件办事。

（2）区域生态演变规律及其驱动因子

1）区域生态演变。区域生态单元是一个动态系统，其结构、过程和功能是在长期的历史发展过程中形成的，并随着时间的推移而不断地改变，这种现象称之为区域生态演变。区域生态演变的表现就是区域中的生态组分、过程或生态功能体被另外一些生态组分、过程或生态功能体所替代。区域生态演变可以是渐进式的，也可以是突变式的。渐进式的生态演变同生态系统一样，在确定的方向上发展演化，其变化是动态的、长期的，量变积累到一定程度发生质变，其可见组分（如地貌形态特征）发生明显变异时，才被人类所认识。突变式的生态演变是区域环境突然改变或受到强烈干扰（如自然灾害或人类导致的土地利用类型改变），造成区域生态结构、过程和功能的突然改变。区域生态学需在深入剖析不同区域生态单元生态特征的基础上，研究区域生态环境演变的路径，阐明其生态演变规律，并对比分析不同生态单元的演变规律和差异。

2）区域生态演变驱动因子。区域生态演变的驱动力包括自然驱动因素和人为驱动因素两个方面。自然驱动因素对区域生态环境演变的作用主要体现在以温度、降水、地形地貌、水文、土壤等自然因子的变化所导致的演变；人为驱动因素对区域生态环境的演变作用主要体现在农牧业生产、工业生产活动的变更，人类居住地的变迁，以及文化习惯的改变等。农牧业生产和工业生产是影响区域生态环境的主要人为因素，文化、宗教活动主要通过影响或约束人们的生活习俗和生产方式作用于生态环境。驱动力分析应深入探讨关键驱动因子，以及不同驱动因子在不同时空尺度上产生的功能和效应等。

自然要素的不断变化以及人类活动的干扰导致生态演变不可避免。区域生态学研究的重点是各类生态区域生态演变的必然性和过程的可控性，便于正确判定人类活动对区域生态环境的影响和作用，按照生态规律进行生态保护和生态建设，引导生态环境朝着有利于人类的方向演进。

(3) 区域生态结构、过程与功能

区域生态结构、过程和功能是生态完整性和区域生态演变规律的主要表现形式，是区域生态学研究的核心内容。

1) 区域生态结构。区域生态结构主要指特定生态区域内不同生态单元或生态功能体和生态要素的空间格局及相互关系。区域生态结构研究以生态学、地理学和经济学理论为基础，以空间可视技术方法和遥感技术为手段，研究生态区域内生态功能体的空间格局及其对整个生态区域的影响和作用，研究不同生态功能体内部结构的差异性、一致性以及生态要素的空间组合关系。

2) 区域生态过程。区域生态过程是指构成生态区域内部各类生态要素、生态系统和功能体之间的物质、能量循环转移的路径和过程。由于组成生态区域的各种生态要素处在不断的发展变化之中，因此，生态区域内部生态要素、生态系统以及不同功能体之间的组合关系也处于动态变化之中。区域生态过程研究以能量流动和物质循环理论为基础，研究生态区域的生态空间格局及其变化、生态介质的转移路径，以及生态过程变化对区域生态结构和功能的作用与影响等。

3) 区域生态功能。区域生态功能是指生态区域基于其生态结构在生态过程中提供产品和服务的能力，当区域生态功能被赋予人类价值内涵时便成为区域生态经济产品和生态服务。区域生态功能侧重于反映区域的自然属性，因此，即使没有人类的需求，生态功能同样存在；生态服务和生态经济产品则是基于人类的需要、利用和偏好，反映了人类对生态功能的利用，如果没有人类的需求，就无所谓生态服务和生态经济产品。区域生态功能是维持区域生态服务的基础，区域生态功能研究的重点包括生态服务的供给能力，生态环境的调节能力，以及对区域经济、社会发展的支撑能力。

区域生态结构、过程与功能之间关系是密切而又复杂的。区域生态结构决定其生态功能，结构变化决定和制约着过程和功能的变化，但过程和功能也可以反作用于结构。在区域尺度研究中，需要注重大的流域和国家尺度的研究，通过尺度转换方法和空间信息技术等，探讨多尺度生态格局、生态过程和生态功能的相互关系，揭示区域尺度上生态结构、过程与功能的特点与规律，以便更好地服务于政府决策和管理需求。

（4）区域生态联系与生态资产流转

区域生态单元内不同生态功能体通过一种或几种生态介质或人为因素产生联系，这种联系可称为区域生态联系或区内生态联系。生态区域是开放系统，不同生态区域之间同样存在相互作用和相互影响，这种联系可称之为区际生态联系。

生态联系必然导致生态资产的转移，生态资产的流转也因而是区内生态联系和区际生态联系的重要方式。生态资产是指能为人类提供服务和福利的生态资源，生态资产流转实质上是指生态经济产品和生态服务的在生态区域内或生态区域之间的空间流动。由于自然条件差异和经济发展水平的不同，导致某些生态区域生态资产困乏，而某些生态区域内生态资产丰富，于是经济和社会发展的要求便驱使生态资产在空间上发生流转。经济发达地区经常需要从其他地区调入自然资源和环境服务，导致自然资源从资源丰富、经济贫穷的地区向经济发达地区转移。生态区域之间生态资产流转是自然和人类社会经济协同发展的必然过程。因此，应抛弃狭隘的“小区域”观而树立“大区域、大生态”观。研究生态资产空间流转的现象，探讨和揭示该现象背后的科学原理和科学实质，实现不同区域间生态与经济的协调发展。

（5）区域生态承载力与生态适宜性

区域生态承载力包括两层含义：一是指生态区域内各种生态系统的自我维持与自我调节能力，及其所含资源与环境子系统的供容能力，为区域生态承载力的支持部分；二是指区域内经济社会子系统的发展能力，为区域生态承载力的压力部分。其中，生态系统的自我维持与自我调节能力是指生态系统的弹性大小，资源与环境子系统的供容能力是指资源和环境的承载能力大小；而经济社会子系统的发展能力指生态区域内经济社会的可发展规模，以及可支撑的有一定生活水平的人口数量。由于资源、环境、文化及其经济发展水平的差异，生态承载力表现出明显的区域性。因此，区域生态学应充分考虑空间格局及时间尺度等因子。由于生态区域之间存在生态资产流转，因此区域生态学还应充分考虑不同生态区域之间生态承载力的转移，以及由此造成的区域生态、经济和社会问题。

区域生态适宜性是指区域内土地利用方式及其开发活动对生态环境的适宜状况和适宜程度。伴随经济社会发展需求增强，资源利用要求不断增高，不合理的资源利用方式，导致生物多样性减少、植被退化和水土流失等生态问题，促使自然生态系统的抗干扰能力降低，因此，为使经济开发和资源利用在区域生态适宜的范围内，需对其进行生态适宜性分析。生态适宜性分析应从两个角度考虑，首先，需分析生态系统“供体”能力，即分析与区域发展相关的生态系统的敏感性与稳定性，了解自然资源的生态支撑潜力和对区域发展可能产生的制约因素；其次，需明确“需体”的需求，即经济社会发展对资源环境需求的大小。只有自然生态系统的“供”，与经济社会发展的“需”达到平衡时，生态适宜度才达到最高。因此根据区域发展目标，运用生态学、经济学、地学等相关学科的理论和方法，划分适宜性等级，可为制定区域生态发展战略，引导区域空间的合理发展提供科学依据。

（6）区域生态协调与环境利益共享机制

由于生态资产和生态承载力转移是区域生态联系的必然，因此，建立区域生态协调机制，保障区域环境利益共享是区域可持续发展的根本。以流域为例，流域上下游之间的联系十分紧密，通常情况下，上游向下游提供清洁的水资源，但当上游受污染后，则向下游排放污水。因此，如何建立区域协调机制，对保障整个流域健康发展至关重要。

建立区域环境利益共享机制，就是以保护生态环境、促进人与自然和谐、保障区域生态公平为目的，综合运用计划、立法、行政、市场等手段，根据生态系统服务价值、生态保护成本、发展机会成本，解决生态区域内不同功能体之间或不同生态单元之间的利益关系，调整生态环境保护和经济发展方之间的利益平衡。按照生态共建、资源共享、公平发展的原则，区域生态学需研究如何整合区域内各类生态资源、产品和服务，确定生态区域上下游的权责，研究如何打破地区行政分割界限，建立区域环境利益共享机制，明确不同生态单元的责任与利益，实施差别化的区域生态保护和经济发展政策。

区域生态补偿是建立区域协调机制的重要手段。为了妥善解决区域生态建设与环境保护效益的外部性问题，以及生态保护与经济发展间的平衡问题，区域生态学需研究如何建立生态补偿核算体系，研究如何在不同生态单元间形成长效的共建、共享生态协调机制，合理控制区域间发展差距，实现区域环境利益共享，如资源与环境服务获益多的区域应该对提供资源与环境服务的区域进行适当补偿，以实现生态公平。

2.4.2 区域生态功能区划

1. 概念与内涵

所谓生态功能区划（Ecological Function Regionalization，EFR），就是在分析研究区域生态环境特征与生态环境问题、生态环境敏感性和生态服务功能空间分异规律的基础上，根据生态环境特征、生态环境敏感性和生态服务功能在不同地域的差异性和相似性，将区域空间划分为不同生态功能区的研究过程。

生态功能区划的本质就是生态系统服务功能区划。换言之，生态功能区划是一种以生态系统健康为目标，针对一定区域内自然地理环境分异性、生态系统多样性，以及经济与社会发展不均衡性的现状，结合自然资源保护和可持续开发利用的思想，整合与分异生态系统服务功能对区域人类活动影响的不同敏感程度，构建地具有空间尺度的生态系统管理框架。

生态功能区划和生态特征区划是生态区划的两大组成部分。相比生态特征区划，生态功能区划反映了基于景观特征的主要生态模式，强调了不同时空尺度的景观异质性。景观异质性是指景观尺度上景观要素组成和空间结构上的变异性和复杂性，其来源主要是环境资源的异质性、生态演替和干扰。景观异质性不仅是景观结构的重要特征和决定因素，而且对景观格局、过程和功能具有重要影响和控制作用，决定着景观的整体生产力、承载力、抗干扰能力、恢复能力，决定着景观的生物多样性。因此，通过识别生态系统生态过程的关键因子、空间格局的分布特征，以及动态演替的驱动因子，就能揭示生态系统服务功能的区域差异，进而因地制宜地开展生态功能区划，为引导区域经济—社会—生态复合系统的可持续发展，提供了一种新的思路和途径。

2. 理论基础

（1）生态系统服务功能

生态系统服务功能是指人们从生态系统获取的效益。由于受气候、地形等自然条件的影响，生态系统类型多种多样，其服务功能在种类、数量和重要性上存在很大的空间异质性。因此，区域生态系统服务功能的研究就必须建立在生态功能分区的基础上。同时，生态系统服务功能是随时间发展变化的，生态系统的演替过程反映了其受人为干扰影响而发生的相应变化，因而生态功能区划就必须考虑其动态性特征。

（2）区域生态规划

区域生态规划与生态规划相比，其内涵更强调区域性、协调性和层次性。通过识别区域复合生态系统的组成与结构特征，明确区域内社会、经济及自然亚系统各组分在地域上的组合状况和分异规律，调控人类活动与自然生态过程的关系，从而实现资源综合利用、环境保护与经济增长的良性循环。因此，区域生态规划为生态功能区划的区域尺度研究提供了直接依据。

（3）环境功能区划

环境功能区划是从整体空间观点出发，以人类生产和生活需要为目标，根据自然环境特点、环境质量现状以及经济社会发展趋势，把规划区分为不同功能的环境单元。环境功能区划立足划分单元的环境承载力，突出了区域与类型相结合的区划原则，即表现在环境功能区划图上，既有完整的环境区域，又有不连续的生态系统类型存在。从生态系统生态学的角度而言，生态系统服务功能体现了系统在外界扰动下演替和发展的整体性和耗散性，以及通过与外界的物质和能量交换来维持自身平衡的动态过程。因此，环境功能区划是研究生态功能区划的重要基础。

（4）景观生态区划

景观生态区划是基于对景观生态系统的认识，通过景观异质性分析确立分区单元，结合景观发生背景特征与动态的景观过程，依据景观功能的相似性和差异性，对景观单元进行划分及归并。景观生态区划重视空间属性的研究，强调景观生态系统的空间结构、过程以及功能的异质性。相比生态系统服务功能，景观生态区划着眼于协调资源开发与生态环境保护之间的关系，更注重发挥和保育自然资源作为生态要素和生态系统的生态环境服务功能。因此，景观生态区划为生态功能区划，尤其是流域生态功能区划，研究水陆生态系统的耦合关系提供了关键的理论指导，同时也为生态功能区划的应用提供了强有力的技术支持。

（5）生态系统健康与生态系统管理

生态系统健康是用一种综合的、多尺度的、动态的和有层级的方法来度量系统的恢复力、组织和活力。相比生态系统完整性，生态系统健康更强调生态系统被人类干扰后所希望达到的状态，不具备进化意义上的完整性。刘永和郭怀成认为，对于生物多样性非常重要的区域，可以利用生态系统完整性评价，来反映人为活动对生态系统的干扰程度，但由于很多人为活动的影响已经无法改变，因此无法以生物系统完整性作为生态系统管理的目标。更多地，应该将生态系统健康评价以及在此基础上的生态系统综合评价的结果，作为生态功能区划制定生态系统管理策略的重要基础。

3. 理论体系

（1）区划目标

分析区域生态环境特征、生态系统类型、生态系统完整性和生态系统服务功能的空间异质性规律，明确生态功能分区的主导生态系统服务功能以及生态环境保护目标，划定对区域生态系统健康起关键作用的重要生态功能区域。以生态功能区划为基础，指导区域生态系统管理，增强各功能分区生态系统的生态调节服务功能，为区域产业布局和资源利用的生态规划提供科学依据，促进社会经济发展和生态环境保护的协调，从而保证实现区域经济—社会—生态复合系统的良性循环和可持续发展。

(2) 区划原则

1) 发生学原则

根据区域生态环境问题、生态敏感性和生态服务功能与生态系统结构、过程、格局的关系，确定区划中的主导因子和区划依据。例如，生态系统的土壤保持功能的形成与降水特征、土壤结构、地貌特点、植被覆盖、土地利用等许多因素相关。

2) 相似性与差异性原则

自然地理环境的地域分异，形成了生态系统的景观异质性。每个景观生态结构单元都有特殊的发生背景、存在价值、优势、威胁及与必须处理的相互关系，从而导致景观格局和过程会随区域自然资源、生态环境、生产力发展水平和社会经济活动的不同，而在一定区域范围内表现出相互之间的差异性。同时，相似性是相对于差异性而确立的，空间分布相似的要素会随区域范围的缩小和分辨率的提高而显示出差异性。因此，生态功能区划必须保持区域内区划特征的最大相似性（相对一致性），区域间区划特征的差异性。

3) 等级性原则

等级（系统）理论是 20 世纪 60 年代以来逐渐发展形成的。等级是一个由若干层次组成的有序系统，它由相互联系的亚系统组成，亚系统又由各自的亚系统组成，以此类推，属于同一亚系统中的组分之间的相互作用在强度或频率上要大于亚系统之间的相互作用。根据等级理论，复杂系统可以看作是由具有离散性等级层次组成的等级系统，其离散性反映了自然界中各生物和非生物学过程具有特定的时空尺度，也简化了对复杂系统的描述和研究。Levin 指出，生态系统是典型的复杂适应系统，具有异质性、非线性、等级结构以及能量、物质与信息流四大要素，同时这些要素形成了生态系统的自组织性。通过生态系统自组织，宏观层次上的系统特性可通过微观层次上组分间的局部性相互作用得以体现，而宏观层次又通过反馈作用影响或制约这些微观层次上的相互作用关系的进一步发展。

由此可见，任何尺度上的区域都是多种生态系统服务功能的综合体，不存在单一生态系统服务功能的生态单元。在较高等级生态系统中所表现的生态系统服务动能，与其自身的整体性、综合性并不矛盾，还反映了较高等级生态系统中存在的区域差异。因此，生态功能区划必须按区域内部差异，划分具有不同区划特征的次级区域，从而形成能够反映区划要素空间异质性的区域等级系统。

4) 生态完整性原则

生态完整性主要体现在各区划单元必须保持内部正常的能量流、物质流、物种流和信息流等流动关系，通过传输和交换构成完整的网络结构，从而保证其区划单元的功能协调性，并具有较强的自我调节能力和稳定性。因此，生态功能分区必须与相应尺度的自然生态系统单元边界相一致。

5）时空尺度原则

空间尺度是指区域空间规模、空间分辨率及其变化涉及的总体空间范围和该变化能被有效辨识的最小空间范围。在生态系统的长期生态研究中，空间尺度的扩展十分必要，目前一般可分为小区尺度、斑块尺度、景观尺度、区域尺度、大陆尺度和全球尺度 6 个层次。任一类生态系统服务功能都与该区域，甚至更大范围的自然环境与社会经济因素相关，所以生态功能区划的空间尺度往往立足于区域尺度（流域、省域）、大陆尺度（全国）甚至全球尺度考虑。

时间尺度是指某一过程和事件的持续时间和事件中的持续时间长短，及其过程与变化的时间间隔，即生态过程和现象持续多长时间或在多大的时间间隔上表现出来。由于不同区域或同一区域不同的生态系统生态过程总是在特定的时间尺度上发生的，相应地在不同的时间尺度上表现为不同的生态学效应，生态功能区划应结合行政地区的发展规划，提出近、中、远期不同时间尺度的生态系统管理目标，以适应处于动态变化的生态环境，从而对区域经济—社会—生态复合系统的可持续发展发挥更好的指导作用。

6）共轭性原则

生态功能分区必须是具有独特性、空间上完整的自然区域，即任何一个生态功能分区必须是完整个体，不存在彼此分离的部分。在一定的区域范围内，生态系统在空间上存在共生关系，所以生态功能区划应通过生态功能分区的景观异质性差异，来反映它们之间的毗连与耦合关系，强调生态功能分区在空间上的同源性和相互联系。

7）可持续发展原则

人类与生态环境是密不可分的。漫长的人类历史形成了一个区域特有的劳动生产方式和土地利用格局，体现了这个区域生态系统特有的生物与物理条件。生态功能区划不仅要促进资源地合理利用与开发，削减和改善生态环境的破坏，而且应正确评价人类经济和文化格局在区域内的相似性和区域间的差异性，从而增强区域社会经济发展的生态环境支撑力量，推进生态功能分区的可持续发展。

8）跨界管理原则

生态功能区划的边界具有自然属性而非行政属性，所以区划应统筹考虑跨行政边界（跨部门职能）的冲突问题，使得区划结果能够体现相关政府部门、利益相关者以及公众协商的一致认可性，从而保证不会造成未来的生态系统管理问题。

(3) 区划的关键问题分析

1) 生态系统的生态过程分析

生态过程是指生态系统内部和不同生态系统之间物质、能量、信息的输入、输出、流动、转化、储存与分配过程的总称，其具体表现多种多样，包括物质循环、能量流动、种群和群落演替等物理、化学和生物过程以及人类活动对这些过程的影响。

生态系统的物质和能量流动是生态过程的基本机制。从景观生态学出发，景观过程是由一定时空尺度上的各景观要素共同驱动的、自然和人为因子共同作用的结果，其主要表现为景观要素之间的相互作用、相互联系、相互依存，强调了事件或现象的发生、发展的动态特征。景观格局的形成，反映了不同的景观过程，与此同时，景观格局又在一定程度上影响着景观过程中的物质迁移和能量转换。

2) 生态系统的空间格局分析

景观异质性决定了生态系统空间格局研究的重要性。从景观生态学出发，景观格局是景观异质性的具体表现，是自然、生物和社会要素之间相互作用的结果，同时也是生态系统生态过程在不同尺度上作用的结果，而且对生态系统的边缘效应有一定的影响。因此，斑块边界的确定是景观格局分析的重要依据。景观格局分析可以及时准确地反映生态过程的动态变化，即从看似无序的景观斑块镶嵌中，发现潜在的、有意义的规律，以确定驱动生态过程的景观格局分布特征。

3) 生态系统的动态变化分析

生态系统服务功能随时间的动态演替是景观动态变化的有力证据。景观动态变化是一个十分复杂的过程，其实质包括了生态系统不同组分及其服务功能之间的相互转化过程，揭示了在外界干扰下，景观格局、过程和功能中能量流动、物质循环和信息传递的变化情况。

景观动态变化的驱动因子一般可分为 2 类：自然因子和人为因子。自然因子常常在较大的时空尺度作用于景观，它可以引起大面积的景观发生变化；人为因子包括人口、技术、政治经济体制、政策和文化等，在其影响下，景观动态变化主要表现在土地利用/土地覆被的变化，土地利用本身就包括了人类的利用方式及管理制度，而土地覆被是与自然的景观类型相联系的。

(4) 区划的研究方法框架

生态功能区划是以恢复区域持续性、完整性的生态系统健康为目标，基于区域的自然地理背景，界定生态功能分区及其子系统的边界，结合区域水陆生态系统、社会经济与土地利用的现状评价与问题诊断，识别生态系统空间格局的分布特征、生态过程的关键因子以及动态演替的驱动因子，明确影响生态系统服务功能的景观格局与结构、景观过程与功能以及景观动态变化，构建生态功能区划的指标体系，制定区划的原则与依据，同时以 3S 技术为主导，构建区划的技术体系，从而实现生态功能多级区划，并为决策者更为全面和综合地开展生态系统管理提供科学依据。

2.4.3 区域生态安全格局

1. 概念

世界范围的生态环境问题越来越突出，严重威胁着人类社会的可持续发展，保障生态安全已经成为迫切的社会需求。生态安全（Ecological Security）狭义上指自然和半自然生态系统的安全，即生态系统的完整性和健康水平的整体反映。广义上指人的生活、健康、安乐、基本权利、生活保障来源、必要资源、社会秩序和人类适应环境变化的能力等方面不受威胁的状态，包括自然生态安全、经济生态安全和社会生态安全，组成一个复合人工生态安全系统。一般所说的生态安全是指国家或区域尺度上人们所关心的气候、水、空气、土壤等环境和生态系统的健康状态，是人类开发自然资源的规模和阈限。

生态安全研究的基础是生态风险评价和管理。早期的生态风险研究集中在对有毒物质引起的风险上，主要集中在个体和种群水平的生态毒理学，而针对区域生态环境问题的生态学研究相对较少。目前，生态安全研究开始注重生态系统及其以上水平，力求以宏观生态学理论为指导，将单个地点或较小区域内的生态风险问题联系起来，进行区域生态风险的综合评价（特别是生态系统服务功能和健康评价），强调格局与过程安全及整体集成，并着重实施基于功能过程的生态系统管理。

生态系统管理（Ecosystem Management）被定义为在明确目标指导下，通过政策和协议的具体实施，保持生态系统组分、结构和功能完整性的管理；并通过监测研究，在加深理解生态学相互作用与过程的基础上，不断调整管理对策。生态系统管理概念的提出使人类由对自然的无序利用和被动适应，开始走向实施主动的生态恢复和科学管理。

近年来，生态系统管理的理论探讨很多，但实践经验薄弱。理论上，实施生态系统管理必须基于对干扰与生态系统结构和过程关系的全面了解，否则任何管理行动都是不完善的。现实情况却是，对生态系统破坏的认知过程缓慢，而生态系统破坏又在不断发展变化之中，无法提出全面科学的管理措施。作为折中，人们提出适应性生态系统管理（Adaptive Ecosystem Management）的对策，倡导依据现有知识进行决策，针对生态系统可持续性立即采取管理行动，并通过探索、实验和监测，不断修正相应的管理政策。基于这种思路，可以考虑多种合理的假设和各种可能的策略，通过不断地实践，消除不确定性的管理行为可能带来的不良后果，为实现生态系统的可持续性提供了途径。

但是，仅有对策是不够的。任何政策的成功实施都需要最终落实到具体的生态系统，即某空间地域上，实现管理效果的直观可视。目前生态系统管理多集中于退化生态系统的恢复机制以及相关生态经济学、政策和社会学等问题的探讨，而如何将恢复措施和管理对策落实到空间地域上更加有针对性地解决区域性生态环境问题是需要重点突破的问题。针对区域性生态环境问题及其干扰来源的特点，通过合理构建区域生态格局来实施管理对策抵御生态风险是目前区域生态环境保护研究的新需求，也是生态系统管理能否成功的关键步骤。

因此，提出区域生态安全格局（The Regional Pattern for Ecological Security）的概念，将其定义为针对区域生态环境问题，在排除干扰的基础上，能够保护和恢复生物多样性、维持生态系统结构和过程的完整性、实现对区域生态环境问题有效控制和持续改善的区域性空间格局。

区域生态安全格局概念的提出是对景观安全格局研究的发展，适应了生物保护和生态恢复研究的发展需求。景观安全格局侧重于景观结构与功能关系的机制研究。通过确定自然生态过程的一系列阈限和安全层次，提出维护与控制生态过程的关键性的时空量序格局。其特点在于规划设计一些关键性的点、线、局部（面）或其他空间组合，恢复一个景观中某种潜在的空间格局。与此类似，区域生态安全格局研究也基于格局与过程相互作用的原理寻求解决区域生态环境问题的对策，但是，它更强调区域尺度生态环境问题的发生与作用机制，例如干扰的来源、社会经济的驱动，以及文化伦理的影响等；强调区域生态环境问题的尺度性和层次性，即不同尺度上格局与过程的干扰效应，集中解决生物保护、生态系统恢复及景观稳定等一系列问题；突出强调以上两方面各要素的纵横交织产生的新特点，发现干扰对某一尺度格局与过程的作用，提出相应的解决对策，然后将所有单项对策综合，从更加宏观更加系统的角度提出实现区域生态安全的对策，并通过区域生态安全格局的规划设计具体实施。区域生态安全格局的提出为适应性生态系统管理提供了新途径。

同以往研究相比，区域生态安全格局研究具有以下鲜明特点。

（1）针对性

区域生态安全格局的研究对象通常具有特定性和针对性。针对区域上的一个或几个主要生态环境问题，依据空间格局与生态过程相互作用的原理，以生态系统恢复和生物多样性保护为基础，提出解决这些问题的生态、社会、经济对策和措施，并具体落实到空间地域上，目标非常明确。

（2）区域性

由以往重视小尺度的机制问题研究扩展到解决区域乃至全球性问题的水平。区域生态环境问题的根源多为大尺度发生或区域性存在的人类干扰，因此，这些生态环境问题的最终解决也需要上升到区域尺度。重视区域尺度的生物保护和生态系统恢复是生态环境保护研究发展的大势所趋。大尺度生态环境问题需要基于小尺度机制研究、通过区域集成系统解决，这是小尺度研究无法实现的。正如，人们已经认识到生物多样性保护需要由物种和生态系统保护上升到景观和区域保护。

（3）系统性

区域生态安全格局研究综合考虑生物多样性保护、退化生态系统恢复和社会经济的可持续发展，目的是系统解决区域性生态环境问题。由关注环境污染或生物资源保护等单一问题扩展到系统分析和综合研究区域生态环境问题，比如，水灾、火灾、环境污染，以及人口增长、城市化等引起的生态破坏等，这些显著的或潜在的生态风险在广义上都属于研究的范畴。

每一种生态风险都对应着一个或者一系列防治对策，保证区域生态安全必须将各个尺度的生态恢复措施联系起来，综合集成多种对策和途径，基于整体观和系统观解决宏观生态环境问题。

（4）主动性

区域生态安全格局的实现不但要控制很多有害的人类干扰，还要实施很多有益的人为措施，主动干预并人工促进退化生态系统恢复。其实质是运用复合生态系统原理解决人类社会所面临的生态环境问题、人与自然的协调发展，体现出很强的人的能动性。

2. 基础理论

区域生态安全格局研究关注区域尺度的生态环境问题、格局与过程的关系、等级尺度问题、干扰的影响、生物多样性保护、生态系统恢复，以及社会经济发展等，并强调这些方面的综合集成，因此其理论基础涉及景观生态学、干扰生态学、保护生物学、恢复生态学、生态经济学、生态伦理学和复合生态系统理论等多个学科的内容，这些学科领域的成果为区域生态安全格局研究提供了有益的借鉴。

（1）景观生态学：格局与过程的相互作用

景观格局决定着资源和物理环境的分布形式和组合，与景观中的各种生态过程密切相关，对于抗干扰能力、恢复能力、系统稳定性和生物多样性有着深刻的影响。格局决定过程反过来又被过程改变。格局与过程相互作用原理不但是景观生态学的核心内容，也为区域生态安全格局研究奠定了重要的理论基础。

区域生态安全应该通过优化景观格局来实现。优化的景观格局来源于对景观格局与生态过程关系的充分了解，特别是要判定哪些过程是有害的、哪些有利的生态过程是需要恢复的。通过改变景观格局，控制有害过程恢复有利过程，才能实现区域生态安全。优化的景观格局是基于相关理论支持的空间描述，能够方便地付诸实践和管理。

优化景观格局的实现手段是景观恢复与重建。景观恢复与重建是指恢复原生态系统间被人类活动断裂或破碎的相互联系，以景观单元空间结构的调整和重新构建为基本措施。包括调整原有景观格局，引进新的景观组分等，以改善受威胁或受损生态系统的功能。景观生态学关注的焦点是景观层次上的生态恢复模式及恢复技术、选择恢复的关键位置、构筑生态安全格局。

空间格局和生态过程的相互作用存在于多个等级和尺度上。传统的以物种保护为中心的自然保护途径经常缺乏考虑多重尺度上生物多样性的格局和过程及其相互关系，显然是片面的。景观生态学的等级理论认为环境压力的影响会在不同生物组织层次中通过不同方式表现出来，生物多样性研究和保护应该是在多组织层次、多时空尺度上进行。因此，生物多样性保护在关注物种的同时，还应该重视它们所处的生态系统的结构及相关生态过程，恢复生存环境才是成功保护物种的关键。与此类似，区域生态安全格局研究在重视区域规划设计的同时，还应该关注一些更小尺度的格局与过程，只有具体完成了小尺度格局设计才能使整体规划有的放矢。

生物保护的区域途径并不是指把整个景观作为保护区，而是强调应用景观生态学的原理设计自然保护方案，即基于格局与过程相互作用原理，按照尺度和等级层次理论的要求，以景观生态规划的方法为基础，改造受损景观格局，达到解决区域生态环境问题的目的。格局与过程相互作用的原理，如“集中与分散相结合”和“必要格局”原则“景观生态安全格局”，以及节网络和多用途系统单元的自然保护区设计方法，已在实践中进行了广泛地应用和检验，都可为区域生态安全格局设计提供借鉴。

（2）干扰生态学：干扰与格局的相互作用

干扰一般指显著改变系统自然格局的事件，它导致景观中各类资源的改变和景观结构的重组。自然干扰可以促进生态系统的演化更新，是生态系统演变过程中不可或缺的自然现象。但是，人类干扰或人类干扰诱发的自然灾害却成为区域生态环境恶化的主要原因。人类干扰与自然干扰不同，它具有干扰方式的相似性与作用时间的同步性、干扰历时的长期性与作用的深刻性、干扰范围的广泛性与作用方式的多样性，以及干扰活动的小尺度与作用后果的大尺度等特点。区域生态安全格局设计的目的就是针对干扰的这些特点，排除与生态环境问题相应的人为干扰，并通过有利的人类干扰恢复自然生态格局与过程。

干扰改变景观格局同时又受制约于景观格局。干扰在不同景观类型和不同程度的异质性景观中扩散能力有明显差异，通过改变景观格局可以控制干扰的形成和扩散，因此研究干扰对区域生态格局的破坏以及区域生态格局对各类干扰的影响是进行区域生态安全格局设计的基础。景观格局对干扰的反应存在一系列阈值，只有在干扰规模和强度高于这些阈值时，景观格局才会发生质的变化。区域生态安全格局设计应该在明确人类干扰效应阈值的基础上进行。

在一定意义上，景观异质性也可以说是不同时空尺度上频繁发生干扰的结果。由于不同的干扰所发生的尺度不同，使得影响干扰和受干扰影响的景观格局也有一个与干扰相对应的尺度问题。针对不同尺度的干扰提出解决对策、规划设计相应格局，恢复不同层次的空间异质性，才能达到有效控制干扰和恢复生态过程的目的。

通过有益的人为干扰恢复和优化退化景观还需要重视人为干扰与景观格局和动态的适应性。在自然条件下，景观格局与动态都是与自然干扰相适应的，而且形成了一种相互依赖的运行机制。这些干扰一般具有一个共同特点：如果是小尺度干扰则干扰作用周期短，如果是大尺度干扰则干扰作用的周期较长，这种尺度与频率的反比关系使受到干扰的景观有充足的修复时间。

因此，实施有益人为干扰的尺度应该基于自然干扰尺度确定。确定人类干扰适宜尺度最安全、最可靠的办法就是通过对自然干扰的发生尺度和运行机制进行研究，向自然界学习。既要注意研究有利于原生生态过程的人为干扰，作为实施生态工程的依据，同时不能忽视它所带来的不良影响。总之，有目的地施加某些有益人为干扰，促进生态系统恢复，是生态系统管理和实现区域生态安全的必要手段。

（3）保护生物学：生物多样性保护

日益剧烈和不合理的人类活动导致全球生物多样性的严重危机，当前生物多样性的丧失大大超出自然速度，引发了一系列生态环境问题。因此，生物多样性是生态安全的基础，保护和恢复生物多样性是实现区域生态安全的必由途径。

保护生物学就是研究保护物种及其生存环境的科学，通过评估人类对生物多样性的影响，提出防止物种灭绝的对策和保存物种进化潜力的具体措施。具体包括物种迁地保护到栖息地保护、群落保护到生态系统和景观保护、环境对生物多样性的影响以及多样性对生态环境安全的意义等各个方面。目前比较活跃的研究领域主要是物种灭绝机制、生境破碎化的影响、种群生存力分析、自然保护区的建设、生物多样性热点地区的确定和保护，以及公众教育与立法等。

随着生物保护策略由物种转向生态系统和景观，景观规划设计在生物多样性保护中的作用日益突出。景观规划从景观要素保护的角度出发提出了一系列有利于生物多样性保护的空间战略，为自然保护区及国家公园的建立和科学管理提供了指导。比如，建立绝对保护的栖息地核心区、建立缓冲区以减小外围人为活动对核心区的干扰、在栖息地之间建立廊道、适当增加景观异质性、在关键性部位引入或恢复乡土景观斑块、建立物种运动的“跳板”以连接破碎生境斑块、改造生境斑块之间的质地、减少景观中的硬性边界频度，以降低生物穿越边界的阻力等。这些景观生态措施能够有效克服干扰对生物多样性的不利影响。

建设区域生态安全格局可对生物多样性保护起到直接的促进作用，在生态学理论、方法、经验与生物多样性保护实践之间架起一座桥梁。而区域生物多样性的恢复为保持生态系统功能过程的完整性和稳定性奠定了基础，从而决定了区域生态安全格局的可持续性。因此，针对区域生态环境问题，优化景观生态格局，从区域尺度保护和恢复生物多样性，维持生态系统结构和功能的完整性，才能长久实现区域生态安全。

（4）恢复生态学：生态系统结构和功能恢复

区域景观由多种生态系统类型镶嵌而成，恢复已经退化的生态系统对于提高生态系统服务功能和改善生态系统健康状况具有重要意义，因而，退化生态系统恢复是实现区域生态安全的必要措施。生态系统服务是人类生存和发展的基础。生态系统为人类提供了自然资源和生存环境两个方面的多种服务功能，但生态系统服务功能的两个方面都是有限的。如果自然资源攫取过度，环境质量就要遭到破坏；反之，要保证较高的环境质量，应该尽可能减少资源利用对生态环境的破坏，并通过改进资源利用技术提高资源利用效率。

生态系统健康是保证生态系统服务功能的前提。生态系统健康是指一个生态系统所具有的稳定性和可持续性，即在时间上具有维持其组织结构、自我调节和对胁迫的恢复能力。健康诊断是对生态系统质量与活力的评价。区域生态安全的研究目的就是平衡人类的自然资源利用与生存环境质量需求的矛盾，保证生态系统在持续健康的状态下提供服务。

按照国际恢复生态学会的解释，生态恢复是研究恢复和管理原生生态系统完整性的过程。这种生态整体性包括生物多样性的临界变化范围、生态系统结构和过程、区域和历史内容以及可持续的社会实践等。恢复生态学为研究不同方式的内外源干扰格局下特定生态系统类型受损或退化机理，探究生态系统选择性恢复或重建提供了方法和技术。

生态恢复的目标是发展一种具有可持续性的生态系统。但是，根据不同的社会、经济、文化和生活需要，人们往往会针对不同的退化生态系统制定不同水平的恢复目标，而且生态恢复的具体目标也随退化生态系统本身的地域差异、干扰类型和强度的不同，以及退化程度的不同而有所差异。

恢复生态学虽然关注的是生态系统，但必须涉及多尺度多层次的研究，内容十分综合。它包含了从分子至全球所有尺度上的生态恢复选择。具体包括：①非生物要素（包括土壤、水体、大气）的恢复技术；②生物因素（包括物种、种群和群落）恢复技术；③生态系统（包括结构与功能）的总体规划、设计与组装技术。同时，它不仅包含对自然生态系统的生物多样性、系统结构和功能的选择性恢复，也包括对一定地域和时间尺度上人类的心理生态、社会生态、文化生态、经济生态的组成多样性、结构与功能过程的选择性恢复与重建。

虽然恢复生态学强调对受损的生态系统进行恢复，但其首要目标仍然是保护原生生态系统；第二目标才是恢复已经退化的生态系统，尤其是与人类关系密切的生态系统；第三个目标是对现有的生态系统进行合理的管理，避免退化；第四个目标是保持区域文化的可持续性。其他目标还包括实现景观层次的完整性、保持生物多样性，以及维持良好的生态环境等。

可见，区域尺度的生态系统恢复目标符合了区域生态安全格局的要求，生态系统恢复措施为区域生态安全格局的构建和实施奠定了技术基础。区域生态安全格局设计应该在适当采用退化生态系统恢复的技术和方法的同时，突出强调区域尺度上退化生态系统的空间恢复格局，从而达到恢复区域景观格局和功能的目的。

（5）生态经济学：自然资源保护性利用

人类干扰是造成生态环境问题的直接原因，但其背后深层的原因是任何人类活动都有经济利益的驱动，是由经济的无序发展造成的。因此，区域生态安全要通过改变经济发展模式才能最终实现。

生态经济学研究经济发展与环境保护之间的相互关系，探索合理调节经济再生产与自然再生产之间的物质交换，用较少的经济代价取得较大的社会效益、环境效益和经济效益。因此，生态经济学能够为解决一系列经济无序发展造成的环境问题提供对策和方法。

生物多样性和生态系统服务作为人类社会生存和发展的基础，是一种有限资源。但是，当前经济发展的主导模式和观念是获取一定时间内经济利益的最大化，这与可持续发展倡导的大时间尺度的经济效益、社会效益和生态效益的综合最大化存在着激烈矛盾。要解决这个矛盾，必须寻找合理的人们能够接受的生态、经济、社会效益评估的方法，平衡经济发展与生态环境保护，并通过实施产权和税收等经济杠杆的具体方法实现。

一些经济措施可以保护生物多样性，如：①建立有效的产权制度，明确生物多样性的所有权关系；②对生物资源和生态环境进行合理定价，实行有偿使用；③建立生物多样性保护的财政调控系统；④健全国民经济核算体系，使其能反映出由于生物多样性丧失而带来的经济损失。

排污收费、产品收费、押金退款制度和可交易许可证制度是控制生态系统服务功能利用的经济措施，它们的实施可为建立区域生态安全格局提供保证。目前正在广泛进行的生态系统服务功能的价值评估，为采用经济手段规范生态系统服务的利用奠定了理论基础。我国即将实施流域水资源分配及收费制度，但是森林砍伐、草场过牧等问题还缺乏相关的经济措施。现阶段应该大力提倡采用经济手段来调控生态系统服务利用。

总之，通过经济学手段排除人类干扰，解决生态环境问题，是实现区域生态安全的根本途径之一。根据区域生态环境问题的成因，确定相应人类干扰的经济学驱动机制，提出改善区域资源利用的科学对策和经济发展模式，应该在区域生态安全的格局设计和实施中得到充分重视。

(6) 生态伦理学：人与自然和谐

区域生态环境问题的另一根源在于人类干扰的社会背景，其实各种经济活动也存在着社会导向，因此所有人类活动都有着深刻的社会根源。如果说生态经济学手段可用于控制个人或集团的生态破坏行为，那么生态伦理学则是为控制全社会的生态破坏行为提供对策。

现代科学技术高度发展的后果之一是在人与自然之间形成了某种隔离，使人不易看到自己的生活与自然的密切联系，导致人类对自然缺乏足够的尊重。社会意识与自然规律不协调，那么社会的行为、道德、文化、政策、法律和法规等因子就可能成为生态环境问题产生的根源。因此，从生态伦理学的高度改善人与自然的关系是实现区域生态安全的根本途径。这样的区域生态安全格局研究不仅可以消除不利的个人行为，而且可为消除不利的社会行为提供对策。

生态伦理学主要研究人对待自然的态度问题，存在着人类中心主义和非人类中心主义（或称生态中心主义）两种价值观。尽管单独的理论都存在偏颇，但它们都为生物多样性保护、生态系统恢复和建立人与自然之间的和谐关系提供了独特的道德依据。特别是，倍受推崇的生态中心主义，承认自然生态环境具有内在价值，强调人与自然的平等，适应了可持续发展的伦理要求，为解决生态环境问题提供了道德规范和社会认同。

生态伦理学还注重研究基于生态伦理的原则和规范，比如它所提出的自卫原则、对称原则、最小错误原则和补偿正义原则，为人们提供了环境意义上的行为道德准则，为生态环境保护作出了贡献。应用生态伦理学原则指导实践，首先要确立可持续发展的观念，并关注人口发展的伦理、科技发展的伦理、环境保护的伦理、消费方式的伦理以及公众的环境伦理教育等，用这些行为道德准则来规范人类的社会经济活动。

在此基础上，环境社会学可以帮助解决一些实际生态环境问题，如：人类、技术以及文化、社会和人格系统等如何影响自然环境；自然环境的变化如何影响人类、技术以及文化、社会和人格系统，如何调控二者之间的关系；环境衰退的社会根源是什么；究竟谁应对环境破坏负责；为什么一些环境问题早就存在，但只是到了特定时候才引起广泛注意。此类研究从更加实用的角度提出了社会与自然和谐的对策。

区域生态安全格局研究的终极目标是可持续发展，而生态环境问题发生的根源在于社会的不良环境意识。因此，从生态伦理学角度发现不利于自然生态的社会导向和行为，提出相应的解决对策是消除生态环境问题的根本途径之一。

（7）复合生态系统理论：整体观

人们所生活的世界是一个“社会—经济—自然”复合的生态系统。它是以自然环境为依托，人类活动为主导，资源流动为命脉，社会体制为经络的人工生态系统，有生产、生活、流通、还原、调控功能，构成错综复杂的人类生态关系。复合生态系统演替的动力来源于自然和社会两种作用力，两者耦合导致不同层次的复合生态系统特殊的运动规律。

复合生态系统理论是区域生态安全格局研究的思想源泉。只有把人和人类活动看作生态系统的一个有机组分，综合考虑区域生态环境问题的生态、经济和社会机制，才能提出切实的解决对策。人类社会发展中的环境问题的实质就是复合生态系统的功能代谢、结构耦合及控制行为的失调，必须通过生态建设手段加以解决。通过生态规划、生态恢复、生态工程与生态管理，将单一的生物环境、社会、经济组成一个强有力的生命系统，从技术个性和体制改革及行为诱导入手，调节系统的主导性和多样性、开放性和自主性、灵活性与稳定性，使生态学的竞争、共生、再生和自生原理得到充分的体现，资源得以高效利用，人与自然高度和谐。

总之，区域生态安全格局研究以生态系统恢复和生物多样性保护为目的，以格局与过程的相互作用关系为原则，排除人类干扰对自然生态系统的影响，并寻找其社会经济原因来控制干扰源头，综合考虑社会、经济和生态系统的协调发展，从而实现区域生态环境的整体改善。可持续发展是区域生态安全格局研究的最高目标。

2.4.4 区域生态补偿

1. 概念与内涵

对于生态补偿，国内外至今未见明确的定义。《环境科学大辞典》曾将自然生态补偿（Natural Ecological Compensation）定义为“生物有机体、种群、群落或生态系统受到干扰时，所表现出来的缓和干扰、调节自身状态使生存得以维持的能力，或者可以看作生态负荷的还原能力”；或是自然生态系统对由于社会、经济活动造成的生态环境破坏所起的缓冲和补偿作用。

但最一般地，则将生态补偿理解为一种资源环境保护的经济手段。将生态补偿机制看成调动生态建设积极性，促进环境保护的利益驱动机制、激励机制和协调机制。章铮认为狭义的生态环境补偿费是为了控制生态破坏而征收的费用，其性质是行为的外部成本。征收的目的是使外部成本内部化。而庄国泰等将征收生态环境补偿费看成对自然资源的生态环境价值进行补偿，认为征收生态环境费（税）的核心在于：为损害生态环境而承担费用是一种责任，这种收费的作用在于它提供一种减少对生态环境损害的经济刺激手段。在 20 世纪 90 年代前期的文献报道中，生态补偿通常是生态环境加害者付出赔偿的代名词；而 20 世纪 90 年代后期，生态补偿则更多地指对生态环境保护、建设者的财政转移补偿机制，例如国家对实施退耕还林的补偿等。同时出现了要求建立区域生态补偿机制，促进西部的生态保护和恢复建设的呼声。

综合起来，可以认为生态补偿是指“通过对损害（或保护）资源环境的行为进行收费（或补偿），提高该行为的成本（或收益），从而激励损害（或保护）行为的主体减少（或增加）因其行为带来的外部不经济性（或外部经济性），达到保护资源的目的”。但是关于生态补偿的三个基本问题却从未得到根本的解决：谁补偿谁，即补偿支付者和接受者的问题；补偿多少，即补偿强度的问题；以及如何补偿，即补偿渠道的问题。

2. 生态补偿的基础理论

（1）庇古手段与外部性的补偿

资源与环境经济学认为，引起资源不合理的开发利用以及环境污染破坏的一个重要原因是外部性。

外部性作为一个正式的概念，最早是由马歇尔提出，庇古（Pigou）则区分了外部经济和外部不经济：“此问题的本质是，个人 A 在对个人 B 提供某项支付代价的劳动过程中，附带地，亦对其他人提供劳务（并非同样的劳务）或损害，而不能从受益的一方取得支付，亦不能对受害的一方施以补偿。”经济学家对外部性产生的原因和解决办法有不同的认识，其中，最著名的是庇古税和科斯定理。

庇古认为：外部性产生的原因在于市场失灵，必须通过政府干预来解决。对于正的外部影响政府应予以补贴，对于负的外部影响应处以罚款，以使外部性生产者的私人成本等于社会成本，从而提高整个社会的福利水平。但是对于政府能否有效地校正外部性，西方经济学界存在争议，就连庇古也怀疑道：“确定恰当的补助金和课税标准，实际上有很大困难。要做出一个符合科学的决定，几乎完全没有必要的材料可以作为概括”。可见，要准确确定边际外部成本十分困难。

（2）科斯手段与产权明晰

科斯（Ronald Coase）则认为不能将外部性问题简单地看成是市场失灵。他认为，外部性问题的实质在于双方产权界定不清，出现了行为权利和利益边界不确定的现象，从而产生了外部性问题。因此，要解决外部性问题，必须明确产权，即确定人们是否有利用自己的财产采取某种行动并造成相应后果的权利。他提出科斯第一定理：如果产权是明晰的，同时交易费用为零，那么无论产权最初如何界定，都可以通过市场交易使资源的配置达到帕累托最优，即通过市场交易可以消除外部性。科斯进一步探讨了市场交易费用不为零的情况，并提出了科斯第二定理：当交易费用为正且较小时，可以通过合法权利的初始界定来提高资源配置效率，实现外部效应内部化，无需抛弃市场机制。

（3）生态补偿的内涵

庇古和科斯手段的目的都是为了解决外部性问题，使社会成本内在化；两者在资源与环境保护领域的应用即为生态补偿手段。在产权没有明确界定的情况下，由于无法决定谁的行为妨碍了谁，谁应该受到限制，因而也就不能做出谁应该补偿谁的决定。而在界定清楚产权的基础上，即A产权相对于B产权而言，其所界定的行为权利与利益边界是十分明确、无交叉含混的，此时，若A产权主体的行为超过了其产权所界定的行为或利益边界时，他相对于B产权而言，就是非产权主体。在这种情况下，A要么因其行为对B产权主体所造成的损害加以补偿，要么因要求B产权主体将其产权的一部分转让（即通过市场交易重新划定产权边界）而做出补偿。只有这样的补偿才是确定的、清晰的，才是有意义的、公平的。因此，笔者认为，生态补偿应以资源产权的明确界定作为前提，在此前提下，通过体现超越产权界定边界的行为的成本，或通过市场交易体现产权转让的成本，从而引导经济主体采取成本更低的行为方式，达到资源产权界定的最初目的：使资源和环境被适度持续地开发和利用，使经济发展与保护生态达到协调平衡。

3. 生态补偿类型与补偿强度

与资源产权相关的成本可以被归结为两种类型：其一，生态服务功能价值；其二，产权主体的机会成本。由此，生态补偿的类型也有两种：其一，补偿产权主体环境经济行为产生的生态环境效益；其二，补偿产权主体环境经济行为的机会成本。

支付生态服务功能价值这一方式难以实现，因为生态系统服务功能价值难以准确计量，并常常是天文数字。而支付产权主体环境经济行为的机会成本则容易实现，因为财务成本可以通过市场定价进行评估。一旦确认所必须补偿的行为方式产生的生态环境效益足够大，就可以根据该行为方式的机会成本确定补偿额度。因此目前国际上普遍接受的补偿水平实际上是以机会成本的补偿为准。

对有利的环境经济行为：环境经济行为的受益主体（或其代理人）对行为过程中的利益受损主体（或其代理人）进行赔付，以便使其维持其有利的环境经济行为模式。

对不利的环境经济行为：环境经济行为的实施主体（或其代理人）对行为过程中的利益受损主体（或其代理人）进行赔付，即支付利益受损者的机会成本，以便补偿其行为带来的环境经济损失；或使其放弃该行为模式。由于生态系统生态服务功能的价值通常远大于此财务收益，所以要求赔付额度至少大于等于其预期财务收益。

4. 补偿机制

（1）选择补偿机制考虑的因素

选择补偿机制所需要考虑的因素较为复杂。选择补偿机制时需考虑的因素有：

1）生态系统所提供服务的生物和物理特征，包括自然资源管理和环境影响之间的必然联系；是否明确地定义了受益人；对生态系统所提供服务造成威胁的各种因素的紧迫性等；

2）手段实施的具体环境，包括经济状况、制度状况、政治状况；

3）操作成本，即经济成本、管理的复杂性；

4）公平性，即政策手段的实施对弱势群体的影响。

（2）利益相关方与生态补偿实现的层次

一般来说，围绕资源及生态环境效益的利益相关者有三类，包括资源的所有者、资源的开发使用者、资源的管理者。而由于生态环境效益的受益者处于不同的区域层次，因此效益内化载体（或支付者）也处于不同层次：当地（local）、省内（provincial）、国内（country）、全球（global），它取决于资源及生态环境效益影响涉及的范围[11]。而不同层次的补偿以不同的方式或机制加以实现。

(3) 生态补偿的途径

生态补偿费与生态补偿税。从一般意义上说，税和费都是政府取得财政收入的形式。税收是政府为了实现其职能的需要，凭借政治权力，按照一定的标准强制无偿地取得财政收入的一种形式，具有强制性、无偿性、固定性特征。对于某些公共产品、公共服务成本的补偿，有时不适合采用征税方式，政府便采用较为便利和灵活有效的收费方式，作为调节经济活动的必要补充。它包括使用费和规费两种。

生态补偿保证金制度。1977 年，美国国会通过的《露天矿矿区土地管理及复垦条例》(SMCRA)。根据 SMCRA，任何一个企业进行露天矿的开采，都必须得到有关机构颁发的许可证；矿区开采实行复垦抵押金制度，未能完成复垦计划的其押金将被用于资助第三方进行复垦；采矿企业每采掘一吨煤，要缴纳一定数量的废弃老矿区的土地复垦基金，用于 SMCRA 实施前老矿区土地的恢复和复垦。英国 1995 年出台的环境保护法，德国的联邦矿产法等也都做了类似的规定。

财政补贴制度。政府财政预算外资金来源主要包括排污费、资源使用费等。对于保护生态环境的行动进行补偿时，“积极补贴”的资金最好是尽可能地来自对进行非可持续性活动的税收。根据国际的经验，这种形式的补贴经常应用在能源部门。其做法是对使用矿物燃料的企业征收较高税费，用这部分收入来补贴不使用矿物燃料的企业。对于有利于资源保护的经济行为减免税费，如对农民减免农业税、特产税、教育附加费等，同样可以起到鼓励正确的行为方式的作用。

优惠信贷。小额贷款是以低息贷款的形式向有利生态环境的行为和活动提供一定的启动资金，鼓励当地人从事该行为和活动。同时，贷款又可以刺激借贷人有效地使用贷款，提高行为的生态效率。

交易体系。排污许可证交易市场、资源配额交易市场以及责任保险市场等是科斯定理在实践中的主要应用。

国内外基金。建立生态补偿基金是由政府、非政府、机构或个人拿出资金支持生态保护行为或项目，它要求的只是一个有效的地方财政管理体系。由于受国家的财政体系影响较小，因此其操作比较容易。捐款是国际环境非政府机构经常使用的补偿手段。一般是一个人或机构通过非政府机构用捐款的形式购买生物多样性或湿地环境，是不需要偿还的。由于这种形式的资金是有限的，因此更适宜用于贫困地区。

总之，不同的生态补偿途径和机制有其不同的适用范围。但生态补偿规模越大，其开发和实施的难度和复杂性就越高，主要是因为所涉及的利益相关方越多，协调他们共同行动的成本也就越高。此外，没有任何一种策略对所有地区都有效，真正起作用的补偿机制应该是因地制宜的，往往要发挥多种补偿机制的优势。

2.5 区域政策研究

2.5.1 区域政策

区域政策是指根据区域差异而制定的，促使资源在空间上实现优化配置、控制区域差距过分扩大，以协调区域间关系的一系列政策之和。市场机制的“马太效应”和试错性是区域政策产生的必要条件。区域政策无论是在计划经济国家还是市场经济国家、国家层次还是超国家层次上都发挥着越来越重要的作用。

1. 区域政策的概念

区域政策（Regional Policy），即带有区域性特征的政策，包括“区域”和“政策”两重含义。而区域和政策都是动态性较强的概念，因此导致人们对区域政策的界定说法不一。美国著名学者费里德曼（ Friedman）认为：“区域政策是处理区域问题和何处进行经济发展的一种政策”。伊丽莎白·鲁西曼提出两种形式的区域政策定义，一种是指“通过经济、社会、文化和生态方面来影响区域的政策”。另一种指“经济政策中目的为从空间角度来影响区域发展的政策”。苏联 P. S. 克里夫将区域政策描述为“着眼于从地域水平上解决区域问题的政策”。E. T. 内文则将区域政策理解为“由政府采取的一整套以影响经济活动的地区分布为首要目的的措施”。还有人认为区域政策即区域经济政策，指政府根据区域差异而制定的促使资源在空间上的优化配置、控制区域间差距扩大，协调区际之间关系的一系列政策的总和。但也有少数人，如 S. 斯德哥德认为“区域政策”没有一个总体上可以接受的定义和总体上可能接受的范围，即没有独立的区域政策实体。

综上所述，人们对区域政策概念的理解可归纳为广义和狭义两种。广义的概念指造成不同区域效应的一切政策；或者指一个地区所有的政策总和，包括区域经济政策、区域社会政策、区域文化政策、区域环境政策、区域政治政策、区域民族政策等。狭义的概念指那些专门为解决区域问题而制定的政策，或者仅指区域经济政策。实际上东西方各国的发展历史说明了区域政策确实存在区别于其他政策的独特领域与作用范围，即具有相对独立完整的区域政策体系。在不同历史时期与社会背景下，区域政策的涵盖幅度会有很大变化。例如荷兰区域政策演变历史就可以很好地解释人们对区域政策理解范围的不同。荷兰的区域政策起源于 1951 年，最初只是针对少数问题地区（Problem Regions）而制定，而且纯属经济政策范畴，后来区域政策覆盖的地区越来越广，涉及的政策也越来越多，包括自然区划、福利政策和劳动力市场政策等各个领域。20 世纪 70 年代中期达到最高峰，几乎所有的区域都被纳入区域政策体系之中。20 世纪 80 年代起又逐渐缩小，区域政策最终也仅剩区域经济政策。现在荷兰区域政策又被更名为荷兰空间经济政策。

2. 区域政策的基础理论

（1）区域非均衡发展

区域能否均衡发展一直是经济学中自由主义与干预主义流派争论的焦点。自由主义相信市场机制是万能的，自由竞争能导致生产进步与均衡，消除低效率。区域经济非均衡不过是一般经济自动均衡体系中的一个暂时性问题。干预主义对市场机制的功效则持怀疑态度，强调政府干预是必须的。“凯恩斯革命”以后，区域非均衡发展的思想日益深入人心，并成为区域政策制定的科学依据与理论基础。

造成区域非均衡发展的因素有很多，中外学者从区域成长、区位理论、区域分工与贸易理论等角度论证分析了区域非均衡发展的形成机制。

1）区域非均衡发展的机制

① 区域成长理论

研究者认为区域成长主要由两种动因促进而成。一种是内生经济增长，如增长极理论、累积因果理论等都认为区域经济增长是在区内某些具有较强前向与后向联系的企业或产业带动下，不断吸引区外资源、企业与人才进入，扩大规模而实现的。另外一种观点是输出基础理论，认为成功的区域经济依靠其他区域来加强自身力量，它向其他区域输出大量产品并反过来收回资金流，这些资金流以多种方式激活区内需求。霍利斯·B·钱纳里通过分析希腊、以色列、菲律宾和中国台湾等国家和地区的经济发展历程，认为发展中国家可通过利用外援，解除自然资源与生产能力不足的约束。外援一方面增加了一国的生产能力和出口能力，从而弥补了缺口；另一方面由于生产能力的扩大，居民收入和政府收入都将增加，提高了国内储蓄能力，从而有助于削减储蓄缺口，加速经济增长。

② 区位理论

区位条件差异直接关系到一个区域对投资、信息、人才等生产要素的吸引强度。从杜能的农业区位论、韦伯的工业区位论等古典区位理论，到克里斯塔勒的中心地理论、廖什的经济景观等近代区位理论，再到包括成本——市场学派、行为学派、社会学派、历史学派、计量学派的现代区位理论，虽然他们得出的区位选择影响因子从成本最小、利润最大化、满足人的需要、政策环境及生产力发展基础等不断发展变化，但都反映了区域之间会因为种种条件与环境的不同而出现不同经济发展机遇，从而导致区域发展差距的思想。因此，区位布局是形成区域发展差异的原因之一，也是解决区域差异问题的一个突破口。岳希明曾提出用区位理论来研究地区收入差距，他指出当整个社会环境有利于促使企业家到落后地区投资设厂的时候，地区收入差距就会缩小。我国改革开放以后绝大多数的投资都流向了沿海地区，这使得地区收入差距扩大了，这可能也是开发西部地区的本意。

③ 区域分工与贸易理论

区域分工与贸易是社会发展到一定阶段的必然产物，原理是区域之间存在要素禀赋差异、区位条件差异、生产技术差异等，使得在一个地区生产某些产品的成本要高于在其他地区生产，但生产另外一些产品的成本可能要低于其他地区。从而造成了生产布局的区域分工，同时为了满足需要，区域之间互通有无，交换产品，便形成了区域贸易。

已有的区域分工理论中具有代表性的有：亚当·斯密（ Adam Smith）的分工学说、大卫·李嘉图的比较利益理论、瑞典经济学家赫克歇尔与俄林的要素禀赋理论等。1841 年德国经济学家李斯特提出了以生产力理论为基础的幼稚产业保护理论，后来穆勒（ J. S. Mill ）、巴斯塔布尔（ C. F. Bastable ）、肯普（ M. C. Kemp）等进一步研究了确立幼稚产业的标准。此外，凯里（ H. C. Carey ）、舒勒（ R. Schuller ）、孟路赖斯库（ M. Manoilesco ）等从“国家利益”、“生产力”等方面的研究发展了贸易保护理论。贸易保护主义指导下产生了新的供求矛盾，以高德莱（W. Godely ）为首的一些西方学者提出了“新贸易保护主义”，强调了政府干预的重要性。尤以克鲁格曼（ P. R. Krugman）的“新贸易理论”最为著名。

以上理论分析一定程度上揭示了区域间分工与贸易的关系，但由于条件假设过于局限或对各种复杂的区域分工与贸易背景分析不够，忽视了区域分工与贸易过程中区际行为的复杂性。实际上市场机制作用下，区域分工与贸易很难实现公正分配，会引发许多区域间利益矛盾冲突。因此区域分工合理化需要区域政策的诱导，无论是区域合作还是区域保护，没有区域政策的调解，区域间的利益冲突则无法避免。

2）区域非均衡发展的后果

区域非均衡发展的后果是出现区域发展差异，区域差异是区域政策的出发点。人们对区域差异的研究主要集中在：区域发展差异是暂时现象，还是会随着时间的变化呈无限扩大趋势？是否具有规律性？具有代表性观点的有：

1950 年法国经济学家佩鲁（ Perroux ）提出的增长极理论，认为经济增长并非同时出现在所有地方，它以不同的强度首先出现在一些增长点或增长极上，然后通过不同的渠道向外扩展，并对整个经济产生影响。布达维尔（J. Boudevile）将经济空间的概念进一步拓展到地理空间，并提出了区域增长极的概念。增长极的作用机制主要包括极化效应与扩散效应两种。缪尔达尔（G. Myrdal）运用"循环累积因果原理"对其进行了解释。

威廉姆森（Williamson）、库兹涅茨（Kuznets）的倒"U"形理论、阿朗索（W. Alonso）的"钟形发展理论"、弗里德曼（J. Friedmann）的"中心——外围理论"以及赫希曼（A. O. Hirschman）的动态均衡思想都认为区域差异随着经济发展水平而变化，在经济发展的早期阶段，区域收入差异呈现不断扩大的趋势，但发展到某一点之后，区域收入差异又明显开始缩小。赫希曼在1958年出版的《经济发展战略》中虽然也认为在改变区域差异上极化作用的力量大于其扩散效应，即区域发展差距的出现是不可避免的。但是赫希曼的观点不同于传统均衡学派的观点，他说明非均衡是迈向均衡之旅的一个重要阶段。并提出要缩小区域差异，仅靠市场机制是不行的，政府干预必不可少。区位条件或资源禀赋条件好的区域必须先发展，而且必须部分地以牺牲条件不利的地区为代价。

阿莫斯根据对美国的实证分析，提出了"在经济发展后期阶段区域收入扩大"的假设。他的分析表明，美国的区域差异自1929～1978年不断缩小，而在1978～1985年期间又不断扩大。

上述理论可以大致归纳为两种思想：一是认为经济发展的早期，区域差距会扩大，如增长极理论和倒"U"形理论、中心——外围理论、动态均衡思想等。不同之处在于后面三者明确地提出区域差异会随着经济发展水平的提高而逐步缩小，这也是目前被广泛接纳的观点。二是认为经济发展的后期区域差异扩大，这一结论是由个别案例分析得来的，不具有广泛的代表性，因此响应者并不多。

其实以上诸理论的分析都将促进区域差异扩大或缩小的因素与过程简单化了，许多动态影响要素被忽略，因此推导出的区域差异演化趋势与规律也过于简单。实际上由于各国内外环境和对政策选择的不同，区域差异的变化过程也不同。就大多数国家来说，区域差异曲线虽在总体上表现为一个倒"U"形，但达到区域差异的明显缩小要经过许多回合才能实现。这表明区域差异的变化不是一个倒U曲线就能完成的，而是由多个倒U形和倒U形曲线叠加而成的。即区域差异的变化是一个连续不断的波动过程，处在这个波动之中，区域之间的差异总体趋势上趋于不断缩小的过程。区域差异系数为随时间变化曲线呈现不断变小的衰减曲线。

（2）微观主体的利益选择

企业是重要的微观利益主体，企业的行为战略取决于企业所处的行为环境和所能控制的任务环境。不同企业对环境信息的掌握和辨别程度不同，所做出的战略决策也不同。国内外学者对企业个体的行为特征研究颇多，如企业区位选择、企业经营战略、企业地域扩张及企业制度改革、企业形象、企业文化等，主要是就企业论企业。也有一些学者研究企业与区域经济之间的关系，如国外哈坎逊、狄肯等人对企业空间扩张模式的研究、Lai SiTsui-Auch 和 Martin Hart-Landsberg 等人对地区生产联系网络的分析；国内李小建、张文忠、薛凤旋等对跨国公司进军中国的区位选择和对中国经济发展影响的研究；王缉慈等对企业集聚与区域发展关系的探讨，邹蓝等对我国沿海与中西部地区企业迁移与合作的研究，以及张晓平等对企业网络化对本区域经济发展的影响等。企业行为战略对区域经济发展影响巨大，这是普遍得到认可的事实，但却几乎没有人在区域政策制定与实施的过程中考虑到企业个体微观利益选择行为的影响。

相对于宏观整体，区域也是一个微观利益主体。针对区域利益选择行为对区域政策制定与实施的影响研究也不多见。张可云曾从区域经济微观主体的区际活动外部性与区域利益主体信息不对称这两个因素来分析区域利益主体的有限理性导致区域政策必要性的原因。马丽从区域分工的角度分析了区域利益博弈对区域政策制定与实施的影响，得出结论：针对单个区域的区域政策会影响到具有经济联系的相关区域。一定的区域政策制定后，所有受政策影响的区域（参与人）将同时就政策规则做出理性博弈。无论对于区域竞争，还是区域分工不同的区域政策都将导致新的区域利益博弈。如果在制定政策时，只考虑目标区的行为而未考虑非目标区的行为选择，政策实施的效果必然与预期目标有所差异。

2.5.2 区域空间管制

1. 概念

从解决城市发展问题、实现空间资源有效分配角度看，区域空间管制实际是一种增长管理模式，是一种行之有效的调节社会、经济、环境可持续发展的重要手段。其核心为建立空间准入机制，对区域各类空间资源的开发建设实施控制引导，以实现区域紧凑高效的增长。其内容包括城镇建设控制、生态环境保护、乡村建设、土地资源利用等。空间管制作为城镇体系规划的新尝试，直接挑战传统规划的条块管理模式。空间管制由于对区域空间利用控制的全覆盖，而成为沟通、协调不同规划层次、行政单元利益主体的一种新型制度。它可以增强区域规划实施的可操作性，为下一层次的规划编制提供更为准确、完善的指导依据。

2. 理论探讨

（1）“空间准入”制度的建立与“准入门槛”的设定

空间管制的有效实施，应以建立“空间准入”制度为核心，为各类开发建设活动设定“准入门槛”，达到引导控制目的，即“分而治之”；应依据不同的地域功能、空间资源特色、开发潜力，从空间范围上划定不同的管制区域，制定相应空间利用引导对策和限制策略。管制类型的分区以区域土地为载体，并不单一指向于以建设活动高度集中为特征的城镇建设空间，而是对整个区域空间资源的全覆盖，但引导控制方式和深度各有侧重。

“准入门槛”的设定以类型区自身发展特性要求为基础，依据实际发展建设状况，有针对性地提出引导控制措施，包括定性要素控制与定量要素控制（定性要素是指各分区对策、建议、开发模式等；定量要素是指各量化指标限制，如土地开发容量、建设密度等）。从实施的可操作性、管理的便捷性角度看，空间管制具有更强、更明确的控制作用力。

（2）以协调性为主的控制引导

我国城市发展的复杂性、规划管理体制所具有的行政控制优势，使得协调性问题成为空间管制的重点。

空间协调包括两层含义：首先是指同一区域范围内，不同类型管制分区间的协调，表现为不同性质开发行为与资源保护的协调，如城镇建设占用耕地与土地资源保护协调、开敞空间侵蚀与生态环境保护协调等；其次是指超越行政辖区之外的管制协调，其实际操作难度往往大于前者。经济管理职能带来的地方实际经济利益所导致的决策行为的本位性，使人们对于跨行政区划的重大空间资源的利用，难以产生共识。过度开发、产业雷同、重复投资建设现象屡见不鲜。因此除制定相应规划对策外，更为重要的是建立健全的行政协调机制，以求在相互冲突的发展目标间寻求最佳平衡状态。

（3）在内在规划机制共性基础上强调有的放矢

不同区域范围和地方特色的空间管制具有多样性，但基于管制模式的内在规划机制应当具有同一性。针对我国当前城市建设发展存在的共性问题，以下的基本规划理念成为管制实施的理论依据。

区域、城乡一体化理念。经济成长的创新机制，并不局限于传统城市地域，而完全有可能在其他空间优先发展。城镇以外的区域基质空间，不再单向、被动地承受城镇辐射效应，反而对其发展表现为依赖和互为制约、支持与竞争并存格局。从区域整体协调发展角度看，对乡村空间、农业开敞空间的建设引导成为空间管制的重要内容。

生态环境保护理念。城市化加速，社会经济结构、空间结构、城市规模的迅速变化，引发了一系列生态环境问题。城市发展缺乏合理、有效的规划管理，导致大量优质耕地被侵占，环境污染、水土资源受破坏严重。保护脆弱的生态环境，为人们提供更多开敞空间，实现社会、经济与环境的可持续发展是空间管制的主要目标之一。

设施共享与协调发展理念。共存于同一区域环境背景下的各城市单体间的协调发展，尤其是对跨行政区划的重大空间资源的整合利用，是空间管制的重要内容。上一层次区域层面所确立的规划管制要求，是辖区范围内各地域单体共同遵循的法则。重大基础设施建设（如机场、铁路、港口等），应遵循共享原则，避免重复建设。

（4）动态弹性规划理念

实现规划灵活性与弹性结合是当前城市规划的主导发展趋势之一。区域空间管制，更应强调实施的可操作性和动态过程性，而不仅仅是编制规划和后续的行动计划。美国地方政府对增长界线范围内的土地供应情况实施监督，并对其现状容量做定期评估，考察有无必要对现有界线进行调整，以此来适应不断变化的开发建设需求。对目前我国建种机制作为一种动态规划调控手段是有参考价值的。

空间管制规划内容呈现出广泛性和多样化特征，但这并不意味着能面面俱到。不同类型的地域有其自身发展的特殊性，在强调内在规划机制导向的基本管制问题的同时，应当制定符合该地区实际发展情况的空间管制。管制内容和引导控制手段是可扩展的，由内在规划机制加以认可、贯彻，并与多样化的各地域单体管制模式结合，利用空间协调控制手段使城镇体系规划与土地利用开发控制达成一致。

第3章　区域规划编制概述

3.1　区域规划的发展过程及评价

区域规划是在区域分析和区域研究的基础上，运用区域科学的原理，对区域经济社会发展进行统一总体部署的综合性、系统性规划。

3.1.1　国外区域规划演变历程及评价

1. 区域规划思想的萌芽（19世纪末～20世纪初）

工业革命后，随着工业生产的迅速发展，工业企业和人口向少数工矿区和城市集中，城市的集聚和中心化程度提高。工业革命时期的集聚本质是城市自由膨胀的表现，它产生了几个突出的问题：首先，企业家在进行工业区位、交通线路等的选择上产生了冲突；其次，随着城镇人口的急剧增长，城市范围的不断扩大，区域内的居民点体系分布、公用基础设施建设变得无序和混乱，生态环境也遭到了破坏；再者，大量人口向少数地区的集中导致了地区差异扩大。这些问题都需要从区域的角度对城市及其周围地区进行统一规划。

面对以上问题，城市研究者们开始了对区域的研究。1898年霍华德《明日城市》的发表奠定了城市规划领域区域研究的基础，他突破城市界限，将城市与周围乡村联系起来统筹考虑城市发展问题，其对规划思想的重要贡献之一在于从区域的角度解决大城市所面临的各种问题；同年，克鲁·泡特金（Kropotkin）的《地区工厂和车间》首次从区域的角度看待工业问题；1915年盖迪斯（Patrick Geddes）出版了《演变的城市》，强调城市发展要同周围地区联系起来进行规划；在这期间伦敦成立了“伦敦乡村委员会”，并计划在伦敦周围建立第一个乡村住宅区。这个时期研究的核心是通过乡村缓解城市居住问题，它体现了最朴素的区域规划思想。

2. 区域规划的兴起（20世纪20年代～40年代）

20世纪20年代随着城市的发展，城市无序蔓延所表现出来的弊端日益明显——人口激增、生态失衡、城乡矛盾激化、基础设施重复建设等。虽然人们针对问题做了许多努力，但成效并不明显。于是规划先驱们开始意识到仅仅局限在狭小的市区范围内谋求城市问题的解决已不能满足城市发展的需要，必须将城市置于更为广阔的背景之中，即把城市与更大层次区域联系起来进行统筹规划。区域规划此时开始被付诸实践了。

1920 年 5 月德国成立的鲁尔煤矿居民点协会是德国区域规划开始的标志。该协会编制的鲁尔区《区域居民点总体规划》开创了区域规划的先河；同年，苏联制订了“全俄电气化计划”，并于 1921 年在全国进行了经济区划，成为国家计划指导下有组织、有步骤地对全国进行分区开发的典范；20 世纪 20～30 年代，苏联编制了以开采阿普歇伦半岛石油资源为中心的综合规划，正式揭开了苏联区域规划的序幕；1922～1923 年英国当卡斯特编制了煤矿区的区域规划；1929 年美国纽约编制了城市区域规划，1933 年编制了田纳西河流域区域规划等。上述规划实践均以都市为核心，并把周围地区接纳进来作为一个整体进行规划，在缓解大城市恶性发展所产生的“城市病”、解决城市和工矿区由内向外扩展的问题、优化城市公共卫生环境、美化城市等方面都起到了积极的作用。

与此同时，区域规划的理念也逐渐清晰化。1930 年，美国著名学者路易斯·芒福德提出了区域整体发展理论，吴良镛对其思想理解为“真正的城市规划必须是区域规划”；1933 年，现代建筑国际会议（CIAM）拟订了著名的《雅典宪章》，它承认城市及其周围区域之间存在着基本的统一性，这在后来的《马丘比丘宪章》中得到了重申，强调“规划必须在不断发展的城市化过程中反映出城市与其周围区域之间的基本动态的统一性，并且要明确邻里与邻里之间、地区与地区之间以及其他城市结构单元之间的功能关系。”

3. 区域规划的繁荣（20 世纪 40 年代中期～60 年代末）

虽然 20 世纪初期许多国家开展了区域规划，但从某种意义上讲，西方区域规划是 20 世纪 20 年代末经济大衰退的产物。经济危机的出现昭示着自亚当·斯密以来西方资本主义所崇尚的“自由市场主义”的失败，强调政府干预的凯恩斯主义逐渐成为各国政府制定经济战略与政策的主要依据（尤其是二战后）。区域规划的大量展开还是在第二次世界大战之后，特别是在西欧，区域规划作为国家干预社会经济的具体手段，作为政府进行宏观调控的强有力政策获得了极大的发展。区域规划理论的大发展也推动了区域规划实践的空前活跃。按实践重点，可将此阶段的区域规划实践大致分为两种类型：

（1）大城市地区规划

以大城市尤其是特大都会为重点开展区域规划工作，其规划目的在于疏解大城市的压力，缓解“城市病”，从更大空间尺度内对大城市进行规划。许多国家在二战中遭受创伤，国家和城市经济遭到严重破坏，百废待兴。

响应重建城市的需要，规划活动得到了前所未有的重视，加上更新城市和新社区的建立强调综合性的计划，因此以城市为核心的区域规划在战后进入了繁荣时期。先后在大城市地区（如巴黎、莫斯科、华盛顿、华沙、斯德哥尔摩等）和重要工矿地区（如苏联巴斯地区、德国鲁尔区、伊尔库茨克—契列姆霍夫工业区以及若干新建大型水电站等），开展了大量以工业和城镇布局为主体内容的区域发展规划工作，对国家经济的恢复起到了建设性作用。

在欧洲，1944 年英国学者阿伯克隆比（Patrick Abercrombie）主持编制的大伦敦区域规划，开始了以大城市为中心进行区域发展规划的大胆尝试，其最大贡献在于将霍华德、盖迪斯和恩温的思想融合一起，在一个比较广阔的范围内进行了特大城市规划，成为舒缓现代城市压力的典型案例，对后来的哥本哈根城市地区规划、华盛顿城市地区规划、莫斯科城市地区规划及巴黎城市地区规划产生了深远的影响。此后英国还开展了泰晤士河流域整治规划、新城市建设规划等均取得显著成效。此外，日本编制了全国性的综合开发计划，丹麦于 1948 年编制了指状结构的大哥本哈根规划，瑞典斯德哥尔摩于 1952 年编制了综合性大城市地区规划等。德国自 1945 年开始着手编制各个州、县的区域规划，到 1965 年，区域规划体系日趋完善。德国区域规划被划分为不同等级，全国性的称为“联邦德国国土整治纲要”；州一级的称为“空间规划”或“空间利用规划”；区、县、市级一般被称为“区域规划”。

（2）区域经济规划

以落后和衰退地区为重点、以经济发展规划为中心开展区域规划工作，其规划目的在于通过综合开发与整治，促进经济发展或恢复。例如，罗斯福推行了“新政”的重点工程——田纳西河流域的综合开发与整治；法国区域规划起步较晚，但进展很快，先后有计划地开发整治了罗纳河流域、北阿尔卑斯山区以及濒临大西洋的阿基坦地区；20 世纪 60 年代，英国陆续对英格兰北部等落后地区开展旨在降低失业率、发展经济的开发规划。以德国鲁尔区为典型，西方国家对以煤、钢铁等传统产业为基础的地区开展了旨在推动地区产业转型和促进可持续发展的区域规划整治工作等。

这时期不仅区域规划实践活动开展得如火如荼，而且规划理论的研究也得到了广泛深入的发展。工业区位论、中心地理论、增长极理论、聚团原理、倒 U 形理论、点轴开发模式、生产综合体理论、城市体系理论、区域间空间组织理论（极化—涓滴效应学说、中心—外围理论、依附理论等）等相继被提出并在很多国家得到应用和进一步发展，极大地丰富了区域规划理论，区域规划的深度和应用价值大大加强。但这个时期的区域规划主要是在政府部门控制下进行的，公众的作用在规划过程中并未得到重视。美国区域规划联合会（RPAA）的创立人路易斯·芒福德被誉为“霍华德之后最杰出的规划家”。

4. 区域规划的衰落与发展（20世纪70年代初～80年代）

20世纪60年代末，“新自由主义”成为社会价值观的主流，传统西方区域规划随着国家地位的下降而处于衰落阶段。从大学校园里开始兴起了要求“公众参与国家政治、经济活动”的抗议活动，随即这项抗议遍布了全社会。应当认为，女权主义运动、反种族运动、西方市民社会思潮的大量涌现是对建立公平、公正社区的诉求。具体到规划观点上，公众要求强调在规划过程中公众参与的重要性，认为规划专家仅是为地方规划服务的客体，公众才是规划的主体。在环境方面，波及西方国家的环境保护运动则是对政府只注重经济发展而忽视生态环境保护的一次批判。公众要求综合地考虑重建和新建城市、大规模的城市发展格局以及小汽车的普及等，城市生活应当向往自然、强调环境保护、追求平等。他们强调“小即是美”，重视环境保护。如果说西方政府在管理社会上失败和在环境保护上“失职”是导致新自由主义萌芽的主要原因，那么20世纪70年代资本主义经济陷入“滞涨”导致凯恩斯主义终结、20世纪80年代国家福利制度危机和社会主义危机则是“新自由主义”占据英美等国主流经济学的地位、主导社会价值观的根本原因。

“新自由主义”对区域规划的冲击是双重的。一方面，反对国家干预的“新自由主义”思想与强调政府干预的“区域规划观”大相径庭，在“新自由主义”成为主流价值观的背景下，一味强调政府干预、政府主导的传统区域规划实践在这个时代无疑是缺少“市场”的；另一方面，深受“新自由主义”影响的“后现代主义”规划思想，对二战后延续下来的基于“功能主义”之上注重物质形体的规划进行全面改造，并大量地将社会、文化、政治、制度、生态、环境等要素引入到城市区域规划之中。例如，强调规划从物质形态转变为对社会、文化、政治、制度的关注，以及强调人本主义为核心的规划思想仍主导当前区域规划；倡导性规划理论、过程规划理论、规划实施理论、政体理论等理论创新对当今的区域规划均产生了深远的影响。

1972年在罗马俱乐部报告会上，一篇《限制增长》的报告将保护环境、限制增长的思想体现得淋漓尽致。这篇报告标志着时代精神的转变，新自由主义思想（Neo-liberalism）在各国萌芽并盛行。而当时的区域规划观与新自由主义思想恰恰是大相径庭的。因此，20世纪70年代，欧美区域规划在新自由主义思想的影响下一度呈衰弱状态（见表3-1）。

1970～1990 年间西欧部分国家区域规划的变化　　表 3-1

国家	区域规划的转型	与规划体系的关系
英格兰和威尔士	自 1979 年衰落后，1990 年变得更松散、更“协调”	具有桥梁作用，广泛强化了中央政府的优先性，但也有地方当局的参与。“战略指引”而非“规划”的作用
法　国	1982 年改革之后，在中央、区域和地方当局之间契约式关系和独立性得到发展，但法定规划更社区（地方）化	区域层面没有法定的途径，通过部门的策略引导政策发挥影响
德　国	一些地区相关联者向更独立的方向发展，但在国土和次区域层面区域规划一如既往	在联邦层面扮演更重要的角色，但在国土和次区域中也趋于考虑“自下而上”的因素
西班牙	许多新区域引入了法定的区域规划，形式上采取“指导性”，但也有一些“规划”型的	虽然在一些地方有来自区域的影响，但市政规划在体系中变得强大

与之形成鲜明对比的是，国土规划在荷兰、日本、韩国等中央集权国家开展得有声有色。荷兰的国土规划起步于二战以后，1951 年，荷兰政府组建了一个国家西部工作委员会，主要任务是从全国国土规划的角度，解决荷兰西部地区的空间需求问题。随后，在 1960 年、1966 年、1973 年先后编制了三次全国国土规划。从 20 世纪 80 年代中期开始，由于国际、国内环境的变化，特别是欧洲经济区即将建立，荷兰政府着手编制第四个全国国土规划并于 1988 年公布。

日本在 20 世纪 70 年代，两次石油危机爆发后，经济发展步入安定时期，人口与产业也出现向地方分散的兆头。可以说，“地方时代”终于到来了。1977 年编制的《第三次全国综合开发规划》（简称三全综），着眼于国土、资源、能源的有限性，推进地方定住圈的形成，而且更多地考虑了权力下放和环境保护等问题。1987 年制定的《第四次全国综合开发规划》（简称四全综），在改正东京一极过分集中问题、提高地方活力方面取得了较大成效。

20 世纪 70 年代，韩国一改 60 年代以经济开发计划为基础进行单独国土开发事业的做法，进入了根据国土开发政策的蓝图（即国土规划）推动国土开发的时期。1972～1981 年，韩国进行了第一次国土综合开发规划；1982 年开始了第二次国土综合开发规划，但在 20 世纪 80 年代中期，国内外环境发生了较大的变化，如 1986 年的亚运会和 1988 年夏季奥运会在汉城（今首尔）举行，韩国于 1987 年修正了第二次国土综合开发规划。

5. 区域规划的复兴（20 世纪 90 年代以来）

20 世纪 90 年代以来，一方面，全球国际贸易体系形成，各国经济在全球范围内实现了整合，地区、政府对经济、政治等的影响逐步减弱，一些超地区、超国家组织逐步兴起，如欧共体、北美自由贸易区、东盟、亚洲—太平洋地区经济合作组织（APEC）、世界贸易组织（WTO）等。另一方面，为了解决日益突出的人口、资源、环境和经济社会发展问题，区域规划开始复兴并出现了新的发展。

这一阶段的区域规划在内容、范围等方面均发生了巨大的变化：从内容来看，许多国家由物质建设规划开始转向社会发展规划，规划中的社会因素与生态因素越来越受到重视，生态最佳化成了区域规划的新方向；从范围来看，由于全球化以及新的全球贸易格局，发达国家重新甚至更加重视以整个国家为对象的区域规划，甚至开始制定跨国或以大洲为对象的区域发展规划，如欧洲空间展望计划、“美国 2050”空间战略规划、“欧洲 2020 战略”等。

与此同时，在“管治”思维的影响下，区域规划还出现了一些新动向，一些国家的各级政府推行区域规划的公私合营模式，规划不仅成为政府而且逐渐成为私人经济不可分割的组成部分，谈判协调成了规划实施的补充手段。此外，以多元目标、多极化为特征的大都会地区规划再次成为区域规划的热点，纽约（1996 年编制完成）、伦敦（2000～2004 年编制完成）、东京（2000 年编制完成）、墨尔本（1999～2002 年编制完成）等国际性城市运用全球化的视野对其原有的城市地区规划进行调整、发展，发展中国家城市地区规划也随着全球化进程的加快、自身城市化的加速而蓬勃发展。

除此之外，以均衡为目标的落后衰退地区的发展规划也逐步兴起。如在日本第五次国土综合开发计划（“五全综”）中，面对不同区域间发展的巨大落差，计划的基本理念是要改变目前的单极、单轴结构，并构建一个多轴网络（东北带、日本海沿岸带、新太平洋沿岸带、西部带），制定相关的实施政策，以平衡地区经济布局，推动落后衰退地区的发展。而在 2008 年通过的《日本国土形成规划》（“六全综”）中，除了在“一极四轴”型国土结构的目标上延续了“五全综”，在国土规划主体由政府向地方社会团体及民众转变上延续了“五全综”，还在应对新的时代要求和更好地缓解地区经济发展失衡等方面，都有了更为创新的理念和推进措施。在思想理念方面，可持续发展理念又有了进一步的演化。

3.1.2 中国区域规划发展及评价

我国的区域规划工作开始于 1956 年，是在联合选厂的基础上发展起来的。如果将区域规划的发展与国家整体社会经济发展进程联系起来分析，我国的区域规划可以明显地分为三个阶段：计划经济时期的区域规划、改革开放期的区域规划以及20世纪90年代中后期至今的区域规划。

1. 建国初期至改革开放之前

20世纪50年代末期，按照前苏联模式，以资源开发和工业区布局为重点的区域规划在部分城市和省区开展。为了适应当时工业企业联合选厂的需要，1956年3月，国家建委召开的全国基本建设会议上讨论了区域规划问题，做出了《关于开展区域规划工作的决议》，并进一步拟订了《区域规划编制和审批暂行办法（草案）》。在规划实践方面，组织开展了广东茂名，云南个旧、昆明，甘肃兰州、酒泉、玉门地区，湖南的湘中地区，内蒙古自治区的包头，以及湖北的武汉、大冶等地的区域规划，这一时期的区域规划在生产力具体布局和组织生产协作方面起到了一定作用。1958年，开始了国民经济的第二个五年计划，全国各地基建大量上马，中小企业遍地开花，要求全国各省市广泛开展区域规划。区域规划开始由过去以工业为中心发展和扩大到以省内经济区为范围的整个经济建设的总体规划。全国包括贵州、四川、内蒙古、吉林、辽宁、江苏、江西、安徽、山东、上海等在内的十多个地区在内开展了全省（自治区）或以省内（区内）经济区为范围的区域规划。1960年在辽宁省朝阳市召开区域规划现场会，交流和总结了区域规划的工作经验，这是我国区域规划的第一个高潮。此后一直到“文化大革命”结束，区域规划一直处于停滞状态。

2. 改革开放初期至20世纪90年代后期

1979～1999年我国区域规划的主要特征是在改革开放的背景下进行了国土开发规划的尝试。从全国大经济地带划分来看，这一时期的区域规划可以划分为两个阶段：1979年到20世纪80年代以均衡发展为主的大经济区规划和国土规划蓬勃发展时期；20世纪80年代末至1998年是以东部率先的发展区域非均衡发展规划时期。

（1）以均衡发展为主的大经济区规划和国土规划蓬勃发展时期。

20世纪70年代初期，由于国际形势的变化，我国在沿海地区又开始布置工业建设项目。1973年国家建委建议重新开展区域规划工作，但直到1980年中共中央发布13号文件①才拉开了我国区域规划的新的阶段。1982年12月，五届全国人大五次会议通过的《中华人民共和国国民经济和社会发展的第六个五年计划（1981—1985）》，首次专门列出“地区经济发展计划篇”，把全国划分为东部沿海、内陆、边远少数民族三种不同类型地区，并

---

① 1980年中共中央13号文件指出“为了搞好工业的合理布局，落实国民经济的长远计划，使城市规划有充分的依据，必须积极开展区域规划工作”，“区域规划可以先从重点建设地区和重要工业基地做起，要根据各省市区发展国民经济的任务，在一定区域范围内搞好生产力的合理配置，安排好各部门之间的协作关系，区域规划的方针是‘扬长避短，发挥优势’”。

提出各类地区的发展方针。在经济总体布局上，纠正过去偏重内陆地区建设、忽视沿海地区发展的倾向，转为一方面着重发挥沿海地区的经济技术优势，一方面有步骤、有计划地开发内陆和少数民族不发达地区的资源，同时积极推进地区之间和各地区内部的横向联合，通过自下而上、平等协商的方式建立众多不同层次的区域性经济组织。从 1983 年起，通过借鉴德、法、日本等国国土整治规划的经验，在湖北宜昌、河南焦作、吉林松花湖、新疆巴音格勒州逐步进行试点，我国进入了以国土规划为主要内容的区域规划工作。1985 年，国务院再次发出文件，要求编制全国的和各省、市、区的国土总体规划，此后在国土规划的推动下，以综合开发整治为特征的不同层次的区域发展规划在全国范围内展开。这一时期的区域规划主要以国土规划的名义出现，比如以大城市为中心编制的京津唐地区规划，以资源开发为重点的河南豫西规划、湖北宜昌地区规划，以开发边远落后地区为目标的新疆巴音格勒州规划、阿勒泰地区规划等；也有以区域规划名义出现的，如珠江三角洲经济区规划等。

该时期的国土规划工作，针对过去我国基本建设管理工作中存在的只管基本建设项目的弊端，在对影响国民经济发展的自然资源、劳动资源和社会经济资源进行综合考察的基础上，全面系统地摸清了我国的国情和区情，提出了国土开发布局的总体构想，谋划了重点经济带或重点经济区域发展的生产力布局问题；将保护环境、不断提高环境质量与地区经济综合发展结合起来，推动了国土开发过程中的生态环境问题的研究，为合理编制国土总体规划提供了科学依据。但是由于国土规划作为当时的一个新兴事物，对国土规划的相关概念缺少共识和沟通，将国土等同于土地，国土规划特色不鲜明，从而导致国土规划被后来的土地利用规划，甚至县域经济发展规划等所替代，加之国土规划由于缺少必要的法律支撑，权威性和约束性较低，以及国家领导部门和机构的调整，最终导致这场如火如荼的区域规划实践在 20 世纪 90 年代初就走到了尽头。

（2）20 世纪 80 年代末至 1998 年的非均衡发展与城镇体系规划时期。

20 世纪 80 年代中期，经济技术梯度推移理论被引入中国，并成为国家决策结构划分经济地带和制定区域发展政策的重要依据。1985 年 9 月，《中共中央关于制定国民经济和社会发展第七个五年计划的建议》中第一次将全国划分为东部、中部、西部三个经济地带，指出要正确处理我国东部、中部、西部三个经济地带的关系，充分发挥它们各自的优势和发展它们相互间的横向经济联系，逐步建立以大城市为中心的、不同层次、规模不等、各有特色的经济区网络。1986 年 4 月，六届全国人大四次会议通过的《中华人民共和国国民经济和社会发展第七个五年计划（1986—1990）》中，进一步提出了建设全国经济区网络的设想[①]。该时期由国务院牵头组织开展的区域规划工作，在一些重大问题上促进了各地区达成基本共识；通过加强地区内的横向经济联合，协调了各行政区之间的利益关系，促进了区域合作。非均衡的发展战略导致沿海地区迅速崛起，国力不断增强，但同时区域经济差距进一步拉大。

20 世纪 80 年代后期开始，服务于城市规划要求的市县域规划、区域城镇体系规划等规划也逐步发展起来，这类规划主要由建委系统组织，成为继国土规划之后区域规划实践的另一高潮，城镇体系规划更被誉为我国主创的区域规划形式。与国土规划不同，城镇体系规划在一开始就有法律性的文件确立了其权威性和指导性，在 1989 年颁布并于 1990 年实施的《城市规划法》中，城镇体系规划被纳入国家法定城市规划体系。此后，以城镇体系规划为主要形式的区域规划开始蓬勃发展并逐步形成了从全国到地方基本全域覆盖的城镇体系规划系列，逐渐取代了日益衰退的国土规划，成为区域规划实践和区域空间结构形成的主要形式。

总的来说，从 1949 年到 20 世纪 90 年代后期，在计划经济集权体制环境中，区域规划是一个多部门共同参与的综合性规划，它被明确地定位于“国民经济发展计划的宏观空间布局落实”。因此，区域规划对应着整体的国民经济发展计划，对应着中央政府自上而下的明确投资计划和具体项目布局，具有非常重要的地位，也体现着中央政府对地方发展的“集权控制”意志。

3. 20 世纪 90 年代后期至今

自 20 世纪 90 年代后期以来我国区域规划呈现不同的发展态势。主要表现在国土规划的衰变、我国国内主创的城镇体系规划的提升特别是以城镇群规划、主体功能区规划为代表的区域规划的兴起等。

进入 21 世纪，随着我国社会主义市场经济发展进入新的阶段，区域规划的重要性日益显现，以区域规划为龙头加强对区域城乡发展与建设的调控，是解决我国区域发展面临的困境、促进区域可持续发展的重要途径。1999 年至 2004 年是我国“东、中、西、东北”四大板块形成与城市地区规

---

① “七五计划”建设全国经济区网络的设想：进一步推动上海经济区、东北经济区、以山西为中心的能源基地、京津唐地区、西南四省（区）地区等全国一级经济区网络的形成和发展；形成以省会城市和一批口岸与交通要道城市为中心的二级经济区网络。这些城市，要敞开大门，同周围中、小城市和地区发展广泛的横向经济联系，增强辐射力，形成范围不同各具特色的经济区；发展以省辖市为中心的三级经济区网络。各省、自治区直辖的城市，要根据各自的地位和条件，同周围的县城、集镇以至农村加强联系，促进城镇之间、城乡之间贸易的发展，积极发展各种形式的经济技术联营与协作，开展技术交流，信息咨询和人才培养等多种形式的服务工作。

划蓬勃发展时期。改革开放后实施的非均衡发展战略以及在以经济建设为中心的思想指导下，我国东部沿海地区借助良好的经济基础、优越的区位条件和国家政策的支持，利用全球产业转移的机遇，积极参与到全球生产网络体系中，使得经济飞速发展，人民生活水平迅速提高。1999 年 12 月 27 日时任国务院副总理的温家宝在全国城乡规划工作会议上提出："随着经济的发展，城市与城市之间、城市与乡村之间的联系越来越密切，区域协调发展已经成为城乡可持续发展的基础。必须搞好区域规划的编制工作，从区域整体出发，对城市发展以及基础设施的布局和建设进行统筹安排。"2000 年 10 月，"十五"计划的建议指出，要实施西部大开发战略，加快中西部地区发展，合理调整地区经济布局，促进地区经济协调发展。2001 年 6 月 23 日，温家宝又在中国市长协会第三次代表大会上指出："要做好区域规划，建立有效的协调机制；要统筹安排基础设施，避免重复建设，实现基础设施区域共享和有效利用；严格限制不符合区域整体和长远利益的开发活动。"2005 年 10 月，"十一五"计划提出了全面系统的区域发展总体战略：实施西部大开发、东北地区等老工业基地振兴、中部地区崛起、东部地区率先发展。全国形成了东部、西北、中部及东北四大板块的空间发展战略格局。

2000 年以来，我国区域规划的一大特色是以区域内大城市为主，以城市或城市群发展为主体，以城市的影响区域为范围，强调大城市或城市群对整个地区的带动作用和竞争力的提升作用，强调区域的全面协调发展和区域空间的合理配置，这类空间规划经常被冠以都市圈规划、都市带规划、城市群规划或城市密集区规划等名字，以《珠江三角洲城镇群协调发展规划》、《长三角城镇群规划》为代表，总体上可概括称为城市地区规划。这类规划带有明显的自下而上的特征，反映了特定区域内各空间单元（以城市为主）之间强烈的合作联动意向，通过区域之间的合作、整合优势资源、发挥整体优势，从而增强整个区域的竞争力，促进区域的整体发展。

2005 年至今一般认为是我国启动并推进主体功能区规划时期。经过近 30 年的改革开放和经济飞速发展，我国的经济发展速度、人民生活水平、综合国力等都出现了史无前例的进步和提升；加上国内和国际环境、制度等方面的变化，我国的区域发展进入了新的历史阶段。2007 年 10 月，党的十七大报告把"城乡、区域协调互动发展机制"和"主体功能区布局基本形成"纳入实现全面建设小康社会奋斗目标的新要求中来。2010 年 12 月，国务院印发了新中国成立以来第一部全国性空间开发规划——《全国主体功能区规划》，提出要控制开发强度，规范开发秩序，逐步形成人口、经济、资源环境相协调的国土开发格局，即按照资源环境承载力、现有开发密度和发展潜力，统筹考虑未来我国人口分布、经济布局、国土利用和城镇化格局，将国土空间划分为优化开发区、重点开发区、限制开发区和禁止开发区四类主体功能区，并根据各主体功能区的定位调整和完善区域政策和以往的绩效评价体系，规划空间开发秩序，从而形成合力的空间开发结构。

在这一阶段，随着区域发展总体战略的实施和区域协调发展要求的不断提高，区域规划的探索和创新也相应进入到一个新的阶段，一系列与国家区域发展总体战略相衔接的区域规划相继编制。国务院相继组建了负责西部、东北和中部战略的专门机构，组织开展规划的编制、指导监督和评估工作，所编制和实施的区域规划取得较大成效。目前一些上升到国家战略层面的区域规划，很多都由地方制定和提出，由中央负责监督实施。通过上下互动出台的区域规划，保证了国家战略意图得以落实，也兼顾了地方发展经济的主动性和积极性。一系列战略性区域规划的实施也产生了良好的成效。我国区域经济版图更加细化，区域经济增长点由南向北、由东向西展开，形成了区域经济发展的点面结合、左右联动的新格局。另外，促进了我国区域内外一体化程度。对内方面，跨行政区区域规划的出台打破了区域壁垒，促进了区域市场和要素的融合；对外方面，增强了边疆地区对外开放程度，构建了我国对外的开发开放地区总体格局。但也应当看到，由于各类规划的部门利益纠葛，例如住建系统的城镇体系规划、国土部门的土地利用规划以及发改部门的国民经济与社会发展规划、主体功能区规划同时存在，造成规划政出多头，相互之间衔接不够紧密，地方部门无法做到统一管理，“多规合一”仍处于发展阶段。

4. 总体评价

新中国成立 60 多年来，由于政治背景、历史原因和国际国内大环境的变化导致我国区域规划经历了很多波折：从建国初期的“沿海”、“内地”两大经济区建设，经历了“三线建设”，三大经济地带划分，四大板块发展战略，直到“十一五”主体功能区规划的提出。随着国家经济的发展、社会进步以及国内学者对区域规划和国土空间开发的认识与研究深入，国家层面的区域规划思想、理念、方法等出现很大的转变。主要表现在：

一是规划关注对象的转变，从以某一要素为主（多为经济目标）向多要素的转变。以往的区域规划、国土开发规划、土地利用规划等空间规划都深深地打上了“GDP 至上”的烙印，虽然经济高速增长，但也导致区域产业同构、生态环境恶化、地区差距拉大等问题愈演愈烈，而主体功能区规划首次将区域的生态环境问题放在了和经济发展同等的位置，关注的对象更加注重增长的质量，即在生态环境承载范围内的增长，寻求经济、社会、环境之间的协调发展，区域规划关注的对象更加综合。

二是区域规划尺度标准的转变，由开始的以经济发展程度、行政区或地理位置为主（如东、中、西部的划分）转向按照区域的生态环境重要性和经济社会发展现状决定的区域在国家未来发展中的定位和发挥的主要功能为主来划分。发挥不同地区资源要素禀赋优势，形成合理的国土空间开发格局。

三是区域规划视角的转变，从以往仅仅对国内区域发展协调的重视转变到对全球化背景下区域和国家竞争力的提升上。

四是区域治理方式的转变，更多地发挥地方功能，强调地方利益。

根据一些学者的研究，国外较成熟的区域规划，其内容虽各有侧重，却也具有一些共同点：①离不开国土。紧紧围绕人、经济、资源、环境的相互关系进行；②区域规划是政府干预和协调地区关系的最重要手段之一。其首要任务是通过生产力的合理布局，缩小地区生产和生活条件的差别，谋求适度均衡；③规划内容的重点随着规划主导思想转变而变。从发展生产为主转向侧重人的生活质量和环境问题；④重视基础设施建设、重点地域划分以及一系列具体的政策；⑤专有为规划的实施而制定的财政、立法、公众参与等政策措施。和国外一些国家相比，当前中国的区域规划还很不成熟。一方面，中国区域规划的演变，体现了从计划经济向市场经济转型的特点，从编制指令性计划转变为编制以价值手段为主的、计划与市场兼容性的弹性规划，并配合以多层面的实施手段。另一方面，早期的区域规划往往以经济目标为根本内在驱动，即使涉及社会发展、生态环境保护等内容，也大多难以落实。而随着规划的逐渐成熟，将从经济单目标型转向综合目标型，社会公平、区域平衡、生态环境可持续也将成为衡量规划方案的重要尺度。

3.2 国外区域规划的经验借鉴

3.2.1 国外国土空间规划

1. “美国2050”空间战略规划

“美国2050”空间战略规划是美国政府为了应对21世纪美国国内人口的急剧增长及结构变化、基础设施需求、全球化与新的全球贸易格局、能源危机和环境保护、区域发展不平衡等多方面问题的挑战，制定未来美国国土发展框架而采取的国家行动。其主要包括基础设施规划、巨型都市区域规划、发展相对滞后地区规划和大型景观保护规划四个方面的内容。

“美国2050”空间战略规划并非覆盖全部国土，而是针对美国当前及未来面临的关键问题和挑战，瞄准重点区域进行规划，包括巨型都市区域、发展相对落后地区和大型景观保护区，而非面面俱到，以提高规划的有效性；

其在规划区域类型划分上都有一套科学的划分指标和严格的划分标准；“美国 2050”战略空间规划的另一个突出特点是规划的区域单元范围跨越行政区划界限，特别强调空间战略规划中的跨行政区域合作，无论是巨型都市区域规划还是大型景观保护规划都是跨越多个行政管辖区来制定，以满足规划的科学性和区域间的协调；该规划还对环境景观、绿色空间、自然遗产、公众参与和制度创新等给予了特别的关注。

2. “欧洲 2020 战略”

步入 21 世纪后，欧盟开始制定中长期经济发展战略。与中国的五年发展规划有所不同，欧盟将时间跨度定格为十年。2010 年 6 月，欧盟正式通过了未来十年的发展蓝图，即“欧洲 2020：智慧型、可持续与包容性的增长战略”（Europe 2020-A strategy for smart，sustainable and inclusive growth），这是欧盟第二个十年经济社会发展战略。

从具体目标出发，“欧洲 2020 战略”可以划分出长期任务和短期任务。短期任务主要是尽快化解危机期间暴露出的欧洲社会经济现实问题。相对而言，长期任务则主要关注欧洲长远发展的战略体系及未来核心竞争力如何打造的深层次问题，主要包括努力根治欧洲发展中的制度性和机制性障碍因素，加快科技创新、发展绿色经济，转变经济增长方式等内容。

作为欧盟第二个正式推出的未来发展规划，“欧洲 2020 战略”的核心内容是构建智慧型增长、可持续增长和包容性增长的社会经济发展框架。智慧型增长是指由知识与技术创新驱动的经济发展模式。可持续增长旨在构建一个资源有效利用、可持续和竞争性的经济体，通过开发绿色生态和低碳经济的新工艺与新技术，阻止环境退化、生物多样性损失和资源的不可持续利用；包容性增长旨在通过提高就业水平、增加技术投资、消除贫困、完善劳动力市场和社会保护系统建设等举措，提升欧洲社会的凝聚力，以应对欧洲人口结构的变化。其重要特点包括：一是对社会民生的重视，二是面对经济危机期间国家主义重新抬头延缓欧洲市场一体化的不利局面，承诺实现联合行动以维护单一市场作为实现欧洲战略目标的关键政策工具，即坚持以更大的区域观来看待欧洲的问题；三是启动包括财政金融等方面的机制改革，加强对话与交流，加强横向与纵向的联系，重视技术创新。

3. 日本“六全综”国土规划

日本历来非常重视制定和实施国土规划，并取得了巨大的成功。日本的国土规划是日本目前城市区域规划体系中最上位的规划，它指导和规范着广域规划、都道府县规划以及城市规划[①]。自 1950 年制定《国土综合开发法》以来，以该法为依据，结合当时的经济社会形势，先后编制和实施了六次全国综合开发规划。为适应国际形势和日本经济社会环境的变化，《国土综合开发法》于 2005 年在国土规划体系、内容及程序等方面得到了根本的修订，并更名为《国土形成规划法》。2008 年 2 月，国土形成规划（全国规划）编制完成，经 2008 年 7 月内阁会议批准通过。

"五全综"于 1998 年编制实施。该规划作为 21 世纪的长期构想，将目前的"一极一轴型"国土格局重构为"多轴型"国土格局，把"充分发挥地域特色、提供多样的可选择的生活方式"作为基本方针。主要的战略措施是：2010—2015 年规划期内，通过公民的参加和地域的提携，创造多个自然居住型地域，进行大城市的技术创新，拓宽地域提携网络，形成广域国际交流圈。全文共包括三个部分内容：第一部分为国土规划的基本思考方式，包括三章。第一章为 2 l 世纪的国土宏伟规划，针对经济全球化、信息化和人口减少、老龄化等发展趋势，在国土结构转换必要性前提下，提出形成多轴型国土结构，并对四个国土轴进行展望；第二章为规划战略，提出创造多种自然环境的居住区域、大城市的再开发和创新、开展区域合作轴和形成广域国家交流圈等发展战略；第三章为实现规划需进行的努力，通过多样化主体之间的分工，推进多样性主体参与，促进地域间合作策略，有计划地推进立足于区域特色的、有效的国土基础投资并推进国土行政的信息化。第二部分为各领域政策实施的基本方向，包括五章，分别对国土的保全和管理、文化的创造、地区建设和国民生活环境、产业振兴、交通信息、通信体系建设等内容进行了展开。第三部分为各区域建设的基本方向，将全国分为北海道地区、东北地区、关东地区等 11 个地区以及暴风雪严寒地区、孤岛地区、半岛地区等自然条件特殊地区，分别规定各区域建设的基本方向（见表 3-2）。

---

① 日本国土综合开发规划的规划事项包括：关于土地、水和其他自然资源的利用；水灾、风灾以及其他灾害的防除；调整城市和农村的规模以及布局，产业的合理布局；电力、运输、通信和其他重要公共设施的规模和配置；以及文化、福利、观光资源的保护，设施的规模以及配置。国土综合开发规划按规划范围不同分为四种类型。即全国综合开发规划、都府县综合开发规划、地方综合开发规划以及特定区域综合开发规划。全国综合开发规划是国家制定的有关全国区域的综合开发规划；都府县综合开发规划是都府县制定的本区域综合开发规划；地方综合开发规划是都府县间通过协商制定的跨都府县的综合开发规划；特定区域综合开发规划是都府县就内阁总理大臣指定的区域制定的综合开发规划。全国综合开发规划是都府县综合开发规划、地方综合开发规划以及特定区域综合开发规划的基础。

日本全国综合开发规划的比较 **表 3-2**

	全国综合开发规划（“全综”）	新全国综合开发规划（“新全综”）	第三次全国综合开发规划（“三全综”）	第四次全国综合开发规划（“四全综”）	21 世纪的国土宏伟设计（“五全综”）
内阁会议决定	1962 年 10 月	1969 年 5 月 30 日	1977 年 11 月 4 日	1987 年 6 月 30 日	1998 年 3 月 31 日
制定内阁	池田内阁	佐藤内阁	福田内阁	中曾根内阁	桥本内阁
背景	向高度经济增长转移； 城市膨胀问题和所得差距的扩大； 所得倍增计划（太平洋发展地带构思）	高度经济增长； 人口产业向大城市集中； 住处化、国际化和技术革新的进展	安定型经济增长； 出现人口和产业向地方分散的趋势； 国土资源和能源等有限的问题明显化	人口和各项社会经济功能向东京一极集中； 由于产业结构的激变，地方圈的问题严重化； 国际化正在进展	进展化时代（时代治理环境问题、大竞争、与亚洲各国的交流）； 人口养活和高龄化时代； 高信息化时代
长期构思	—	—	—	—	21 世纪的国土宏伟设计
目标年度	1970 年	1985 年	1977 年开始大约 10 年	大约至 2000 年	2010 ～ 2015 年
基本目标	地区间的均衡发展； 对因城市过分膨胀引起的生产和生活方面的各种问题和生产力差距问题，从国民经济的角度进行综合解决	创造宽裕的环境； 在调整基本课题的同时，追求高福利社会，创造以人为本的宽裕生活环境	建设人居的综合环境； 以有限的国土资源为前提，有计划地建设和发挥地区的特长，扎根于历史的和传统的文化，是自然与人协调，建设使人安心的健康型、文化型、具有人情味的综合环境	多级分散型国土的构筑； 在既安全又滋润的国土上，形成一种具有特色功能的多极型的，能排除人口经济功能和行政功能等诸功能向某一特定地区过度集中的现象，并促进地区间的相互补充和触发性发展以及相互交流的国土结构	为多轴型国土结构的形成打好基础； 为追求“多轴型”国土结构的形成和实现（21 世纪的国土宏伟设计）打好基础。重视根据地区的选择和责任进行地区建设

续表

	全国综合开发规划（“全综”）	新全国综合开发规划（“新全综”）	第三次全国综合开发规划（“三全综”）	第四次全国综合开发规划（“四全综”）	21世纪的国土宏伟设计（“五全综”）
基本课题	防止城市的过分膨胀和小地区的差距； 有效地利用自然资源； 对资本、劳动和技术等资源在地区之间进行合理、有效地分配	人与自然的长期调和，恒久性的自然保护和保全； 通过对开发基础设施的建设，把开发的可能性向全国扩大以求均衡化； 通过发挥地域的特长和建设开发基础设施来重新编制国土利用规划以及提高其准备效率	居住环境的综合建设； 围墙的保护和利用； 应对社会经济的新变化	通过安心定居和交流搞活地区的发展； 发展化和重新调整世界城市功能； 建设既安全又质量高的国土环境	确保国土的安全和生活得安心； 让国民享受自然的恩泽，并让下一代把这优美的自然继承下去； 建设具有活力的经济社会，形成向世界开放的国土结构
开发方式等	增长及开发构思； 为了达到目的，有必要分散工业布局与东京等已经形成规模的地区有关联的开发增长点，通过建设交通设施把这些地区和增长点有机地联合起来，使之相互影响，同时发挥周围地区的特性，推进开发，使之产生连锁反应，以此来实现地区间的均衡发展	大规模工程项目构思； 建设新干线和高速公路等交通网络，推进大规模工程项目的建设，以此来纠正国土利用得不当和消除过密、过稀及地区差距问题	定居构思在控制人口和产业向大城市集中的同时，促进地方的振兴，处理过密和过稀的问题以此来追求全国国土的均衡发展，建好人居住的综合环境	交流网络构思； 为了构筑多极分散型国土结构，需要： 发展地区的特长，通过创新和努力，推进地区的建设； 国家亲自或者根据国家的指导方针在全国范围内促进主干交通、情报和通信体系的建设； 通过国家、地方、民间各团体的协作，创造各种各样的交流机会	参加和协作 多种主体参加和地区协作的国土建设（四个战略） 创造多自然的居住地区（小城市、农村渔村山村、半山区等）； 大城市的革新（大城市空间的修复、更新、有效利用）； 展开地区协作轴（通过轴状联系把地区责任综合在一起）； 形成广域国际交流圈（具有国际性的交流功能的圈子）

续表

	全国综合开发规划（“全综”）	新全国综合开发规划（“新全综”）	第三次全国综合开发规划（“三全综”）	第四次全国综合开发规划（“四全综”）	21世纪的国土宏伟设计（“五全综”）
投资规模	—	1966～1985年累计约130～150兆日元政府福鼎资产形成（1965年价格）	1976～1990年累计约270兆日元政府福鼎资产形成（1990年价格）	1986～2000年累计约1000兆日元公共部门的国土基础设施投资（1980年价格）	—

依据“五全综”对国土综合开发规划制度和体系的修正建议，经过国土审议会的反复调查审议，《国土综合开发法》修改案于2005年3月经日本内阁会议审议通过并公布实施。由于内容修改较大，该法的名称也改为《国土形成规划法》。国土形成规划由3部14章组成：规划的基本思路（4章）、各领域措施的基本方针（8章）以及广域地方规划的制定和推进（2章），也称之为“六全综”。这次的国土形成规划与以往的全国综合开发规划相比，有以下特点：①构建自立的广域综合体的新国土蓝图。为应对目前国内外的经济社会形势，在全国构建8个广域综合体。通过促进各个广域综合体与东亚地区的交流与合作，最大限度地利用东亚地区的资源，制定具有地方特色的发展战略，增强广域综合体的活力。而各个广域综合体活力的增强，可以达到修正现在的一极一轴型结构的目的，实现地域自立发展的国土格局的形成。②要实现这个新的国土蓝图，必须实现五个战略目标。实现“加强与东亚的交流和合作”的亚洲窗口（Asia gateway）的战略目标，实现“地域的可持续发展”的战略目标[①]，实现“具有强防灾能力国土的形成”的战略目标，实现“美丽国土的管理与继承”的战略目标，实现“重视‘新型管治模式’的地域建设”的战略目标。

4. 韩国国土规划

20世纪60年代，韩国全面开展了国土开发规划工作，并颁布了一系列与国土开发有关的法律，如城市规划法（1962）、建筑法（1962）、国土

① 第一是建设可持续的方便生活的都市圈；第二是通过充分利用地域资源促使产业活性化；第三是形成美丽的生活方便的农村和拓展农林水产业的发展；第四是促进地域间的交流合作和人口向地方的移动。

建设综合计划法（1963）。一般来说，韩国国土规划的内容主要包括：有关城市和农村开发及其结构框架的事项；有关产业布局与产业基础设施的布局及其规模的事项；有关开发、利用和保护土地、水和其他自然资源及防止其灾害的事项；有关保障文化、卫生和旅游等国民生活基本需求的事项等。

韩国于1987年修正了第二次国土综合开发规划，规划期限为1987～1991年。1992～1999年，韩国进行了第三次国土综合开发规划，前三次国土规划见表3-3。2000年韩国开始了第四次国土综合开发规划，规划期限为2000～2020年。在国土规划的指导下，韩国建设了大规模的工业基地，扩建、新建了高速公路、港口及多功能水库等产业基础设施，使韩国国土空间的生产条件更加完善。韩国第四次国土综合开发规划的主要内容：

第一，构筑开放型统合国土轴规划。通过该规划，将在韩国国内内陆地区形成三个发展轴，即连接仁川——原州——江陵——束草的中部内陆轴、连接群山——全州——大邱——浦港的南部内陆轴、连接平壤——原山的北部内陆轴；将在韩国环太平洋、环黄海经济圈和环东海经济圈形成三个"沿岸国土轴"，即向太平洋延伸的连接釜山——光阳——晋州——木浦——济州的环南海轴、向东海经济圈延伸的连接釜山——蔚山——浦港——江陵——束草的环东海轴、向黄海经济圈延伸的连接木浦——光州——全州——仁川——朝鲜新义州的环黄海轴。

第二，提高各个地区的竞争力。该规划将韩国分为10个广域圈（釜山蔚山庆南圈、光阳晋州圈、牙山湾圈、全州群山圈、光州木浦圈、大邱浦港圈、连接忠州——济川——迎月——荣州的中部内陆圈、江原东海岸圈、大田清州圈和济州圈），并根据各个广域圈的特点和资源禀赋条件分别制订开发计划。

第三，形成健康、适宜的国土环境。通过高度、容积率限制等方式，使山地成为优美的田园居住地和文化休闲空间；规划推进二次绿色事业，提高山林的净化能力，追求城市地区的绿化；保护西海岸的湿地。

第四，构筑高速交通网和国土情报网。通过改造、扩建、新建机场、铁路和高速公路，将全国连成一个快速的生活圈；通过光纤通信、数码电话网以及地理信息系统（GIS）构筑"数字国土"。

第五，形成南北方面交流合作的基础。对南北方面的边界地域进行综合管理，将边界地域分为保全地域、准保全地域和整备地域等，推进活跃南北交流的合作事业；通过长期的交流和合作，将南北方面的边界地区转变成和平中心。

韩国前三次国土规划概况 **表 3-3**

规划	第一次国土规划（1972～1981）	第二次国土规划（1982～1991）	第二次国土规划修正（1987～1991）	第三次国土规划（1992～1999）
人均GDP	319 美元	1824 美元	3910 美元	6749 美元
背景	国家主要课题是增强国力、推进工业化政策、输出主导的经济发展方式等	首都圈和东南海岸地方人口和活动集中加剧：由于工业化和城市化，大气和水质污染问题发生；土地价格激增；由首都圈分散人口和工业活动的必要性增加，而且国民定居地体系化要求增高	防止首都圈过密；准备进入高度产业社会、后工业社会，改进国际经济社会关系；准备 1988 年汉城奥运会；考虑与第六次经济社会发展计划的联系	过密和过疏等区域间差别加剧，因为产业高度化和生活成本高级化，导致物流增多，对于生活环境质量高级化的国民需要提高，地方化趋向越来越大，向国际化和开放化发展是时代的要求
目标	形成农村和城市之间有机的联系，考虑农工并进布局而改进国土结构和生活质量等	人口定居化诱导，扩大全国的，提高国民福利水平，保护国土自然环境	国土空间结构多核化；国民生活地方间公平化；国土利用高度化	形成地方分散性国土结构，确立生产的资源节约型国土利用体系，提高国民福利和保护自然环境等
战略和问题	增长极核政策，（Growth Pole），因此在向美国和日本输出的地方，即首都圈和东南海岸建设了大规模工业目地；导入区域概念，即设一段区域成为规划对象，具体区域是八大圈、八中圈、十七小圈。大圈依据江流划分，这是“制度区域”；小圈依据城市势力圈划分，这是“职能区域”	抑制首都圈集中而且培育地方城市，依据生活圈和增长中心地（Growth Center）概念，国土上国民定居体系三阶层化：一级增长中心是 3 个大城市生活圈；二级增长中心是 12 个地方城市生活圈；最下阶层是 13 个农村中心城市生活圈。一共 28 个生活圈，28 个圈域没有重叠，而是排他性地划分。虽然生活圈方法是理想的，但实施有限，因为圈域数比较多，同时平衡地进行投资很难。首都圈集中加速	形成对首都圈集中力另外的反磁力（Counter-Magnets），的概念，赋予该圈域中枢管理功能或者第四次产业中心功能。除了首都圈以外，把整个国土划分为三个大城市中心区域经济圈，比如中部圈、西部圈、西南圈、东南圈。 空间规划过程中扩大居民参与幅度，而且准备实施地方自治制。 引进官民合同开发方式，社会间接资本设施建设时赋予民间资本投资机会	国土空间功能多样化和专门化：为了促进产业先进化，指定新产业地带，考虑国际关系，重视海岸支持，因此再划分三个大城市中心区域经济圈成为七个圈域，国土空间变为“U”字形产业布局，或者开发轴；除了既存观光地带以外，指定新国民余暇地带、历史遗迹、海岸、山岳和岛屿地带等预备环太平洋，环西海（黄海）和环东海经济圈的形成，尤其是为了联系太平洋和大陆间的中心轴，即中国、日本、俄罗斯间的中心轴而形成综合的高速交通网

3.2.2 国外城镇体系规划

1. 新加坡的中心体系规划

在2013年发布的新加坡总体规划（Master Plan 2013）中，城市中心主要基于促进经济与就业增长等目标原则进行规划编制。中心包括四种中心类型，分别为城市核心区、区域中心、次区域中心、边缘中心。

（1）中心体系的层级及职能

从层级来看，这四类中心大体可分成三个层级，并对应不同的职能分工（图3-1）。城市核心区（Central Area）为最高等级的城市中心。该区域共16.5平方公里，用地面积在中心体系中最高。核心区包括了CBD和Marina海湾两处高端商务商业聚集区，聚集了大量国际企业，是城市传统商务商业中心，同时也包括了市政广场、乌节路商业街、滨河地区等传统商业、行政及休闲地区。可见核心区不仅是功能核心区，也是城市的中央活动地区。

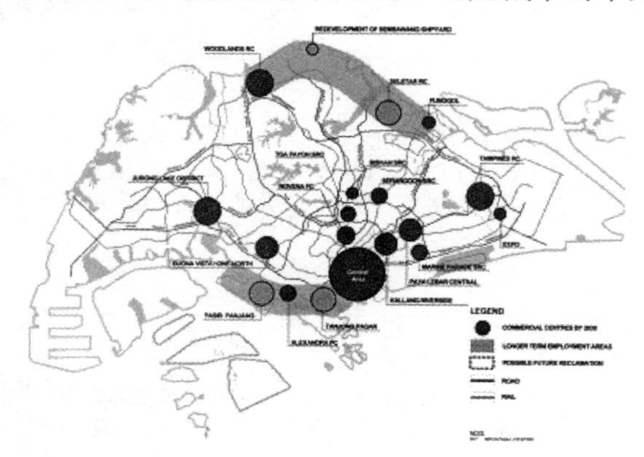

图3-1 新加坡城市中心体系解析

第二层级为区域中心（Regional Center），共有四个，位于北部、西部和东部，是外围新镇的就业中心、商业中心、交通枢纽。区域中心不仅是交通枢纽、商业中心，目前也逐步发展为地区性的就业中心，是新加坡多中心结构的重要组成部分。区域中心至少有2条地铁线经过，保持与核心区快速的交通联系，因此这些区域中心也成为外围人口与就业聚集的新城中心。第一、二层级中心的空间格局及数量相对稳定，与历版总体规划差异不大。区域中心中有3处在2011版概念规划中就得到确立，在2013版规划中仅增加了1处区域中心。

第三层级包括两类，一种称为次区域中心（Sub-Regional Center），共有6个，位于区域中心与核心区之间，是商贸活跃地区，为中心区市民提供就业。另一种是边缘中心（Fring Center），共有5个，是核心区边缘交通节点与商业中心，区别于CBD商务办公空间。总体来看这12个三级中心是面向地区的、核心区与区域中心之间的就业中心与服务中心，因此可归并为一个层级。所不同的是“边缘中心”更靠近核心区，承担核心区部分的外溢功能；“次区域中心”则位于边缘中心之外，提供了一、二级中心之外的地区就业职能。此外，“边缘中心”体现出了动态发展特征，如2003版新加坡总体规划确定的边缘中心经过多年发展，中心功能较为完善，在本次规划中则纳入了核心区范畴，扩大了核心区范围；随后在核心区外再选取具有一定潜力的地区作为边缘中心进行规划建设。

（2）空间布局

尽管新加坡呈现了多中心空间格局，如图3-2所示，但各中心空间分布也表现出圈层的特征：由城市核心地区向外依次为核心区——边缘中心——次区域中心——区域中心。具体来看，城市核心区及部分边缘中心位于城市2～3公里半径范围内，处于城市中心体系的第一圈层。向外8～10公里为城市的其他边缘中心和次区域中心，构成了中心体系的第二圈层。自中心向外15～20公里的第三圈层内为城市4个区域中心。可见处于第二层级的区域中心位于最外围，反映出利用中心带动外围地区发展的规划思路。

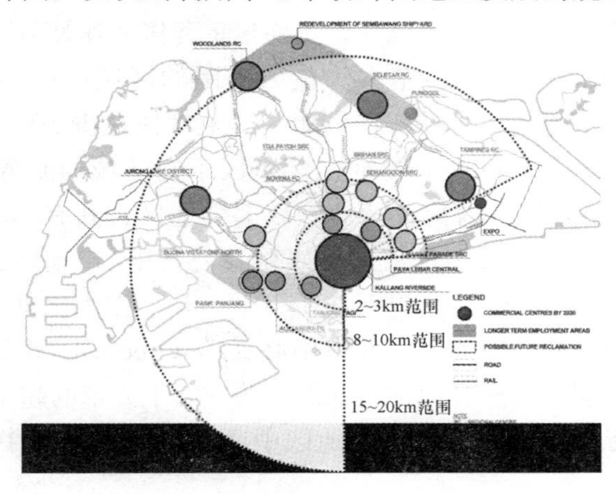

图3-2　新加坡中心空间布局

（3）发展规模

从发展规模来看，新加坡城市中心体系呈现了明显的扁平化特征，无论是用地面积还是开发规模都表现为城市核心区一支独大，而二、三级中心相对均质。城市核心区总面积为1650公顷，现状总开发量为650万平方米，未来将在核心地区继续增加100万平方米，商务商业开发量共计750万平方米。而第二层级的区域中心及第三层级的次区域中心和边缘中心用地面积和开发规模都较为相似：三个区域中心用地面积都在25公顷左右，商务商业规模约35万平方米；6个次区域中心为15～25公顷，边缘中心为10～15

公顷，开发量均为30万平方米左右。可见，区域中心、次区域中心和边缘中心在发展规模上并没有明显差异，其等级主要通过职能分工与地区作用来体现。

2. 大伦敦规划中的中心体系建设

2011年伦敦发布了新版的《大伦敦规划》，制定了大伦敦地区的空间发展战略，对大伦敦城镇中心体系（Town Center Network）的分类、职能及战略方向做了详细论述，并在规划文本后以附件形式对各中心的规模及发展策略进行汇总。

（1）中心体系层级

大伦敦地区中心体系可概括为“四级一区”。“四级”为根据规模、用地混合度及交通可达性等因素划分出五类四级中心，分别为全球中心——都市区中心——城镇中心——地区中心——邻里中心；“一区”为城市的中央活动区（Central Activity Zone）。总体来看，四级中心主要是指商业中心，同时也兼具了就业、娱乐、交通换乘、文化及公共服务职能。在中心体系中最高等级为全球中心（International Center），拥有2处，位于中央活动区内的伦敦是面向全球的商业中心地区，主要聚集奢侈品牌等高端商业。都市区中心（Metropolitan Center）基本为伦敦外围的区域型中心，共计12个，主要业态为高端商业及相关日常便利店，商业规模至少10万平方米，其腹地覆盖几个市镇（Borough），是面向都市区不同区域的服务中心。城镇中心（Major Center）位于内伦敦及外伦敦部分地区，共有35个，其商业规模至少5万平方米，是重要的就业、娱乐及公共中心。地区中心（District Center）分布更加广泛，商业规模在1万～5万平方米之间，共约150个，主要为社区提供日常商业服务。邻里中心（Neighbourhood Center）主要为更小规模的商业服务设施，通常包括面积约500平方米的超市、邮政支局等邻里级别的服务设施。邻里中心与地区中心是地区性服务中心的重要组成部分。

中央活动区内共20.7平方公里，不仅包括了全球中心的商业职能，也是企业总部与经济中心，具有高端商务职能。其内部还继续细分为全球零售中心、中央活动区主核心、零售政策区、文化娱乐区等部分，并在下一层次规划中明确具体边界。

（2）发展策略

《大伦敦规划》指出，伦敦市长及各城镇负责协调中心体系结构，鼓励各级中心向高等级发展，或划定新的中心；同时对于持续衰退的中心将会被降低层级。而各城镇需要根据规划划定辖域内中心的边界、商业发展范围并制定对应策略。规划明确了对中心体系进行定期“体检”（Health Checks）

的机制，对于城镇中心以上级别的各类中心将根据规划进行必要调整。对于这种变化，规划还特别识别出了部分潜力地区，将其作为为未来中心体系调整而重点观察的目标。这些潜力地区按照对应层级划分成都市区中心、城镇中心、地区中心以及中央活动区主核心。

在这一框架下，中央活动区成为伦敦全力打造的全球经济与金融中心，是就业增长的主要地区。中央活动区聚集了伦敦 1/3 的就业岗位，规划将大力促进区内的产业集群建设，促进高等级文化设施的发展。同时还将中央活动区打造成为全球领先的旅游目的地、全球最大的夜间活动聚集地。规划还通过增建地铁等方式提高中央活动区的可达性。

对于体系中各层级中心的发展策略引导主要体现在夜间经济能级、开发政策方向及商务发展指引三方面。夜间经济能级分成全球性、区域/次区域性、地方性三个层次。开发政策方向分为高、中、低三个档次，表明了中心的功能聚集和基础设施完善的程度。办公发展指引表明中心的办公职能发展程度，A 级表明发展为办公集聚的商业中心，B 级表明发展商住功能。规划对体系中共计 217 个中心都明确了以上三方面的政策指引内容。

3.2.3 国外都市区（都市圈）规划

1. 大伦敦都市区规划

自二战以来，大伦敦的城市规划经历了三个重要的发展时期。1920 年代初～1960 年代末基于田园城市概念的新城发展时期，1942 年由阿伯克隆比（Patrick Abercrombie）主持编制大伦敦规划，于 1944 年完成轮廓性的大伦敦规划和报告。其后又陆续制定了伦敦市和伦敦郡的规划。在大伦敦规划中体现了盖迪斯首先提出的“组合城市”概念，并且在制定规划过程中遵循了盖迪斯所概括的方法，即“调查—分析—规划方案”。1960 年代末～1990 年代从兴盛到低谷到复兴的时期，1965 年成立的大伦敦城市议会(Greater London Council，G. L. C）标志着伦敦地区进入了相对统一的规划管理阶段。G. L. C 负责大伦敦地区发展战略规划以及交通规划等。为了改变大伦敦规划中同心圆封闭布局模式，1969 年 G. L. C 制定了《大伦敦发展规划》，它通过规划建设三条向外扩展的快速交通干线，以期在更大区域范围内实现地区经济、人口和城市的合理均衡发展。新千年的全球城市区域规划（大伦敦地区空间战略规划）的发展时期，根据 1999 年的大伦敦管理局法案，2000 年设立了大伦敦管理局（Greater London Authority，G. L. A），它主要负责住房交通、规划管理、经济发展、环境保护、社会治安维持、火灾和紧急事务处理、文化体育和公众健康等。G. L. A 分别制定了 2004 年、2008 年及 2011 年版《大伦敦地区空间发展战略规划》（简称伦敦规划）。最新的《伦敦规划 2011》于 2011 年 7 月正式公布，它是最具权威性的大伦敦城市空间综合发展战略规划，对社会、经济、环境、交通等重大问题进行了战略分析和有效应对。大伦敦地区空间战略规划（2011）主要内容有如下方面：

作为综合性的城市空间发展战略规划，《伦敦规划 2011》详尽阐述了未来 20～25 年伦敦的经济、环境、交通和社会的整体发展框架。其下属 33 个自治市（镇）的地方规划必须与其规划原则、政策导向相一致。它主要包括两部分：规划部分和政策部分，两者之间是提供依据和提供政策保障的互为依托关系。前者涉及伦敦地方发展、市民生活、经济、气候变化、交通、居住空间以及规划的实施、监督和反馈等方面；后者涉及战略性政策、规划决策和自治市发展框架准备。其中："战略性政策"为地区发展提供战略方向；"规划政策"是经由伦敦市长和其他规划机构决定实施的政策；地方发展框架是 G. L. A 对自治市地区发展规划框架的建议，重点针对两类地区：一是当地特殊环境与伦敦其他自治市明显不同的可灵活调整区域；二是需要对当地发展环境作更具体分析的区域。

对于加强城市经济竞争力，伦敦将继续鼓励传统产业如金融业、信息与通信技术、交通服务、旅游经济等的发展，并利用丰富的研发与创新资源，不断推动新产业部门和新企业的持续增长及基于低碳经济发展目标的产业创新和政策创新。

对于促进城市社会融合，伦敦将采取四项措施：①提供足够的多元化住房、就业机会和基础设施等，满足不同人群日益增长的物质文化需求；②增加对劣势群体的政策倾斜（住房发展战略、健康保障公平性战略），减轻贫困者负担；③提高就业者教育或技能水平，促进劣势地区经济复兴等，增加就业以解决社会贫困和公平分配；④设计多元化的融合社区，促进不同族群社会的和睦发展。

对于保护城市生态环境，伦敦将通过"绿色城市"设计，鼓励绿化工程，增加城市绿地空间，来为城市"降温"，适应环境变化；通过"低碳城市"设计，应用分散化的能源网络和利用可再生能源来减少碳足迹，减缓气候变化；通过对自然环境和生物栖息地的强化保护，城市将充满活力、不断增长和实现多样化。

对于空间分区战略导向，伦敦制定了潜力增长区、机遇增长区、强化发展区及复兴地区等特殊发展区域的分区战略，制定针对性的地区发展规划；通过对外伦敦、内伦敦及中央活动区的产业发展和交通网络的分析，为减缓不同圈层经济社会差异、区域协调发展和区域合作提供路径参考。

2. 大温哥华地区规划

大温哥华地区（GVRD）是由 90 个市、区和不设制的小区组成的共同体。区域面积 329202hm²，其中陆地面积 282066hm²，已开发区域 79700 hm²，城市用地 75000hm²，占土地面积的 1/4 左右。2001 年人口达到 198.77 万人。优美都市发展战略规划是经过四年公众咨询和政府间协商的结果，规划按照“开创我们的未来”的价值观提出了明确可行的方案。发展战略规划提出四个基本策略：

（1）保护绿色地带（Protect Green Zone）

“绿色地带”是用来保护大温哥华地区的自然财富，包括主要公园、供水区、自然保护区和农业用地。通过圈定“绿色地带”便确定了城市长期发展的边界。划为“绿色地带”的地区是由各市和各区推荐地，其中包括大温哥华地区一半可以发展的低地。

（2）建立设施完善的社区（Build Complete Communities）

发展战略规划支持公众需求设施完善的社区以满足日常生活需要的强烈愿望。这些社区应以大区内的中心小城为中心进行发展。这种设施完善的社区会增进住房和就业地点的平衡，提供更多样化的、容易负担得起的住房，同时增进公共设施的合理布局和提供更有效的交通服务。

（3）建立紧凑型的大都市（Achieve A Compact Metropolitan Region）

发展战略规划号召把将来的发展集中到现有的市区，使更多的人就近他们的工作地点居住，更好地利用公共交通系统和社区服务设施。在这个规划下，菲沙河谷中部和东部的市区会继续发展，但发展速度要相应放慢。河谷中部和东部的市区也要向设施完善的社区方向发展，力求工作和住房的平衡。

发展战略规划中有大区范围的住房、人口和就业方面的发展指标，也有各市和各区提出的他们目前的发展能力（容量）。大温哥华地区政府董事会的目标是当每个市和区在复审和修改他们自己的规划时，会调整他们规划中的发展能力（容量）来实现大区的发展目标。

（4）增加交通选择（Increase Transportation Choice）

发展战略规划鼓励人们使用公交系统而限制对私人汽车的依赖，发展战略规划中有一些措施，把交通的重点依次放在步行、自行车、公交系统和货物交通方面，最后才是私人汽车。规划中的项目安排也是依照这个顺序制订的，以此来支持土地利用方面的政策。规划还提出了交通需求管理的措施，旨在改变人们的交通习惯。

3. 日本的都市圈

日本在长期的城市发展和城市化过程中，主要形成了以东京为中心的首都圈、以大阪为中心的近畿圈、以名古屋为中心的中部圈。依据有关学者的研究，自 1955 年以来，日本人口迁移区域模式的变动明显地经历了两个比较完整的周期。第一个周期自20世纪50年代中期开始，到20世纪70年代中期结束，大约持续了20年之久。这一阶段日本人口迁移主要表现为向东京、大阪、名古屋三大都市圈迁移的“三极集中”。第二个周期大致从20世纪70年代末期开始，至20世纪90年代初期结束，持续了十余年。日本人口迁移的区域模式已由原来第一周期的“三极集中”转变为仅主要向东京大都市圈集中迁移的所谓东京“一极集中”。自20世纪90年代中期开始，日本似乎又进入一个新的仍以东京“一极集中”为主要特征的人口迁移周期。

为应对人口不均衡的发展格局和所带来的环境、交通等压力，日本的首都圈及大都市圈的规划与管理均严格依法进行，相关法律法规的制定与实施是基本前提。1956年就出台了《首都圈整备法》，1961年和1963年分别出台了《近畿圈整备法》和《中部圈整备法》，使得日本三大都市圈的规划与管理均具备了相应的法律依据。为与相关法律相配合，日本政府在1958～1988年间，先后出台了《首都圈近郊整备地带与城市开发区域整备法》、《首都圈近郊绿地保全法》、《首都圈既成市街区施工限制法》、《多级分散型国土促进法》等，以促进《首都圈整备法》的实施。在1964～1967年间，还先后出台了《近畿圈近郊整备地带与城市开发区域整备法》、《近畿圈保全区域整备法》、《近畿圈既成市街区施工限制法》、《中部圈城市整备区域、城市开发区域及保全区域整备法》等，强化《近畿圈整备法》和《中部圈整备法》的实行，并于1966年出台了《首都圈、近畿圈、中部圈近郊整备地带国家财政特别措施法》，从资金上对三大都市圈的发展予以支持。其他有关法律法规还包括《国土利用规划法》、《土地基本法》、《国土调查法》、《都市规划法》、《都市再生特别措施法》、《中心市街活力法》、《都市铁道便利化增进法》、《密集市街防灾街区整备促进法》、《都市公园法》、《都市绿地法》《水资源开发促进法》、《汽车排放特定区域总量削减特别措施法》等。

在大都市圈的规划、管理和建设等方面，超越都、府、县的更加宏观视角上地法律运用是非常必要的。因此，需要在大都市圈的地域结构基础上，制定广域空间规划。日本国土交通省为首都圈、近畿圈、中部圈的规划、整备及建设的统筹主管单位。基于《首都圈整备法》《近畿圈整备法》和《中部圈整备法》，由国土交通省牵头制订《首都圈整备计划》、《近畿圈整备计划》和《中部圈整备计划》，确定发展架构及方向，并在此基础上由国土交通省牵头制订《首都圈建设计划》，基于修订后的《国土综合开发法》，实现首都圈规划与建设的一体化。而《近畿圈建设计划》与《中部圈建设计划》则由各府县知事依据《近畿圈近郊整备地带与城市开发区域整备法》与《中部圈城市整备区域、城市开发区域及保全区域整备法》等制作完成，并报国土交通大臣审批同意。

国土交通省还根据2000年颁布的《国土审议会令》，于2001年建立了国土审议会，由10名国会议员和20位来自地方政府、金融机构、大公司及大学等的专家组成，并制定了《国土审议会运行规则》。国土审议会下设有首都圈整备部会、近畿圈整备部会、中部圈整备部会，各有10位委员，由相关地方知事和工商会所首脑、大学等专家按5：5比例组成，主要负责审议各都市圈的整备计划、建设计划以及相关规划。在国土审议会下还设有大都市圈政策工作组，由来自大学及工商会所的6位专家组成，负责大都市圈政策评价、方向性确定、地方分权改革等宏观政策制定。在2001年国土交通省组成之前，原国土省中设有国土审议会首都圈整备特别委员会、国土审议会近畿圈整备特别委员会，以及国土审议会中部圈整备特别委员会，负责各大都市圈的规划制定与审查。此外，原建设省中还设有都市计划中央审议会等部会。

4. 欧洲的都市圈

欧洲国家都市圈主要采用"均衡布局，适度集中"的原则构建都市圈，指导都市圈空间结构规划。规划指向主要是离心化的规划，特别是在大都市圈，要求强化区域整体发展水平，强调都市圈内部城市与区域之间、区域与区域之间的结构性、战略性规划。欧洲国家通常是采用两种规划策略平衡都市圈空间结构：一是土地利用需求的调控，主要是通过控制各种性质的土地利用的需求（居住、工业、基础设施等）控制城市蔓延，形成理想的都市圈空间结构；二是绿带和开敞空间的规划，用规划绿带和区域公园的开发保护开敞空间，这几乎成了所有欧洲都市圈解决保护和利用在空间上的冲突的方式。

3.2.4 经验借鉴与启示

1. 强调规划编制的科学性和公众参与，突出规划可实施性

有效构建多元参与机制。新区域主义倡导区域建立有效的多元参与机制，构筑充满活力、机遇的弹性联系网络，促进信息交流、政策调整以及整个区域经济和社会的自我学习和创新。《伦敦规划2011》体现了新区域主义多元参与理念，它是在G.L.A与公众的交流互动中产生，从编制到实施反馈都鼓励不同利益主体积极参与。自2009年10月其草案公布到2011年7月正式出台，先后经历了两次为期3个月的公众咨询和独立专家小组的公众审核。政府对公众定期公布《早期修改意见》和《进一步修改意见》的反馈。此后，伦敦市长将规划文稿、公众意见、专家报告等移交国务大臣并由其决定规划的最后修改。而且，各层级政府部门、公私组织及社会公众参与、协作及监督伦敦规划的实施。例如，监测小组的成员主要来自地方政府机构、企业以及志愿者组织和社区、教育界、少数裔的代表。

日本的每一次国土规划都进行了长时间和严格的论证，体现了规划的严肃性和科学性。从规划编制的时间看，历次规划所用的时间基本都是 22 个月到 45 个月不等，编制准备的时间充分，并且在现有规划实施过程中，就开始不断地修正规划中产生的问题，并在下一次规划中寻找调整的办法。从规划参与的主体来说，体现出多元化参与的特征。每次规划都经过全国范围的调查评估，在全国进行讨论并听取中央政府各省、各地方督道府县、市町村、民间团体的意见。其中“五全综”和“六全综”还征求了中国、韩国、马来西亚等国的意见。

体现以人为本，重视国土规划编制过程中的公众参与作用和行政信息的公开化。不论是国土规划还是城市规划的编制，公众参与已成为世界潮流。日本在国土规划制度改革时也专门强调了公众和社会团体参与规划的重要性和必要性。而且在这次“国土形成规划”中还把公众和社会团体参与地域建设和规划实施作为战略目标实施的重要措施。《全国主体功能区规划》的编制讨论中在这方面进行了难能可贵的尝试，积累了宝贵的经验。今后的问题是如何做得更好，不仅要让专家学者参与进来还要让普通百姓参与进来。

2. 通过理顺规划体系和事权体系，树立区域规划的法律权威性

理顺各类规划关系，形成明晰的、完善的法律体系和规划体系。规划的目的是引导和管理规划对象的发展。只有在明晰的法律规划体系下规划才能发挥最大的作用，否则有可能事倍功半。日本的国土开发规划是以《国土综合开发法》和《国土形成规划法》为法律依据的。日本的每一次全综规划都是经过讨论由国会批准的，具有法律约束力。

日本的国土规划充分调动了中央和地方的积极性。日本的国土规划采取中央和地方共同开发的模式。相关的法律直接明确了中央政府和地方政府之间的工作分工和事权范围，明确了中央和地方的财权和投入比例，从国家和地方两个层面综合地对资源进行合理配置，依法推动国土规划的实施。

3. 高度关注社会公平问题，强调区域规划的配套政策的制定

高度关注社会公平问题。《伦敦规划 2011》特别注重为全民创造公平的生活机会。首先，对特殊人群（社会弱势群体、遭社会排斥的人群等）的空间集聚、区位特征等进行研究。根据区域社会文化特点、弱势群体分布、需求类型等，通过地区间相关部门、社区组织的战略合作，为其提供多样化的设施与服务。其次，通过为弱势群体创造实现其自身潜能、才华的环境、机会和路径，鼓励其参与社会发展与城市建设活动，在实现其自身价值的同时也有助于消除社会贫困、排斥和歧视，促进社会融合。为此，市长还出台了增补规划指导手册《实现融合环境》。2012 年伦敦残奥会的成功举办为体现残疾人士的社会价值做了有力注解。在健康医疗公平方面，建议通过研究问题的分布及空间特征，结合《健康影响评估》，整合规划、交通、住房、环境、健康政策等，对居住环境重新定位、规划，通过建筑设计形式、社区构建形式的不同组合，打造多元化融合平衡社区，消除社会隔离和歧视，增加居住环境对健康的有益影响。在住房方面，《规划》决定每年至少增加32000套经济适用房（其中60%为社会廉租房，40%为中档住房），以期向弱势群体提供住房保障和给市民更多的选择机会。

详细的配套法律和行政机制确保规划得到强力执行。日本在《国土综合开发法》以后，又陆续制定了三十几部配套法律。法律条文规定得非常详细，从开发规划的制定、大型项目的决策立项到具体实施、管理等均有涉及。法律体系的建立，使日本的国土开发有法可依，大大减少了开发过程中的人为影响因素。

4. 强调规划的动态编制和管理

重视国土规划的可操作性，及时修编各个层次的国土规划。日本的五次国土规划中，第二次规划实施期间正处于日本经济高速发展期，且国内外社会经济形势也发生了急剧的变化，故而规划设想与当时的形势明显不符。为了维护规划的权威性、可操作性以及及时发挥规划在区域均衡发展中的协调作用，规划目标期尚未结束就提前进行了规划修编。我国经济已进入经济快速发展阶段，可能会有很多不可预测的因素。一旦发现规划已不能适应经济社会形势时，应当机立断，启动法定程序对规划进行修编，满足我国经济社会发展的需要，维护规划的权威性。

注重合理的动态调整机制。城市中心的发展具有动态演进特征，规划确定的中心实际发展程度迥异，需留有一定动态调整余地以更好地指导实际发展。但总体规划也应保持一定的稳定性，体现持久的规划政策属性。因此需要针对中心体系设定合理的动态调整机制。新加坡在历版规划中对边缘中心进行调整，以应对核心区的扩展和地区带动；伦敦则在规划中提前识别了潜力地区，并建立了中心的“体检”机制，适时地增加或调整中心层级。这些都可成为供借鉴的经验。

科学制定区域规划实施—监督—反馈体系。《伦敦规划 2011》的实施是多元参与和集体行动的成果。它的实施主体包括 G. L. A 组织、交通管理机构、伦敦开发机构、大都市政策机构以及伦敦的消防救灾规划机构等，各自治区政府和其他法定性机构及私人机构、社区及志愿者。它的规划实施过程具有严密的程序和法定性，除了伦敦政府出台系统性的相关规划法案外，规划本身在下一届政府任期内也将根据合法程序进行必要的检讨，确保《规划》实施的承接性，凸显“政策优势”。伦敦市长作为规划的组织领导者，与许多机构和组织一起工作，深入参与社区生活，接受民众监督和意见，确保规划实施地科学合理，凸显“智慧优势”和多元参与的“制度优势”。成立专门监督小组协调各机构工作，对规划进行整体性的监控；建立全国性年度监测报告制度，定期对地方发展框架进行监测评估，并以年度审查报告的方式反馈伦敦战略规划的运行状态，凸显规划实施的“系统优势”。正是这种科学合理的区域规划实施—监督—反馈体系，促使《伦敦规划 2011》实现不断的动态完善和更新。

5. 突出区域竞争能力的全球化，同时兼顾基础设施的扁平化

突出核心城市的中心职能分化为全球、区域和地区三个层次。新加坡和伦敦的城市中心体系注重功能分化。首先，两城市最高等级中心皆为面向全球的城市中心地区。该区域聚集了最核心的城市活动，成为城市中央活动区或中央商务区（CAZ 或 CBD），体现了高等级中心是城市参与全球化活动的主要空间。其次，两城市更加关注地区发展，面向地区层面设立地区中心、邻里中心，为社区提供服务。第三，在中间层次的中心既承担了部分城市核心职能，也兼顾地区性的商业、商务功能，这类中心构成了面向区域或城市服务的中心。

新加坡与伦敦中心体系均体现了用地规模与开发量的扁平化特征。一方面城市面向全球的中心用地规模最大，并呈现出由中心向特定区转变的趋势，如新加坡的城市核心区和伦敦的中央活动区面积都接近 20 平方公里。高等级中心区域内的商务商业开发量也极高，如新加坡核心区开发量是四个区域中心开发量总和的 7 倍。另一方面，中心体系中面向区域、城市及面向地区的中心规模较为接近，没有数量级上的差异，体现了扁平化特征。这种扁平化特征也说明，城市次级中心地位主要体现在聚集功能与服务能级上，并不体现在开发规模上。而新加坡的区域中心与伦敦的都市区中心都距离主中心最远，说明次级中心承担拉动外围地区发展、与主中心形成功能互补的结构作用，需在外围地区建立更大的服务腹地，而三级中心应布置在主次中心之间进行结构性支撑。

6. 把握支撑系统的完善性

中心体系规划应注重城市中心的功能内涵，做好功能支撑。新加坡各级城市中心主要作为就业中心，兼容了商业及商住职能，强调用地混合，并且是地区交通枢纽。伦敦的中央商务区集商业、商务、文化等功能于一身，其他各中心以商业为主导，也兼具了部分商务、居住职能。因此未来中心体系功能将更加主张融合，避免单纯的商业、商务或文化职能。此外兼容一定的商住规模也是保持中心活力的有效措施。此外，中心体系规划还应做好系统支撑，一方面应将交通资源向城市中心聚集，将城市轨道交通、道路交通规划等与中心体系规划相协调，提高中心地区交通可达性，另一方面也应关注交通条件优越的活力地区，将其作为中心体系调整的候选目标。

协调整合区域空间发展战略与交通规划。《伦敦规划 2011》强调空间发展规划与交通规划紧密结合，促进城市土地开发利用与交通设施提供的高效匹配。为满足不同空间发展要求，依据与现有及潜在的交通线路建设相关性，划分出增长型地区、发展廊道地区、机遇型地区、强化开发地区及复兴地区。其中，两大增长型地区，三个发展廊道连西启东、横贯南北，为城市区域经济与社会发展提供市场契机；33 个机遇发展区，其中“沿泰晤士河发展”强化发展区，主要是利用其现有的地区资源、设施条件（如公共交通设施），提高其发展强度和开发密度；正遭受较为严重的社会隔离和经济衰败的复兴地区，更是吸引多元投资以完善交通等基础设施建设。如从伦敦西部的希思罗机场延伸至东区的轻轨建设方案，将高度整合东区土地开发利用与现有或预建的交通系统，实现大伦敦地区以及更广空间范围的便捷连通，为经济衰退地区的复兴提供有利的硬件支撑。

7. 突出强调经济增长与环境保护并重

《伦敦规划 2011》提出伦敦的经济发展目标主要是实现国内经济与人口的增长，满足国内发展需求。通过向各种产业提供适应其发展的产业环境来促进伦敦多样化经济的发展，增强国际竞争力，使其经济成果惠及整个大伦敦地区。然而，在新的环境形势下，如何应对气候变化威胁，是规划的核心内容，也是联结各方面政策的纽带。为此，市长编制了气候变化适应策略及减缓策略、能源策略，以及废物管理、空气质量、水和生物多样性保护等相应策略。结合环境保护策略，《伦敦规划》将经济发展规划、交通规划、气候变化规划等进行综合考虑，促进伦敦经济逐渐向低碳经济转型，通过高科技产业、绿色商业部门、可更新能源部门、循环经济、互联经济等新兴产业部门的发展，绿色城市的设计、共交通系统的整合完善等，不断降低碳强度，提高资源利用率，适应并减缓城市气候变化。以建筑减排为例，它对居住性和非居住性建筑设定减排目标的三个阶段（2010～2013 年、2013～2016 年、2016～2031 年），将阶段性减排任务量化，争取在 2031 年实现伦敦“零碳排放”。

3.3 区域规划编制依据、原则和任务

3.3.1 区域规划的编制依据

区域规划编制依据指的是规划编制的前提性和基础性原则和目标，主要包括资源禀赋和社会经济发展条件、国家政策与法律、社会发展目标要求等，实际上也就是区域社会经济赖以发展的基本因素。

1. 区域本底基础

首先要摸清区域的家底情况即地区资源条件，这是地区经济发展的物质基础。主要指矿产资源、河湖水库及地下水资源、海洋资源、森林资源、生物资源、农业资源、劳动力资源以及自然景观资源等。要求提供的资源就是查明可供规划期内开发利用的那部分资源，而不是潜在的资源。地区的资源条件，直接影响地区经济发展的方向、经济结构和具体内容，一项具有全国或全省意义的重要资源，往往会成为地区经济发展的支柱。所以，资源查明与否，是能否顺利开展区域规划的重要条件。

2. 区域环境容量和承载力

其次要弄清地区自然条件对区域规划的约束性，这是保障区域规划科学性的前提基础，主要指农业生产和其他经济部门所要求的自然条件。前者，应根据农业现代化要求，对影响农业生产发展的自然条件（主要指气候、土壤、地貌和水文等条件）进行全面调查，综合评定，充分利用有利因素，克服和改造不利因素，拟出综合开发利用的规划方案。后者，指对工业和其他经济部门（交通、建筑、基础设施等）在建设、布局上有影响的自然条件，如地质、地形、气候和水资源等条件，以及对各类工程的自然灾害，如地震、台风、滑坡等，在一定程度上影响很大，必须认真地进行综合评价与分析。

3. 区域发展水平与阶段

要查清地区技术经济条件对区域规划的可操作性，这是保障区域规划可实施性的前提基础，包括地区生产力发展的历史、现有基础及其构成、水平和技术特点等。一个地区的经济基础是经过长期历史形成的，也是进一步发展的重要因素。对原有基础应深入调查研究，扬长避短，贯彻挖潜、革新、改造和提高的方针。对基础薄弱的地区，必须因地制宜，发挥地方优势，有重点的建设。在具体安排时，点不能太分散，要适当集中；同时，要注意加强协作，考虑必要的配套工程。

4. 国家对地区经济和社会发展的长期规划要求

国家对某一地区的国民经济和社会发展长期计划明确规定了该地区在全国或全省所处的地位和作用，以及今后发展的规模、速度和方向等。这就给区域规划提供了基本的依据。在尚未制订国民经济和社会发展长期计划的地区，应当对区域经济发展方向，如区域的经济结构、发展速度进行科学预测和综合论证，从而使区域规划建立在切实可靠的基础之上。

5. 国家政策与法律的约束

区域规划是一项落实国家国土开发保护法律的工作，更多的是制定保障国家生态安全格局和发展格局的若干开发秩序和保护秩序，以谋求更大的可持续发展。为此，区域规划必须依据国家的各项法律制度、政策支持等基本要求进行编制，否则很难保障法律的权威性。这些国家政策与法律的约束主要有《土地法》、《环境保护法》、《水法》、《草原法》、《城乡规划法》以及相关的专项领域法律法规与政策。

3.3.2 区域规划的基本原则

区域规划有了充分可靠的依据，还必须从全面发展地区各项建设事业着眼，遵循以下基本原则：

1. 全国“一盘棋”的原则

在规划中，一定要从我国国情出发，树立全国“一盘棋”的思想，统筹兼顾，全面安排，综合平衡。要正确处理整体与局部、重点与一般、工业与农业、城市与乡村、生产与生活、近期与远期的关系。

在一个地区的发展与建设中，往往在工业企业之间、工业企业与国民经济其他部门之间、与相邻地区之间会发生许多问题和矛盾，有时从个别企业、个别部门甚至本地区的观点看，是有利的，也是可行的。但是，从全局和长远利益的观点看，就不一定有利，也不一定可行。这是经常发生的。过去，某些建设就只注重部门利益，忽视全局利益，注重眼前利益，忽视长远利益，注重经济效益，忽视社会和生态效益，最终付出了很大的代价。这种教训是应该吸取和尽量避免的。

2. 尊重地区经济发展不平衡的规律

我国是一个人口众多、疆域辽阔的发展中大国。各地自然条件与资源蕴藏优劣多寡不一，原有经济和技术基础强弱不等，因而投资效果相差悬殊。在生产力布局上有两种做法：一是强求各地区经济发展达到同一速度，一起实现现代化；一是集中国家有限财力、物力，优先利用和开发那些投资效益高、见效快的地区，保证这些重点地区经济更快地发展，以加快整个国民经济的发展速度。前者，主观愿望是好的，但往往事与愿违，结果是谁也上不去，谁也上不快，到头来延缓了整个国民经济的发展。后者，则以有限的投资争取了较高的发展速度与较多的积累，然后才有力量支援条件相对较差地区的发展，切实有效地逐步缩小地区之间经济发展水平的差距。

尊重地区经济发展不平衡，通过每个时期有“重点”的“不平衡”发展，才能在一个较长的历史时期逐步地实现地区经济发展相对的均衡化，缩小各地区经济发展水平间的差距。这种“相辅相成”的道理，不仅为我国40多年来工业布局的经验教训所证明，也为其他许多国家工业布局演变的历程所证明。

3. 因地制宜，发挥优势

遵循社会劳动地域分工的客观经济规律，扬长避短，发挥优势。马克思说："一个民族的生产力发展的水平，最明显地表现在该民族分工的发展程度上"（《马克思恩格斯选集》第1卷第25页）。这既包括部门、企业间的分工，也包括把一定生产部门落实在国家一定地区的地域分工。

各地自然资源与自然条件不同，同类资源"自然丰度"的地区差异是劳动地域分工的自然基础。各地现有经济发展水平与特点和经济地理位置的不同，生产的集中化、专业化效益不同，各地区生产诸要素的不同，以及需求关系与地区价格差异，是劳动地域分工的经济基础，最终反映为不同地区同种产品生产费用的区间差异。充分利用地区分工的绝对利益和比较利益，趋利避害，扬长避短，因地制宜确定各地区经济发展的重点部门与行业；围绕地区优势部门，适当综合发展，建立符合各地不同特点的地区经济结构；破除不顾条件、各地区都要自成体系的老框框，杜绝不必要的重复布点，重复建设。这是提高经济效益的必由之路。

4. 合理布局，保护环境，有利生产，方便生活

遵循社会主义基本经济规律和生态平衡的要求，按照有利生产、方便生活和保护环境的要求，确定工业基地与城镇的适当规模，防止工业过分集中和过分分散。在各项生产性项目的建设性布局时，必须同时考虑职工与居民的生活服务、文化教育、休憩娱乐等生活性设施的建设布局和环境的保护与改善。

基本建设的布局要有利于城镇向合理的方向与规模发展。从总体看，要有利于促进全国性，地区性的大、中、小城镇（经济枢纽）体系的形成，并通过多种运输方式组成的综合运输网，把城镇之间和城镇与广大农村联系起来，形成渠道畅通、周转灵活的国民经济体系，以促进工农业和城乡之间的相互支援，逐步缩小城乡差别。

5. 有计划有步骤地发展少数民族地区和边疆地区的经济文化建设

大力扶持各少数民族地区和边疆地区的经济文化建设，逐步缩小和消除历史遗留下来的各民族政治、经济、文化的不平等，是社会主义现代化建设中的一项重要历史任务，也是巩固、加强民族团结，保证多民族国家社会主义现代化建设顺利进行的重要条件。

发展少数民族地区和边疆地区的经济，一定要从地区实际情况出发，对于具有国家急需开发的自然资源，在开发条件基本具备的地区，可以建设一些大中型骨干企业。对于大多数尚不具备重点建设条件的地区，应该从发挥农、林、牧、渔和各种山货土产资源的优势出发，开展"一域一品"运动，首先兴办为开发这些资源服务的工厂，随着各地技术力量的增长和其他条件的逐步具备，再进一步发展各种精细加工工业。同时，要注意扶持、提高地区的民族传统手工业和具有民族特色产品的生产。这样，既可发挥少数民族地区和边疆地区现有的经济优势，满足当地人民的需要，也为今后进一步发展、培养技术力量、积累经营管理的经验打下了基础。

6. 国防安全原则

社会主义国家生产力的布局，既要求在和平时期有利于加快国民经济发展与人民物质和文化生活的改善，也要求在战争时期能经受住战争的考验，有效地抵御敌国的侵略和突然袭击。反映在工业地区布局上，要妥善处理国防前沿地区和腹地的关系，重要工业与产品的生产能力应纵深配置，要有若干地区分散布置的同型企业；在地点布局上，防止过度集中，避免在一个工业区集中过多的重要工厂；对于大多数常规武器和一般军品的生产，根据平时需要量很少、战时需要量激增的特点，应该在民用产品工厂组织“军品动员”生产线，或在军工厂生产民用产品，做到平、战结合，使国防安全的原则和提高经济效益原则得以统一。

上述各项原则，从不同的侧面与层次，反映了社会主义生产力布局的客观规律和影响生产力布局的经济规律、自然规律与技术发展规律。各原则之间彼此联系，相互补充，在实践中应融会贯通、综合运用，切忌孤立分割、偏执一端。只有把“一般”要求和不同时期、不同地区、不同部门和企业的具体特点结合起来，才能得到符合客观实际的结论，做出科学的决策。随着社会生产力的发展和科学技术的进步，生产力的布局也将日新月异地变化。无疑，指导区域规划的原则，将随着历史的发展而发展，也会在实践中得到不断的检验、补充和完善。

3.3.3 区域规划的主要任务

1. 搞好区域工农业生产的合理布局

工业合理布局是区域规划中的主要任务之一。首先，要对工业分布的现状进行分析，揭示问题和矛盾，以便从根本上去解决。其次，要根据地区发展的规划纲要，结合地区经济、社会、历史及地理条件，将各类工业合理地组合布置在最适宜的地点，使工业布局与资源、环境及城镇居民点、基础设施等建设布局相协调。

农业是国民经济的基础。农业的发展与土地的开发利用关系特别密切。发展农业，就要结合农业区域提供的情况，因地制宜地安排好农、林、牧、渔等各项生产用地，加强城郊副食品基地的建设，妥善解决工、农业之间以及农业与各项建设之间在用地、用水、能源等方面的矛盾。

2. 拟订区域人口和城镇居民点体系的发展规划

人口是开发利用土地、发展生产必不可少的社会资源，而发展生产的主要目的则是为了满足人民日益增长的物质和文化生活的需要。区域规划在开发利用土地的同时，要搞好地区城镇居民点规划。这就要求对地区城乡人口的变化和城镇人口的增长趋势进行预测，解决好人口的合理分布，拟订与工农业发展相适应的不同等级和不同规模的城镇居民点体系，为地区城镇居民提供良好的工作、居住和生活环境，并考虑以各级中心城市（镇）为依托，带动广大地区的发展。

3. 统一规划区域性公用基础设施

发展生产和改善城乡人民生活，都离不开交通运输、能源供应、给排水、生活服务等公用基础设施。这些基础设施的构成和布局，必须同工农业生产和城镇居民点体系的布局互相协调配合。单项工程的建设要根据各自的特点与要求进行布局，使之既能形成本身的完善体系，又要与其他专业工程设施的建设相协调。例如，水利建设在开发利用水资源时，就要综合考虑并解决部门之间和地区之间用水的合理分配，再进行地区水利建设规划。

4. 重视环境保护，建立区域生态系统的良性循环

由于社会化大工业生产和资源的大量开发，引起了生态环境的变化和环境的污染，环境保护已成为人们普遍关心的问题。防止水源地、城镇居民点与风景旅游区的污染，保护有科学意义的自然区和历史文物古迹，建设供人们休憩的场地，已成为人们普遍的呼声。区域规划应力求减轻或免除自然灾害的威胁，恢复已被破坏的生态平衡，使大自然的生态向良性循环发展；还应进一步改善和美化环境，对局部被人类活动改造过的地表进行生态修复，丰富文化设施，增加社会休憩活动场所。

5. 统一规划，综合平衡，以求达到最优的社会经济效果

统一规划，综合平衡，是区域规划的基本方法之一。要做多方案的技术经济论证与比较，选择经济上合理、技术上先进、建设上可行的最佳方案，以求达到最佳的经济效益、社会效益和生态效益。

3.4 区域规划的类型与主要内容

3.4.1 区域规划的类型

区域规划是以特定的区域为研究对象的，不同属性和特征的区域，往往在规划目标和内容上有所不同。为了研究简便和易于掌握规划要领，常将区域规划划分为若干类型，由于观察和分析的角度不同，其划分方法也是多样的。根据我国区域规划的开展情况，一般可分为两大类：

1. 按区域的地理属性分类的区域规划类型

按建设地区的经济地理特征来划分可包括以下类型：

（1）城市地区区域规划（城镇群规划、城市群规划、城市连绵区规划）

主要指以大城市或特大城市为中心，包括周围若干小城镇和郊区、县的大城市地区（如上海、北京、天津、武汉、重庆等特大城市地区）和大中小城市集聚地区的区域规划（如苏州、无锡、常州地区，长沙、湘潭、株洲地区等）。这类地区一般都是地理位置优越，交通方便，综合性加工工业发达，为全国或全省的经济核心地区。规划的重点是要解决城市之间的合理分工与协作，工业布局的调整和改善，大城市市区规模的控制，中小城镇的发展与建设，基础设施的加强，区域性的环境治理与保护，以及副食品供应基地的安排等主要问题。

（2）工矿地区区域规划（工业区规划）

主要指在开发利用自然资源的基础上形成和发展的地区。这类地区在规划上要重点解决以下问题：合理开发利用自然资源，确定发展何种加工工业及其位置，合理解决矿区开发、工业建设与农业生产之间的矛盾，治理“三废”和提高环境质量，以及合理确定对外交通和居民点的布置等。工矿区区域规划又可按主导工业部门再进行划分：有煤炭燃料动力工业地区规划，如山西、两淮、鲁西南等煤矿地区规划；石油及石油化工工业地区规划，如大庆、胜利等油田与石油化工地区规划；冶金工业地区规划，如鞍山、攀枝花等冶金工业地区规划；森林及其加工工业地区规划，如伊春等。

（3）农业地区区域规划（农业区划、粮食集中产区规划、农业专业化规划）

指农牧业基础较好，或发展潜力较大，工业以农产品加工为主的地区，例如黑龙江三江平原地区、江汉平原地区等。这类地区要解决的问题有：土地的开发和利用，交通运输网和排灌系统的建设，农机具修配站、农产品加工以及居民点安排，农林牧的合理布局等。

（4）风景旅游及休疗养地区区域规划（世界旅游城规划、旅游发展规划等）

主要指具有旅游资源类型上丰富、地域上集中连片、品质上独特吸引力和影响力的（如桂林、峨眉山等）旅游地区的区域规划。这类地区规划的重点是：山水自然风景的保护，防止工业和旅游业对环境的污染，改善交通联系，增辟新的休憩与游览地，调整工农业生产布局使其与旅游业的发展相互结合、相辅相成。

（5）大中河流综合开发利用的区域规划（流域规划）

主要指以大小不同的整个河流流域为范围的区域规划。这类规划的重点将侧重于河流的整治，水资源的综合开发利用，对防洪、灌溉、发电、航运、渔业、旅游等经济效益进行综合论证，流域范围内其他各种资源的开发，水库淹没地区的征地和迁移，以及工农业生产和城乡居民点的合理布局等。

(6) 大型交通线路沿线开发利用的区域规划

以交通线为纽带的线状综合开发。如京津塘规划、陇海铁路沿线、长江经济带规划、丝绸之路规划等。

2. 按区域的事权属性分类的区域规划类型

按各级行政管理事权层级的区域来划分一般包括以下类型:

(1) 国家层面区域规划

国家层面的区域规划是指为实现国家发展目标和任务、针对全国空间范围进行统筹布局的总体秩序安排。我国国家层面的区域规划按照区域事权属性分类来说主要有:国家发改委牵头编制的全国五年规划纲要、住房和城乡建设部牵头编制的全国城镇体系规划、国土资源部牵头编制的全国土地利用总体规划纲要、环境保护部牵头编制的全国环境保护总体规划纲要以及交通、水利、教育等专业部门牵头编制的全国性各专业性区域规划等。国家层面的区域规划的主要内容是根据国家发展的战略要求,结合全国各地域的差异状态,做好产业、生态、人口、城镇、设施、综合防灾等方面的统筹协同与发展,以实现全国的可持续发展。

(2) 省域层面的区域规划

省域规划是在一个省范围内建立各具特色、不同水平、相对独立的区域经济体系的规划形式,主要有全省五年规划、城镇体系规划、土地利用总体规划等,在我国的经济建设中一直占据主要地位。我国省域范围很大,人口众多,资源丰富,有必要也有可能建立一定规模、各具特点的经济体系。同时,为了实行有科学依据的各级规划工作,应进行省域规划和省内经济区的划分,作为次级地区规划布局的基本依据。

(3) 地级市层面的区域规划

地级市层面的区域规划是在省内地级市或地区所辖范围以内进行的规划形式。我国省内的地区一级行政区,多由若干县或县级市组成,一般幅员不小,人口较多,具有基本的地区经济综合发展条件,建设规划布局的内容很多,城镇体系和区域基础设施网络也须在这一级地域范围内加以充分体现。特别是区域内大中城市的发展,以经济发展为主的生产生活建设项目在原有城市范围已摆布不开而向所辖市域大范围扩散,逐渐使区域发展和中心城市发展紧密联结。可以认为,市域或地区一级的区域规划,在我国按行政区划分的各级区域规划体系中起到了承上启下的枢纽作用,对发挥中心城市作用,加速地区经济发展具有尤为重要的意义。此层面的区域规划主要有地级市五年规划、城镇体系规划、土地利用总体规划、环境保护规划、旅游总体规划等。

(4) 县级层面的区域规划

县级层面的区域规划是我国区域规划的基层地域规划，主要以县域或县级市辖域为范围。我国县域分布面广量大，县域经济中心与县域广大农村具有直接的紧密联系。开展县域规划工作，有利于更好地发挥基层经济组织的能动性和创造力，有利于更好地实现城乡结合、工农结合的布局原则，推进经济建设城乡一体化的进程。随着我国县级经济和乡镇经济的日趋繁荣，开展县域规划工作在当前阶段具有十分迫切的现实意义。一般县级层面的区域规划主要有县域规划、县五年规划、县土地利用总体规划等。

相比较而言，两大类型的区域规划各有不同的优劣势和适用范围。第一大类规划的对象，是以区域形成的基本因素为基础的地域单元，集中反映了该地域类型发展及其布局的实质和特征。特别是在没有全面开展国土规划或经济规划的情况下，为了解决某一地区经济社会发展的特定需要，开展这类规划较为有利。缺点是现行行政管理体制不完全一致，实施协调上有较大难度。第二大类的规划，则是以整个地区的综合发展规划为基础，解决的是整个地区的生产力综合配置问题。由于与现行行政管理体制一致，易于实施，有较大的现实意义。但是规划涉及的各项内容往往受现行行政区的局限，最好是从大到小逐级进行。同时，应根据区域经济上的联系性，允许打破行政区不合理的区界，对区域范围进行适当的调整。

3. 按规划内容的侧重点分类的区域规划类型

（1）策略性的区域规划

这类规划相当于区域发展战略研究，内容侧重于制定区域社会经济发展的战略目标、战略方针和经济发展的重点，确定产业结构的调整方向和产业布局，以及保证战略目标实现的措施和政策。策略性区域规划的特点是：①重视区域所处的环境和区域发展条件的分析论证；②注重经济发展方向、战略目标和经济结构；③对于区域经济发展政策、规划方案实施对策、策略的研究较深入，但对于经济建设工程的规划布局研究往往较为简略。

（2）物质性的区域规划

规划内容偏重于区域发展的物质环境和建设工程项目的空间布局规划，规划成果注重区域土地开发利用的总体蓝图。因此对于资源的开发利用，对于城镇的发展和布局，对于工农业生产布局和各种基础设施的空间分布极为重视。物质性区域规划的特点是：①重视技术经济指标；②重视各部门、各物质要素的功能、相互关系和空间表现形式；③特别注重各类土地利用和空间分布；④强调经济建设项目和城镇的发展规模、相互关系和空间布局。

（3）综合性的区域规划

综合性区域规划是通常说的区域规划，是比较规范性的区域规划。综合性的区域规划，兼容策略性规划和物质性规划的特点，内容系统、全面。既有区域社会经济发展战略研究的内容，又有各个部门、各个系统完整的经济建设空间布局规划的内容；既描绘出区域经济建设未来的总蓝图，又有明确的区域发展政策和规划实施措施。

3.4.2 区域规划的主要内容

1. 确定区域规划范围界线的基本原则

区域规划范围界线，是随着上述不同规划类型而不同的。一般来说，以行政区为范围的区域规划类型应不存在区域界线的确定问题，即这一类型的规划范围应以原行政区划范围为范围。但从实际发展情况看，在省级或地市级区域规划中，有可能出现行政区与经济区的界线不一致问题（包括大中城市的市带县问题）。这一问题的解决，其基本原则是行政区界线服从经济区界线（乡镇合并），这是因为：经济区是随着社会生产力的发展而产生演变的客观存在的地域综合体，只有按照经济区进行区域规划，才能保证区域内国民经济各部门之间，工业企业之间以及各地区之间良好的协作配合和合理分工，从而促进区域社会经济健康和持续高效地良性发展。但也应看到，我国的行政区，特别是许多省级行政区，基本上已具有综合经济区的性质，因此，按行政区范围作为区域规划的范围，在绝大多数情形下是可行和有效的。

对于区域规划中所谓区域范围界线问题，主要是指按地区建设的地理特征划分的规划类型，尤其是工矿地区及大城市影响地区区域规划的范围界线问题。这一类型区界的确定应遵循以下几个方面的原则：①经济上的紧密性，包括从充分开发利用自然资源和发展地区经济体系出发，有利于合理组织国民经济各部门之间以及城乡地域之间的经济交流和相互促进；②工程设施上的一体化协作性，有利于统一建设公用的交通、能源、水利等工程设施；③地理上的完整性和自然山脉、河流、湖泊等天然界线结合较好；④行政区划上的一致性，一般不打破基本的行政界线，以利于规划的组织实施。

2. 区域规划的主要内容

区域规划是描绘区域发展的远景蓝图，是经济建设的总体部署，涉及面十分广，内容庞杂，但规划工作不可能将有关区域发展和经济建设的问题全部包揽起来。在进行各种不同类型的区域规划时，往往视具体规划地区的特点和规划的目的任务，确定各自有所增减和有所侧重的特定内容体系。但就其基本内容来讲，则仍是较稳定的，区域规划的内容归纳起来，可概括为如下几个主要方面：

（1）区域经济发展战略

区域经济发展战略包括战略依据、战略目标、战略方针、战略重点、战略措施等内容。区域发展战略既有经济发展战略，也有空间的开发战略。制定区域经济总体发展战略通常把区域发展的指导思想，远景目标和分阶段的目标，产业结构，主导产业，人口控制指标，一、二、三产业大体的就业结构，实施战略的措施或对策作为研究的重点。规划工作中有三个重点：一是确定区域开发方式。如采用核心开发方式、梯度开发方式、点—轴开发模式、圈层开发方式等。开发方式要符合各区的地理特点，从实际出发。二是确定重点开发区。重点开发区有多种类型，有的呈“点”状（如一个小工业区），有的呈“轴”状（如沿交通干线两侧狭长形开发区）或“带”状（如沿河岸分布或山谷地带中的开发区），有的呈“片”状（如几个城镇连成一块的开发区）等。有的开发区以行政区域为单位，有的开发区则跨行政区分布。重点开发区的选择与开发方式密切相关，互相衔接。三是制定区域开发政策和措施。着重研究实现战略目标的途径、步骤、对策、措施。

综合评价区域发展条件，正确认识区域的战略地位，明确区域在社会劳动地域分工中的地位和作用，是制定区域社会经济发展方向和战略目标的重要环节。区域内部的自然、社会、经济、政治、文化等方面的状况和区域外部的环境都对区域的发展和建设产生影响。区域发展条件有着十分广泛的内容。对于影响区域未来发展的各种条件，应尽可能在定性论述的基础上，进行量化分析，做到定性分析与定量分析相结合，以便比较准确地预测未来的经济发展方向，提出区域经济社会发展的战略思想、目标、重点和布局框架，为制定战略目标提供依据。

（2）工农业生产的布局规划

区域产业发展是区域经济发展的主要内容，区域产业布局规划的重点习惯放在工农业产业布局规划上。合理配置资源，优化地域经济空间结构，科学布局生产力，是区域规划的核心内容。区域规划要对规划区域的产业结构、工农业生产的特点、地区分布状况进行系统地调查研究。要根据市场的需求，对照当地生产发展的条件，揭示产业发展的矛盾和问题，确定重点发展的产业部门和行业，以及重点发展的区域。规划中要大体确定主导产业部门的远景发展目标，根据产业链的关系和地域分工状况，明确与主导产业直接相关部门发展的可能性。与工农业生产发展紧密相关的土地利用、交通运输和大型水利设施建设项目，也常常在工农业生产布局规划中一并研究，统筹安排。

区域工业规划布局包括综合评价区域工业发展的自然资源条件、经济地理条件和现有工业基础；结合国民经济发展计划要求，确定区域工业发展方向和重点，确定区域主导工业、协作工业和一般工业的组成、项目和规模；对工业项目和建设地区进行分组、排队，确定区域工业布局的基本框架；合理安排各工业企业的布点，进行不同工业区的合理组织。

区域农业规划布局包括农业生产自然资源条件、现有基础和社会经济条件的综合评价；依据上述发展条件和国民经济发展计划要求，确定区域农业发展的方向、规模、主要指标和总体部门结构；拟定区域农业各主要部门的发展布局规划，确定区域农业发展的分区规划；拟订区域农业生产技术和设施的发展改造规划。

（3）城镇体系和乡村居民点体系规划

城镇体系和乡村居民点体系是社会生产力和人口在地域空间组合的具体反映。城镇体系规划是区域生产力综合布局的进一步深化和协调各项专业规划的重要环节。由于农村居民点比较分散，点多面广，因此区域规划多数只编制城镇体系规划。研究城镇体系演变过程、现状特征，预测城镇化发展水平。城镇体系规划的基本内容包括：拟订区域城镇化目标和政策；确定规划区的城镇发展战略和总体布局；原则确定各主要城镇的性质和方向，明确城镇之间的合理分工与经济联系；原则确定城镇体系规模结构，各阶段主要城镇的人口发展规模、用地规模；确定城镇体系的空间结构，各级中心城镇的分布，新城镇出现的可能性及其分布；提出重点发展的城镇地区或重点发展的城镇，以及重点城镇近期建设规划建议；必要的基础设施和生活服务设施建设规划建议。

（4）基础设施规划

基础设施是社会经济发展现代化水平的重要标志，具有先导性、基础性、公用性等特点。基础设施对生产力和城镇的发展与空间布局有重要影响，应与社会经济发展同步或者超前发展。

基础设施大体上可以分为生产性基础设施和社会性基础设施两大类。生产性基础设施是为生产力系统的运行直接提供条件的设施，包括交通运输、邮电通信、供水、排水、供电、供热、供气、仓储设施等。社会性基础设施是为生产力系统运行间接提供条件的设施，又称为社会服务事业或福利事业设施，包括教育、文化、体育、医疗、商业、金融、贸易、旅游、园林、绿化等设施。

区域规划要在对各种基础设施发展过程及现状分析的基础上，根据人口和社会经济发展的要求，预测未来对各种基础设施的需求量，确定各种设施的数量、等级、规模、建设工程项目及空间分布。区域交通运输规划布局包括综合评价区域交通运输设施的现状基础和发展条件；进行规划期内区域交通运输发展与需求的预测分析，明确区域交通运输规划需要解决的矛盾和问题；进行区域运输经济的总体规划，预测规划期内的交通发生总量；确定区域交通运输系统的战略布局和基本框架；按各种运输方式的技术经济特点，进行各专项运输系统的合理布局；研究区域综合运输系统的布局形式和内部组成。区域电力电信系统规划布局，包括综合评价区域电力系统的现状格局和动力资源特点；根据区内经济社会发展需求，确定耗电定额，编制区域电力负荷；确定区域电力工业发展方向、发展水平，拟订电源布局方案；根据电力网现状和负荷中心预测，确定区域输变电网布局规划；进行近、远期动力平衡，确定工程项目的进度。

（5）土地利用规划

准确地确定土地利用方向，组织合理的土地利用结构，对各类用地在空间上实行优化组合并在时间上实行优化组合的科学安排，是实现区域战略目标，提高土地生产力的重要保证。土地利用规划应在土地资源调查、土地质量评价基础上，以达到区域最佳预期目标为目的，对土地利用现状加以评价，并确定土地利用结构及其空间布局。

土地利用规划可突出三种要素：枢纽、连线和片区。枢纽起定位作用；连线既是联结（如枢纽之点的联结），又是地域划分（如片区的划分）的构成要素；片区则是各类型功能区的用地区划（如经济开发区、城镇密集区、生态敏感区、开敞区、环境保护区等）。区域规划中土地利用规划的内容，主要是：①土地资源调查和土地利用现状分析；②土地质量评价；③土地利用需求量预测；④未来各类用地布局和农业用地、园林用地、林业用地、牧业用地、城乡建设用地、特殊用地等各类型用地分区规划；⑤土地资源整治、保护规划。

（6）可持续发展规划

规划区域应在不超越资源和环境承载能力的条件下，谋求资源的开发和经济的发展，保持资源永续利用和生活质量的提高，使自然、经济、社会相互协调和可持续发展。重点在水资源、能源利用和环境承载力三个方面。

区域水资源综合利用与环境保护规划布局包括综合评价区域水资源赋存特征和利用现状；根据区内经济社会发展需求，拟订耗水定额，预测需水总量与部门结构；依据水资源的综合和合理利用原则，确定主要工业、城市、农业供水规划；依据需要与可行的原则，拟订区域防洪规划、水力发电规划、航运改善规划和排水规划；进行远期水量平衡，提出缺水地区各用水部门用水矛盾的解决途径与措施；拟订区域水利工程设施的布局规划。

区域能源综合利用规划包括对拟选定的区域的能源需求和供应在建设或开发（或是在扩充、改造）初期有一个计划。对能源需求的种类、品位、数量、使用的特点、时间、价格以及排放等有一个预期；对能源供应的可能有一个展望，包括能源资源的情况，可利用的情况，利用的成本分析；还要对在本区域所采用的能源技术有一个技术经济的分析对比；还有能源消耗给环境带来影响的分析。

区域环境承载力的研究对象是区域社会经济—区域环境结构系统，包括两个方面：①区域环境系统的微观结构、特征和功能；②区域社会经济活动的方向、规模。区域环境承载力研究的目的就是将两个方面结合起来，以量化手段表征出两个方面的协调程度。区域环境承载力的研究内容包括：一是区域环境承载力指标体系；二是区域环境承载力大小表征模型及求解；三是区域环境承载力综合评估，与区域环境承载力相协调的区域社会经济活动的方向、规模和区域环境保护规划的对策措施。

(7) 区域空间管治规划

空间管治作为一种有效而适宜的资源配置调节方式，日益成为区域规划尤其是城镇体系规划的重要内容。通过划定区域内不同建设发展特性的类型区，制定其分区开发标准和控制引导措施，包括城镇建设控制、生态环境保护、乡村建设、土地资源利用等内容；以空间资源的合理配置为目标，实施区域的统一规划，以协调区域内各级政府、各团体、企业、居民等不同主体的利益，可协调社会、经济与环境的可持续发展。

重点确定空间管治分区，包括政策性分区和建设性分区。政策性分区指根据区域经济、社会、生态环境与产业、交通发展的要求，结合行政区划进行次区域政策分区，不同政策分区实施不同的管治对策，实施不同的控制和引导措施。建设性分区为禁止建设区、限制建设区、适宜建设区和已建区。

(8) 区域发展政策

区域政策可以看作是为实现区域战略目标而设计的一系列政策手段的总和。政策手段大致可以分为两类：一类是影响企业布局区位的政策，属于微观政策范畴，如补贴政策、区位控制和产业支持政策等；另一类是影响区域人民收入与地区投资的政策，属于宏观政策范畴，可用以调整区域问题。区域规划的区域发展政策研究，侧重于微观政策研究，并且要注意区域政策与国家其他政策相互协调一致，避免彼此间的矛盾。区域政策的主要内容有：①劳动力政策包括流动政策和就地转移政策等，既要防止后进地区人才流失，又要使区内劳动力从劳动生产率低的行业转向高的行业；②资金政策包括财政手段（如补贴和税收）、改善企业金融状况和行政控制等，诱导资金投向；③企业区位控制政策如通过税收和企业开发许可证制度，促使工业的发展符合总体规划的要求；④通过产业政策，促进新企业的创建和小企业的成长，促进技术革新，发展经济开发区。

3.5 区域规划与相关规划的关系

我国现阶段存在着各种类型的规划或计划，区域规划是整个规划（计划）体系中的重要组成部分。中国的空间规划主要涉及发展规划、城乡建设规划、国土规划三大体系，分别由国家发改委、住房和城乡建设部和国土资源部三个系统牵头编制。三个规划体系都有区域尺度的规划，分别是国民经济和社会发展规划、城市群/都市区建设发展规划和区域国土规划。

3.5.1 区域规划与国民经济和社会发展规划的关系

区域规划是以空间为主线的区域综合规划，而国民经济和社会发展规划则是以经济社会的综合协调发展为目标。从主次关系而言，国民经济和社会发展规划对区域规划具有指导作用。就作用而言，区域规划既是对国民经济和社会发展规划在空间地域上的落实，也是积极、主动地对国民经济社会发展进行空间调控的一个重要手段。同时，区域规划也是对国民经济和社会发展规划的一种检验和反馈。区域规划是国民经济和社会发展计划的重要组成部分，它们之间的区别及联系在于：

规划期限不同。我国的国民经济和社会发展规划一般以五年为期，仍保留计划经济的某种特色，例如《国民经济和社会发展第十二个五年规划纲要》；而区域规划一般时间更为长远，一般在5～20年，甚至更长，例如最新的《全国主体功能区规划》，颁布于2011年，目标时间则是2020年。

任务和要求不同。区域规划和国民经济和社会发展规划体系都考虑和安排社会经济的未来发展。但区域规划相对更加强调社会经济建设的空间布局；而国民经济和社会发展规划则着重于各部门的发展指标、发展速度、比例关系、资金和物质的综合平衡。

内容及深度不同。国民经济和社会发展规划包括部门发展计划和地区发展计划，与区域规划关系最密切的是地区经济与社会发展规划中有关生产力布局以及人口、城乡建设、环境保护等部分。但地区经济与社会发展规划重点是放在该地区的发展上，对生产力布局和居民生活的地域安排只作一些轮廓性的考虑，只提出方向性的意见。区域规划则不同，它把侧重点放在如何使各项重要的生产性和非生产性建设在具体的地域布局上相互协调配合，各得其所。因此把地区经济与社会发展规划同区域规划结合起来，可起到相辅相成、相互补充的作用。此外，区域规划没有中长期计划中的投资、积累、消费、财政、金融、信贷、物价等内容；而国民经济和社会发展规划中通常没有区域规划中具体的重点开发地区的地区开发方式，城镇化水平预测，城市化道路，城镇空间结构、职能结构及规模结构，区域基础设施系统布局，江河防洪及灾害治理和环境保护措施等内容。

工作方法不同。国民经济和社会发展规划着重于计划平衡表，保证供需、财力、物力的平衡，保证部门间的平衡，时限性较强。区域规划着重于远景空间发展构想，处理好资源、人口、环境与社会经济发展的相互关系，建设内容要落实到一定的地域上，空间性强。

总之，区域规划和国民经济和社会发展规划有各自的功能和作用，不能互相取代，但可以互为依据。

3.5.2 区域规划与土地利用总体规划的关系

从本质上讲，区域规划与土地利用总体规划都是追求对区域空间的科学、合理使用。土地利用总体规划是由土地部门组织编制的以保护土地资源为出发点，对区域各种农业用地及建设用地做出一定安排的一种空间规划。区域规划则更多地将建设发展的需求与土地保护的要求相结合，并考虑长远用地的战略安排。在实际编制过程中，两种规划应力求相互协调。尤其是在涉及区域土地利用时应将土地利用总体规划作为区域规划的重要参照依据，尽最大可能处理好建设用地与农田保护区的关系（量的关系、空间区位的关系），并为土地利用总体规划的进一步修编提供科学、合理的依据。

3.5.3 区域规划与城市总体规划的关系

区域规划是城市规划的重要依据。城市与其所在的区域的关系是“点”和“面”的关系，从城乡统筹发展的角度看，城市是区域的核心，区域是城市的腹地，城市与区域相互影响、相互促进、共同发展。而在新的形势下，城市之间的竞争实际上就是城市所在区域的竞争，以及城市对其辐射影响范围的竞争，因此城市和区域是共生关系。为了发展城市必须了解区域。城市与区域发展的高级阶段是城市区域化和区域城市化，即大都市化。因此，在不同的城市与区域发育阶段，城市总体规划与区域规划的关系也是随之变化而变化。区域规划和城市总体规划的关系十分密切，两者都是在明确长远发展方向和目标的基础上，对特定地域的各项建设进行综合部署，只是在地域范围大小和规划内容的重点与深度上有所不同。

在区域与城市发展初期，区域规划与城市总体规划关系重点在于相互指导，区域规划应尽可能与城市总体规划相协调；在区域与城市发展中期，区域规划与城市总体规划关系重点在于相互协调，二者应尽可能相互统筹；在区域与城市稳定时期，区域规划与城市总体规划关系重点在于相互融合，二者是城市区域一体化规划。

3.5.4 区域规划与各项专业规划设计的关系

区域规划是特定地域的综合性规划，它与各项专业规划有着密切的关系。专业规划是按产业部门或行业来进行的规划，如土地利用规划、农业规划、工业规划、交通规划、水利规划、旅游规划等。区域规划以各项专业规划为基础，同时又在更高层次上综合、协调各专业规划，要处理好整体与局部、地区与部门、横向联系与纵向联系、综合与专项等的关系。各专业规划是区域规划的进一步补充和落实，同时又以区域规划为指导。

第4章　区域规划方法体系

4.1　区域规划的哲学方法

4.1.1　系统论的应用

1. 系统论主要观点

（1）系统论的概念内涵诠释

一般认为机械论是近代科学的主导思想，一般系统论则是现代科学的主导思想。机械论的方法论功能表现为简化论，而一般系统论的方法论功能表现为透视论。通常，把透视论称为系统方法。

按照系统论的创立者贝塔兰菲的观点，一般系统论的基本原理是关于等级秩序的原理。他指出："等级秩序的一般理论显然将是一般系统论的主要支柱。"他认为宇宙是一个巨大的等级系统，即从基本粒子到原子核、原子、分子、高分子聚合物，再到细胞、有机体，以及直到超个体的组织；无论结构还是功能都有等级性；每一系统都有其特定结构和功能。

所谓等级秩序指的是系统的结构和功能的等级秩序，在现实性上结构和功能是不能截然分开的。实际上，结构是部分之秩序，功能是过程之秩序。换言之，结构是缓慢而漫长的过程，功能是迅速而简短的过程，因此结构和功能本质上是统一的。贝塔兰菲指出："归根到底，结构（即部分的秩序）和功能（过程的秩序）也许完全是一回事，在物理世界中物质分解为能量的活动，而在生物世界中结构是过程流的表现。"

根据等级秩序原理，一切研究对象都具有层次性。对象世界的层次性不是人为的和随意的，而是有其客观基础的。在物理世界中，基本单元的复合体构成较高系统，而它的分割可以导致次级系统。在有机世界中，系统的发展表现为这样一个规律：先是系统内部发生逐步分异，并伴随着逐步集中化；逐步分异又意味着逐步机械化，也就是逐步个体化；每一个体的整体可调节性依赖于主导部分，而主导部分是在逐步集中化过程中产生的。这样，系统等级通过该系统的主导部分明显地表现出来。这在生物进化、胚胎发育、心理现象和社会发展中是普遍存在的。

（2）系统演变的基本原则

从系统概念和等级秩序原理，可以得出一系列具体原则，即整体性、目的性、综合性、相关性和历时性原则。

1）整体性原则

爱因斯坦为建立相对论从伽利略那里借来了相对性原理；贝塔兰菲为建立一般系统论从亚里士多德那里借来了整体性原则："整体大于部分之和"。这一原则与简化论证相反。贝塔兰菲并非简单地重复这一被他称为半形而上学的命题，而是利用系统概念提供了定量地处理整体和部分关系的可能性。这里所说的整体，是指作为系统的整体，其中每一要素的变化依赖于所有其他要素。但是有些复合体可以由分段要素的堆积建立，反过来这些复合体的性质亦可分解成诸孤立要素的性质。这类复合体只具有加和性，不具有整体性，也不是一般系统论所说的整体。只是在实际研究中有时把这种整体也当作系统的特殊状态处理而已。整体性原则既反对认为整体可以简化为各组成部分的观点，又反对断开各组成部分去谈论整体的观点，它主张从各组成部分之间的相互关系中把握系统总体。

2）目的性原则

目的性原则同机械论正相反。机械论试图以机械运动解释有关自然、社会和意识的一切问题。一般系统论则把目的概念引进一系列系统尤其是有机系统（即机器体系、生物界、社会系统、符号系统等）。有机体系的行为是由信息决定的，而系统的质量和能量只是作为信息的载体起作用。目的性可分为静态目的性和动态目的性两种，前者表明事物排列的目的性，如动植物的适应性；后者则表明过程朝向某终极状态的指向性。因此，目的性亦可视为因果性的另一种解释。根据目的性原则，系统的目的性可以用开放系统、反馈、信息等概念，以数理逻辑的形式表达出来。

3）综合性原则

系统不是诸要素之堆砌，复杂系统也不是诸子系统的简单相加。系统中各部分之间彼此相互作用，而且它们之间的关系通常是非线性的。因此，在研究系统时必须从系统总体出发，将诸部分（或诸子部分）及其相互作用都综合起来，全面地加以研究，尤其在研究复杂大系统时，综合更是不可缺少的。

4）相关性原则

一般系统论强调整体和部分、部分和部分、系统和环境之间的相互关系，但并不否定因果论和决定论，反而极大地丰富和发展了因果论和决定论。直到一般系统论为止的科学发展表明，现实的因果关系和决定关系包含着机械的、统计的、反馈的和模糊的这四种因果形式和决定形式。科学的发展和对相互作用的深入研究将继续加深人们对现实的因果关系和决定关系的认识，只是在一定意义上才能把相互作用视为终极原因。

5）历时性原则

从本质上讲，现实的具体系统都是动态系统，该系统的状态特征决定于随时间变化的信息量。随着时间的推移，系统的结构、功能都发生变化，达到一定程度时，就产生旧系统的分解和新系统的建立。历时性原则并不否定系统相对稳定和事物相对静止的可能性。它主张在系统的变化中把握系统的相对静止，把系统的相对静止看作系统运动的特殊状态。

总而言之，系统方法是结构方法、功能方法和历史方法的辩证统一。结构方法是向内的研究方法，它可以揭示作为一个系统的统一体及其统一性保持不变（即尽管其组成部分发生变化，但其结构本身相对稳定）的情况下的系统内在规律。功能方法是向外的研究方法，它把系统当作“黑箱”，以系统对环境的作用研究系统的行为。历史方法是基于时间单向性原理基础上的研究方法，它认为一切结构和功能都是历史的存在，从而揭示系统的结构形式和功能随时间变化的规律。因此，只有结构方法、功能方法和历史方法的有机统一才能完整地揭示系统的存在、发展和转化的规律。

2. 系统论在区域规划中的应用

（1）系统论对区域规划的作用

系统思想有助于在区域研究及规划过程的不同部分之间建立有机的联系，同时对于不同规划方案和不同建设项目所可能产生的影响也可进行深入的探讨。麦克劳林认为：城市和区域规划实际上主要是了解和认识城市和区域系统。系统思想对规划研究所产生的最明显的影响是将研究重点转向对城市和区域系统本身的研究。

系统思想所产生的作用之一是在从事区域研究和区域规划的各学科领域之间建立联系，使区域规划应用多种学科成果时有一个统一的前提和基础。它的另一作用是提供更高层次的理论体系的框架。麦克劳林认为：过去城市与区域规划缺少统一的中心理论，它始终是乌托邦主义、人道主义、公共卫生、城市设计、应用经济学、人文地理学等相互之间很少关联的学科组成的大杂烩。此外，系统思想也为区域规划提供了用以解决区域问题的具体的、可操作的系统方向，为编制科学、合理的区域规划奠定了基础。

（2）区域规划对象自身是一个完整的区域系统

在制定区域规划方案过程中，往往会遇到一个问题，即如何将达到战略目标同解决战术问题合理地结合起来。在解决类似问题时，传统的预测方法和设计方法便暴露出它的弱点。因此，有必要使拟订和采纳方案的过程更趋客观。在这种条件下，区域规划中的系统方法应被看作是一种结构功能布局、预测和发展各种复杂体系的方法论基础，区域规划的各个对象是一些这样的复杂体系。

区域规划实际上是系统方法应用的过程，它的主要内容是为了在对区域的自然、社会经济和工程技术方面的相互联系进行分析和综合的基础上建立区域的整体化模式，并且在考虑具体条件的情况下，规定其实施措施。

从系统的角度考虑，必须把区域规划的每一对象看成是地域规划的一个体系。一方面，这个体系是一个诸要素相互有联系的完整综合体；另一方面，它又是更高序列体系中可分解为序列更低的体系的一个要素。

在任何一个区域，子体系之间都有一定的相互联系，通过这种联系的性质、结构、次数、频率和稳定性可以判定体系是复杂的还是简单的，是稳定的还是功能活跃的，是静态的还是动态的，是多结构的还是单一结构的。假如把区域看成是各个子体系相互作用的结果，就可以更全面地研究区域布局的特征，确定未来发展的抉择方案。系统地解决问题可以精确地形成关于研究对象的最重要概念，确定目标和任务并制定具体实施措施。

(3) 区域系统的组成

要对问题作系统解决，首先必须将作为复杂而庞大体系的研究对象从外部环境中划分出来，因为这个体系具有来自不同方面——自然、技术、社会等的形式多样的内外联系的特点。可以把区域看成是两种体系——自然体系和人文体系能动地相互作用而形成的，这两种体系又可各自分解为许多彼此相互作用的子体系：自然体系分解为地质体系和生态体系；人文体系分解为生产、城市建设、基础设施等子体系。整个规划体系功能作用的性质决定于子体系中的进程动态，同时也决定于子体系之间正向和逆反联系的强度。除了共同的功能作用之外，这些子体系同整个区域一样，与更高等级的体系经常相互发生作用。如区域人口分布体系既是区域的子体系，又是更高等级的全国人口分布体系的组成部分；区域的水力体系既是区域的子体系，同时又是更大的水域体系的一个要素等。

自然体系取决于更低序列的诸体系包括水力地质子体系、高层大气子体系、水力子体系、生物子体系、岩石子体系等的相互作用。人文体系决定于下列三个子体系的相互作用：区域的地域生产综合体体系是工业、农业、林业、科学和学术咨询服务、教育、社会文化服务等子体系相互作用的结果；人口分布体系是住宅、服务业、文化游憩业等子体系相互作用的结果；基础设施体系是交通运输、水利事业、能源、工程等子体系相互作用的结果。

在对一整套相互发生作用的子体系加以剖析并确定其功能作用的系统“界限”之后，就有实际可能去更加客观地着手研究每个子体系的所有可行的抉择方案。

4.1.2 协同论的应用

1. 协同论主要观点

“协同学”由德国理论物理学家海尔曼·哈肯教授于1975年创立，其后逐步发展成为自组织理论中的一个重要分支学科，并被广泛应用于物理、生物、化学等自然科学领域以及社会学和经济学领域。该理论研究系统中各组成部分是如何合作以产生宏观的空间结构、时间结构或功能结构，认为子系统之间的协同可以形成优于各部分运动之和的整体宏观运动形式，从而发挥“1＋1＞2”的协同效应。

（1）协同论基本思想

协同论认为，尽管千差万别的系统的属性不同，但在整个环境中各个系统间存在着相互影响而又相互合作的关系。其中也包括通常的社会现象，譬如不同单位间的相互配合与协作，部门间关系的协调，企业间相互竞争的作用，以及系统中的相互干扰和制约等。协同论指出，在一定条件下，由于子系统相互作用和协作，大量子系统组成的系统研究内容可概括为从自然界到人类社会各种系统的发展演变，探讨其转变所遵守的共同规律。

（2）协同论主要原理

协同论的主要原理可以概括为三个方面：

协同效应。协同效应是指由于协同作用而产生的结果，是指复杂开放系统中大量子系统相互作用而产生的整体效应或集体效应（《协同学引论》）。对千差万别的自然系统或社会系统而言，均存在着协同作用。协同作用是系统有序结构形成的内驱力。当在外来能量的作用下或物质的聚集态达到某种临界值时，任何复杂系统子系统之间就会产生协同作用。这种协同作用能使系统在临界点发生质变产生协同效应，使系统从无序变为有序，从混沌中产生某种稳定结构。协同效应说明了系统自组织现象的观点。

伺服原理。伺服原理用一句话来概括，即快变量服从慢变量，序参量支配子系统行为。它从系统内部稳定因素和不稳定因素间的相互作用方面描述了系统的自组织的过程。其实质在于规定了临界点上系统的简化原则——“快速衰减组态被迫跟随于缓慢增长的组态”，即系统在接近不稳定点或临界点时，系统的动力学和突现结构通常由少数几个集体变量即序参量决定，而系统其他变量的行为则由这些序参量支配或规定，正如协同学的创始人海尔曼·哈肯所说，序参量以“雪崩”之势席卷整个系统，掌握全局，主宰系统演化的整个过程。

自组织原理。自组织是相对于他组织而言的。他组织是指组织指令和组织能力来自系统外部，而自组织则指系统在没有外部指令的条件下，其内部子系统之间能够按照某种规则自动形成一定的结构或功能，具有内在性和自生性特点。自组织原理解释了在一定的外部能量流、信息流和物质流输入的条件下，系统会通过大量子系统之间的协同作用而形成新的时间、空间或功能有序结构。

（3）协同论的广泛应用

应用协同论方法可以把已经取得的研究成果，类比拓宽于其他学科，为探索未知领域提供有效的手段，还可以用于找出影响系统变化的控制因素，进而发挥系统内子系统间的协同作用。协同论揭示了物态变化的普遍程式："旧结构不稳定性新结构"，即随机"力"和决定论性"力"之间的相互作用把系统从它们的旧状态驱动到新组态，并且确定应实现的那个新组态。由于协同论把它的研究领域扩展到许多学科，并且试图对似乎完全不同的学科之间增进"相互了解"和"相互促进"。无疑，协同论就成为软科学研究的重要工具和方法。协同论具有广阔的应用范围，它在物理学、化学、生物学、天文学、经济学、社会学以及管理科学等许多方面都取得了重要的应用成果。比如常常无法描述一个个体的命运，但却能够通过协同论去探求群体的"客观"性质。又如，针对合作效应和组织现象能够解决一些系统的复杂性问题，可以应用协同论去建立一个协调的组织系统以实现工作的目标。

此外，哈肯提出了"功能结构"的概念。认为功能和结构是互相依存的，当能流或物质流被切断的时候，所考虑的物理和化学系统要失去自己的结构；但是大多数生物系统的结构却能保持一个相当长的时间，这样生物系统是把无耗散结构和耗散结构组合起来了。他还进一步提出，生物系统是有一定的"目的"的，所以把它看作"功能结构"更为合适。

协同论的领域与许多学科有关，它的一些理论是建立在多学科联系的基础上的（如动力系统理论和统计物理学之间的联系），因此协同论的发展与许多学科的发展紧密相关，并且正在形成自己的跨学科框架。协同论还是一门很年轻的学科，尽管它已经取得许多重大应用研究成果，但是有时所应用的还只是一些定性的现象，处理方法也较粗糙。但毫无疑问，协同论的出现是现代系统思想的发展，它为处理复杂问题提供了新的思路。

2. 协同论在区域规划中的应用

区域系统包括自然、社会、经济、生态等众多子系统，各子系统之间都存在协同过程。现以区域系统中的城乡子系统来解释协同论在区域规划中的应用。从协同学的角度看，城乡系统作为一个高度复杂的自组织系统结构实体，存在着众多功能之间的动态联系，从而表现出包含高度复杂的多系统协同效应的整体关系。但在规划上，2007 年以前由《城市规划法》和《村庄和集镇规划建设管理条例》所确定的城乡二元规划编制体系弱化了"城"与"乡"的衔接，形成"重城轻乡"的"城市导向"思维。2007 年《城乡规划法》的颁布虽然打破了城乡规划分割的局面，明确“两阶段、五大类”[①] 的城乡一体规划，但受不同层级的行政管理事权划分的影响，《城乡规划法》虽保留了城乡统筹的原则，却没有提出具体和明确的要求，导致城乡统筹的推进存在一定困难。例如，规划管理事权仍然局限在规划区内，对规划区外只具有指导意义，区内、区外的城乡统筹被分隔开来；县（市）域空间是城乡统筹规划的最佳空间单元，但由于部门博弈，导致城、镇、乡、村的规划依然被分离开来，并依赖于不同层级的政府去组织编制、审批和实施，“城”还是“城”，“乡”还是“乡”，在法定规划体系中没有将城市和乡村地区的规划有机统筹起来，使得城乡统筹的空间单元模糊混乱，成效不彰。城乡统筹规划虽不是法定规划，但是一个依法编制的规划，是依据《城乡规划法》和《土地管理法》等法律法规统筹编制的规划，是中央和地方政府有迫切需求的规划。城乡统筹规划的确立，是作为统筹《城乡规划法》所规定的各层次规划的协同平台。首先弥补了规划层次的缺陷，在县（市）域层面上破除“城市—镇—乡—村”的隔离；其次填补了空间规划的“空白”，将整个城乡空间作为研究的范围，不仅研究城镇建设用地，还研究非建设用地，并可做出具体安排和规划；最后，从城乡协同的角度着手，根据不同乡村的发展条件及其与城市的关系，提出乡村居民点的整合建议、产业发展模式和设施布局等，从而形成城乡一体的规划布局。

4.1.3 耗散结构理论的应用

1. 耗散结构理论的主要观点

（1）耗散结构的概念内涵

耗散结构是近十几年来发展起来的一门研究非平衡态开放系统的结构和特征的新兴学科。它是由比利时布鲁塞尔学派创始人普利高津（I. Prigogine）1969年在一次“理论物理和生物学国际会议”上提出的一个重要概念。一个远离平衡态的开放系统，通过不断与外界交换物质和能量，在外界条件变化达到一定阈值时，形成新的一种有序结构。这种结构要依靠耗散外界的物质和能量来维持，因此称为耗散结构。耗散结构是一个动态的稳定有序结构。一个远离平衡的开放系统，通过与外界交换物质和能量，可以形成耗散结构，这种结构是非平衡过程中的一种定态。而且，耗散结构可以从一种耗散结构向另一种新的耗散结构跃迁。因此，耗散结构是一种“活”的结构。

（2）耗散结构特征

一是系统的开放性是形成新的有序结构的前提和基础。按照热力学第二

① “两阶段、五大类”指城乡规划编制的总体规划与详细规划阶段；城镇体系规划、城市规划、镇规划、乡规划、风景名胜区规划五类规划。

定律，孤立系统的自发演化趋向是达到熵最大，此时，不仅不能形成新的结构，就连原来的结构都将被破坏和瓦解。耗散结构理论证明，一个系统只有不断从外界（环境）引入物质、能量和信息的负熵流，并不断排出其代谢产物，吐故纳新，才能使系统的总熵保持不变甚至趋于减少，从而维持、形成并保持有序的结构状态。

二是远离平衡是形成有序结构的最有利条件。系统的非平衡态有近平衡态和远平衡态之分。耗散结构理论认为，系统的有序结构既不能从最无序的平衡态产生，也不能从近平衡态产生。因为平衡态就像一个吸引中心，它会使有序结构趋于平衡态而遭到破坏并瓦解。因此，只有远离平衡态才会有可能使原有状态失衡并进而产生新的有序结构，当然，这种有序结构必须要有足够的能量流与物质流（保证形成负熵流）才能得以产生、维持与发展。

三是系统内部各要素之间存在非线性的相互作用是新的有序结构形成的内在依据。系统要形成新结构，构成系统的各要素之间既不能是各自独立的，也不能仅仅是简单的线性联系。因此线性关系是一系列不稳定状态的序列与集合，系统只能处于一种永无止境的发展变化之中，得不到片刻的稳定与安宁。同时，客观世界由于受到环境资源的限制，也不容许任何系统以线性方式无休止地相互作用，才能使它们产生复杂的相干效应和协同动作，使促进的力量与促退的力量形成暂时的均衡，系统进入某个暂时的稳定状态，进而形成与这一状态相对应的新的有序结构并得以维持。

四是涨落是耗散结构形成的动力且具有一定的阈值。涨落是指系统中某个变量或行为对平均值所发生的偏离。对于任何一个多自由度的复杂体系，这种偏离是不可避免的。但它对具有不同稳定性的系统，其作用是不相同的。对于原本稳定的系统，由于该系统具有较大抗干扰的能力，涨落不能总对它构成威胁，而对于已达临界稳定状态的系统，当系统中的涨落运动所引起的扰动和振荡达到或超过一定的阈值，就会使原来系统的结构遭到破坏，出现二分支结构，为新的有序或无序系统所取代。

五是系统通过自组织形成新的稳定结构。在平衡态下，分子表现得相对独立，而在远离平衡态的非线性系统中，分子之间产生了相干性，存在某种长程力的作用，或有某种通信联系在进行信息传递，以至于每一个分子的行为都与整体的状态有关。这时系统的一个微观随机的小扰动，就会通过相干作用得到传递和放大，使微观的局部的扰动发展成为宏观的巨涨落，使系统进入到不稳定状态。在这种状态下，系统各要素之间相互协同作用，寻求着信息深层次结构的内在联系（信息真髓）。一旦某种信息之间建立了精约同构的联系，系统就会由无序的不稳定状态跃迁到新的、稳定的有序状态。

2. 耗散结构理论在区域规划中的应用

随着对系统研究的深入和发展，特别是对系统的复杂性和系统演化理论探索的深化，人们已经认识到系统自组织过程的规律性问题是一个重要的研究课题。区域经济系统是一个开放的、非线性复杂系统，客观上存在着依靠与外界环境不断进行物质、信息和能量交换才能保持有序性的非平衡结构。从广义讲，系统内要素之间一切联系方式的总和构成系统的结构。系统的有序度越高，其结构愈严密。区域经济系统只有形成耗散结构，才能有活力、有发展。

区域经济是一个不断运动着的要素齐备、结构严密、功能完整的经济系统。区域经济系统的存在及其运动，体现了不断变化的经济要素在一定地域空间内相互作用所形成的某种相对的空间均衡。正是这种系统的存在和运动，才有区域经济的发展与区际的分工、合作。而区域经济系统又是由自然要素、环境要素、经济要素和人文要素等子系统组成的一个有机整体。区域经济系统是由人、财、物、信息等要素在一定目标下组成的一体化系统，它具有经济的整体发展、产业、结构、劳动力的质量和分布、资源的丰富或贫乏、传统习俗和价值观念以及市场容量的大小等诸多特征，所以区域经济系统本身就是一个耗散结构体。①

4.1.4 混沌理论的应用

1. 混沌理论的主要观点

（1）混沌理论概念内涵

混沌理论是一种兼具质性思考与量化分析的方法，用以探讨动态系统中无法用单一的数据关系，而必须用整体、连续的数据关系才能加以解释及预测之行为。一切事物的原始状态，都是一堆看似毫不关联的碎片，但是这种混沌状态结束后，这些无机的碎片会有机地汇集成一个整体。“混沌”一词原指宇宙未形成之前的混乱状态，古希腊哲学家对于宇宙之源起即持混沌论，主张宇宙是由混沌之初逐渐形成现今有条不紊的世界。在井然有序的宇宙中，西方自然科学家经过长期的探讨，逐一发现众多自然界中的规律，如大家熟知的地心引力、杠杆原理、相对论等。这些自然规律都能用单一的数学公式加以描述，并可以依据此公式准确预测物体的行径。

近半个世纪以来，科学家发现许多自然现象即使可以化为单纯的数学公式，但是其行径却无法加以预测。如气象学家洛伦兹（Edward Lorenz）发现简单的热对流现象居然能引起令人无法想象的气象变化，产生所谓的“蝴

---

① 谷国锋，张秀英．区域经济系统耗散结构的形成与演化机制研究［J］．《东北师大学报（自然科学版）》，2005（3），vol37. p119-122.

蝶效应”。1960年代，美国数学家斯蒂芬·斯梅尔（Stephen Smale）发现某些物体的行径经过某种规则性变化之后，随后的发展并无一定的轨迹可循，呈现失序的混沌状态。

(2) 混沌理论的主要内容

混沌理论强调系统要素所处状态的随机性。体系处于混沌状态是由体系内部动力学随机性产生的不规则性行为，常称之为内随机性。例如，在一维非线性映射中，即使描述系统演化行为的数学模型中不包含任何外加的随机项，即使控制参数、初始值都是确定的，但系统在混沌区的行为仍表现为随机性。这种随机性自发地产生于系统内部，与外随机性有完全不同的来源与机制，显然是确定性系统内部的一种内在随机性和机制作用。体系内的局部不稳定是内随机性的特点，也是对初值敏感性的原因所在。

混沌理论突出系统运动对初始值的极度敏感性。系统的混沌运动，无论是离散的或连续的，低维的或高维的，保守的或耗散的，时间演化的还是空间分布的，均具有一个基本特征，即系统的运动轨道对初值的极度敏感性。这种敏感性，一方面反映出在非线性动力学系统内随机性系统运动趋势的强烈影响；另一方面也将导致系统长期行为的不可预测性。气象学家洛伦兹提出的所谓“蝴蝶效应①”就是对这种敏感性的突出而形象的说明。

混沌系统具有分维性特征。混沌具有分维性质是指系统运动轨道在相空间的几何形态可以用分维来描述。例如，Koch雪花曲线的分维数是1.26，描述大气混沌的洛伦兹模型的分维数是2.06，体系的混沌运动在相空间无穷缠绕、折叠和扭结，构成具有无穷层次的自相似结构。

混沌系统具有普适性的规律。当系统趋于混沌时，所表现出来的特征具有普适意义。其特征不因具体系统的不同和系统运动方程的差异而变化。这类系统都与费根鲍姆常数相联系，这是一个重要的普适常数$\delta=4.669\ 201\ 609\ 102\ 990\ 67\cdots\cdots$

混沌系统存在标度律性质。混沌现象是一种无周期性的有序态，具有无穷层次的自相似结构，存在无标度区域。只要数值计算的精度或实验的分辨率足够高，则可以从中发现小尺寸混沌的有序运动花样，所以具有标度律性

---

① 1963年，著名的气象学家洛伦兹在数值计算的基础上提出了“蝴蝶效应”，认为初始条件的微小差异会导致气象系统的极大差异：一只蝴蝶在巴西扇动一下翅膀，有可能会在美国的德克萨斯引起一场龙卷风。从此以后，“蝴蝶效应”名声远播。“蝴蝶效应”之所以令人着迷、令人激动、发人深省，不但在于其大胆的想象力和迷人的美学色彩，更在于其深刻的科学内涵和内在的哲学魅力。从科学的角度看，“蝴蝶效应”反映了混沌运动的一个重要特征：系统的长期行为对初始条件的敏感依赖性。“蝴蝶效应”是混沌系统的典型特征，初始条件的微小差别在最后的现象中可能产生极大的差异。蝴蝶力量本身就难以预测，因为它是一种微妙的影响力。

质。例如，在倍周期分叉过程中，混沌吸引子的无穷嵌套相似结构，从层次关系上看，具有结构的自相似性，具备标度变换下的结构不变性，从而表现出有序性。

2. 混沌理论在区域规划中的应用

现实世界中所有复杂而有适应能力的系统都存在于混沌的边缘。城市和区域是具备一定学习能力、具有自适应性和自组织性的复杂系统。混沌理论兴起以后，很快影响到城市和区域地理学领域。Dendrinos 等人将混沌理论引入城市和区域研究，提出城市和区域是混沌吸引子（Chaotic Attractor）的思想，为后续研究者精确地运用混沌理论研究城市和城市化过程奠定了基础。混沌理论对于城市规划师而言，既是令人兴奋的，也是令人焦虑的。说它令人兴奋是因为混沌学说开启了将复杂现象简单化的可能性；说它令人焦虑是因为混沌理论的引入是对传统科学模型构建可信度的怀疑。但不管怎样，混沌理论将数学、科学和技术相互融合，它的魅力源自于整合了有序与无序、确定性与不确定性等看似相互矛盾的关系，对城市规划学而言具有深奥的启示意义。而且，不断出现在自然、社会和应用科学等领域的一些混沌思想对城市规划产生的重要影响，将混沌理论引入城市规划的尝试具有很大的探索空间。就目前而言，混沌思想下的“分形”在城市研究中的应用比较常见。例如，沙里宁从树木生长中受到了启发，提出了著名的有机疏散理论；克里斯塔勒应用分形理论，提出不同级别的城市呈现出自相似的六边形网络；我国学者曾将分形理论应用于城镇体系的规模结构和空间结构、空间相互作用、中心城市吸引力等研究领域。除“分形”以外，混沌理论体系内涵的其他科学属性同样值得城市规划师思考与借鉴。

（1）非确定性与不可预测性

混沌理论的核心是非确定性和不可预测性。因此，非确定性城市规划思想是科学技术发展带来的人类认识论、方法论变革影响下的必然结果。城市发展的种种不确定性和不确定因素客观存在，需要规划师直面不确定性，不断吸纳科学技术的最新成就，改造和完善非确定性城市规划的思想和方法，从而最大可能地减小规划与实际的裂隙。

混沌理论揭示出，不仅是在如何观察世界还是真实世界如何运作方面，都存在一种固有的“不确定性原则”。混沌不是混乱或随机，混沌即是秩序，但是这种秩序是不可见的。混沌理论为城市规划师提供了一种模棱两可的信息：一方面，混沌理论揭示人类行为比我们想象的要复杂得多，复杂到我们不可能对我们规划的事物形成一个完整的理解；另一方面，混沌理论同样揭示出就算是高度复杂的行为也能在简单的模型中得到解释。作为城市规划师，当认识到城市的混沌属性时不必绝望，因为混沌理论同样具有一种乐观的信息。Cartwright 将"混沌"定义为"不可预测的秩序"(Order Without Predictability)。虽然预测混沌状态的行为也许是不可能的，但是理解导致混沌的内在秩序可能比我们想象的简单。换言之，高度复杂和不可预测的行为，可以是十分简单和容易理解的规则的产物。简单模型应用于复杂问题，往往比复杂模型更有效，这是一个相当积极与重要的想法。我们有理由相信，事物的存在和运动是可预见和捕捉的，而且这种可预知性是有规律的，区域经济、城市形态等均是如此。因此在某种意义上，混沌理论可能是将这个世界变得更容易理解而不是更难理解。城市规划师从此可以名正言顺地依靠相对简单的模型来拟合非常复杂的系统，只是要做好在模型不再适用的时候将其放弃的准备。Lee 认为，复杂的模型即使不是毫无用处，也不可能非常完美地与现实结合，所以在任何时候都不该被使用。

接受城市系统的非确定性与不可预测性，将促使我们正确认识到当城市规划涉及广阔的地域范围或长时间跨度时，由于反馈和参数的过于庞杂，我们很难得出正确的判断并由此制定规划策略。因此，城市规划应该是渐进的、弹性的。渐进式城市规划是通过在未来的不确定性中界定现实的有限目标，提供阶段性方案，为解决当前的实际问题发挥积极作用。但显然，将目光完全放在"当前"会使规划的作用变得消极和被动，所以弹性的城市规划同时强调城市规划是一种动态过程，而不是终极发展目标。

(2) 有序与无序

混沌学描述了一个无限复杂的宇宙，其中万事万物皆相互关联、相互影响。混沌状态可理解为"有序中存在无序，无序中蕴含有序"。有序和无序在混沌运动中总是无法分割地联系在一起。有序和无序相互作用、嵌套、缠绕，动态地演化发展，形成了各种形态的奇怪吸引子，创造出混沌景象。

在经典科学里，有序才是科学的概念，是事物空间排列上的规整性和时间延续中的周期性，无序则被认为是空间上的偶然堆砌和时间中的随机变化。长久以来，人们追求有序的社会与城市，抗拒无序与混沌，并且沉迷于征服和规范我们周围的世界，城市规划师更是如此。1933 年的《雅典宪章》提出城市的居住、工作、游憩和交通四大功能，在规划方法上强调功能分区与用途纯化，极力改变传统城市功能与空间混乱无序的状态。柯布西耶的"巴黎重建计划"、第二次世界大战以后西方国家的大规模城市更新运动等也都是这种思想的典型反映。然而，西方国家城市规划建设过程中的一些失败经验表明：人们企图使城市变得有序、规则、可控的努力却最终给城市带来巨大破坏，并导致一系列城市社会问题的出现，遭到众多城市学者的批判。简·雅各布斯坚决反对粗暴简化的规划方式，强调城市的复杂性本质，以及城市作为混沌系统所具有的内在随机性。城市的内在随机性表现在城市形态上是“混乱”和“无序”的，但是这种“无序”往往是假象，混沌之中隐藏着更深层次的城市组织运行规则。城市规划应该做的是接纳和发展这种城市自然形成的“混乱”与“无序”，因为这是城市深层次秩序自然产生的外部形态。粗暴地摒弃与破坏城市本质意义上的“无序”，并代之以简单、独立的“有序”的城市功能区划，将使城市丧失其应有的活力与多样性。

国内规划界同样盛行追求明确的城市功能分区与井然有序的空间秩序的现代规划思想，如在城市中规划建设大量功能单一的封闭式居住区等。从混沌科学的角度看，城市社会是一个包含着社会经济因素之间错综复杂的相互依存关系、充满活力的复杂系统。城市规划须充分认识城市的这种复杂性，并继续探索适应这种复杂性的新规划设计理论。混沌思想表明，我们与其抗拒城市的非确定性，不如接受非确定性提供的诸多可能性。尽管人类憎恶混沌，并尽可能避免混沌，但是大自然却在大量地应用混沌，我们应该效法自然。所以城市学者和城市规划师要改变思维方式，挖掘和利用混沌对于个人和城市的重要现实意义，而不是简单地去试图扼杀它。

（3）城市简化与多样性

美国建筑学家亚历山大研究了世界各地的城镇和村庄后，发现其间充斥着分形和自组织混沌，一个健康、和谐运转的社区或城市的建设并不依赖于一个总体规划，而是由个人从日常生活的自然模式中展开他们的空间与建筑。如果一个城镇或建筑具有这种难以言传的特质，它就成为自然的一部分，如同海浪或草的叶子，由无尽的重复和变化控制着，在造化中创生。正如一个健康的生态环境包括广泛多样的物种，彼此交互作用，如果我们削减系统多样性，使系统更均匀同质，那么系统将变得脆弱，因缺乏弹性而易于崩溃。

简·雅各布斯坚信多样性才是大城市的天性。亚历山大同样认为，如果我们按照树形结构规划城市，城市将把我们的生活切割成碎片。城市的本质不是功能区块的拼合，被功能分区“简化”到极致的城市在本质上不能称为城市。被“简化”的城市即亚历山大所提到的具有树形结构的城市，树形结构因具有容易理解与掌握、高效率、最少冗余路径、更加有序以及减少发生混沌的概率的优点而受到城市管理者与规划师的青睐。但树形结构缺乏弹性、僵硬死板的缺陷同样是显而易见的，树形结构将城市“简化”，而“简化”并不一定是理想的。对于混沌系统而言，两点之间的最短路径不一定是一条直线。换言之，即使当我们满足于可望实现的既定目标，最好的到达那里的方法并不总是最直接的那条路。一个有益的启示是，在城市规划中，“少即是多”原则并不完全适用于城市混沌系统，保持城市的混沌状态与多样性，或许才是我们应该追求的理想城市状态。

4.1.5 突变论的应用

1. 突变论的主要观点

突变论是研究客观世界非连续性突然变化现象的一门新兴学科，自 20 世纪 70 年代创立以来，十数年间获得迅速发展和广泛应用，引起了科学界的重视。“突变”一词，法文原意是“灾变”，是强调变化过程的间断或突然转换的意思。突变论的主要特点是用形象而精确的数学模型来描述和预测事物的连续性中断的质变过程。突变论是一门着重应用的科学，它既可以用在“硬”科学方面，又可以用于“软”科学方面。突变论一般并不给出产生突变机制的假设，而是提供一个合理的数学模型来描述现实世界中产生的突变现象，对它进行分类，使之系统化。突变论特别适用于研究内部作用尚属未知，但已观察到有不连续现象的系统。突变论揭示出原因连续的作用有可能导致结果的突然变化，加深了人们对系统的理解——有序与无序转化的方式及其途径的多样性。突变论不仅超越了以往“自然界无飞跃”的渐进进化思想，使突变现象成为科学研究的对象，而且给出了研究突变的数学工具，大大改变并深化了人们对系统自组织内涵的理解。

突变论认为，系统所处的状态，可用一组参数描述。当系统处于稳定态时，标志该系统状态的某个函数就取唯一的值。当参数在某个范围内变化，该函数值有不止一个极值时，系统必然处于不稳定状态。雷内托姆指出：系统从一种稳定状态进入不稳定状态，随参数的再变化，又使不稳定状态进入另一种稳定状态，那么，系统状态就在这一刹那间发生了突变。突变论给出了系统状态的参数变化区域。

突变论提出，高度优化的设计很可能有许多不理想的性质，因为结构上最优，常常联系着对缺陷的高度敏感性，就会产生特别难于对付的破坏性，以致发生真正的“灾变”。在工程建造中，高度优化的设计常常具有不稳定性，当出现不可避免的制造缺陷时，由于结构高度敏感，其承载能力将会突然变小，而出现突然的全面的塌陷。突变论不仅能够应用于许多不同的领域，而且也能够以许多不同的方式来应用。德弗里斯系统地阐述了突变的主要特性，它们包括：

(1) 突变的突发性

在进化过程中，突变体的产生是无法预见的，新突变体一旦出现，就“具有新形式的所有性状”，且“在正常个体和突变体之间，完全没有过渡形式”。

(2) 突变的不可逆性

突变一旦产生，就能稳定地遗传给后代，它不具有“逐渐返回其起源形式的倾向”，这种不可逆性可导致突变体直接形成一个新物种。

(3) 突变的周期性

不管研究的材料及其性质是什么，突变出现的概率是有规律可循的。如月见草（正常型）的 7 个变种出现的概率为 1%～3%。

(4) 突变的随机性

突变可发生在生物体的任一部位，且突变的发生与外界条件影响之间没有联系。

突变论已经成为当今世界上应用极为广泛的现代方法论之一，它作为一种科学方法应用于哲学、社会学、管理等领域。突变论的观点具有普遍的意义，指导着人们在广泛的领域中用突变的观点看问题。

2. 突变论在区域规划中的应用

突变论在当今区域和城市规划实践中也有相当广泛的应用。首先，区域系统、城市系统等本身是开放动态的系统，除了耗散结构、协同发展、混沌秩序等重要连续性特征之外，还具有突变的非连续性特征，即表现为外界重大因素对区域系统、城市系统演变过程的影响和作用，且其影响和作用是质变过程而不是量变过程。譬如重大事件对区域和城市系统的发展影响至关重要，新中国成立初期我国在特定历史背景下重视内陆发展轻视沿海布局，导致了上海“东亚区域中心城市”地位的急剧下降，随之被中国香港、新加坡所取代，进而改变了亚太区域格局；还有高铁站的建设，极大冲击了传统工业化时期铁路经济发展的区域格局，有些末端的城镇由于高铁站建设一跃成为重要专业节点城镇，对整个区域和城市系统都产生了突变影响。因此，在区域规划中经常运用突变论的基本思想分析区域和城市演变发展过程以及未来突变之后的战略态势。

4.2 区域调查的内容与方法

4.2.1 区域调查基本内容

区域规划编制首先要做的就是区域调查工作。区域调查是保障区域规划科学性、可操作性和合理性的重要基础和前提。对于不同类型的区域规划编制，区域调查的内容会有所差异，但总体来说，必备的区域调查内容主要可以概括为以下几个方面：

1. 区域本底方面的调查

主要包括资源本底和地理本底两个方面。资源本底主要是区域资源禀赋的摸底调查，譬如国土资源、矿产资源、农业资源、人口资源、水利资源、旅游资源等。这些资源的可开发性是确定区域产业规划的重要依据，也是区域内生动力的主要基础。资源本底主要调查资源总量、质量、分布、类型、开发利用、发展规划、地方开发意图等。地理本底主要是区域自然地理条件的摸底调查，譬如地形地势、水文地质、地震灾害、气候土壤、植物动物等。地理本底要求区域规划编制要遵循因地制宜的原则，主要调查该区域的自然地理区的基本特征和规律以及对区域发展的影响评价。

2. 区域发展方面的调查

主要包括产业发展、社会发展、城镇发展等方面。产业发展主要调查第一、二、三产业发展的现状特点、存在问题和未来发展构想，重点调查产业链条、产业组织、产业经营、产业布局、产业要素、产业政策、园区发展等方面。社会发展主要调查人口与就业、公共服务和社会保障、城乡收入与贫困等现状特点，以及存在问题和未来解决途径，重点要调查人口增长、人口结构、人口流动、人口素质、就业类型、就业环境、就业保障、医疗水平、教育水平、文化服务、社会保险、城乡收入差距、社会贫困、制度政策等方面。城镇发展主要调查区域内所有城镇点的发展现状、存在问题和未来发展规划。城镇是区域规划的主要内容，重点调查城镇产业、城镇人口、城镇建设、城镇规划、城镇与外界联系、城镇体系与结构等方面。

3. 区域生态方面的调查

主要包括环境和生态两个方面。区域环境主要调查水环境、大气环境、土壤环境、固体废弃物、医疗特殊废弃物等内容，重点调查污染源分布、污染类型、污染成因、污染监测数据及已实施的解决对策等。区域生态主要调查森林公园、自然保护区、地质公园、湿地、风景名胜区、农田保护区、山地生态、丘陵生态、平原生态等内容，重点调查各类生态功能区分布、污染程度、生态工程建设以及已经采取的生态保护措施和制度等。

4. 区域特色风貌的调查

主要包括区域历史文化遗产和区域特色风貌两个方面。区域历史文化遗产主要调查历史名城、历史名镇、历史名村、历史遗迹古迹、非物质文化遗产等历史文化风貌方面，重点调查人文历史的分布、类型、品质、等级、保护、开发等现状情况以及未来规划设想。区域特色风貌主要调查自然地理风貌、城市特色风貌、地域民俗风情等现实展现风貌方面，重点调查地理风貌特点以及对人、城市发展演变的影响，城市特色风貌现状特点、存在问题以及未来优化策略，地域民俗风情保留现状情况、未来开发可能性和地方政府开发规划等。

5. 区域设施建设的调查

主要包括区域交通、区域公共服务、区域综合防灾、区域市政等方面。区域交通主要调查区域公路、铁路、航空、港口等对外交通、城镇道路与对外交通的衔接等。重点调查区域公路、铁路、航空、港口等对外交通的线路分布与等级、站场分布、客流构成、运营状况、路况现状等，以及与城镇骨干道路系统的衔接现状、存在问题和地方政府规划设想。区域公共服务主要调查各级居民点的文化设施、医疗卫生设施、养老设施、妇幼设施、殡葬设施、体育设施、教育设施等建设现状以及与国家配置标准的差距、未来规划设想。区域综合防灾主要调查防洪设施、地震设施、防火设施、避难场所设施等建设现状、存在问题以及未来建设规划。区域市政主要调查电力、燃气、通信等线性基础设施和垃圾处理厂等，重点调查电力、通信、燃气等管线的线路分布，变电站、基站、升降阀设置、用户负荷分布以及与各级居民点接入情况、存在问题和解决对策。

6. 区域政策措施的调查

主要包括国家与省级、具有地方立法权的地级市、自治州（县）等对区域发展各个方面的优惠政策制度安排。重点调查区域人口、产业、土地、园区、财政、税收、市场、扶贫、农业等方面的优惠政策。

4.2.2 区域调查主要方法

区域调查是一项获取区域信息、摸清区域家底的基础性工作，常用的调查方法主要有现场调查法、座谈调查法、问卷调查法、社会调查法、统计调查法等。

1. 现场调查法

现场调查主要是工作人员亲临区域现场进行实地考察。重点踏查地形地势、土地开发现状、产业企业情况、农业生产情况、居民生活情况、交通设施情况、公共服务情况、市政建设情况、建设品质和水平等各个方面。

2. 座谈调查法

座谈调查主要是针对具体的问题，工作人员组织相关部门、人员、专家等以会议沟通的形式进行座谈获取区域信息。一般来说，座谈调查主要有管理部门座谈、区域专家座谈、居民访谈等形式。

3. 问卷调查法

问卷调查主要是针对具体的问题，工作人员采用问卷的形式发放给区域内的部门、居民、专家等进行填写获取区域信息。一般来说，问卷调查主要有提问式问卷调查和选择式问卷调查。提问式问卷调查主要形式是提问，不设选项；选择式问卷调查主要是针对所提问题设可能预期回答的选项让发放对象选择填写。

4. 社会调查法

社会调查主要是通过社会调查机构组织调查获取区域信息。社会机构指调查机构或组织者是非官方的社会力量，类似于社会力量办学的概念。民意民情调查机构、社会公共事务调查研究机构、社会调查公司、民间调查公司、商业调查公司、商务调查公司等都应该归属于此类社会调查机构范畴，主要服务项目是局限于社会事务和社会信息的调查。

5. 统计调查法

统计调查主要通过法定的统计机构组织调查获取区域信息。统计调查是根据调查的目的与要求，运用科学的调查方法，有计划、有组织地搜集数据信息资料的统计工作过程。

4.3 区域分析的内容与方法

4.3.1 区域分析的主要内容

1. 区域分析的概念

区域分析主要是对区域发展的自然条件和社会经济背景特征及其对区域社会经济发展的影响进行分析，探讨区域内部各自然及人文要素间和区域间相互联系的规律。它涉及地理学、经济学、社会学、政治学以及生物学等许多学科。它并不是一门独立学科，而是作为一种科学方法论形成和发展起来的，是为有关学科研究区域问题和为进行区域规划提供理论基础和研究方法的。

区域分析是随着区位论和区域科学的发展而发展的。在区位论产生以前，无论是地理学还是经济学对区域的研究都主要停留在观察、记录和统计描述上，区位论的产生及其发展，使区域分析开始运用数学方法对区域要素进行统计、归纳、演绎乃至模拟。1950 年代，区域科学的产生，使区域分析在运用数学和经济学与管理学、社会学方法的结合上更加成熟，并在实践中发挥了重要的作用。进入 1980 年代以来，人口、资源、环境及区域发展问题越来越被人们重视，这使得区域分析的内容更加广泛和综合，也使得以研究区域资源与环境问题见长的地理学者对区域问题的研究有了更多的参与机会和更大的发言权。

2. 区域分析基本原则

（1）经济原则

如何合理（经济）地利用稀缺资源（广义的资源）以最小的成本（代价）取得最大的收益（利益、利润）是经济学研究的核心。经济原则是区域分析的核心原则，因此，经济学的原理就成为区域分析的基石。经济学中与区域分析最为密切的是区域经济学，它是从古典区位论中发展演化出来的，它主要研究生产、流通、分配、消费的地理分布规律，地区优势的发挥，产业结构的优化，劳动地域分工的组织等问题。区域经济分析是区域分析的重要内容之一。也有人认为，区域经济学处于区位论和经济学的结合点上，是区位论向应用研究方向的发展。也就是说，区域分析与区域经济学有着密切的关系。

（2）综合原则

一方面，区域自然及社会经济地理背景条件是区域分析的基本内容，区域自然及社会经济地理要素的分析和发展演化规律又是区域分析的基本理论之一。另一方面，区域分析中的一些分析方法又可用来揭示区域内部的各种自然以及人文要素间相互作用的机制，增强地理学尤其是人文地理学对现实人文地理过程的仿真和预测研究能力，从而使地理学在区域发展问题上的研究更加深入、全面，促进地理学特别是人文地理学的研究向综合方向发展。

（3）量化原则

数学是研究现实世界的数量关系和空间的形式，它具有高度的抽象性、严密的逻辑性和广泛的应用性，是人们认识自然、改造自然的基本工具之一，是区域分析的主要手段。区域分析研究的客体是客观世界的自然与社会经济事物，这些事物及相互间的关联是极其复杂的，而且其作用结果往往具有一定程度的不确定性。这些运动过程也不可能在实验室里模拟、重复，因此，数学就成为区域分析不可缺少的工具。近十几年来，由于电子计算机的广泛使用，过去复杂、耗时的数学计算变得相当容易，从而也使区域分析中运用数学方法的路子更为宽广。

当然，区域分析也会涉及社会、政治、心理等诸多要素，这些学科的理论方法对区域分析也起到重要的指导作用。

3. 区域分析的主要内容

（1）区域发展条件分析

区域发展条件主要指区域自然条件和自然资源，人口与劳动力、科学技术条件、基础设施条件及政策、管理、法制等社会因素。对这些条件的分析主要目的是明确区域发展的基础，摸清家底，评估潜力，为选择区域发展的方向、调整区域产业结构和空间结构提供依据。

对区域自然条件和自然资源的分析，应明确其数量、质量和组合特征、优势、潜力和限制因素，可能的开发利用方向及技术经济前提，资源开发利用与生态保护的关系等问题。要具体分析自然因子对产业区位的影响：一是遍在性的自然条件和资源如土地、水、大气，一般建筑材料如灰、砂、石、黏土等，这些条件和资源，在地表陆地上比比皆是，只有个别地段出现短缺，如水源、石材的缺乏等。这种因素对工业区位没有影响或影响不大。二是区域性自然条件和资源是长期以来地球表面地带性和非地带性造成的。例如，特定的气候和土壤区造成作物品类和劳动生产率的巨大差异；森林资源在自然环境和人类历史上的砍伐破坏影响下，目前也已具有区域性；还有水力资源，也同地貌、河流水量有密切关系。这种自然因素对工农业区位有相当大的影响。三是局限性的自然条件和资源是特殊的自然条件的组合，如对于橡胶生产的环境与玫瑰花生产的环境要求很严格，在世界上只限于一些特定地区甚至地段。更重要的是作为工业原料和动力的自然资源，如煤、石油、铁矿石、有色金属矿等，由于是在地质历史时代形成的，具有一定赋存和产业条件，因此它们在国家间甚至全世界分布不平衡，有些具有储量的限制，成为局限性自然资源。它们的分布，往往对工业区位有决定性的影响。在区位论中，更多的是要注意这种资源。

对人口与劳动力的分析应重点搞清人口的数量、素质、分布，及其与资源数量和分布、生产布局的适应性或协调性、区域人口的适度规模等问题；对科学技术条件的分析主要应评价区域科学技术发展水平及引进并消化吸收新技术的能力，技术引进的有利条件和阻力，适用技术的选择等。一定劳动力资源是社会生产发展的保证，劳动力的数量和质量（熟练程度）是社会生产发展的需要。因此，对于“地大物博”这个概念，应有科学的、全面的理解。地理分布是确定产业区位的重要考虑因素。愈是资本有机构成低的部门，其劳动力（工资）在成本中所占比例愈高。资本主义社会保持了大量的产业后备军，但在不同的地区，劳动力的价格还是有巨大差异的。许多西方国家工作中心的地区上的变化，同新地区便宜的劳动力价格有关。我国由于历史原因，经济发达地区较经济落后地区不仅劳动力充裕，而且工人的技术文化素质也高。

区域社会因素的分析应以区域发展政策、制度、办事效率、法制等分析为重点，评价其对区域发展的作用。其中，政府的干预包括不同制度下的政府机构实行的政策，如资本主义条件下的保护关税、国有化、以军工生产刺激经济发展，社会主义条件下的合理利用自然和劳动资源、开发边远地区、促进全国经济平衡发展等。经济发展中决策者的行为，既可符合客观规律，促进地域经济活动的良性循环，亦可能造成相反的效应，如私有制下的最大利润的追逐，公有制下的投资热等问题。

(2) 区域经济分析

对于任何区域，经济问题都占据核心位置，因为它是解决其他问题的基础。所以，在区域分析中要将经济问题作为重点来进行分析研究。区域经济分析主要是从经济发展的角度对区域经济发展的水平及所处的发展阶段、区域产业结构、产业体系、产业关联进行分析。它是在区域自然条件分析的基础上，进一步对区域经济发展的现状做一个全面的考察、评估，为下一步区域发展分析打好基础。对区域经济发展水平和发展阶段的分析主要是在建立经济发展水平量度标准的基础上，通过横向比较，明确区域经济发展水平，确定其所处的发展阶段，为区域发展的战略决策提供依据。对区域产业结构和产业体系的分析，主要是通过各种计量方法分析比较产业结构和产业布局的合理性，为区域产业结构和布局的调整提供依据。区位中的市场泛指产品销售。这一因素对区位的影响有三方面：第一，市场与企业的相对位置；第二，市场的规模，即商品或服务的容量；第三，市场的结构，即商品或服务的种类。后两方面往往构成市场和城市的等级序列。我国的社会主义市场经济体制下，市场因子更加重要。

（3）区域空间分析

空间是经济与产业的区位落实。区域空间分析是制定区域空间政策的重要依据性工作。所以，空间问题是区域规划的核心问题。区域空间分析主要是从空间维度重点分析区域空间格局、空间结构、空间职能分工、用地布局、用地类型、城镇体系、空间效能、战略空间识别、城镇之间相互作用关系、交通格局、基础设施格局等。空间因素主要分析区域内各个发展主体之间的构成、结构、功能、分布等方面，旨在厘清区域空间效能、区域空间发展潜力、区域空间优化改造可能性等。交通格局是生产过程在流通中的延续，运费的追加大小，同产业区位关系最为密切。早期的工业区位论，便主要是以原料和产品的运费来讨论的，运输因素在区位论中居突出地位。交通新技术和生产率的提高，使得运费相对降低。但尽管如此，它仍是考虑区位问题的重要参数。对区域基础设施分析应重点评价基础设施的种类、规模、水平、配套等对区域发展的影响。

集中和分散是空间分析的两个方面，也是影响区域发展决策的重要方面。企业在区位上集中，具有以下优点：减少相互利用的原料、半成品、成品的运输费用，从而降低成本；利用原工业区或城镇的市政设施，从而减少社会费用支出总和；便于相互交流科学技术成果和信息，提高产品质量，增加花色品种；可以利用已有市场区位，扩大市场服务范围。这方面既满足了消费者挑选的行为，也增加了企业间竞争的行为；上述心理状态是人的知觉造成的，在一定程度上对买卖双方均有利。同集中相反的是分散，分散可以避开集中造成的后果，如地价上升或场地拥挤，劳动力供应紧张，居民生活条件恶化和三废污染等。集中与分散问题，始终是经济地域结构中的重点问题，小至企业规模的大小，大至城市体系的构成和宏观产业的布局等。

（4）区域生态分析

生态分析是区域规划编制的前提性条件，也是关系区域是否实现可持续发展的关键性分析。生态环境问题包括土壤退化、水土流失、土地荒漠化、土地盐渍化、臭氧层破坏、草原退化、森林的破坏、湿地的破坏、物种的减少等。所以，一方面，生态分析要重点分析上述生态环境问题发生的根源、现状影响程度、未来治理的可能性以及具体生态建设工程措施。另一方面，生态分析还要重点分析人口容量对生态本底的影响，产业发展对生态环境的影响，土地开发和山地植被结构调整、工矿资源开发等对生态破坏的程度分析。总之，区域生态分析既是问题分析，又是承载力分析，更是未来发展可能性的分析。

(5) 区域发展分析

发展分析是在区域发展的自然条件、经济分析、空间分析、生态分析的基础上，通过发展预测、结构优化和方案比较，确定区域发展的方向和态势，制定区域发展的政策并分析预测其实施效应。区域发展是一个综合性的问题，它不仅涉及经济发展，而且还涉及社会发展和生态保护。因此，区域发展的分析也应包括经济、社会和生态环境三个方面，并以三者的综合效益作为区域发展分析中判断是非的标准。然而，如前所述，在区域发展中，经济发展仍然是核心，无论在发达区域或发展中区域，都是如此。因此，对区域发展的分析，也应以经济发展的分析为主，重点分析和确定区域发展的优势、主导产业及其发展方向、经济增长的形式以及产业结构和空间结构的优化等问题。

(6) 区域发展的总体评价

通过对区域条件、区域经济、区域空间、区域发展等多方面的分析之后，要对区域发展进行总体评价。

4.3.2 区域分析的常用方法

1. 地理学的比较法

区域比较法是地理学一切研究方法的基础，在区域分析中有重要的应用价值。因为区域自然及社会经济要素的特征大都是相对的，是通过比较而存在的，即所谓有比较才能有鉴别。区域分析中通常所说的发达与落后，稠密与稀疏，都是相比较而言的。如果没有参照区域作比较，就很难得出一个区域是发达还是落后的结论。相邻两个区域可以比较，发达地区与落后地区或高速发展区域和停滞区域可以比较，但是在比较前，应该注意区域间的可比性。这包括它们地域范围的可比性、统计指标的可比性、币值的可比性、结构或者水平的可比性。如果对比的条件不一致，就不可能得出正确的结论。在实际工作中，必须注意行政区划的变更、统计指标内涵的变动、币值或汇率的变动、地区间物价的差异等造成的指标不一致性。

在进行区域比较分析时，比较素材的获取和表现可以采用地理学中常用的实际考察法、统计图表法、地图和遥感技术法等。地图和遥感技术的运用对区域分析的意义尤其重大，不但直观，而且可以应用现代计算机技术对信息进行加工处理，使得分析更为方便、可靠。

2. 经济学的分析法

现代经济学在进行实证研究时运用的分析方法是多种多样的，如均衡分析、动态分析、静态分析、比较静态分析、投入产出分析、边际分析、实物分析、价值分析、结构分析等。这些方法互相交叉，相互补充，构成了现代经济学的分析体系。这个分析体系可以全部运用到区域分析中去。但是，区域分析以宏观分析为主，它注重于区域内部各部门之间或区域之间的联系分析，所以投入产出分析法在区域分析中的作用尤其重大。许多区域问题都可采用投入产出法进行分析。此外，均衡分析和边际分析在区域分析中也经常用到。

3. 数学的模拟法

数学模拟法的运用对区域分析的发展起到了极其重要的作用。其中数理统计、运筹学等方法已成为区域分析中最常用的方法。数理统计特别是多元统计分析对于分析较复杂的区域系统较之传统的方法（简单的相关分析和回归分析）有很大的优越性。常用的数理统计方法有回归分析、趋势分析、主成分分析和随机过程分析等。运筹学方法对于区域研究中优化问题的解决发挥了重要作用，常用方法有线性规划、非线性规划、图论等方法。

数学分析方法的运用必须首先搜集有关量化指标或对有关指标进行量化，然后根据事物的特征及其运动规律建模模拟，最后对模型进行检验，检验合格后，运用模型对区域事件进行预测分析。

4. SWOT 分析法

（1）SWOT 分析法的概念

SWOT—PEST 分析法来源于企业战略分析方法，是一种有效识别自身优势和劣势，判别机会与威胁的战略分析方法（见表 4-1）。利用这种方法可以找出自身有利和不利的因素，以及外部环境中存在的机会与威胁，发现存在和面临的问题，做出最优和次优决策。SWOT 分别是 Strength（优势）、Weakness（劣势）、Opportunity（机会）、Threat（威胁）。PEST 分别是 Political（政治的）、Economical（经济的）、Social（社会的）、Technical（技术的）。该方法一般从内部条件（优势和劣势）和外部环境（机会和威胁）两个方面进行分析。每一个单项又可以根据不同的分析对象从政治、经济、社会和技术等角度进行具体分析。然后将以上内容在矩阵表中列出，就会出现四个交叉点，这四个交叉点形成四种策略，即利用自身优势充分把握机会的机会优势策略，在把握机会中克服自身劣势的劣势机会策略，利用自身优势应对威胁的优势威胁策略，在威胁中克服自身劣势的劣势威胁策略。

（2）SWOT 分析法的应用

区域规划可以借鉴该方法进行环境与潜力分析、主导产业选择等。在杭州概念规划中，南京大学课题组在分析旅游业以及华东师范大学课题组在分析主要产业发展趋势等时都运用了该方法。上海市政府发展研究中心在进行崇明发展战略研究时也应用了该方法。

SWOT—PEST 分析 **表 4-1**

	内部优势（S）PEST	内部劣势（W）PFST
外部机会（O）PEST	机会优势（SO）策略 依靠内部优势，利用外部机会	劣势机会（WO）策略 利用外部机会，克服内部劣势
外部威胁（T）PEST	优势威胁（ST）策略 依靠内部优势	劣势威胁（WT）策略 减少内部劣势，迎接外部挑战

广东省中山市在发展战略研究与概念规划中，应用 SWOT 分析方法分析该市的发展条件见表 4-2。

中山市概念规划中的 SWOT 分析 **表 4-2**

内部条件	优势（Strengths）：世界知名的名人城市；快速发展的经济能力；融会包容的文化传统；颇具磁力的人居环境；吸引外商的传统优势	劣势（Weaknesses）：强市弱中心，缺乏空间增长极；创新能力不强，产业水平低，产业升级换代缓慢；工业布局受行政分割制约大
外部环境	机会（Opportunities）：新一轮的经济增长、外商投资热；不断深化的体制改革，制度创新；珠江三角洲地区的结构调整；南沙的开发、建设	威胁（Threats）：长江三角洲、京津唐城市群对珠江三角洲地区的竞争和威胁；周边城市激烈竞争的威胁；区域地位相对下降

5. 统计资料图解法

为了更加准确和形象地分析区域竞争优势，可以应用统计资料图解法（经济风玫瑰分析法）来进行区域发展的动态比较。联合国区域开发中心等在 1988 年完成的无锡地区发展战略研究中就应用该方法对苏南和无锡市各县的社会经济发展，情况进行了比较分析。这种方法的具体过程是：首先选择能够反映区域发展水平的指标体系，然后获得这些指标的具体统计数据，再将这些统计数据按照风玫瑰图的方法，分别标绘在不同的象限内。这样每个区域不同指标的强弱对比就直观地反映在图面上，从而为分析区域发展的优势和寻找区域发展的潜力提供依据。例如该研究报告在分析无锡地区经济社会发展时，选择了人均工业总产值（A）、大学在校学生数（B）、人均公共图书馆藏书数（C）、每万人医院病床数（D）、每万人公共汽车数（E）、每百人电话数（F）、人均市政生活用电量（J）、铺装道路面积率（H）、人均年末住宅建筑面积（I）、城市绿地率（J）十项指标，通过对苏南五大城市和上海的比较分析，提出无锡考虑今后的经济社会发展时，在教育、文化、生活环境方面要以南京、苏州为目标，在经济、城市交通等方面要以上海为目标的设想。虽然其选择的指标并不一定符合目前区域发展的实际，但这种直观的分析方法却为进行区域分析与规划提供了一种启发。

6. 情景分析法

（1）情景分析法概念、内容

Scenario分析法又称为情景分析和方案分析方法，作为协助决策的工具最早可溯及20世纪40年代，欧美一些核物理学家率先采用这种方法，通过计算机模拟多种情景，设计多项方案解决有关概率等非确定性问题。20世纪70年代石油危机对全球企业产生了巨大震动，学术界纷纷讨论引入方案分析（Scenario Analysis）作为处理长期不确定性的有效方法。与此同时，荷兰皇家壳牌公司根据这种规划决策方法成功地预测和解决了危机中的问题，此后数十年里几乎半数的欧美大型企业都采用方案分析来支持长期决策的制定。正是由于其有效的预测功能，方案分析逐渐被应用于土地利用规划、生态规划、气候变化预测以及城市长期发展战略等长期决策领域。Scenario Analysis是对系统未来发展的可能性和导致系统从现状向未来发展的一系列事件、结果的描述和分析。方案分析法不是试图对未来的情况做一个准确的预测，而是通过一些特定的关键因素在不同的条件下的变化情况，尽可能寻找适应未来不确定环境下更好的解决方案，减少因对未来把握不确定而造成的损失。方案分析的基本构成主要为以下四部分：目的的确定、系统结构和主要变化动力信息的获取、方案设计、方案启示与决策者的应用①。

1）目的的确定

目的的确定是整个方案分析（Scenario Analysis）的开始，它主要包括对焦点问题及其所在文脉的界定，还包括相关的时间框架、地点以及参与者的界定。此外，目的确定还应明确方案分析是用于鉴定决策还是评估决策。决策者可以利用方案分析，通过对重大可能变化诸如经济条件、人口变动等因素的考虑进行可行性选择，或者利用相同的方案来检测已存在实践的生存

---

① 另外一种Scenario分析法认为，完整的Scenario分析主要分为六个阶段。第一阶段，问题的界定。它包括对决策焦点问题的界定以及对问题发展所在文脉背景的界定。第二阶段，现状描述与分析以及相关因素的界定。这一阶段对于未来方案的形成至关重要。因为未来决策都是基于对现状及其相互关系的准确把握，在这一阶段SWOT分析将是一个很好的方法。第三阶段，方案元素的分类、评估与筛选。这些元素如系统动力、因果元素等，对于系统重大不确定性的甄别和分析意义重大。第四阶段，方案设计。方案设计为了便于决策者接受，应尽量做到易懂、可行、一致、连贯。不需要反映“最可能”的未来，也无需对未来的诸多可能做无意义的“好”“坏”评价。方案设计应符合逻辑与情节，最终形成完整典型的故事或方案。第五阶段，方案的分析、解释与筛选。第六阶段，通过方案支持战略决策。

能力。实践中这两种目的在反复的方案设计中经常交织在一起。

决策者和各种不同的利益群体在方案分析中的角色也是一个值得关注的问题。这些不同群体的观点将成为整个分析过程的“锚点（Anchor Point)”，这对以后的讨论以及决策的形成有着重要影响，因此需要仔细选择参与者并鉴别他们所代表的利益群体，创造性要求赋予不同社会地位的参与者同等的交流思想的权利。

2）系统结构和动力信息的获取

方案分析（Scenario Analysis）方法的第二个基本构成是对塑造系统动力信息的收集。它包括以下三个方面：第一，资源、参与者、机构、事件的结构以及它们之间的关系；第二，缓慢的变化以及可预测的趋势的确定；第三，不确定性和潜在变革动力的确定。

这一部分的目的是为决策者、规划者或者其他相关参与者提供足够的信息以帮助他们建立鲜明、合理的方案。方案分析不可能是缺乏现实基础的无法检验的科学虚构，不是规划者或决策者“乌托邦”式的想象，对资源、参与者、机构、事件的结构以及它们之间相互关系信息的收集可以增强对未来的可预测性；对缓慢的环境变化以及可预测的趋势的确定，同样有利于促进对未来发展的明晰认识；而不确定性和潜在变革动力则是系统产生前进力量的源泉。正因为如此，这一阶段对于方案分析能否在发展决策过程中起到应有的作用至关重要。对于城市发展战略规划来讲，这些信息包括城市经济、社会和空间结构现状与变化，城市空间使用者的构成及相互关系，空间发展与利用的规则及城市外部环境的演变等。

3）方案设计

方案设计产生于对系统的理解。方案主题的选择可以来自于任何一种潜在逻辑的组合，它包括显示重要不确定性的案例、期望或不期望的案例以及喜欢或不喜欢的案例。不同的组合结果将是多样的，但任何选定的一组方案组合，它们之间的对照应当直接与决策问题和分析目的相联系，形成连贯的、有意义的、相互关联的组合。

方案主题的选择同样会受到决策者或规划者关于未来偏见的影响，为了克服偏见并激发创造性，方案主题的选择应考虑如下策略：第一，尝试考虑极端的结果，而不仅仅是预测的；第二，尝试中断历史趋势；第三，选择显著的方案，而不是一组有高中低梯度的或者有明显积极或消极倾向的方案；第四，包括不期望的方案；第五，尝试从未来反推现在，而不仅仅是预测性的趋势外推。因为方案分析的目的不是预测未来而是改进适应未来的能力，所以这些极端的或者不连续的元素不应被视为“不现实”。

方案的设计当然也应遵循一定的准则，如内部一致性、连贯性、合理性和可行性，基于事实、符合逻辑并易于被决策者理解等。方案的设计应具有大致相同的长短，不至于出现明显地凸显主观倾向的差别。至于方案的数量，一般认为在3～9个，个数的多少取决于分析的目的和需要。对于简单的、目的在于便于公众理解的案例，一个方案已经足够；而对于需要通过大量不确定性检测的决策则需要较多的方案。不过一般三个方案是比较理想的设置，其中一个用于演示自由发展状态，另外两个演示最为重要的不确定性。方案过少会导致中间路线和平均化，而过多则会使主要不确定性变得不明确。例如在最新完成的香港新界西南发展策略检讨中，规划者根据新界西南的自然、经济、社会环境选取了三个方案：自然保育与康乐（Conservation Recreation)、发展趋向为本（Trend Based)、充分发展（Maximum Growth)。

方案分析是一个反复多次的过程，一般要经过数个循环，直到参与者认为已经找到了足够的发展可能性为止。虽然用于比较的方案数量并不很多，然而通过不断的反复，将会不断产生新的方案以修正原有方案，这一过程是相互嵌套的。

4）方案启示与决策者的应用

对于方案分析的整个过程而言，方案的启示能否被决策者采用是分析成功与否的最大挑战。这需要方案清晰易懂，并最好使决策者参与其中，使方案分析的过程成为规划者与决策者之间交流的平台。

（2）Scenario分析法的应用案例

在大伦敦规划中，应用该方法，通过对以下三个方面差异的分析，研究了伦敦不同的发展前景：①未来20年可能出现的不同的经济需求和人口增长状态；②未来20年不同水平的基础设施及其供给能力（包括交通、劳动力、环境质量等)；③规划提供的不同空间模式（走廊、集中性、分散性等)。通过对以上三个方面的综合分析，基于不同的经济发展和人口增长水平（纵轴）以及不同的基础设施供给水平（横轴)，研究者图示描绘了伦敦不同的发展前景。

在昆明—苏黎世友好城市合作关系的框架内，在苏黎世市的规划机构和瑞士联邦理工大学国家、区域与地方规划研究所（ORI）的协助下，昆明制定了《城市发展与公共交通总体规划》。在有关未来“大昆明区”（GKA）的城镇发展的分析中，规划运用了情景分析法。规划提出未来“大昆明区”有两个情景模拟方案——现状趋势延续的发展和前瞻目标式的发展。现状趋势延续的发展情景方案设想目前的住区和交通模式延续到未来。这种模式的特点是基于机动车交通的单中心的城市蔓延扩张，在将来极有可能加大上述的压力和制约。而前瞻目标式情景方案则设想在住区和交通发展方面进行改善，这将积极地影响“大昆明区”未来的发展。这种前瞻目标式情景方案的主要特点是以轨道交通系统为主干的多中心而集中的城镇发展方式。

在常州城市空间发展战略研究中，研究者通过对常州都市区空间宏观发展的重大要素，诸如苏锡常都市圈、锡常泰跨江协作、南北通道及常州港等的综合分析考察，认为常州都市区空间发展的可能取向主要为东、南、北三种可能。即向东联系无锡，主动接受上海辐射；向南整合武进，积极深入市域腹地；向北依托新区，联系泰州辐射苏中。三种可能，三个发展方向各自具有优势的同时也都存在着重大的不确定性。例如过江通道修在哪里、何时修建，常州市新行政中心以及重大基础设施的布局，或者大型跨国集团的巨大投资等。在中国目前这种快速的城市化阶段，任何一种重大的不确定性都有可能彻底影响城市发展方向的确定甚至城市空间结构的形成。依据宏观考察的结论，确定东进、北上、南下三个极端的发展方案。根据不同方案的发展趋势考虑常州都市区的空间结构和实施路径，并进行分析比较。

7. 生态分析法

（1）生态分析法的内涵

生态分析法也是生态环境承载能力分析法。生态环境承载能力是指生态系统的自我维持、自我调节能力，资源与环境子系统的可容纳能力及其可持续的社会经济活动强度和具有一定生活水平的人口数量。生态环境承载能力是可持续发展的重要支撑理论之一，它的核心是根据自然资源与环境的实际承载能力，确定人口与社会经济的发展速度，从而更好地解决资源、环境、人口与发展问题，实现环境与生态系统的良性循环以及人与自然协调、社会和经济的可持续发展。

生态环境承载能力的内涵包括：资源和环境的承载能力大小、生态系统的弹性大小，以及生态系统可保障的社会经济规模和具有一定生活水平的人口数量。其中，资源承载能力是生态环境承载能力的基础条件。土地承载力是指在未来不同的时间尺度上，以可预见的技术、经济和社会发展水平及与此相适应的物质生活水准为依据，一个国家或地区利用其自身的土地资源所能持续稳定供养的人口数量。与土地承载力并用的相关概念还有区域人口承载容量、土地负载力、地域容量、地域潜力等。

此外，自然资源的开发利用必然引起环境的变化，人类在消耗资源的同时也必定会排出大量废物，这些都必须维持在环境的自净容量允许范围内。所以，环境承载力是生态环境承载能力的约束条件。

（2）生态分析法在区域规划中的应用

目前生态分析方法在区域规划中已经开始运用。如深圳国土规划就运用该方法分析了深圳的生态环境对发展的承载能力，并以此作为确定深圳未来发展目标的重要约束条件。

广州、厦门等城乡区域规划引入了城市生态足迹分析等先进理念，做到了与国际接轨。区别于以往可持续发展的一些定性描述，采用了遥感、G1S、软件工程及信息集成等先进的技术手段收集了大量数据，分析了城市生态系统的支撑能力及瓶颈。

8. 新技术的应用

（1）RS 技术的应用

遥感（Remote Sensing，RS）是不直接接触有关目标物或现象而能收集信息，并能对其进行分析、解译和分类的一种技术。城市规划与管理人员面临的重大任务之一是获取和分析那些能有效提供作为城市管理依据的现实性强的资料。目前通常采用的诸多信息获取与分析方法中，遥感资料的获取及应用既省时又省钱，且效率很高，具有广泛的应用和发展前景。其最大的特点是：空间范围广阔，地物资料齐全，准确度高，误差极小，还可随时反映地面动态变化，预测发展趋势，并且易于贮存，查取方便。

（2）GIS 技术的应用

地理信息系统简称 GIS（Geographical Information System）。它是 20 世纪 60 年代开始迅速发展起来的地理学研究技术，是多种学科交叉的产物。地理信息系统是以地理空间数据库为基础，采用地理模型分析方法，适时提供多种空间的和动态的地理信息，为地理研究和地理决策服务的计算机技术系统，具有以下三个方面的特征：1）具有采集、管理、分析和输出多种地理空间信息的能力，具有空间性和动态性；2）以地理研究和地理决策为目的，以地理模型方法为手段，具有区域空间分析、多要素综合分析和动态预测能力，产生高层次的地理信息；3）由计算机系统支持进行空间地理数据管理，并由计算机程序模拟常规的或专门的地理分析方法，作用于空间数据，产生有用信息，完成人类难以完成的任务。地理信息系统从外部来看，表现为计算机软硬件系统；而从内涵来看，是由计算机程序和地理数据组织而成的地理空间信息模型，是一个逻辑缩小的、高度信息化的地理系统。

空间规划是 GIS 的一个重要应用领域，城市规划和管理是其中的主要内容。例如，在大规模城市基础设施建设中如何保证绿地的比例和合理分布，如何保证学校、公共设施、运动场所、服务设施等能够有最大的服务面（城市资源配置问题）等。区域生态规划、环境现状评价、环境影响评价、污染物削减分配的决策支持、环境与区域可持续发展的决策支持、环保设施的管理、环境规划等都可以应用 GIS 进行分析。

根据区域地理环境的特点，综合考虑资源配置、市场潜力、交通条件、地形特征、环境影响等因素，在区域范围内选择最佳位置，是 GIS 的一个典型应用领域，充分体现了 GIS 的空间分析功能。

4.4 区域规划编制的技术框架与工作步骤

在区域调查、区域分析工作完成之后，区域规划就进入编制阶段。区域规划编制是一项技术成果制定工作，重点对区域发展、布局、专项设施、政策措施等以具体文字表达形式展现出来。

4.4.1 区域规划编制的主要技术框架

1. 区域规划研究程序

（1）问题的提出

分析问题存在的现状是最重要的研究阶段之一，必须首先分析区域系统自然发展的现实状态和趋势，测定区域最优状态，并将问题存在现状作为对理想状态、可能状态两种状态的比较结果。问题揭示得当，就可以明确基本目标，恰当地揭示一个目标较之正确地选择一个体系更为重要。

一些在总体上表现为规范（旨在达到某一目标）和当前现状之间的差距的基本问题，是在全面分析区域的经济和自然环境现状及有待规划期间揭示其影响的趋势的基础上体现出来的。明确了主要问题就有可能拟订区域远期发展的基本方向。

通过对区域条件、区域经济、区域空间、区域生态等基本分析之后，要对其各个方面存在的问题进行统一归纳总结，厘清在区域规划期限内力所能及解决的核心问题，然后对当前面临的核心问题进行深入系统分析，剖析问题的根源所在。这一程序是采纳方案全过程中不可分割的一部分。在该程序过程中，一方面要“揭示”正在研究的这一体系以往的功能机制，另一方面要使必要的信息资料发挥结构作用，以便将来建立最优体系及实现其对功能的有效控制。

（2）发展目标和基本方向的形成

预测经济发展的基本方向、自然环境的变迁（其中包括由于人为作用的环境变迁）时，不仅要估计形式多样的变化趋势，而且要以原定的发展目标为依据。这些目标按照现实条件，在本阶段中要使之具体化并加以核实。预测工作的一项主要任务是为保证产品的生产、推销和消费（用价值和实物表示）具有应有的规模，以及为实施既定的建设性措施而对原料、物资、工艺、动力、交通、劳力、财政、信息等资源的总需求加以评定。鉴于处理问题具有各种不同的条件，预测可以用若干种方案进行。预测指标的评估，以最大和最小概率值较为理想。在该阶段中，还可以从既定目标和业已查明的资源角度出发，确定区域的经济容量、人口容量和再生产能力。

区域发展的基本方向是区域的经济、城建、基础设施、环境状况等方面，确定重要经济部门的基本比例关系、远期人口数、工业和农业生产等总指标。在这一阶段，基本目标和资源要事先进行协调。

作为一级目标，必须针对该区域的国民经济发展、城市建设、基础设施、生态环境保护和改善等战略任务，并根据规划区域的各项特殊任务划分更为具体的目标。目前，普遍采用的一种系统研究方法为绘制“目标树形序列图”，即把正在形成的体系的总目标分解为隶属于该体系的表现为多等级的子体系总和，其中总目标是“树根”，而实施总目标的子目标则是低等级的“树冠"。以下为区域规划研究中典型的“目标树形序列图”，这里列出区域发展中相互关联的三类主要目标——社会目标、经济目标和生态目标。

1）社会目标——确保区域居民的社会文化发展具有最高的速度

其子目标包括：扩大选择劳动就业地点，获得并提高劳动技能的可能；提高劳动就业地点所采用的行业多样化和技能水平；提高专业学校职业培训类型的多样化和水平；提高抵达劳动就业地点和专业学校的交通便利程度；提高居住地点的舒适程度；提高居住条件舒适程度；提高休息地点舒适程度；改善卫生条件和建筑景观条件；提高文化生活服务水平及其种类和形式的多样化；提高服务业种类和形式的多样化；提高为居民提供各种服务的能力；缩短与服务业有关的交通时耗；提高游憩服务水平；提高游憩服务业的种类和形式多样化；提高为居民提供各种休息地点的能力；减少当地居民前往休息地点的乘车时耗。

2）经济目标——加速发展区域的国民经济综合体并提高其经济效益

其子目标包括：提高劳动力资源的使用效益；满足城市国民经济各部门对劳动力资源的需求；满足农村地区国民经济各部门对劳动力资源的需求；提高劳动力资源适应劳动力吸引地区国民经济需求的程度；提高物质和自然资源的使用效益；改善工艺和经营协作化条件；改善科研生产协作化条件；提高土地利用的集约化水平；提高各种基础设施的功能效益；提高交通和工程技术等基础设施的利用效益；提高游憩基础设施的功能效益；提高居民文化生活服务基础设施的功能效益。

3）生态目标——保护生态平衡

其子目标包括：制止对自然环境人为的消极作用；降低对自然环境的工艺污染程度；降低对自然景观的人为物理负荷；提高自然环境的复苏能力；提高氧、水、生物量的再生能力；保护珍贵而有示范性的自然综合体；提高自然环境对人为负荷的稳定性。

在形成具体区域的发展目标过程中，必须遵循一定的条件：一是隶属性——低等级目标隶属于较高等级的目标，它从较高等级目标中派生出来，又为达到较高等级目标提供保证；二是可比性——具有同一规模和同一重要性的目标，处于"树形序列图"的同一水平；三是充实性——子目标的全部总和决定最高等级的主要目标的内容；四是相互配合性——在目标体系中，不能有相互排斥和相互隔绝的目标；五是明确性——目标要具体、时间性强而有针对性；六是现实性——从实际可能和资源的角度看具备达到目标的充分根据。此外，目标可以有同等重要性（社会目标、生态目标和经济目标都处于最高等级）、相互促进性（如达到甲目标有助于提高乙目标的效益）和竞争性（在有限资源分配方面）。

（3）规划对象的结构功能分析

在区域分析、区域问题和区域基本发展方向形成之后，在本阶段必须按业已形成的目标结构，划分基本的功能体系。在这些功能体系范围之内，还必须实施设计程序。

分析子体系及其所有的相互联系（子体系内部的和子体系之间的相互联系），一方面可以更合理地实施形成各种抉择方案的程序，另一方面可以核实正在设计中的体系范围，并再次明确已形成的目标。

有必要对区域用地进行结构功能分析。因为，作为区域规划对象的地区，应看作是对一定空间单元的经济、社会和自然环境进行综合布局的复杂体系，这一体系的所有要素发展和功能作用过程在时空上的合理协调和优化乃是编制区域规划的基本目标。因此，进行合理的地域规划布局，对于区域在社会经济方面的有效发展具有决定性的影响。

（4）抉择方案的形成

形成抉择方案这一程序最好能与规划对象中业已查明的功能子体系相适应，这样就有可能根据既定目标更迅速、更合理地揭示最佳发展方案。这种方法应建立在预先拟订和优化更低等级的体系基础之上，并且必须估计和肯定更低等级的体系之间的所有重要联系，也就是说，在规划对象的统一地域体系范围内，要先对各个子体系，而后对整个综合体的发展有顺序地形成抉择方案。

在任何一个体系中，每个子体系及其进一步优化的抉择方案的形成，都需要经常估计到其他两个子体系的目标和规定。对区域规划对象的完整构思要求对它的三个基本子体系如地域生产综合体子体系、人口分布子体系和环境子体系都加以分析，这三个子体系都有一个统一的工程管线基础设施为其服务。

形成抉择方案的简易模式规定，每个基本子体系最少要编制三个原则性的发展方案（目标方案、采用传统方法的方案和采用外推法的方案）和一个或两个资源供应条件方面的分方案。

（5）抉择方案的试验和评估

必须从已形成的抉择方案中，预先精选出确实具有达标能力的方案，即根据相互“无冲突”的原则评估和精选各个子体系的发展方案。为此，要采用区域规划中常用的综合评估方法和用地功能分区方法。对经过挑选的抉择方案作进一步比较，可采用“消耗—效益”比较法，亦即按达到规划方案既定目标及其有关的单位消耗量极限标准进行。

（6）最佳方案的选择

采纳方案是从大量抉择方案中挑选能达到既定目标的最好方案。可依据“评估”数学模型并在社会经济、规划、生态等综合评价基础上，对已形成的抉择方案进行各方面的（定性和定量）的评估和分析。对抉择方案的所有评估，基本上可分为效益评估和价值评估两类。许多对抉择方案的评估，既可通过建立专门模型，亦可通过收集和整理鉴定评语进行。

上述系统研究方法的各个程序和内容，在总体上都反映了区域规划编制的传统结构。许多程序都可同时进行，因为在编制任何一个规划方案的过程中，各种不同的方法和程序相互间通常都会不断地发生交叉作用。

2. 区域规划成果表达结构形式

目前，区域规划成果的表达形式尚未统一，不同部门、不同类型的区域规划都会根据规划对象的特点和要求进行编制。概括之，主要有以下几种表达结构形式：

一是以可行性研究为线索的区域规划编制，多见于工矿区规划。一般以“选址＋布局”为重点的成果表达形式，重点侧重于工矿企业选址研究、工矿生产生活功能区布局研究以及产品市场需求预测。

二是以五年规划为线索的区域规划编制，多见于各级政府的五年规划。一般以“发展目标＋项目库”为重点的成果表达形式，重点侧重于确定地方发展的五年规划目标以及重点项目的确定。

三是以发展战略为线索的区域规划编制，多见于各级政府的长远发展部署规划。一般以“发展战略＋近期行动计划”为重点的成果表达形式，主要侧重于长远发展思路的确定和近期可操作性发展抓手的制定。

四是以空间布局为线索的区域规划编制，多见于城镇体系规划、区域城乡统筹发展规划等。一般以“空间结构＋次区域指引”为重点的成果表达形式，主要侧重于城镇体系结构、城乡空间结构、次区域发展指引的制定。

4.4.2 区域规划的工作步骤

目前区域规划一般通行的程序是系统分析和系统综合程序。这种程序的基本思路是根据区域的现状和问题，提出了规划的要求，形成未来区域系统的基础。但是，区域是一个开放的系统，要受到内外环境和多种因素的影响。所以，规划是要在研究影响区域系统发展变化的诸因素和条件的基础上，探讨区域未来变化的各种可能和多种多样的方案。区域规划决策要对区域未来变化的多种可能进行比较，描绘出较为理想的状态，从而形成规划，并促成其实施。在实施规划方案过程中，必然会遇到许多未发现的新问题或认识不足之处，因此有必要对规划进行调整或进行新的规划。根据系统分析和系统综合的要求，区域规划工作大体上可按如下七个步骤进行。

1. 区域发展的现状调查与资料收集

调查区域发展现状的和收集有关影响区域社会经济发展各种条件、各种要素的基础资料，并加以分析研究，认识区域的本质特征、区域的发展演变过程，明确区域发展的优势和限制因素，找出发展中的关键问题和潜力，为研究区域发展战略，制订区域发展目标及设计规划方案提供依据。

2. 确定区域发展目标

区域发展目标是区域发展战略中的核心部分。目标是发展的导向。在区域规划方案设计之前，必须首先决定区域发展的总体目标，明确区域发展方向。有了目标，才能研究发展的方针，组织合理的结构，提出实现目标的对策和建设的方案。确定区域发展目标，实质是对规划区域提出发展的意想状态，可以以“形势发展的需要”为原则，也可以采用“地方的发展条件和资源的可能性”为原则，或者是两者的结合。发展目标有高目标、低目标和适中目标等多种层次。为决定发展目标，需要根据社会发展的总趋势、区域内外的条件和资源状况，对区域未来发展变化进行大量的预测工作。

3. 区域发展的课题与对策研究

课题研究实际是对区域各经济部门和重大建设项目或重点开发区域、不许开发的保护区域的深化研究，这是生产力总体布局的工作基础。区域发展的研究课题一般是根据自然环境、历史发展背景、未来的发展目标、重大建设项目而提出来的，通常的课题有：水、土、矿产、林业资源的开发利用，人口增长，就业问题，主导产业，经济结构，交通运输系统，自然保护区，生态与环境保护，重点开发区域等。

4. 规划方案设计

根据区域发展战略和课题研究的对策，规划工作者综合各种各样的设想和方案，拟定区域发展的总体方案。这是规划工作者在规划中最富有创造力和想象力的阶段。他们要使各个部门、区域的各个部分尽可能和谐、协调、有效地发展，要设计出可供比较、选择的若干个方案。规划设计时既要有部门发展的专项规划方案，也要有综合的总体规划方案。它们通常是以规划图来表示，同时编写规划报告或附上规划说明，往往还同时附上其他有关的图表和研究资料作为补充。

5. 规划方案评估

这一步骤可分为两个不相连的阶段。第一阶段是在规划方案未决定之前，对若干个供比较、选择的方案进行评估，以判断规划设想或规划方案构想的合理性和优劣性。在评估的基础上，选定出较为适当的方案。第二阶段是在规划方案初步拟订后，请当地政府的负责人、业务主管部门和各方面的专家，对规划方案进行评估、论证或评审。

6. 规划定案

根据规划评估、论证或评审意见，认真研究，作必要的修改，最后形成规划文件。规划成果应按有关规定程序报上级主管机构或政府权力部门审批，方具有实施地权威性。

7. 实施阶段

在实施规划方案过程中，要经常检查规划的可行性和实际效益，根据新发现的情况和问题，对原规划方案做出必要的调整、补充或修改。

第 5 章　区域发展战略与区域产业规划

5.1　区域发展战略规划

5.1.1　区域发展战略的概念属性与内容体系

1. 区域发展战略的概念特征

战略这个词本是军事上的用语。军事战略指对战争全局的谋略和谋划。第二次世界大战后，战略研究已超出军事的范围，被引申到经济、科技、教育、社会发展等领域。1958 年美国经济学家赫希曼的《经济发展战略》著作出版后，经济发展战略研究逐步受到重视。我国从 20 世纪 70 年代起亦广泛开始经济发展战略的研究。

战略这个概念，泛指带全局性和长远性的重大谋划。战略研究对推动区域乃至整个国家的发展有重大意义。战略研究具有如下特征：

一是全局性。研究对全局发展有指导意义的规律和影响总体目标实现的决定性意义的因素。

二是长远性。不仅要研究全局整体的发展方向，而且要研究自始至终的整个发展过程。

三是综合性。任何一种战略谋划都不是单一的，都必须综合考察社会经济各种因素的作用和影响，如科技、经济、社会的相互渗透和协调发展问题，整个发展潜力问题等。

四是层次性。事物系统结构的层次性，决定着为其发展服务的战略研究具有结构层次性，对解决不同层次的问题，应制定不同的发展战略。因此，一个战略方案常常是具有多层次结构（子战略）的有机整体。各个子战略服从于整体战略。

区域发展战略是指对区域整体发展的分析、判断而做出的重大的、具有决定全局意义的谋划。它的核心是要解决区域在一定时期的基本发展目标和实现这一目标的途径。

2. 区域发展战略规划的主要内容

区域发展战略主要内容包括：制定战略的依据、战略目标、战略重点、战略措施等。区域发展战略既有经济发展战略，即经济总体发展和部门的、行业的发展战略，也有空间开发战略。经济总体发展战略通常把发展指导思想、远景目标和分阶段的目标、产业结构、主导产业、人口控制目标、各产业的比例和发展方向作为谋划重点。经济部门发展战略主要是明确各部门的发展方向、远景目标、重点建设项目和实施政策。空间开发战略是对上述内容进行地区配置，以建立合理的空间结构。空间开发战略的重点内容是：确定开发方式，明确重点开发区域，确定区域土地利用结构，提出地域开发的策略和措施，制定区域近期重点建设项目的地区安排。

3. 区域发展战略研究的关键性问题

区域发展战略研究，要着重解决如下几个关键问题：

（1）战略目标

1）战略目标的概念释义

战略目标是发展战略的核心，是战略思想的集中反映，一般表示战略期限内的发展方向和希望达到的最佳程度。区域发展的战略目标是一种长期的目标，因此应相对稳定，不能朝令夕改，使人们无所适从。战略目标按期限可分短期、中期、长期目标。短期目标又称近期目标，一般5年左右；中期目标，一般以10年为期；远期目标，或叫长期目标，通常在20年以上。在判定战略目标的时候，要注意以下几个问题：

一是目标要适中，既要有难度，又要有竞争性并切实可行。目标偏低，缺乏竞争性，不符合社会发展的要求；目标偏高，脱离实际，无实现的条件与可能，人们会失去信心，同样不会为之奋斗。

二是定性与定量相结合。战略目标的定性描述，通常表现为区域发展的总体要求和总体发展方向。区域发展目标除定性描述外，还应该有量的概念，有量的规定。发展目标量的规定，是区域部门分析、预测、平衡和调整方案的主要依据之一。战略目标如果缺乏量的指标，就显得空泛、不确定性，战略的意义较难体现，部门的协调、平衡也会因依据不足而难于进行。

三是各时期各部门相互衔接。经济社会发展战略涉及面很广，不仅包括经济领域，而且包括经济以外的其他领域，如科学技术、文化、教育、人口、就业、城乡建设、国土开发、生态、环境保护等社会各个领域，各时期各部门目标必须相互衔接，使需求与供给相适应，需要与可能相结合。

四是突出重点，不包罗万象。战略目标是人们为实现战略目的所设想的标准。它既体现着战略所追求的方向，又预示着战略活动所要达到的结果。而人们的追求是多元的，不断提高和具有拓展性的。战略目标不可能也不应该包罗万象，应该突出重点，提纲挈领。没有重点，就没有战略。

2）确定战略目标的理论诠释

区域发展方向和区域发展战略目标是统一的。发展方向通常是定性描述，而发展目标除定性描述外，还有量的规定。确定区域发展方向和战略目标是发展战略研究的核心部分。制定区域发展战略，就其实质来说，基本上是围绕着发展方向、战略目标来展开的。方向是否准确，目标是否合理，是决定该战略的价值和能否实现的关键。根据不同的目标可以描述出不同的规划方案，因此有必要对目标确定的基本理论进行讨论。

对于区域发展目标问题，有两种不同的观点：一种观点认为，社会实践应当按照一定的计划进行，因此，规划应制定出最终目标；另一种观点认为，规划应当面向实际问题，不应把宏观发展的最终目标的实现作为自己的任务，而要注重实际问题的解决。

前一种观点的理论依据是，所有的社会现象都是一种历史现象，因而都可以用普遍的历史发展规律来加以解释。依据辩证唯物主义和历史唯物主义观点，掌握自然和社会发展的规律性，就可以预测未来，确定未来的发展目标。战略研究就是要寻找客观存在的规律性。找到了这种规律性，也就把握了区域发展的方向，因此，目标确定首先要从历史的角度进行全面分析。规划必须研究和把握区域发展的方向，制定出总的目标，在这个基础上再制定具体的措施。

后一种观点的理论依据是，从根本上来看，人的认识是不完全的。由于人类预测未来的不完全性，因而对于一个复杂的现实世界，要在判断目标正确性的基础上建立一个最终目标是不可能的。对于一个包容不同价值体系多元化的社会来说，制定一个最终目标以及相应的目标体系是不可能也是没有意义的。因此，应当避免去寻找客观的区域发展的最终目标。

世界上很多国家的规划工作受到后一种观点的影响。比如德国，大约在20年前，专家认为，提出区域的经济增长规划是十分必要的。因此，许多专家通过大量的工作，建立增长的数学模型，计算各区域经济增长速度。但现在却认为这种方法已不再适用了。因为计算经济增长速度是以历史数据资料为依据进行的，这种预测方法就好像开一辆汽车，前面的玻璃模糊看不清了，于是靠反光看着后面的道路前进。在笔直的道路上行驶，这或许是可行的，但如果道路曲折就是危险，而区域经济发展正好是曲折的。在西欧，目前的区域规划基本上不再提出区域的经济增长预测，而仅仅制定一些应当实现的或追求的各类指标。

规划是要描绘出发展的蓝图，构建区域发展的理想的空间结构。然而，空间结构是历史发展的结果，它在很长时间内形成，也需要很长时间才能改变。换言之，只有在长期的、具有连续性的发展目标和发展政策的调控下，空间结构才能发生有目标的改变。因此，从区域合理发展的要求来看，区域规划应当提出长期的、可操作性的总体目标，以此来逐步改善地域空间结构。

由于未来发展有许多不确定性因素，尤其是区域又是个开放系统，受内外因素制约大，所以区域发展的总体目标会比较抽象一些，但它仍然能起到指出方向的作用，可以反映出区域各系统发展的基本趋势。从这种意义上来说，“理想模式”是一种被向往的社会和经济状态，是一种想象的合理的结构。“理想模式”部分来源于对历史和现状的评价，部分来源于人们的理想。因此，“理想模式”与其说符合社会现实的发展，更不如说是一种理想化的合理体系的“设想方案”。在该方案中，指标、问题分析和行动计划交织在一起。

“理想模式”也可称之为“理想状态”。它是当代人们掌握的知识、技术、行为方式对未来发展目标的描述。其中，当代发展起来的预测技术，对理想模式或理想状态的形成具有重要意义。

3）战略目标体系

区域发展目标可以分成总体目标和具体目标两大类，它们构成一个完整的目标体系。

总体发展目标是区域发展战略方案的高度概括，一般只用一二个具体的指标，加上适当的描述来表达。有些地区在制定总体战略时，只提出方向和奋斗目标，不出现具体的经济指标或其他指标。如 1983 年春，广东省确定的未来 20 年的战略目标是：力争 20 年基本实现现代化。这个战略目标比较概括、简练、有号召力和动员力量，但稍为抽象一些，因此，他们又做了适当解释。所谓基本实现现代化，就是全省经济发展总体上达到世界中等发达国家的水平，提高精神文明的水平。

制定总体目标的目的在于明确区域发展方向，概括追求的区域“理想模式”或“理想状态”的总体面貌，动员和组织各方面的力量为实现理想的追求而努力。所以，总体目标应能体现社会的进步、经济的发展和人民生活水平的提高。它既要“理想化”，又要高度地综合、概括，因而难免比较抽象。这就要求在制定总体目标的同时，要确定一系列具体目标。具体目标是一系列的指标体系，它要以总体目标为依据，又是总体目标的具体反映。

区域规划的具体目标包括经济目标、社会目标和建设目标三个大类，每类之下又可分许多次一级的类别，形成一个战略目标系统。

① 经济目标

包括经济总量指标，如地区生产总值、社会消费品零售总额、第三产业增加值等。经济效益指标，如人均地区生产总值及主要物资消耗定额等；以及经济结构指标，如一、二、三产业的就业比例，三个产业之间的产值比例，社会总产值的内部构成等。

② 社会目标

包括人口总量指标，主要指人口发展规模。人口构成指标，如城乡人口比例，人口就业结构、文化结构等；居民物质生活水平指标，如人均居住建筑面积、人均食物消费量、人均寿命、每万人平均医生数量、婴儿成活率等；以及居民精神文化生活水平指标，如普及教育程度，每万人拥有大学生数量，每万人拥有各类文化、体育、娱乐设施等。

③ 建设目标

包括空间结构指标，如城镇首位度、城镇集中指数、经济发展均衡度、各类建设用地结构等。空间规模指标，如各类建设用地面积、建设用地占区域总面积的比例等；以及建设环境质量指标，如建筑密度、容积率、人口毛密度、人均绿地面积等。

在战略目标指标体系中，每个指标仅能从某一特定的方面反映区域未来的状态和发展水平。它们是与区域社会经济发展及建设规划关系最紧密的基本指标，规划中可以根据需要从它们中派生出许多其他指标出来。

（2）战略重点

战略重点是指具有决定性意义的战略因素，它是关系到区域全局性的战略目标能否实现的重大的或薄弱的部门或项目。为了达到战略目标，必须明确战略重点。没有重点，便没有政策。区域发展的战略重点是涉及全局性的关键部门、项目和地区，而不是某一个项目或企业。战略重点具有相对的稳定性，是在区域发展中较长时期能发挥作用的部门或地域，而不是只在短期内发挥作用的行业或某一局部地方。战略重点包括以下几个方面：

一是竞争中的优势领域。在市场经济条件下，一般是优者生存，劣者淘汰。优势的领域，往往也是效益较大的领域，扬长避短，助优淘劣，才能争取主动，提高竞争能力，求得发展。

二是经济发展的基础性建设。农业是国民经济的基础，能源是工业发展和社会发展的基础，教育是培养人才、提高劳动者素质的基础，交通是经济运转和区际物资流通的基础。因此，通常会在农业、能源、教育、交通等部门中选择战略重点。

三是区域发展中的薄弱环节。区域是一个整体，各部门、各地方是一个有机联系、互相作用的组成要素。如果某一部门或某一地方出现问题会制约全局的发展，会影响到整个战略目标的实现，那么该部门或地方便会成为战略重点。这正如链条的强度，它不取决于最强的一环，而是取决于最弱的一节。对区域发展的薄弱环节，在资金、劳动力和技术方面进行重点投入，整个区域的发展力度就可以大大提高。

四是经济转折时期的关键问题或扭转区域局面的关键因素。如 1998 年初经国务院批准，由中国海洋石油总公司、招商局集团有限公司、广东省三家与英荷壳牌公司合资建设和经营的南海石化项目，第一期工程总投资为44.6亿美元，将建设年产80万吨乙烯、30万吨全密度聚乙烯、15万吨低密度聚乙烯、24万吨聚丙烯等12套生产装置及相关的辅助设施。该项目厂址选在惠州市大亚湾。它的建设对扭转惠州地区的局面和广东省产业结构的调整都将发生巨大影响，必然作为广东省的战略重点项目加以确定，大亚湾地区也就必然被选为重点开发地区。

五是战略重点具有阶段性，这是规划工作需要注意的。因为形势在不断发展变化之中，在不同的时期，各地区面临的环境和所要解决的主要矛盾会发生改变，因此战略重点会相应作出调整，才能适应变化了的情况。如上述的广东省惠州市大亚湾地区，在20世纪80年代初期，国外投资商在此筹划建设熊猫汽车制造企业，把大亚湾地区的开发热潮引发出来，产生“熊猫效应”，港口、公路、城镇建设大规模进行。汽车制造及相关设备制造成了当时的战略重点。但是后来由于事物变化等原因，汽车制造企业无法按原设想建设，继而中断下来，惠州大亚湾地区的战略重点当然要重新考虑。现在，在世纪之交的时刻，该处获得了发展南海石化项目的机会，战略重点必然从汽车生产转移到石油化工生产方面。

（3）战略方针

战略方针是指实现战略目标的总的策略、原则，是规范地区发展行动的指南。比如一个区域的战略目标确定后，是采取全面推进，还是采取跳跃式的发展；是依靠自身力量为主，还是依靠外援为主去实现目标？这就是战略方针问题。近十年来，中国的经济发展一直强调要坚持持续稳定协调发展的总方针，而且特别注重稳定发展，稳定压倒一切。这是各个部门、各个地区都必须遵循的行动原则，不能与此相对立。

战略方针要服务于战略目标，需要简明、扼要，使人们容易掌握要领。因此，它既不能过于琐碎，全是细枝末节，又不能过于空泛，流于形式。战略方针切忌公式化、一般化。战略方针越具体，对指导战略的实施越有利。例如，为了保护耕地面积，提出了“耕地总量动态平衡”的原则，按供给决定需求的方针，各地便易于实施和执行，土地利用规划也较易编制。耕地总量平衡是最基本的要求，即要有一定的地域概念，哪一级行政单元作为平衡的单位？是规划期末实现平衡，还是每一年份都必须平衡？是否允许在某些地区某些年份暂时失衡？为了减少这些争论影响保护耕地的目标，有了按“供给决定需求”的方针，土地管理部门就可以比较有效地控制非农建设用地的过分扩大，使耕地得到较为有效的保护。

（4）战略措施

战略措施是实现战略目标的步骤和途径，是实施战略的手段。制定战略措施，就是把比较抽象的战略目标、战略方针进一步具体化的过程。区域发展战略措施通常包括实施战略的相应的组织机构、资源分配、资金政策、劳动政策、产业政策以及经济发展的控制、激励、协调等手段。在经济比较发达的国家和地区，关心人民群众生活需求的各种措施，如社会福利、社会文化、环境保护措施和协调地区关系、促进平衡发展的措施，常常成为战略措施的重要内容之一，且占有越来越重要的地位。

4. 区域发展战略选择的主要方法

“知己知彼”是兵法中一条很重要的原则。所谓“知己”，就是了解自己；“知彼”，就是了解对方，审视环境。军事战略策略如此，区域发展战略也是如此。对于区域发展战略的制定而言，“知己”，是指评估区域发展的内部条件；“知彼”，是指分析区域发展的外部环境，了解社会经济发展的总趋势。成功的战略，必须有扎实的研究基础。

(1) 评估区域发展的内部条件

区域的发展是内外因素相互作用的结果。区域本身的地理位置、自然资源、人力资源、技术资源、基础设施、对外的适应能力、文化传统，甚至生活习俗等因素都会对未来的发展产生极大的影响。因此，进行区域发展战略抉择时，不能脱离区域本身的资源、条件，要从区域发展的历史和现状出发。对内部条件评估时，应特别注意以下几个问题，并认真加以研究：

1) 区域的地位

区域地位是指某区域在区域系统中或同一层次区域中的排序、重要性、所起的作用和影响。它通常反映在排序的前后或高低，所起作用的大小，影响的地域范围及影响的强度等方面。区域地位与区域的规模、地理位置、资源状况、经济发展所处的阶段和发展水平等因素密切相关。

评估区域的地位，目的在于明确区域在地域分工中所处的位置，在社会经济发展中能起的作用和适宜扮演的角色。例如，某一海湾是重要的鱼类繁殖基地，为了保证整个国家的渔业发展，该海湾沿岸地区就不适宜兴办化工、冶金等污染性较大的工业企业，以避免鱼类资源的损失。但作为渔业基地不能设立工业区就与当地的经济发展产生了矛盾，将给该地的经济发展带来损失。然而，为了整体的利益，该海湾仍宜定为鱼类繁殖基地，损失部分应通过政府的补贴，用于建造该海湾地区的医院、学校、幼儿园、老人活动中心等设施。

又如中国南方省份，普遍缺乏煤炭资源，但北方省份煤炭资源丰富，北煤南运是不可避免的长期需要。为了缓解煤炭运输给铁路交通造成的巨大压力，利用海运条件，在南方沿海少数具备深水港的地方建造燃煤电厂，对于跨区域利益和国家整体需求都有意义。然而，建设燃煤电厂，对于该港口地区来说未必有利可图，因为既要占用其大量的土地，又带来了环境的影响。为了从全局的整体利益出发，把该港口地区定为动力基地是必要的。政府则应从资金、政策等方面给予补贴或优惠，使该地区能充分发挥动力基础的作用。

评估区域地位时，明确规划区域所处的经济发展阶段，对于确定区域未来的经济发展方向、经济结构和近期的战略重点，具有十分重要的意义。这犹如短跑运动，运动员处在蹲着、站起来、跑起来、快速跑、冲线飞跑的各个阶段，都有不同的对策一样。国家和地区经济发展，尤其是产业结构的演变有一定的规律可循，处在不同发展阶段，其都有不同的对策一样。国家和地区经济发展，尤其是产业结构的演变都有一定的规律可循，处在不同发展阶段、经济发展水平不同的地区，应有不同的战略重点。如在经济基础薄弱或边缘地区，突出的问题是基础设施较差，就业岗位少，居民外迁，造成进一步落后现象。对这些地方，首先要加强基础设施投资，以减少与其他地区的差异。为了有效地使用投资，基础设施建设也应相对集中。而在已经高度工业化的经济发达地区，人口密集，环境和基础设施往往不堪重负，产业结构调整时，应设法避免居民数量和工作岗位数盲目增长，以约束生态环境进一步恶化，也不至于削弱不发达地区的发展潜力。

2）区域优势与劣势

军事策略，讲究的是竞争的优势与劣势，找寻敌弱我强的地方下手，或是在敌强我弱的地方防范补强。同样的道理，脚踏实地，深入研究本区域的实际情况，正确认识本区域的优势与劣势，是区域发展战略抉择的基本出发点。

优势是相对而言，相比较而存在的。优势总是相对于劣势来说的，而且总是在比较中才能辨别。因此，确定区域的优势和劣势，通常需要作两种比较：

一是区内比较。对影响区域发展的各种内在因素、各种资源、各种条件，进行全面的分析、比较，以明确哪种因素、哪一种资源、哪一个条件对区域发展的作用最大，即是优势所在。对各种资源、各种条件进行分析比较时，要具体区分出它对区域发展的有利方面或不利方面，甚至是限制性因素。在各种有利因素中再进行筛选，优中取优，看筛选出来的优势条件是否特别有利，对区域发展的影响程度如何。在对资源、条件比较分析时，要注意可变性和转变的条件。如在以水运为主的时代，河网发达是三角洲地区的一大优势，是发展农业、渔业、水上交通的有利因素。然而转入以汽车等陆运为主的时代，稠密的河网反而成了陆运的障碍，成为一种不利的因素。

二是区际比较。区域与区域之间进行比较，最容易表现出强势与弱势出来。在比较时应将某区域可能成为优势的有利条件或认为优势的东西，同近邻的或全国其他地区进行比较。只有当该区域的有利因素、优越条件比其他地区更有利，优势更加明显，或在比较中仍处于前列时，才能算作优势。

区位商 $$Li=(e_i/e_t)/(E_i/E_t) \tag{5-1}$$

式中 e_i——该城市或区域 i 部门职工人数或产值；

e_t——该城市或区域职工总数或总产值；

E_i——全国 i 部门职工人数或产值；

E_t——全国职工总数或总产值。

然而在区际比较时可能出现这种情况：有的区域拥有经济发展的许多有利条件，但这些条件进行区际比较时，没有最突出的，哪一项也不能单独作为地区的优势。但是这些不突出的各种条件聚合在一起，相辅相成，共同为某一部门的发展创造优良的环境，构成明显的整体优势。这就是聚集往往会产生优势的原因。

有利条件是产生区域优势的基础，但有利条件与区域优势不能完全等同。区域优势有潜在的优势，也有现实的优势；有过去历史上的优势，也有未来经过努力才能出现的优势。某些区域的有利条件，由于种种原因的影响，当前尚难于发挥作用，那么这些有利条件就只能是一种潜在的优势，而不是现实的优势，不能构成区域的财富。如某些地方光、热、土地或矿产资源拥有量相当可观，可是在规划期内没有条件对它们进行开发利用，那么这些丰富的原始自然资源只能看成是区域经济发展的一种潜力，是有利条件，而不是现实的优势，不能把它们作为战略抉择的依据。

区域内各种各样的优势很多，比如：

① 区位优势。区位优势是区域与周围区域相互关系共同作用的结果，但若某一区域具备了对其经济发展的有利条件，如靠近国际贸易中心，濒临海洋且有优良港口，易达性强，对外联系方便等，该区域便具备经济发展的区位优势。

② 资源优势。区域内的水、土地、光热资源、矿产资源、劳动力资源的丰富程度及其组合状况，对区域发展方向、目标和开发重点以及区域的地位都有着决定性的影响。自然资源富集区，在区际竞争上无疑具有天然的优势。

③ 技术优势。某些区域产品在市场上竞争，靠的不是成本或品质，而是拥有外地所没有的技术。这种技术或许是当地的传统，或许是从国外引进，或许来自当地的研究开发。有些技术是秘而不宣的，有些技术可能已获得了专利。技术优势通常体现在生产技术设备、劳动力技术素养、新技术的

掌握程度等方面。有独到的技术，便表示该地方可以生产出外地难于生产的产品。许多地区尽管自然资源比较贫乏，但有技术优势，进而以生产出成本低、品质高的产品，从而拥有品质的优势，进而形成商品的优势。

④ 产业优势。产业优势通常是由某产业的产品品质优势、品牌优势和规模优势构成的。市场的产品都有高、中、低等不同的品质等级，若某地的产品品质特别好，且被消费者认同，各种公开测试也证实该产品优良，这种产品就可以拥有品牌优势。知名度高的品牌，在市场上的竞争必然比较顺畅，市场规模就可以扩大。而对应地，知名品牌产品的规模生产又会使该产品具有成本优势，进一步推动产品市场规模扩大，市场占有率提高，这样就形成了产业的优势。

区域优势的表现还可以列出很多。凡是某种资源、条件、产品、品牌对区域经济发展有利，而相对于其他地区又较强，都可以列为优势。反之，则属于劣势。

优势和劣势不是一成不变的，在一定条件下可以转化。过去的优势不等于现在仍具有优势，潜在的优势可以变成为现实的优势。资源的优势可以转化为产品的优势和商品的优势。有些区域可能既不能具备资源优势，也不具备技术优势，但有便利的交通条件，是区域经济发展轴线所在，有良好的商业贸易环境，有良好的服务设施，因而也可能成为商品集散的地方，获得发展商业的优势，而成为经济富裕地区。然而，优势或劣势的转化必须具备一定的条件。潜在的优势要转化为现实的优势，资源的优势要转化为产业的优势都要具备一定的前提条件：技术上可能，经济上有利，生态上允许，整体上适宜。

在战略抉择中，既要能识别区域的优势和劣势，又要了解优势和劣势相互转化的条件，以扬己之长，补己之短。规划工作要寻找克服各种不利因素或限制区域发展因素的突破口，通过区域政策的实施，采取各种措施，促进各种潜在优势变为优势，将有利条件变为区域的财富。

3）区域容量

随着社会经济的迅速发展，资源、人口、环境的矛盾日益突出，因此区域容量问题引起世界各国的普遍关注。

从理论上来说，区域的范围是稳定的，在有限的地域范围内，人口的承载力和建筑物的承载力也应该是有限的，不能无限制地扩大。而且，在特定的地域范围内，水、土、矿藏等自然资源和空间环境也是有限的，在一定的生产力水平下，其所能容纳的人口和建筑物也应该是有限制的。因此，人口承载力的研究，以及水资源承载力、矿产资源承载力、土地资源承载力等的研究便成了区域容量研究的主要内容。

在自然资源中土地资源是最根本的物质基础，因此在区域容量研究中又集中在土地生产潜力和人口承载力研究方面。因而土地生产潜力和人口承载力也成为衡量、评价区域发展战略的重要指标之一。

土地人口承载力是指一个国家或地区的土地资源，在一定的投资水平下持续利用时的食物生产能力及其所能供养的一定营养水平的人口数量。它主要是由两个方面决定的，一是土地生产潜力，二是营养水平和人口数量。土地生产潜力是指目前或者将来某一时期在合理有效的管理基础上，在能够保证土地可持续利用的前提下，土地可以生产出人类生活所必需的食物、纤维等物质的能力。它是土地人口承载力研究的基础，研究时经常是使用各种初始生产力模型进行计算。营养水平是指相应时期人类活动所必须消费的能量（主要指蛋白质和淀粉）和物质（主要指纤维）的数量。人口数量通常用人口密度指标来表示。如联合国 1997 年在内罗毕召开的沙漠化会议所定下的标准是，干旱区、半干旱区土地对人口的承载极限分别为 7 人/平方千米、20 人/平方千米。若超过此极限，就会陷入“越穷越垦，越垦越穷”的恶性循环，导致原本脆弱的生态环境的进一步恶化，最后甚至成为不毛之地。因而，在战略抉择时，干旱区、半干旱区的人口应与此人口承载力相适应。

土地人口承载力的研究方法可分为两类：系统动力学方法和农业生态区法。系统动力学方法是将土地看作是一个动态的系统，应用系统动力学的基本原理，从整体上分析人口、资源、环境和发展之间的关系，通过建立系统动力学模型，模拟不同策略方案下土地的人口承载力。农业生态区法是将区域生产条件（主要是气候和土壤）的相似性分成若干生态单元，研究各单元在一定的土地利用方式下（如不同作物、种植制度、投入水平）土地的生产潜力，然后以行政单元为统计单位，计算一定营养水平条件下，土地的人口承载力，即：

人口承载力＝土地生产潜力/人均营养水平

在发展战略研究中分析土地人口承载力的目的，不仅仅是探讨该区域能够养活多少人，还要提出增加土地潜力和调整控制人口的对策。例如在中国很多地方存在着土地生产能力与区域人口容量（或者说人口密度）成正相关的关系，出现“双高双低”的特征，即土地生产能力较高的地方，人口密度大，经济较富裕，而土地生产能力较低的地方，人口密度小，经济较贫困。这说明，提高土地生产潜力是提高人口容量的重要措施。而提高土地生产潜力，一是要充分提高现有土地利用率，适当提高垦殖指数，把荒地资源充分利用起来；二是要增加农业的投入，提高现有耕地单位面积的产量。由此，我们便可以提出发展战略对策。

4）区域创新活动

创新活动，尤其是技术创新，是人类社会经济发展的基本推动力量。一个国家或一个地区的强盛和衰落无不与创新活动有关。“创新”这个概念较早由经济学家熊彼特在他的《经济发展理论》一书中提出，是指建立一种新的生产函数，将生产要素和生产条件进行新的组合并引入生产体系的活动。在具体的意义上，创新可以看作是一项发明被首次应用于一个新的领域，包括以下五种情况：①新的技术，即新的生产方法；②新的产品；③新的原材料；④新的市场；⑤新的组织。创新是经济发展的一个内在因素。现在把创新活动大致分为三类，即技术创新、组织创新和制度创新。创新活动具有突出性、随机性、偶然性等特点，不均匀地分布于各个地区和各个部门。由于创新活动可以带来高额利润，所以各种资源（包括劳动力和资金等）必然大量涌向有技术创新的地区和部门，从而造成部门和区域经济差距的扩大，这种差距的存在又是技术扩散的基础。创新活动扩大了经济差距，而技术扩散则缩小了这种差距。

创新活动要素有四个：一是机会；二是环境；三是支持系统；四是创新者。创新者根据技术上的发明和发现，依据市场信息，抓住创新机会，在合适的开发环境和创新政策下，利用可以得到的资金、技术人员、设备等条件和内部的研究、开发、试生产、设计和生产营销等组织功能，就可以将技术改革成果应用于生产体系，并使其成果成功地到达市场并占领市场，获得商业化效益。从本质上说，创新活动首先是技术的产生，其次是试验、生产，最后是效果的产生。

创新活动是要有一定条件的。首先，必须有从事创新的专门人才。现代技术创新往往是各种专门人才密切合作，联合攻关的结果。其次，必须有充足的资金和灵通的信息。技术创新是一项风险性很大的活动，不仅要有充足的资金，而且必须把握住千变万化的市场需求信息。由此便不难理解，技术创新起源一般多在大都市和经济发达地区。因为：①大都市和经济发达地区科技文教事业比较发达，拥有各种各样的专门人才，掌握先进的科技信息；②大都市和经济发达地区金融业比较发达，便于多渠道筹集资金；③大都市和经济发达地区市场比较活跃，消费层次较高，需求信息反应快，主导着消费市场的变化。

创新与扩散是密切相关的。创新是扩散的基础，扩散是创新的目的。没有扩散，创新便不可能有市场，也产生不了经济效益。技术扩散是指创新技术通过市场或非市场的渠道的对外传播。技术扩散的领域很广：从经济领域看，有在本部门内的扩散、在部门间的扩散和在整个经济领域的扩散；从地域范围看，有在地区内扩散、在地区间扩散和在国际扩散。

创新和扩散活动具有生命周期，这种周期性是经济波动的内在机因。荷兰经济学家冯·杜因的技术创新生命周期理论，解释了创新—扩散活动的生命周期。冯·杜因认为，创新与扩散活动都要经历如下四个阶段：一是介绍阶段，存在大量的产品创新，技术选择机会很多，对需求了解甚少。新产品和新技术层出不穷，企业之间的竞争集中在产品的性能上。二是扩散阶段，创新技术和产品在社会范围内得到广泛承认，生产新产品、采用新技术风靡一时。这个阶段的特点是技术标准化，产品数量减少。三是成熟阶段，以渐进创新为主，强调节约劳动，节约成本。新技术产业的发展达到了顶峰，企业间的竞争主要集中在生产规模和市场份额上。四是衰落阶段，新兴产业已经饱和，出现产品过剩，投资萎缩，原来的新产品、新技术变成了旧产品和旧技术，标志着一个创新周期的结束。当新技术再次出现时，又开始新的创新的介绍阶段。如此周而复始，推动经济波浪式发展。创新活动的四个阶段与宏观经济波动的复苏、繁荣、衰退、危机四个阶段有一定的对应关系。在技术创新的介绍阶段，新产品的产生和新技术为经济复苏带来了光明；在扩散阶段，新技术带来高额利润，使劳动力和投资以及劳动力在新兴产业的集聚明显减退，经济增长率下降；在衰落阶段，新技术变得陈旧，产品过剩，产生经济危机，劳动力和资金从“新技术”产业向外扩散。当新技术再次出现时，开始下一轮新的周期。

美国麻省理工学院的跨国企业问题专家R·弗农研究了创新、扩散活动与产业结构、国际经济的关系。他总结了国际贸易对美国等高度工业化国家工业结构的影响，于1966年提出了产品循环学说。他认为产品创新存在如下四个过程：产品导入期——本地研制新产品问世，扩大市场，直至国内市场饱和；产品增长期——新产品出口到国外，开拓国外市场；产品的成熟期——随着国外市场的形成，伴随着产品的输出，出现资本和技术的出口，把工厂外迁到国外生产成本低的地方，促成资本、技术与当地廉价的劳动力、市场和其他资源的结合，在输入国发展这种“新产品”生产；另一新产品研究开始或新的循环起点期——由于国外“新产品”生产能力的形成，产生“飞旋镖效应”（飞旋镖是澳洲土著民族的一种武器），或称“反回头效应”，“新产品”以更低的价格打回本国市场，使原来开发新产品的国家不得不放弃该产品的生产，输出国变成了输入国。新产品研制国家受到国外竞争压力的威胁，将转向研究开发更新的产品。

技术创新和扩散活动是由其内在的经济利益驱动的。在技术创新介绍阶段，由于技术不成熟，产品不定型，产品的竞争主要是质量的竞争，因此，新产品的首次商业生产一般在于创新源。到扩散阶段，技术渐趋成熟，产品定型，大规模的流水生产线出现，生产规模成了竞争的关键。但由于经济发达地区或大都市地价高、工资水平高，环境问题也日益严重，逐渐丢失竞争的优势。因此技术创新成熟期，即是创新产品的商品生产由发达地区和大都市的创新技术，向落后地区和城镇引进技术的流动过程。

以上是创新技术转移的一般过程。其实，任何一个区域都可以而且应该通过两个途径求得新的技术，获得新的产品。一是区内创新；二是从区外引进创新。一个区域要求得到技术的进步，获得新的发展动力，需要形成激励创新的机制，从政策、环境上切实保障创新活动。但是对于经济不发达地区和一般城镇来说，尤其是落后的基层地方，技术引进更有现实意义。因为技术引进可避免漫长的探索、发现和研究过程。一般而言，重大的创新成果，从研究、试验、设计到投产，通常要 10 年甚至更长的时间，而引进技术，也许只需要二三年就可以投入生产。技术引进可以节省大量的科学研究和试验阶段的经费。引进技术既包括技术软件的引进，也包括生产设备等硬件的引进。在引进技术的基础上，通过自身的消化、吸收，以及深化、创新，常常可以得到新的创新成果。因此，不发达地区和一般城镇，可以利用“飞旋镖效应”，尽可能减少投资多、风险大、历时长的技术开发过程，从发达地区和大都市引进资金、技术，利用本地低工资、低地价等优势和市场，亦可以发展现代产业，待发展至相当规模时，再将产品打回发达国家或发达地区的市场。这样，可以加速产业结构的转换，较快地缩短与发达国家或发达地区的经济发展差距。

日本经济学家赤松在研究后起国家的幼小产业变为可以在国际市场上具有竞争能力的现代产业时，把这个过程比喻为“雁行形态”。他的“雁行形态学说”认为，幼小产业要变成具有强竞争能力的出口产业，对于落后地区来说应当遵循“进口→国内生产→出口”模式，相继交替发展。这种“进口→国内生产→出口”的进展过程，在图形上像三只大雁在飞翔，第一只雁就是进口的浪潮，第二只雁是进口所引发的国内生产的浪潮，第三只雁是国内生产发展所促进的出口的浪潮。雁行形态发展理论，揭示了后起国家实现产业高级化的进程，是创新和扩散活动富有成效的一种解释。

区域发展战略抉择，要研究本区域创新活动条件，与创新源地的关系；要研究区域主导产业，特别是名牌产品处在社会创新和扩散活动中的地位。如果是经济发达地区，推动技术不断创新的活动，有可能会出现产业结构的老化和衰退。在经济不发达地区，规划时要注意培育创新活动机制，或者选择基础较好的城镇，或者建立新技术园区，引进新技术，促进地区经济发展。当然，不发达地区不能单纯依靠引进技术来发展经济，在引进技术的同时要重视对引进技术的消化和创新，否则将永远赶不上发达地区，而长期处于被动、后进的地位。

（2）分析区域发展的外部环境

区域发展战略不是作为口号，用来孤芳自赏的，而是用来指导社会经济发展，指导国民经济建设和全局土地利用的，在某种意义上来说是用来竞争的。因为区域不可能封闭式的孤立发展，它要受到区域外部环境的制约。外部环境往往通过市场这只“无形的巨手”，左右着各个国家或各个地区经济的发展。因此，发展战略的制定，必须考虑区域的位置，区域所处的环境，世界市场发展的趋势，才能使编制出来的战略，引导区域在大环境中求得生存和发展，在市场竞争中出类拔萃。

环境原意是周围地方的条件和情况，它的内容当然十分广泛，如经济环境、社会环境、文化政治环境、军事环境、科技环境、法律环境等。这些都是区域发展所面临的外在环境，只是以不同的侧面或重点呈现。

区域发展所面临的外部环境研究，可以从三个侧面分别进行：

1） 总体环境

“总体环境”是通常所说的各种“大环境”，例如经济、社会、文化、科技、军事、政治、法律、风俗等。这种环境是每一个国家和地区甚至每个企业、每个人都会面对的环境。基本上，每个人、每个企业、每个地区所面对的总体环境是等同的。而且更为重要的是，一个人、一个企业、一个区域难于影响或改变总体环境，往往只能观察它、适应它。

总体环境的分析评价，可以从高到低、从大到小分层次进行。

审时度势，了解世界发展变化的总趋势。洞察天下大势，才能驾驭时代风云。尽管是研究一个地区的发展，也必须懂得世界经济变化的趋势及各地的对策。当前，世界经济发展的三大趋势，即世界经济发展一体化和经济区域化局面并存的趋势、发达国家的资本向发展中国家转移的趋势、世界经济重心由西向东转移的趋势，对世界上各个地方的经济发展都将产生影响。信息化加速了经济发展的总趋势。在当今时代，几乎没有一个国家和地区可以与世界隔绝，能挡住世界经济发展的总趋势影响。所以在制定战略时也必须认真考虑区域与世界经济的联系以及全球经济发展的总趋势。

了解全国的经济发展形势，自觉接受全国或高层次区域发展战略的约束。对于区域发展来说，既和世界经济相关，但更紧密、更直接地与全国及高层次的区域经济联系在一起。因此在区域发展战略研究时，应该重视全国的或高层次区域的战略目标和各种战略部署。特别是在考虑经济增长速度、经济发展水平、人口控制指标、农田保护区面积等问题时，区域发展的目标应尽可能与全国的或高层次区域的要求相协调。

了解周边地区的情况，分析区域与周边地区的关系。研究周边环境，目的在于比较区域的绝对优势和相对优势，分析区域在地域分工中所能起到的作用、能力及可以扮演的角色。了解周围地区生产要求的禀赋情况，研究周围地区的经济结构、发展水平、市场状况，可以更清楚地认识区域的优势和劣势，凸显区域的地位和功能。如对黄河三角洲周围环境的分析，会对该三角洲未来的功能有清楚的认识。黄河三角洲位于山东半岛和辽东半岛之间，北依京津唐，南连“青烟潍”的关键部位。随着德（州）东（营）铁路和黄河港的建成，黄河三角洲将与陕、晋、冀、蒙等省区连接起来，形成以能源开发为中心的沿海与内地经济融合发展的纽带，成为沿海与内地连接通道的桥头堡。

2）产业环境

一般是以区域已有的或预定的主导产业和重点产业来研究外部的环境，分析这些产业发展的机会和障碍。障碍也可称为“威胁”。区域外部某一项因素有利于该产业的发展，或者这个因素本身就创造了一些获利或产生其他利益的可能，而区域又具备该产业发展的条件，都可称为“机会”。反之，如果区域外部某项因素对该产业的发展不利，或者会使该产业的获利或增长停滞，这项因素对区域而言，就是障碍，或者称为“威胁”。

对于外部环境的分析，要掌握有关影响产业发展因素的变动趋势，而不在于各因素现状本身。因为外部环境的变动，才会产生产业发展的机会或威胁。如果环境没有变动，那就是维持区际现况，未来的发展格局也不会发生什么大的改变。

在传统的高度中央集中的指令型计划经济体制下，基本上不存在国内区际贸易摩擦，各地区产业发展千篇一律，都是一个模式。由高度中央集中的计划经济向以市场为主体的商品经济过渡后，区际经济关系出现两种类型，一是以地方政府为利益主体，以行政区划为界线的行政性区际关系；另一是以企业为利益主体，超越行政区划为界线的市场性区际关系。随着地方政府经济权益的增加，地方贸易保护主义日渐抬头。如画地为牢，限制地方资源流出，限制外地加工产品销入，用经济杠杆保护地方产品等，这些行为是反商品经济的行为。因为商品经济就是市场经济，它是一种开放性、无边界的经济。因此，随着市场经济的完善，实行全方位的对外开放政策，地方保护主义的行为势必受到冲击。在商品经济条件下，各区域都将依其资源禀赋条件和技术、经济优势，参与区际分工，发展自己的主导产业和重点行业，并相应地获取一定的比较经济利益。在商品经济条件下，产业环境分析必然成为战略抉择中的重要内容。

产业环境分析的项目很多，包括产业结构分析，探讨影响产业发展的各种动力，以及影响这些动力的决定性因素；生产状况分析，如生产类型、原材料来源、生产成本、生产的附加价值、规模经济利益等；产品状况分析，如产品类型、替代品等；产品市场状况分析，如产业的成熟度、销售对象、销售范围、进出口状况等。还包括产品生产环境分析，相关联的产业发展状况分析及相关技术研究、开发状况分析等。

3）企业或公司环境

企业或公司环境分析，一般只有极小的地域范围编制规划时才予以研究。它与产业环境似乎相当接近，但也有些不同。其中最大的差别在于，产业环境基本上是从同一行业的全体的角度去分析，而企业或公司环境更多的是从单一企业或公司的角度去考虑。某一单独的企业或公司对区域产业或许有可能发挥影响力，尤其是具有垄断性的公司，但个别的企业或公司毕竟只是产业中的一小部分，影响力很小。产业通常是由很多不同的公司和企业组成的。

（3）提出战略构想

当对区域内部的发展条件和区域外部的环境进行综合分析评价后，就可以根据经验、凭借直觉或模仿别处的战略，提出发展战略构想方案。

提出战略构想方案是将结合区内发展条件和区外发展环境的分析研究的结果，综合思考出一条适合区域未来要走的路。这是战略抉择过程中最困难、最关键的环节，也是最富有意义的结果。

一般来说，提出战略构想的基本原则是，要对区域发展的机会和障碍、区域发展的优势和劣势作综合分析研究。综合分析时常常是两两组合，在组合分析比较结果中挑选出较合适的方案。

特性组合可能出现四种情况：第一种，可能是环境中出现了机会，而区域恰好有这种优势；第二种，可能是环境中存在一些障碍，但区域在这方面仍有强势；第三种，可能是环境中存在有机会，但区域在这方面并不具备优势；第四种，可能是环境有障碍，而区域在这方面也处于劣势之中。

综合分析结果表明，区域要向第一种可能的方面去努力，并且依第一种情况制定战略，提出决策；在第二种可能方面，区域将面临不少竞争和不利的因素，制定战略的重点在于如何排除障碍，如何应对危机。在第三种可能方面，区域必须把握一些发展的机会，或者遇到其他周围地区的实力也不强的情况下，应努力去争取，否则会错过大好时机。在第四种可能方面，区域不应去发展，不应依这种情况提出发展的努力，避之唯恐不及。

5.1.2 经济发展战略

在国际上已有许多区域经济发展战略的理论模式，这些模式都是由各个国家和各个地区根据自身的制度和特点提出来的。理论模式形式多样，就其类型来说，大体上可分为经济发展战略模式和空间发展战略模式两大类，而它们又是互相交叉和相互关联的。经济发展战略包括以下类型：

1. 自主发展战略

自主发展战略思想是从殖民经济的历史，从殖民地与宗主国之间的关系出发而提出来的。其基本的战略思想是，要发展就是要自立，摆脱不发达国家对发达国家的依附关系。

自主发展战略的理论依据是：不发达国家与发达国家的出现是同一历史过程中的两个方面，是同时期出现的事物，落后国家是国际政治、经济、社会、文化的产物，是资本主义殖民主义的结果。不发达不是由于那些地区孤立于世界潮流之外，也不是由于那里有古老体制的存在和资本缺乏的原因。那些地区经济不发达正是几个世纪以来参加资本主义过程所造成的后果。

自主发展战略从社会政治制度层面上揭示了落后地区不发达的原因，而且揭示了发达国家与不发达国家在历史发展过程中宗主国与卫星国的关系。落后是依附关系造成的。落后的处于卫星国地位的不发达国家，与处于宗主国地位的发达的帝国主义国家均是整个资本主义体系的组成部分。宗主国从殖民地和卫星国中榨取资本，掠夺原料，殖民地和卫星国由宗主国控制，受宗主国支配。宗主国要极力推行和维护这种垄断结构和剥削关系，这是殖民体系结构和依附关系的实质。依附关系的存在，使不发达国家和发达国家之间的经济发展不能平等竞争。

自主发展战略认为，宗主国与卫星国的依附关系，既存在于国际之间，也存在于不发达国家内部落后地区。必须摆脱依附关系，取消不平等性，建立新的平等的结构和关系，才能取得发展。在不发达国家内部，必须进行彻底的政治和经济变革，摆脱依附关系，平等地发展，才能改变落后的经济状态。

自主发展战略触及到了社会政治制度问题，提出各地区要自主发展，取消附庸的依附关系，革命性较强，故被称为“激进派战略”。

2. 高速度增长战略

经济增长速度问题是宏观经济学的重要组成部分。发展中国家、经济比较落后的地区要赶上先进国家的经济发展水平，进入现代化的社会，必须加快经济发展的速度。所以经济增长速度问题对于发展中国家和发展中地区来说，是一个非常重要的问题，是形势的要求，也是经济发展的客观需要。许多发展中国家一向把高速度作为经济发展的战略目标，制订经济计划，特别强调工农业总产值增长的百分比、国民收入的增长率以及国民收入分配中的积累比例。

经济高速度增长具有积极的意义，是资本主义发达国家曾经经历过的阶段，故高速度增长战略又被称为传统的经济发展战略。所谓“传统”就是指发达国家经历过的“模式”。许多国家在一个很长的时期里一直以国民生产总值的增长速度作为经济发展的目标。第二次世界大战后，经济增长成为西方世界很多地区最紧迫的问题被视为“第一等优先的经济论题”。

经济增长是指国民生产总值的增加，也就是所生产的商品和劳务总量的增加。美国经济学家西蒙·库兹涅茨曾给经济增长一个较完整的定义：“一个国家的经济增长，可以定义为向它的人民提供品种日益增多的经济物品的能力的长期增长，而生产能力的增长所依靠的是技术改进，以及这种改进所要求的制度上和意识形态上的调整。”它包含三层意思：①经济增长的结果和标志，是商品和劳务总量的持续增加；②技术进步是经济增长的源泉；③制度和意识形态的调整是利用先进技术实现经济增长的保证。库兹涅茨的定义提示了经济增长的实质，是经济增长历史经验的概括。

国民生产总值的增加与生产的投入和产品价格有关。如果能有较大规模的积累，有较多的生产投入，且有较高的产品价格，那么生产总值也就愈高，国民生产总值的增长速度也就愈快。因此，以国民生产总值的增长速度作为战略目标，自然会强调不断地加强资本积累，实行扩大再生产；会强调工业化，强调现代化大规模生产的发展；会强调高消费，生产更多的高价值的商品。

谋求较高的经济增长速度，对于地区经济发展有积极的意义，在各国经济发展中起过重要的作用。日本、德国依靠高速度，迅速医治了战争的创伤，出现了“经济奇迹”，成为经济强国。中国香港、新加坡、中国台湾和韩国依靠20世纪60年代以后的高速度，成为亚洲“四小龙”。但是，高速度的经济增长必须以资金、资源、技术、设备为基础，要有丰富的资源和大量的投入，有良好的设备和技术改进，才能使产品进入国际市场竞争，维护较高的经济增长速度。而这些条件又恰恰是发展中国家和落后地区所不具备或难以得到的。一些国家和地区，为了追求高速度，依靠大量的外援资助，负债累累，造成沉重的负担；有些国家和地区，大量增加国民收入分配中的积累比例，压缩消费品的生产，造成生活质量提高缓慢，市场供应紧张，或者就业困难，人们生活水平长期难以提高；有些国家和地区片面追求高速度，造成能源紧张、资源枯竭、环境污染、产业结构失调等一系列的弊病。美国经济学家R·戴维在《变通发展战略与适用技术》一书中指出，在推行传统发展战略的国家中产生了二元社会经济结构，“传统战略引进贫困、失业与收入的不平等”，“只是富者变得更富”，“将在发展中国家内部以及发展中国家与发达国家之间扩大或造成种种的依赖关系”。

3. 变通经济发展战略

实行高速度、高指标的发展战略，虽然可能使经济得到迅速增长，但是产业结构和人民的福利往往得不到改善。经济增长很快，人民生活水平却变化不大，社会没有明显的进步，这种现象被称为“不发展的增长”。有些国家确实曾有过这种历程。中国在20世纪50年代至70年代，长期用工农业产值指标来反映经济状况，强调产值的增加与产值的增长速度，而不强调生活消费品的产量和人均消费品的占有量，生产资料与消费资料生产结构不协调，一个奇重、一个奇轻，结果，虽然产值增长速度不慢，但人民生活实际水平却提高不快。

为了克服“不发展的增长”，西方从20世纪50年代起就强调要将增长与发展加以区别。增长（growth）是指国民生产总值的增加，而发展（development）是指如何由不发达状态过渡到发达的状态。发展伴随有经济结构和社会结构的改善以及技术进步等意义。

明确国民生产总值的增加或工农业产值的增加并不一定意味着发展，却在理论上和实践上都有积极的意义。因为以产值或产量作为衡量经济发展水平的标志，其根本的不足之处在于，它只是生产指标，而不是消费指标。可是经济发展的最终目的是为了提高生活水平，改善生活质量。因此，变通的经济发展战略就是针对“不发展的增长”而提出来的。它把满足人的基本需要作为战略目标。它追求发展，而不追求增长。对于落后地区而言，发展显然是要改变贫困、失业和不平等的状况。联合国第二个十年发展（1970—1980）战略目标，已不像前十年那样集中于国民生产总值的增长，而是注重教育、保健、住房、收入分配、土地制度等生活水平、生活质量方面的内容。

变通发展战略是传统经济发展战略的进一步发展，把以满足人们的基本需要、人民生活水平的提高为战略目标，故被称为以生活质量为中心的战略。这种战略并不否定经济增长的必要性，但更强调国民经济的增长必须有人民大众基本需求的增长和福利的增长为基础。当然，人民生活水平的提高与经济增长速度密切相关。不能只强调生活水平的提高而忽视经济增长速度。没有经济增长，生活水平的提高便没有基础，也只能是一句空话。没有生活水平的改善和提高，群众没有积极性，经济增长也难以持久。它们两者之间的关系存在着三种情况：

一是福利“滞后型”，经济增长速度远远快于人民生活水平提高的速度。

二是生产、福利增长“同步型”，生活水平提高速度与经济增长速度大体平衡。

三是福利“超前型”，生活水平提高速度比经济增长速度还快。

通常采用人均国民收入指标来反映人民生活水平，但两者含义并不完全等同。因为生活水平、生活质量还受到人口、环境、生态、物价等因素的影响。考虑变通发展战略时，必须强调人们的实际收入和生活质量提高的程度。

4. 初级产品出口战略

区域经济增长和对外贸易是紧密联系在一起的。如果出口增长快于进口，对外贸易就能刺激经济增长。相反，如果进口增长率高于出口的话，对外贸易就有可能成为经济增长的一大障碍。

出口是经济增长的发动机。一个国家、一个地区不可能在自给自足的水平上，仅仅依靠国内市场来带动经济发展。随着社会的发展，生活水平的提高，人民的生活需求越来越广，但是几乎没有一个国家能够自己出产所需的一切商品，因为没有一个国家能有幸得到每一种矿物及各种各样的气候和土壤等自然条件。就算一个国家有幸拥有一切的自然条件、自然资源，但完全自给自足，不实行国际地域分工，在经济上也不合算。对于发展中国家和落后地区来说，经济起飞常常要靠大量的外资启动，或者要引进技术、设备，以满足国内的需要和促进工业化的进程，发展对外贸易也是本身经济发展的需要。

初级产品出口是经济起飞国家和地区一般的发展战略模式。经济较落后的地区和产业结构以农业为主的地区，为取得外汇，往往是利用当地的自然资源优势和农业的相对优势，出口初级农产品或矿产品。然而，用初级农产品和矿产品出口，与发达国家的工业品实行不等价的交换，必然会蒙受很大的损失，而且这样的贸易关系具有明显的脆弱的依附性。国际市场价格的波动，对仅仅依赖少量的初级农产品和矿产品出口的国家将产生极大的影响。但发展中国家由于经济落后，往往只能由此换取外汇，也不得不为之付出代价。

初级产品出口战略是最低层次的发展战略，其突出的缺陷是：①生产地比较分散，规模较小，常造成资源浪费和环境污染；②产品深加工少，产业链过短，资源综合利用水平低；③初级产品生产技术层次低，科技含量少，能耗、物耗一般比较高。总的来说，初级产品出口经济效益比较低。如果长期采用这种战略，对区域发展的作用无多大的好处。可是，由于以初级产品出口作为经济发展的开端，比其他办法容易得多，所以历史上几乎每个发展中国家都是通过初级产品出口的增加来启动经济的增长。因为在低水平的经济发展阶段，缺乏制造业发展的技术和设备，而农产品产量的增加和矿产品产量的增加更容易实现。

当然，从区域进一步发展的要求来看，初级产品出口要逐步向资源集约化开发，即向资源深加工化方向发展，实现多层次增值，使初级产品发挥更大的作用。

5. 进口替代发展战略

所谓进口替代，是指国内生产去替代过去依靠进口的产品，以满足市场的需求。在国际市场上，发展中国家生产的农、矿初级产品价格不断下跌，而发达国家生产的消费品价格不断上升，不平等贸易关系日益突出。为了克服发达国家与发展中国家之间的不平等交易，发展本国的民族工业，发展中国家努力发展一些原来依靠进口的货物的生产，以供国内少数富裕阶层消费。发展中国家为了发展这类产品的生产，同样需要用外汇引进设备和技术，或者进口零部件，并且需要用高关税保护本国的工业产品。

进口替代可以在一定程度上刺激民族工业的发展，但面临着一个尖锐的矛盾：既需要有国际市场的外汇流入，又缺乏在国际市场上具有竞争能力的商品。所以发展中国家常常在实施进口替代政策时需要出口初级产品或者借用外债。

进口替代战略的积极意义在于使民族工业中的消费品工业得到发展，加强发展中国家独立发展经济的能力，能够减少经济上的对外依赖。这种战略在许多国家和地区的确曾收到实效，但是进口替代政策对刺激民族工业的发展是有限的，因为它并不能完全消除对外依赖性，依然要在很大程度上依赖进口。它只是改变了进口商品的结构，从成品进口改变为进口国内不具备的原料、技术专利、机器设备、中间产品与资本等。当发展中国家用高关税保护民族工业时，发达国家也使用各种措施破坏关税保护，抵制发展中国家的进口替代。所以，进口替代战略常常出现无能为力的状态。当进口替代活力耗尽时，经济又会回到出口初级产品的老路上去。

6. 出口替代发展战略

所谓出口替代是指以新的产品（制成品）取代传统的初级产品出口，将本国制造业的产品推向国际市场。这是发展中国家有了一定的工业化程度后采取的战略。这些国家经济一般具有二元结构特征，即一部分是传统、落后的经济，而另一部分却具有现代化的经济特征。它们以本地廉价的劳动力与发达国家的资金、技术相结合，发展出口产品的生产。出口产品中有的是半成品，有的是成品。这些国家力图提高劳动生产率，改进产品质量或开拓新的产品，以加强产品在国际市场上的竞争能力。他们通过发展外向型工业，增加外汇收入，增加就业机会，从而加速外向型经济的更快发展。

20 世纪 60 年代以后，巴西、香港、新加坡、韩国、中国台湾等地区采用出口替代战略都取得了显著成效。这种战略之所以能取得良好的效果，有两方面的原因：一是这个时期世界处于和平发展的阶段，发达国家的经济相对比较稳定；二是随着新技术的发展，少数发达国家调整内部产业结构，把一些传统的产业和部分技术密集型产业的零部件生产，随着资本的输出而向发展中国家和地区转移。于是，那些能抓住机遇，及时引进资金、引进技术，迅速接受转移的地方就得到了发展的机会。他们实行的出口加工业促进经济发展的战略便有了显著效益。

实施出口替代发展战略，可以通过保持较高的出口增长率来保持较高的经济增长速度。但是，实施出口替代发展战略必须注意如下几点：

一是出口替代产品的生产，是以本地廉价的劳动力，甚至连带市场与国外资本、技术结合而形成生产能力，工业发展的依附性还相当强，难于从根本上改变自身的经济地位。

二是出口产品的加工工业，门类很不齐全，多数还是劳动密集型的产业，劳动生产率的增长速度往往远远低于产值的增长速度。

三是经济发达国家为了保护本国的产品生产，往往用关税壁垒来限制进口，实行贸易保护主义，使发展中国家的出口替代战略受到障碍。

四是由于出口加工业的生产往往是依赖国外资本与技术的流入而建立起来的，甚至连设备、原材料等都依赖进口，因而有可能出现产品出口增加快而进口增长更快的现象。结果，出口的实际收入相对减少，而外资利润流出和外债还本付息却有增无减，国际收支逆差不断扩大，外债负担日趋严重。

7. 信息化发展战略

信息化发展战略是根据世界性新技术革命的趋势，针对所谓后工业社会而提出来的发展战略模式。

美国社会学家丹尼尔·贝尔在其著作《后工业社会的到来——社会预测尝试》（1973）中提出，美国完成第一次产业革命后，由农业社会转入工业社会，又经过100多年到现在进入“后工业社会”。他认为“后工业社会”有五个显著特征：

一是经济上由制造业为主向服务业为主转化；

二是劳动力的职业构成发生变化，专业的技术劳动者占突出的地位；

三是理论知识在社会中居于核心地位，科学技术成为社会的中轴；

四是科学技术的发展是有计划有节制的，要对科学的发展进行评估和控制；

五是通过智力技术，对各项政策制定作出决策。

贝尔的理论性认识与社会实际相差较远，但他的思想对后来的研究者起到了引导作用。如托夫勒的三本著作中，1970年出版的《未来的冲击》，以及1980年出版的《预测与前提》均阐释了贝尔的思想见解。

托夫勒的三次浪潮是指人类社会的文明可分为三个阶段：第一次浪潮是农业阶段，即由渔猎游牧社会到农业社会，历时数千年到一万年；第二次浪潮是工业阶段，即工业文明的兴起，至今不过三百年；第三次浪潮为“超工业社会”，可能只要几十年就能完成。他认为第二次浪潮的特点是群体化、标准化、同步化、集中化、大型化，第三次浪潮时期的特点是多样化、个体化、小型化，第三次浪潮以信息技术为基础。

奈斯比特在1982年出版的《大趋势》中，把贝尔所称的《后工业社会》明确改称为《信息社会》。日本经济学家松田米津在1983年出版的《信息社会》一书中，对信息社会与工业社会做了比较，认为信息社会与工业社会将有很大的不同，核心技术由蒸汽机转变为电脑，动力革命转变为信息革命，主导工业由制造业转变为智力工业，产品由耐用消费品转变为生产知识化和电脑化等。

信息化发展战略的基本思想是面对新技术发展的态势，决定一个国家或地区经济发展的关键，不再仅仅是工业化，而是比工业化更为重要的信息化。信息化需要知识。信息化的重要标志和结果，就是智力产业部门的发展。实施信息化发展战略，就是要发展智力产业部门，要发现、收集、获取新的信息，并使先进的信息转化为新的生产要素，促进经济的新发展。

5.1.3 空间发展战略

空间发展战略一般包括平衡发展战略、不平衡发展战略和梯度推移战略等。

1. 平衡发展战略

平衡是物理学中的名词。当一个物体同时受到方向相反的两个外力的作用，这两种作用力恰好相等时，物体便处静止状态，这种状态就是平衡。把平衡的概念引入经济活动领域，主要指经济活动中各种对立的、变动着的力量处于一种力量相等、相对静止、不再变动的大状态。规划中的地区平衡一般是指地区之间的经济发展水平、发展速度、人均国民收入等经济发展指标处于大体相当的状态。

平衡发展战略思想首先来源于政治上的“公平”、“平等”等要求。在资本主义社会，由于资本主义剩余价值规律的作用，区域间生产力布局极不平衡，经济发展水平的地区差异悬殊，宗主国与殖民地之间的依附关系束缚了落后地区的发展。因此，逐步缩小地区间经济发展的差距，平衡布局生产力，使地区间经济发展水平和人均分配收入水平趋于平衡，长期以来被认为是社会进步的标志，追求“公平”、“平等”成了许多规划和发展计划的目标。比如20世纪40年代末期的中国，生产力分布畸形，工业集中在东部沿海省市。全国工业总产值七成以上分布在占国土面积约12%的沿海狭长地带，而占国土面积将近七成的西北、西南、内蒙古等内地地区，工业总产值仅占全国的一成。为了改变这种极不合理的生产力分布状况，从20世纪50年代起，国家便提出了有计划地、均衡地在全国布置工业的指导方针。

苏联的计划工作者认为，以公有制为基础的社会主义社会，能够有计划按比例地配置生产力，因此特别强调均衡地配置区际生产力是生产力布局的基本原则，甚至把平衡配置生产力当作是社会主义与资本主义生产力布局的主要区别之一。在这种思想的影响下，我国也曾在很长一段时期内把均衡发展，平衡配置生产力摆到生产布局和地区规划的重要位置。

在片面追求区域平衡发展目标的思想影响和支配下，我国生产力布局在由东部沿海向西部内地推进的过程中，曾出现过两次大的高潮和两次小的热潮。第一次大高潮是1953～1956年，第2次大高潮是在20世纪60年代中期至70年代初；两次小热潮分别出现在1958～1960年以及20世纪70年代末至80年代初。大高潮的表现是内地基本建设投资大幅度增加，工业基地建设转向内地。小热潮推进的表现是工业基地“遍地开花”，工厂布置“星罗棋布”。

然而，实践结果表明，平衡发展与经济效益是很难统一的。平衡发展思想主要是从地区关系角度提出来的要求，而不是把经济效益摆在首位。要达到地区平衡发展的目的，必然要对不发达地区增加大量的投资，改善那里的基础设施状况，投资建设一大批新的工厂企业和一系列其他的活动服务设施。但是，由于不发达地区投资环境差，基础薄弱，投资的经济效率较低。同时，在不发达地区投放大量的资金、技术、设备，必然使得在发达地区的投入减少，影响了发达地区的经济增长，使全国和区域系统的整体效益受到影响。平衡发展与经济效益的尖锐矛盾，不得不使人们重新思考平衡发展目标的合理性，并引起对平衡布局原则的批判，转而追随地区间不平衡发展的战略。

2. 不平衡发展战略

（1）不平衡发展战略的思想基础

不平衡发展战略的思想基础是：平衡是有条件的、相对的和暂时的状态。地区之间经济发展不平衡是客观的、绝对的、永恒的。因此，每个国家都会有一些地区比别的地区更富裕，一些地区会比其他地区发展得更快。企图对全国各地都等同对待，或者对全国各地都投入等量的资本，以此来编制规划，无疑是不合理、不经济的，因为这样的规划违背了经济不平衡发展的客观规律。地区经济不平衡发展的主要原因是：

1）经济发展条件的地区差异

世界上各地区的自然条件和自然资源千差万别，几乎不存在完全相同的两处地方。自然条件和自然资源的地区差异是造成社会经济发展不平衡的初始原因。虽然科学技术的进步，使人们能够不断改造周围的环境，利用过去无法利用的资源，能够在某种程度上改变某些自然条件，但是人们不能消除因素条件和资源的地区差异造成的差异，无法消除它们对不同区域经济发展的促进或抑制作用。不同的区域具有不同的经济增长潜力。由于各区域地理位置不同，资源的丰富程度和组合不同，各地区投资环境不同，各地的产业结构和经营管理水平也不同，因此各地的经济增长潜力的大小不同，地区经济增长就会产生差异，形成发展的不平衡状态。

2）规模经济和集聚经济的促成作用

地区经济发展水平越高，越有可能从规模经济和集聚经济中获益，使其在地区竞争中处于更为有利的地位。从世界产业分布的趋势来看，技术密集型的产业、高科技产业、规模大的现代企业有日益向经济发达地区集中的趋势。而这些企业的集聚，势必引起一系列为它们服务的运输业、邮电通信业、商业、饮食服务业、金融业、保险业、修理行业、文化教育、体育及卫生事业等生产性与非生产性行业也向这些地区集聚。产业在地区上的集聚，意味着人口的大量增加，而人口数量的增加又会引起一系列为当地居民服务的相关行业进一步发展，由此又将引起人口的进一步增长。如此不断牵动人口增长和经济发展的乘数效益，使地区发展获得一轮又一轮新的动力，从而导致发达地区比落后地区经济差距的进一步扩大，使发展的地区不平衡愈加严重。

规模经济和集聚经济的作用说明，一个地区一旦由于某种原因迈步在前，或者基于某种偶然的因素得到飞跃，这个地区就会得到一种增长的动力，使它像滚雪球一样越滚越大，就很有可能比其他地区发展得更快一些，甚至有可能在那里形成高度发达的城镇密集区。而与此相关的另一方面是，某些地区则恰好相反，将会相对的甚至是绝对的停滞。

（2）推进区域发展平衡的动力路径

采取不平衡发展战略会不会使地区差距不断扩大，地区之间的对立关系越来越严重呢？对此，有两种不同的学术见解。一种意见认为，通过不平衡发展可以达到平衡发展的目的，持积极的态度；另一种意见则持悲观的态度，认为不平衡发展会造成恶性循环，贫富更加悬殊。在不平衡发展中，平衡的力量会发生作用，使地区发展不平衡趋向平衡。其主要动力是：

1）在市场经济条件下，资金、劳动力与技术的自由流动，将导致区域发展趋于均衡

平衡理论认为，在自由竞争的市场经济条件下，市场的供应和需求是趋向平衡的。如果不平衡，资金和劳动力必然会发生流动，使供应和需求达到平衡。在正常的自由竞争条件下，即资金、劳动力的流动不受任何限制，劳动力总是从低工资的不发达地区向高工资的发达地区流动，以取得更多的劳动报酬。而不发达低工资地区，劳动力和地价比较低廉，生产成本相对较

低，在那里办企业相对可以获得较高的利益，所以资金会从高工资的发达地区向低工资的不发达地区流动。长期不断流动的结果是，终有一天，各地区的经济发展会趋于平衡。依此理论，在市场机制的作用下，每一个地区都可以分享到经济增长的利益。

20世纪80年代以来，作为综合改革先行一步的广东省，得天时、地利、人和，经济发展走在全国的前列，引起650万以上的民工像滚滚洪流，从四川、江西、湖南、安徽、广西等地涌进广东。他们不仅解决了广东经济发展对劳动力的需求，而且对振兴不发达地区的经济发展起到了重要的作用。湖北省通城县到广东省的民工在20世纪90年代初每年汇款回家400多万元，当地农民有种说法："不带钱、不带粮，当年脱贫盖洋房。"1992年贵州省输入广东省的民工达60多万人，他们仅通过汇款方式就寄回家现金达5亿多元，接近1991年贵州省乡镇企业所创6亿元利税总额，超过该省一年农业税收1.9亿元的1.63倍（南方日报，1994—01—03)，外出的民工不仅带回了钱财，也带回了先进的技术和管理经验，他们回乡后依样办企业，成了科技致富的示范户。这些资金、劳动力流通是促进区域平衡发展的一个很好的说明。

2）经济扩散作用，推动地区平衡

1957年缪尔达尔曾提出过循环累积因果理论，认为在经济循环累积过程中，同时存在着扩散和回流两种不同的效应。回流效应是指不发达区域的劳动力和资本流入发达地区，引起不发达地区的经济不景气。扩散效应是指发达地区到不发达地区投资，包括购买不发达区域的原材料、产品，把资金投入不发达地区，带动不发达地区的经济增长。1958年赫希曼也提出了与缪尔达尔的扩散与回流效应极为类似的极化与涓流效应，指出在经济增长过程中，总是同时存在集聚与扩散两种作用，在区域经济发展过程中，集聚和扩散是相互对立的，但又是统一的。工业向城市集聚，向发达地区集聚，促进了城市的扩大和发达地区的经济增长。但当它们达到一定限度后，城市和发达地区因过分集聚产生的环境恶化、土地和水资源有限、地价昂贵、住房紧张、交通阻塞、生活费用提高、犯罪率上升、生产成本上涨，又必然使经济由点到面扩散，由少数发达地区向广大相对落后的不发达地区扩散，使城乡差别缩小，地区发展趋于平衡。

美国区域经济学家埃德加·M·胡佛（Edgar Malone Hoover）研究了近百年来，特别是1930年以来美国各区域的人口增长、人均收入和经济结构的区际变化动向，结论是，美国区域间经济差距依然存在，但差距大大缩小了，美国各普查区人口增长率出现均衡的趋势。各区域的人均收入，在1880年以后，尤其是1930年以来，有一种均等化即趋同的趋势，区域间差异越来越小。各区域工业化的总趋势明显趋同，制造业在各区的分布越来越像人口的地理分布。这种平衡趋势，是区际横向联系起到自动强化与自动限制作用，也就是集聚与扩散作用的结果。

3）区域开发过程的交替变化，促进地区平衡发展

如区域经济发展初期，由于交通运输和就业机会等的限制，不发达地区的劳动力迁移具有明显的选择性，往外迁出的一般是有技能的或有较高教育程度的青年劳动力。但随着经济的发展和运输业的发展，以及不发达地区就业机会的增多，劳动力迁移的选择性逐步消失，而且当发达地区劳动力市场趋于饱和时，原来向外迁移的熟练劳动力亦开始返回不发达地区。其次，在资金的流向上，在经济发展初期，由于发达地区集聚的经济效益，不发达地区资金市场的不健全，使资金亦流向发达地区。但随着经济的发展，全国资金市场的健全和完善，导致发达地区投资回报率下降，甚至投资收效小于发达地区，故资金将回流到不发达地区。第三，国家倾斜政策的改变。在经济发展初期，国家发展目标在于追求经济增长速度，投资优惠政策向发展条件优越的地区倾斜。以后随着经济的发展，国家发展目标转向福利，优惠政策向不发达区域倾斜，投资重点转向不发达地区。第四，区际联系的加强和发展。在经济发展水平不高的时候，区域经济联系较弱，发达地区经济增长的乘数效益和波及效果较难传到不发达地区。随着经济发展水平的提高，区际联系不断加强，逐步密切，发达地区将通过产业的前向联系、后向联系等关系，将乘数效益逐步波及不发达地区，带动不发达地区的开发和经济的增长。

4）区际产业的转移和结构的调整，推动地区平衡发展

日本筱原三代平的“动态比较费用学说”和赤松要的“雁行产业发展形态学说”，以及美国弗农的“产品周期理论”即“产品生命周期学说”，说明了一个共同的理论问题，即不断调整和优化产业结构，是区域经济增长的客观要求，也是区域经济发展的强大动力。发达地区某些曾经是优势的产业或产品，由于比较效益的变化，将逐渐丧失优势，向不发达地区转移，而这些产业或产品在不发达地区可以逐渐形成为优势，并将产品反出口到原来的发达地区。这种产业结构的变化，即区际产业的转移，以及生产布局在区际的调整，可以使不发达地区避免发达地区在经济发展过程中曾经走过的一些路径，通过引进和转移方式，促进经济快速增长，有利于缩小不发达与发达地区之间的经济差距，推动区际经济平衡发展。

美国经济学家J·G·威廉姆森在1965年提出来的“倒U形发展规律”理论认为，注重经济效益的国家，经济的发展是通过“一系列的不平衡”实现的。在经济发展的初期阶段，区域间经济发展差距是不断扩大的，但经过

一定时期，平衡的力量将使区域差距保持稳定。当经济发展进入成熟阶段后，区域差距将随着总体增长而逐渐下降。这种运用区域发展不平衡的规律达到平衡发展的目标，成了区域规划实践的重要思想。

(3) 区域不平衡发展战略持悲观论调的依据分析

对不平衡发展战略持悲观论调的依据是，区域经济发展不平衡是一种具有超稳定性的经济现象，在通常情况下一般不易改变。20 世纪 50 年代初纳克斯在研究地区平衡发展问题时曾提出过发展中国家存在着一种贫困恶性循环的现象。他所指的贫困恶性循环有两方面的内容：一是落后地区资本贫乏，造成低水平的供给，又造成低水平的需求，在需求方面对投资缺乏引诱力，在供给方面又由于资本不足，缺乏增长的动力；二是需求方面的循环和供给方面的循环是同时发生作用的。在落后地区，即使有了投资的引力，但因缺少储蓄，资本有限，投资能力弱。另一方面，即使有了储蓄，却缺少投资的引诱力，而无法消化储蓄。所以，无论从资本供给来看，还是从资本需求来看，落后地区都处在一种恶性循环之中，它与发达地区的不平衡发展是难以避免的。

由于投资效益的地区差异，投资者为了获取更高的投资收益，往往会把资本注入发达地区，而使发达地区有更强大的发展动力。落后地区由于资本不足或无法有效地消化资本，则变得相对更加落后。纳克斯从需求和供给这两方面来考察地区经济活动现象，提示经济发展不平衡产生惰性，甚至是恶性循环的原因。因为区域经济活动既需要投入，也需要产品的市场需求。如果有大量的投入使区域获得新的生产要素，形成新的生产力，或者有旺盛的产品市场需求，能够吸引和接纳大量的流通与消费，就能够改变原来不平衡发展的惰性，使落后地区获得增长的动力。而在自由竞争的条件下，落后地区的投入和需求却相对微弱。

纳克斯是平衡论者。他提出的贫困恶性循环理论，提示了资本在消除经济停滞、促进经济增长方面的特殊作用，阐明投资效益影响资本积累，加剧地区发展不平衡的道理。他认为要打破恶性的贫困循环，必须同时向落后地区的各行各业进行投资，扩大市场，增加生产规模。

3. 梯度推移战略

(1) 经济梯度的含义和划分指标

经济梯度是指地区经济发展水平、经济实力的差距。经济梯度推移是指经济发展由低水平地区向高水平地区过渡的空间变化历程。如果以基层行政区为单元，把各行政区的人均国民收入或人均国民生产总值数标示在各行政区域的中心附近，把数值相同的点连接成线，编制成地区经济发展水平的梯度分布图，可以在地形图上反映出国家或某一区域经济发展水平由高到低的梯度变化状况。

受地理环境等因素的影响，一些地区的经济梯度分布很有规则，从高到低趋势十分明显，且常出现与地形等高线分布十分近似的现象。如广东省南雄，地形为南北高、中间低，南面有南山，北部有北山，中间为侦江谷地，经济发展水平梯度线也呈东北—西南向分布，中部高水平线，南北南边为低水平线。海南省的地形是中间高、四周低的倒铁锅形，经济发展水平则是周围沿海地区高，中部山区低，经济发展梯度线也成圈层状分布。广东省的地势是北高南低，从南岭向南海逐渐降低，而 20 世纪 80 年代以来的经济发展水平与地势分布成逆向状态，由南向北呈梯度状逐渐降低。中国的地势是西高东低，呈三级阶梯状，由西部向中部、东部逐级降低，而经济发展水平则是东高西低，东部最高，中部次之，西部比较落后，也呈有节律的梯度分布。由于这种国情的特殊性，在 1980 年代，当区域经济布局思想由平衡发展向不平衡发展转变时，梯度理论很容易为人们所接受。梯度推移战略对 20 世纪 80 年代中国生产力的布局决策，特别是对第七个五年计划的制定有着十分重要的影响，一度成为中国区域经济发展和规划的主要理论，成为产业布局战略转移的主要理论根据之一。然而，一些区域的高收入和低收入地区的分布是不规则的，经济发展水平的高低在地域分布上的趋势不鲜明。这些区域的经济高发达区与落后地区之间往往存在着若干个中间梯度，经济发展梯度线相互交叉，经济梯度推移便成了多方位的推移，缺乏鲜明的方向。

为了反映经济梯度分布状况，明确梯度推移方向，需要有一个能够综合反映各区域经济综合水平的指标。以往常用人均地区生产总值反映地区的经济发展水平。然而，只用一二个指标很难反映出经济发展的真实水平。有些地区生产力水平很低，科技十分落后，但依靠大规模的走私而致富；有的地区依靠开采地下矿产资源暴富起来，但没有建立良性循环的经济结构，矿产资源耗尽后，立即又衰退下去。因此，需要能反映出地区经济富裕程度、经济发展阶段、生产力发展水平等的综合指标来表示各区域所处的经济梯度。较为理想的方法是采用多元分析法，选用人均地区生产总值、第二产业和第三产业在地区生产总值中的比重、受过高等教育的人员在职工中所占的比重、人均住宅面积、城市污水处理率、区域失业率等多项指标，然后用多元回归法求出对应各项指数的权重值，把区域各项指数的权重值之和作为比较各区域经济发展水平的综合指标。用数学公式表示为：

$$F_i = \sum_{j=1}^{n} C_j Z_{ij} \tag{5-2}$$

式中 F_i——i 区的经济发展水平；

Z_{ij}——i 区第 j 项的指数；

C_j———对应 j 指数的权重。

(2) 经济发展的梯度推移理论

1) 推移的动力

经济梯度推移的动力主要来源于产业的创新活动。根据杜因的技术创新生命周期理论和弗农的产业生命周期学说，任何工业产品都有创新、发展、成熟、衰老的过程。如果一个区域的主导部门主要是由处在创新阶段的产业所组成，则该地区可以保持旺盛的增长势头，属于高梯度区。若一个区域的主导部门主要是处于成熟后期或衰老阶段的产业，则该地区将陷入缓慢增长的危机之中，属于低梯度区。新技术和新产品的生产由高梯度区向低梯度区转移，其根本原因在于转移可以获得更大的经济利益。

比如某一产品或新技术由创新阶段进入发展阶段以后，仅靠原来的少数发达地区的生产已无法满足国内外市场的需要，或者为了获取更多的利益，企业家就会到比较落后的地区建设分厂，或者通过技术转让来增加生产。随着技术的转让，生产同类的工厂企业增多，竞争也将加剧。由于处于第一梯度地区的工资、地价、原材料、运费比较昂贵，而第二梯度区的这些费用都比较低廉，比第一梯度区具有新的吸引力和更强的竞争优势，可以后来居上，创新活动的转移，即新产品的生产和新技术向第二梯度区转移就势在必行。第二梯度区将逐渐成为新产品的主要产区，逐步取代原来第一梯度地区的地位，梯度的推移就成为现实。原来的高梯度地区又将不得不转入新一轮的创新活动。

2) 推移的方式是有序推移

根据梯度推移的动力，新产品或新产业的发展是按顺序逐步由高梯度地区向低梯度地区转移的。每一种新技术、新产品、新行业出现以后，都会随着时间的推移，像接力赛跑一样，由处在高梯度的地区向处在低梯度地区转移，一级一级传递下去。

推移的有序性是由于处在不同梯度上的地区接受创新转移的能力差异决定的。根据梯度推移理论，区际经济发展是一个不平衡发展的历史过程，区域发展规划应因势利导，自觉运用不平衡发展规律，从梯度分布的实际情况出发，首先让高梯度地区发展先进的产业，开发高新技术产品，然后逐步向第二梯度、第三梯度地区推移。随着经济的发展，依次推移的速度会加快，地区之间的发展水平差距也就可以缩小，从而实现地区经济发展的相对平衡。

梯度理论强调区域经济的不平衡发展，强调区际的分工和协作，是对平衡布局理论和政策的批判与否定。它反映了地域分工的客观原因和经济效益最大化的实际，把产业的形成、发展演变过程与地域空间的产业布局结合起来，在理论上有积极的贡献。梯度理论主张不平衡发展，不同发展阶段的地区应各有重点发展的产业和部门，基本符合我国的国情，在指导经济建设布局的实践上有一定的历史意义。我国客观上存在着东、中、西部发展的梯级差异，应该按照梯度分布的实际，按照东、中、西部逐步推移的客观规律，优先发展东部沿海地带。东部沿海地带应面向国际市场，优先发展技术密集型和知识密集型的产业以及国家重点发展的项目，将东部的市场和传统产业转移给中、西部。中部地带处于国家腹心地位，经济发展水平高于西部、低于东部，起到"承东启西"作用，一方面要抓紧能源和原材料资源型产业的发展，另一方面要承接东部地带转让出来的国内市场份额和相应的传统产业，综合发展资源型产业和加工型产业。西部地带目前以资源开发为主，着重开发国家急需而又为本地区富有的资源，同时根据区内市场的需要发展"进口替代"。

（3）新的空间推移论

然而，梯度理论也不是一个十分成熟的理论，它有许多值得继续深入探讨的问题。比如，根据梯度理论，梯度推移只能依级转移，一个落后地区的发展也必须是循梯而上，不可跨越，这就把地区发展的梯度差僵化了，发达地区与落后地区的位置凝固化了。又比如，按照梯度理论，创新活动大多来源于发达地区，即来源于最高梯度地区，就是来源于落后地区的创新，也要反馈到梯度结构中，通过城镇系统再扩散到全国，这就否定了创新活动在落后地区或在欠发达地区一些新的空间推移论，其中具有代表性的有：

1）反梯度理论

按梯度理论指导建设，高梯度地区和低梯度地区的地位是难以改变的，而且地区差距将越拉越大，富裕地区将永远处于富裕的地位，落后地区则永远处于落后的地位。因此，反梯度理论认为，梯度理论阻碍落后地区的开发和建设，也是同实现区域平衡发展总目标背道而驰的。反梯度理论认为，技术革命将给落后地区带来超越发展的机会。而新技术的开发和引进，并非按经济发展梯度的高低顺序进行。只要经济发展需要，又具备某些特殊条件，落后的低梯度地区也可以引进先进的技术，开发新的产业和产品。现在的经济发展水平的高低梯度顺序，不一定就是引进和采用先进技术，发展新产品、新产业的顺序。处在低梯度地区的新产业开发起来后，落后地区就可能实行超越的发展，其先进的技术、新的产业和产品可以向高梯度地区反推移。

反梯度论的另一个重要论点就是，不要以为在落后地区发展新的生产就会使经济效益降低，或者使其没有接受能力。在落后的低梯度地区中，也有许多相对发达的地区，也有许多技术力量较为雄厚的城市，在那里同样可以有创新活动，有接受新产品、新产业发展的能力。同时，只有在低梯度地区优先发展新的产业，开发新的产品生产，实行反梯度推移，低梯度地区才能有比高梯度地区更快的经济增长速度，才有可能赶上或超越高梯度地区，实现地区平衡，共同实现现代化。

2）多种推移并存论

该理论认为，由于地区差异的客观存在，梯度推移在空间上的表现也是多种多样，有由高至低二梯度推移，也有跳跃式的推移，还有逆梯度的推移和多种推移方式并存的混合式推移。

多种推移方式并存者认为，推移的方式视不同时代、不同国家、不同梯度空间分布状况而异，并无固定的方式。一般说来，梯度推移是由高到低，依次逐级向下渗透和推移，但也有越级跳跃式推移的条件和可能。比如香港一些产业向内地的转移，不完全是按照距离的远近或按照内地的城市等级系统逐级推移的。在珠江三角洲的一些镇，甚至珠江三角洲外缘的一些镇，许多产品的先进性大大超过县城、中小城市或大城市，一些高新技术产业直接从香港或国外引进，向基层的乡镇转移。在交通运输设施、通信手段比较落后的时代，空间推移速度慢，传递的距离有限，梯度逐级推移的作用较明显。随着生产力的发展，交通条件和信息传递手段的改善，现代技术空间推移的速度和规模大大改变，跳跃式地推移日益频繁。就同一历史时期来看，发达国家跳跃式地推移比例高；在不发达国家，正梯度推移比例高。

3）主导论

主导论承认多种推移方式的存在；但与此不同的是，强调从高梯度向低梯度地区推移是梯度推移的主流，起着主导的作用。因为从理论上讲，推移之所以能进行，是由于不同地区经济发展水平的差距，有推移的动力，也有梯度差的引力。高梯度地区，推移的动力大于低梯度地区，而引力小于低梯度地区；低梯度地区则相反，推移的动力小，推移的引力大。在推移的动力和引力共同作用下，经济的推移必然是由高到低，逐级推移。

5.2 区域产业规划

5.2.1 区域产业的划分

产业结构是指各种产业的构成以及各产业之间的相互关系。正确划分产业结构，对理顺区域各种经济关系，把握区域经济发展状况、水平、方向有着重要意义。

最早研究产业结构分类的是法国经济学家、重农派带头人魁奈。随着社会的进步及立足点的不同，产业结构分类一直在发展变化中，各个国家的分类方法不尽相同。下面介绍几种通用的分类方法。

1. 按社会生产两大部类分类

这种分类方法是马克思再生产理论中的分类法，即按照产品的实物形态和最终用途将产业分为两个部类：第一部类为生产生产资料的产业；第二部类为生产消费资料的产业。

这种分类方法的优点是可以揭示社会再生产过程中最基本的比例关系和运动规律。但随着社会的发展，出现了越来越多的新兴产业，如电脑工业、宇航工业等，这些产业已很难简单地被归纳到第一部类或第二部类之中，因此这种分类方法在实际生活中已不能完全适用。

2. 按农、轻、重三大部门分类

这种分类方法按生产部门将产业分为农业、轻工业、重工业三大部门。这种分类方法可以反映国民经济中的主要比例关系，有利于把握区域经济发展的特征。在一定意义上，农业和工业是国民经济的两个最基本的物质生产部门。农业是国民经济的基础，工业是国民经济的主导；农业和轻工业一般来说主要生产生活资料，重工业主要生产生产资料。所以这种分类法对于合理安排农业、轻工业和重工业的比例及其发展速度，组织好社会生产，具有很重要的意义。我国曾在一定时期内应用过这种分类方法。

但这种分类方法也存在很多缺点。一方面，没有包括迅速发展的科学教育、金融贸易、旅游服务业；同时，轻、重工业的界线很难严格划分，如电风扇、电冰箱等已从重工业部门向轻工业部门转移，变成两部门的兼容产品，小汽车也逐渐变为生活资料等；农业和工业的横向联合也日益广泛。所以说，在工业化程度较低的阶段产业，还可以用农、轻、重来划分，但在社会经济迅速发展的今天，随着社会分工协作的发展，这种分类已逐渐淡化，不再适用。

3. 按生产要素密集状况分类

按生产要素密集状况分类，就是根据各个生产要素在不同生产部门中的程度和所占比例，把社会生产分为劳动密集型产业、资金密集型产业和技术密集型产业。这种分类方法是随着技术进步和资本有机构成提高而出现的。凡投资大、资本有机构成高而所需劳动力较少的产业，称为资本密集型产业；凡投资较少、资本有机构成低而所需劳动力较多的产业，称为劳动密集型产业；凡机械化、自动化、知识及人才密集程度较大的产业，称为技术密集型产业。这种分类对反映不同技术水平、合理分配社会劳动、充分发挥各生产要素的经济优势、最佳地利用资源，均具有重大作用。

4. 三次产业分类法

目前国际上较通用的产业分类法是三次产业分类法，这种分类方法最早见于新西兰经济学家菲夏于 1935 年出版的《安全与技术的冲突》一书中。他提出了三次产业的概念，并认为，人类生产活动可划分为三个阶段：初级生产阶段，生产活动以农业和畜牧业为主；第二阶段，以工业大规模迅速发展为标志；第三阶段，约从 20 世纪初开始，出现大量商业、金融、信息业、邮电业等服务性行业。与此相对应，菲夏将产业结构划分为三个层次：第一产业、第二产业、第三产业。

西方国家关于三次产业的分类法能够更加全面地反映包括非物质生产部门在内的整个国民经济各部门、各方面的发展状况及其相互关系，特别是在生产社会化程度越来越高、商品经济越来越发达的今天，许多非物质生产部门（或工、农两大基本物质生产部门以外的生产部门），如运输、通信、商业、金融、保险、旅游、文教等，在国民经济发展中起着越来越重要的作用，与物质生产部门的关系越来越密切。

各国对三次产业的分类不尽相同，如采掘业有归入第一产业或第二产业之别，电力、煤气有归入第二产业或第三产业之别等。参照国外情况，国务院在 1985 年批准的国家统计局《关于建立第三产业统计报告》里，第一次将产业结构分为三大产业，使第三产业作为一个独立的产业结构组成部分。1993 年，国家统计局、国家计划委员会基于国家标准《国民经济行业分类和代码》，同时参照国外的具体做法，对三次产业划分做了规定，其划分如下：

第一产业：农业，主要是对自然界存在的劳动对象进行收集和初步加工的部门。它包括种植业、林业、牧业和渔业等。

第二产业：工业和建筑业，主要是对第一产业部门的产品进行加工的部门。工业包括采掘业、制造业，以及自来水、电力、蒸汽、热水、煤气等供应业部门。二次产业内部比较复杂，可细分为：采掘业、建筑业、冶金、燃料、石油、机械、森林、纺织、电力、化工、建材、食品、缝纫、皮革、造纸、文化用品等部门。

第三产业：除上述第一、第二产业以外的其他产业，包括流通和服务两大部门，通称为服务业。服务业包含的部门较多，可分为以下四个层次：

第一层次——流通部门，包括交通运输业、邮电通信业、商业饮食业、物资供销和仓储业。

第二层次——为生产和生活服务的部门，包括金融业、保险业、地质普查业、房地产业、公用事业、居民服务业、旅游业、咨询信息服务业和各类技术服务业等。

第三层次——为提高科学文化水平和居民素质服务的部门，包括教育、文化、广播电视事业、科学研究事业、卫生、体育和社会福利事业。

第四层次——为社会公共需要服务的部门，包括国家机关、党政机关、社会团体以及军队和警察等。

5. 按产业地位和作用分类

根据各产业部门在区域经济中的地位和作用，将社会产业分为主导产业、配套产业、服务性基础产业。主导产业是区域经济的支柱部门，是带动区域经济结构的形成，推动区域经济增长的主要产业，它反映了区域在劳动地域分工中的作用。配套产业是为区域主导产业和其他产业提供原料、燃料，或与主导产业共同利用同一种原料生产其他产品，或以主导产业的下脚料和废料为原料，开展综合利用的产业，实质上是主导产业后向关联、前向关联和旁侧关联所影响的产业。服务性基础产业是为区域所有其他产业和全体居民服务的产业，如供水、供电、供应建筑材料、提供各种维修和养护、交通运输以及邮电通信服务等。

这种分类方法突出了产业部门的地位和作用，尤其重视主导产业，对在区域规划实践中进行部门的相关分析具有重要意义。

5.2.2 区域产业发展影响因子与趋势

1. 产业结构演变的内在动因

1）社会需求结构的变化带动产业结构的演变

在工业化发展过程中，产业结构不断适应着人们消费需求的变化。可以用恩格尔系数来表示，即在社会需求中，食品消费占总消费的支出。一般消费需求的变化分为四个阶段：

第一阶段，当人均国民收入小于300美元时，人们的消费需求主要是解决温饱问题。在这个阶段，生理性需求占主导地位，对应于工业化过程的轻工业化阶段，以第一产业为主。

第二阶段，当人均国民收入在300～1000美元之间时，人们的消费需求转向追求便利与功能，由对生活必需品的需求转向非生活必需品的需求，对应于工业化过程的重工业化阶段，主要以机械工业和耐用消费品工业为主。

第三阶段，当人均国民收入在1000～3000美元之间时，人们进入追求个性时尚消费阶段，非物质消费大大增加，对应于工业化过程的深加工阶段，从以原材料加工工业为中心向以加工、组装工业为中心演进，强调高技术化。

第四阶段，当人均国民收入大于3000美元时，人们进入追求生活质量阶段，产业结构出现服务化趋势，出现高档次的为生产、生活服务的部门，为提高科学技术水平和居民素质的部门以及为高效管理国家和社会的部门，第三产业比重达50%以上。

2）科技发展推动产业结构的演变

科学技术是第一生产力，而科技的发展关键在于创新。一个国家或地区主导产业的更替是创新特别是技术创新的结果。产业结构高级化的本质在于技术集约化。只有引入了富于创新的真正的主导部门，才能带动产业结构向高级化方向发展。归根结底，科学技术是推动产业结构发展的主要动力。

3）人们对经济利益的追求引导产业结构的演变

生产要素总是向收入弹性高和劳动生产率上升快的产业部门流动，这是因为收入弹性越高，市场需求就越大，产品越能维持较高的价格，并且形成较大的附加价值，从而获得较多的利润。所以，产业结构演变是人们追求利益和效益的结果。

2. 产业结构演变的趋势

1）第三产业发展迅速、地位日益提高

第一产业、第二产业和第三产业部门之间的关系反映着社会经济特征和社会经济发展水平，三大产业结构变化过程就是社会经济的发展变化过程。这一过程如前所述分为三个阶段，用 A、B、C 分别代表第一、第二、第三产业部门就业比例，则三个阶段可表示为：

第一阶段：第一产业占主导地位。又可分为两个亚类，即：A＞C＞B 与 A＞B＞C。

第二阶段：第二产业占主导地位。又可分为两个亚类，即：B＞A＞C 与 B＞C＞A。

第三阶段：第三产业占主导地位。又可分为两个亚类，即：C＞A＞B 与 C＞B＞A。

尽管各国、各地区的情况千差万别，但它们三大产业结构变化的基本趋势是一致的，总是由低级向高级演变，由第一阶段向第二、第三阶段发展；农业比重逐步下降，工业比重上升；到了后工业化时期，工业比重下降，服务业比重上升，发展迅速，地位日益重要。

目前，发展中国家多处于第一阶段的第一亚类，发达国家多处于第三阶段的第二亚类。1929 年，美国第三产业就业人数比例已经达到 55%，从 1977 年至 1984 年，几乎第二产业每增加 1 人，第三产业就增加 7.5 人。20 世纪 80 年代，纽约第三产业就业比例达 83%。日本于 20 世纪 60 年代开始进入第三阶段。1960 年，日本第一、第二、第三产业部门就业人口比例分别为 33%、33%、34%。到 20 世纪 80 年代，东京第三产业就业人口比例已达 70%。苏联的人口就业结构转化晚一些，20 世纪 60 年代初，第二产业就业人口超过农业；20 世纪 70 年代中期，第三产业就业人口超过第二产业就业人口，进入第三阶段。德国在 20 世纪 80 年代是 9%的农民养活全国人口。我国在 20 世纪 80 年代初期，农业劳动者占全国就业人口比例的 72%，第二产业就业占16.8%，第三产业就业占11.2%。近年来，我国产业结构已有了相当大的调整，特别在一些大城市地区发展较快，如北京、天津、上海、大连、广州等城市基本处于第二阶段为主的时期，第三产业发展的速度加快，但总体来说，目前我国各地区差别仍然较大，尚处于发展相对不均衡的阶段。

2）高新技术产业迅速发展，传统工业地位下降

根据工业化发展和就业变化趋势，世界城市第二产业结构演变一般经历三个阶段：第一阶段——以劳动密集型的轻纺工业为主导的工业化初期；第二阶段——以资金密集型和技术密集型的基础工业为主导的工业化中期阶段，其中前期以煤炭、电力、冶金、化工等能源、原材料加工为主导，后期以机械、电子等工业为主导；第三阶段——以高新技术（包括微电子、信息、新材料、新能源、航天等技术）的知识密集型产业为主导的“后工业化”阶段。

一些发达国家的大城市已由第二阶段向第三阶段过渡或已进入第三阶段。如东京在20世纪60年代中期以前，重化工工业、机械装配占东京工业总产值的60%；20世纪60年代中期以后，技术密集型的高、精、尖工业成为发展重点；1980年，电气机械、精密机械在工业总产值中的比重上升为34%。美国1983年至1993年，仅占工业类总数3.7%的高新技术工业产值占国民生产总值的比例由7%提高到10%，高新技术产业的人均产值增加了46%。

3）高加工度化的趋势

在工业结构重工业化过程中，无论是轻工业还是重工业，都要发生以原材料工业为重心的结构向以加工、组装工业为重心的结构变化，这就是工业结构的高加工度化。它意味着，随着工业加工程度的不断深化，加工组装工业的发展速度大大高于原料工业；同时，工业增长了一段时期以后，对原材料的依赖程度会出现下降的趋势。

4）技术集约化趋势

技术集约化规律揭示的是，在工业化过程中，工业的资源结构呈现出向以技术为主体的结构演进的趋势。随着工业结构高加工度化的发展，技术资本品的质量和劳动力质量将成为工业资源结构中最为重要的因素，从而使工业化过程进入技术集约化阶段。

5.2.3 区域产业分析的理论基础

1. 生命周期理论

产品生命周期（PLC），是指产品的销售和利润变化依循一个系统化的轨迹，一般要经历早期发展、增长、成熟、下降、淘汰一系列阶段。如图

5-1 所示，新产品初始投入市场，消费者要经历一个熟悉和接受的过程，故一开始销量较低；多数产品在初始阶段被淘汰，少数产品进入一个快速增长阶段，总需求量快速上升，直至市场饱和；之后产品过时，新产品出现，需求下滑，逐渐被市场淘汰。产品生命周期的利润分布对产业发展有重要的启示意义。

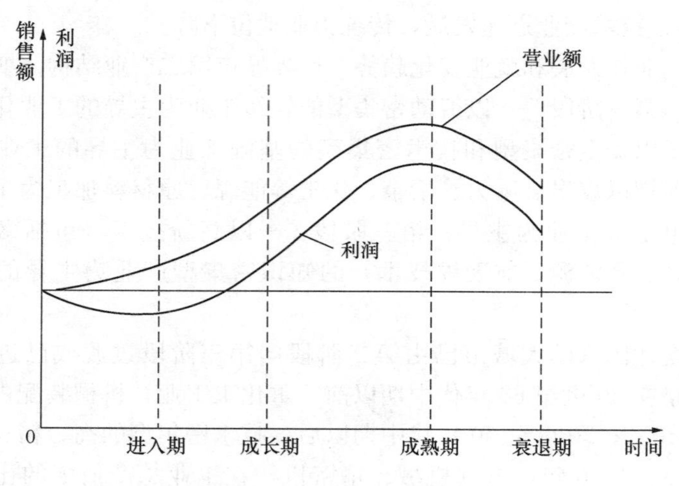

图 5-1　产品生命周期

产品生命周期可以引导产品创新。总体来看，技术革命之后产品的生命周期变得越来越短，为了保持增长，必须持续进行创新。产品创新的途径有二，其一可以在现有产品进入淘汰期之前引进新产品，使生命周期重合；其二可以改进升级产品，或开发产品新的用途，延长现有产品的生命周期。

生产过程随生命周期产生系统性的变化，每个阶段的资金、技术密度和劳动力特征不同。早期生产规模小，资金密度低，依赖专业的供应商、承包商和科研人员；进入增长阶段以后，引入大规模生产和流水线作业，资金投入增大，主要劳动力类型是行政营销方面的管理人员，而非研发技术人员；成熟阶段市场开始饱和，技术已经稳定，劳动力成本的相对重要性增加，主要依赖熟练工人。综上，随着生命周期的推进，技术、资金、劳动力等生产要素的相对重要性依次跃升，决定生产能力的重心从产品相关技术转移到生产相关技术，即转移到降低生产成本上来。

回顾自工业革命以来世界工业化的发展历程，正体现了上述生产过程的周期性和阶段性。阶段一是手工制造：工业革命早期，作坊式、小规模生产。阶段二是机械制造：大机器的应用实现从手工到机械的飞跃，实现大规模生产。阶段三是泰勒主义：19 世纪末期，强调科学管理的泰勒制被引入工业生产，将劳动分工精细化到特定工序，大大提高了劳动效率。阶段四是福特主义：20 世纪中期，兴起以规模巨大的生产单元、流水线制造工艺、标准化生产、面向大众消费市场为特点的福特制，使标准化产品的大规模生产成为可能。阶段五是后福特主义：20 世纪 70 年代～80 年代，在信息技术和现代物流基础上发展起来的一种弹性生产系统，以日本丰田汽车公司为代表，又称丰田制。与刚性生产的福特制不同，丰田制强调产品多样化、柔性生产、即时供货的概念，通过细分市场来进一步获取利润。

由于生产过程的周期性，禀赋不同的地理区位也与产品生命周期各阶段相关。1966 年雷蒙德·弗农（Raymond Vernon）将明确的区位概念引入了产品生命周期理念，建立了以美国经验为基础的产品生命周期模型，如图 5-2 所示。

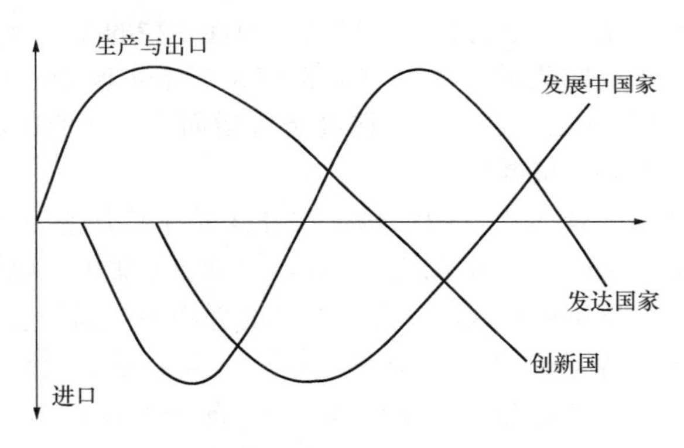

图 5-2　弗农曲线

弗农认为，对于由美国创新研发的产品，在产品生命周期的第一阶段，所有生产都在美国国内进行，在海外只建立营销点，通过出口满足海外市场需求；第二阶段，海外生产点首先在较发达的国外市场（如欧洲）出现，欠发达国家的市场需求仍通过出口来满足；第三阶段，欧洲生产的商品与美国生产的商品共同出口到欠发达国家，开始瓜分国际市场；第四阶段，生产成本优势使欧洲分到越来越多的市场并开始向美国出口；第五阶段，随着产品生产完全实现标准化，生产线全部被转移到发展中国家，凭借低生产成本向欧洲和美国出口产品。

这一理论模式既可以用于解释跨国公司的区位演化，也可以解释区域发展过程中区域与外部联系的角色演化。

2. 产业集聚理论

产业集聚（Agglomeration）是指某一产业在特定地理区域内高度集中，产业要素在空间范围内不断汇聚的过程：集聚是专业化生产的空间表现，能够带来一系列功能效益，如规模化生产、垂直分工、共享基础设施等，是大幅提升产业竞争力的有效模式。与产业集聚相关的一个概念是产业集群(Cluster)，是指在特定区域中具有竞争与合作关系，且在地理上集中，有交互关联性的企业、专业化供应商、服务供应商、金融机构、相关产业的厂商及其他相关机构等组成的群体。产业集群的形成依赖于区域在知识、投资、信息等方面的环境优势，反之，一个成熟的产业集群也有助于推动区域竞争力的提升。

对于经济活动空间集聚现象的理论研究由来已久，上文提到的韦伯工业区位论、增长极理论、地域生产综合体理论、点轴理论等都是沿着同一脉络对空间集聚现象的探讨。20 世纪 70 年代以来，伴随着柔性生产代替刚性生产，基于产业集群的“新产业区”成为新的研究热点。王缉慈等定义新产业区为“一种以地方企业集群为特征的区域，弹性专精的中小企业在一定地域范围内集聚，并结成密集的合作网络，根植于当地不断创新的社会文化环境”。在新产业区的理论指引下，园区经济应运而生，产业园区和产业开发区成为当下流行的产业集群模式。

透视区域产业集聚与集群的结构，往往是基于价值链一部分而出现的“片段集聚”，如北京中关村电子产品集群，主营业务集中于电子产品生产链的上游研发区段和下游销售区段，至于中游的生产加工则分散到其他地区来完成。迈克尔·波特 1985 年在《竞争优势》一书中提出“价值链分析法”，认为一般企业的价值链分为“基本活动（Primary Activities)”和“支持性活动（Support Activities)”两大类，又可细分如下：①主要活动（Primary Activities）包括企业的核心生产与销售程序，分为进货物流（Inbound Logistics)、制造营运（Operations)、出货物流（Outbound Logistics)、市场行销（Marketing and Sales)、售后服务（After Sales Service）五个环节；②支援活动（Support Activities）包括支援核心营运活动的其他活动，有企业基建（the Infrastructure of the Firm)、人力资源管理（Human Resource

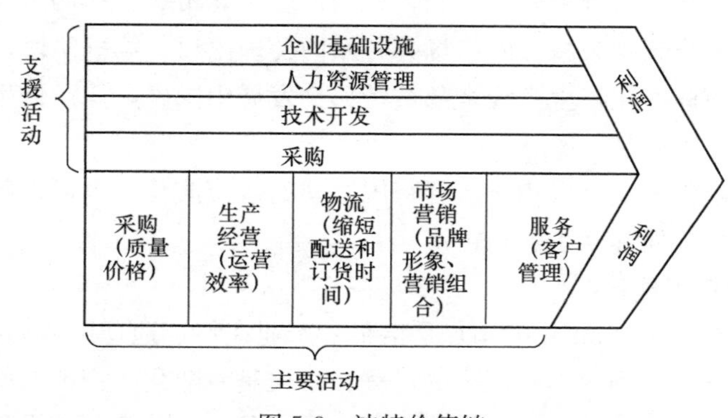

图 5-3　波特价值链

Management)、技术发展（Technological Development）、采购（Procurement）等子分类，如图 5-3 所示。

在波特价值链的基础上，施振荣提出“微笑曲线（Smiling Curve）”理论。如图 5-4 所示，产业不同生产环节的附加值呈现为一条“U 形”曲线，两端的研发、设计和销售、售后附加值最高，而中间的制造、加工附加值最低，这一趋势随着专业化生产和地区分工的日趋深化而日益明显。从微笑曲线可以直观地看出附加价值在哪一部分更为优厚，从而调整竞争形态，令区域产业集群向高附加值区段攀爬。

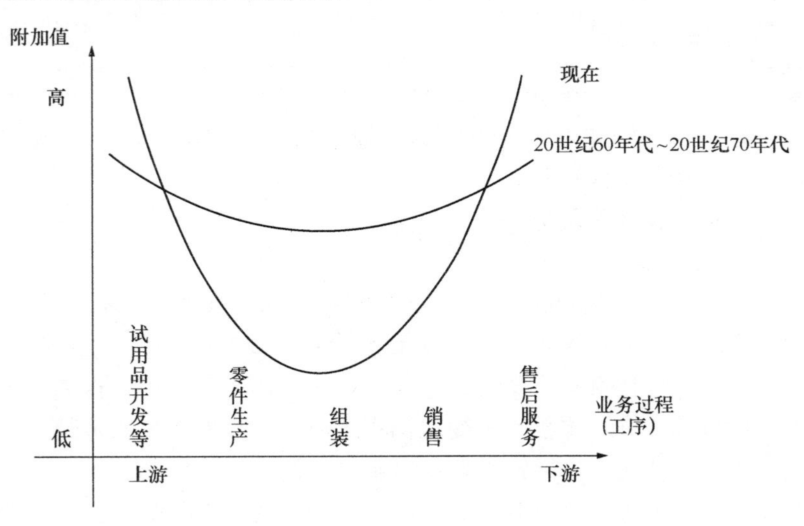

图 5-4　微笑曲线

3. 产业结构理论

产业结构描述国民经济各部门之间的分量比例和技术经济联系，顾朝林指出“产业结构的重组、转移和优势产业选择"是产业发展战略的重点，当经济增长到达规模与量的边际效益顶点，产业结构的合理化调整可以突破增长瓶颈，带来新的增长空间。

现代产业结构理论诞生于 20 世纪 30 年代～20 世纪 40 年代，主要理论成果见表 5-1。

现代产业结构理论体系　　　　**表 5-1**

时间	代表人物	代表著作	代表理论
1931 年	霍夫曼		霍夫曼比例
1935 年	赤松要		雁行理论
1940 年	克拉克	《经济发展条件》等	配第—克拉克定律

续表

时间	代表人物	代表著作	代表理论
1941 年	库兹涅茨	《国民收入及其构成》等	人均收入决定论
1953 年	里昂惕夫	《美国经济结构研究》等	投入产出分析法
1957 年	筱原三代平		两基准理论
1958 年	赫希曼	《经济发展战略》等	产业关联理论
1960 年	罗斯托	《经济成长的阶段》等	主导部门理论
1969 年	丁伯根		丁伯根原则
1986 年	钱纳里	《产业关联经济学》等	多国模型

以上理论按照研究方向可以分为产业结构演变趋势、产业结构演变动力、产业结构调控方法三类。

(1) 产业结构演变趋势理论

1) 霍夫曼比例

霍夫曼 (W. G. Hoffmann) 在 1931 年提出霍夫曼定律，将消费资料净产值与资本资料制造业净产值的比值定义为霍夫曼比例 (H)，随着工业化进程的展开，这一比例呈下降趋势。这一定律阐释了工业化进程中产业结构变化的一般规律，并可根据霍夫曼比例将工业化进程划分为四阶段：第一阶段，消费资料工业的生产在制造业中占主导地位，H＝5 (±1)；第二阶段，资本资料工业的发展速度加快，H＝2.5 (±1)；第三阶段，消费资料工业和资本资料工业的规模大体相当，H＝1 (±0.5)；第四阶段，资本资料工业的规模超过了消费资料工业的规模，H＜1。

2) 雁行理论

1935 年由日本学者赤松要提出，指东亚国家的经济发展形态体现出一国中不同产业先后兴盛衰退，以及某一产业在不同国家先后兴盛衰退的规律，如同飞行的雁阵。该理论认为东亚经济以日本为领头雁，其次为亚洲“四小龙”(韩国、中国香港、中国台湾、新加坡)，再次是中国大陆 (内地) 和东盟各国。日本发展某一产业，当技术成熟之后，“四小龙”凭借生产要素优势承接产业转移，同时日本的产业结构升级，当“四小龙”在该产业发展成熟，这一产业又被第三梯队承接，“四小龙”再去承接日本的新产业，实现产业结构有先后次序的升级。雁行理论对产业结构规划的启示意义在于，要不断调整经济方向并发展外向型经济，不断通过承接发达区域产业转移以及向次发达区域输出产业来实现产业结构升级。

3) 多国模型

又称钱纳里一般模式，是钱纳里与塞尔昆两位经济学家对101个国家在1950～1970年有关数据进行回归分析之后，建立起的标准产业结构理论。该模型根据人均GDP将经济增长过程分为六阶段，从任何一个发展阶段向更高级阶段的跃进都是通过产业结构转化来推动的，如表5-2所示。

多国模型的发展阶段论　　表5-2

	产业阶段	经济阶段	产业结构
第一阶段	初级产业	不发达经济阶段	农业为主
第二阶段		工业化初期阶段	劳动密集型产业为主
第三阶段	中期产业	工业化中期阶段	资本密集型产业为主
第四阶段		工业化后期阶段	第三产业兴起
第五阶段	后期产业	后工业化阶段	技术密集型产业为主
第六阶段		现代化阶段	知识密集型产业为主

（2）产业结构演变动力理论

1）配第—克拉克定律

是克拉克于1940年在配第关于国民收入与劳动力流动之间关系学说的基础上提出的，核心观点认为经济结构中三大产业部门的收入差距是劳动力结构分布变化的动力。劳动力总是倾向于流向收入高的产业，于是随着人均国民收入水平的提高，劳动力分布会从第一产业向第二产业、第三产业依次转移。由此可以推论，一个区域的经济水平越高，其劳动力结构越偏重第二、第三产业，从事第一产业的劳动力比重越小。

2）人均收入决定论

库兹涅茨认为人均国民收入增长是产业结构变动的原因，其依据是经济总量的增长会带来需求结构的调整，需求结构的变动推动生产结构向高级化发展。我们从经济数据上往往能看出经济总量与产业结构的相关性，然而问题是经济总量决定了产业结构，还是产业结构决定了经济总量。库兹涅茨显然同意前者，但他的这一结论饱受质疑，有学者运用格兰杰因果检验法得到了相反的结论，认为产业结构带动经济增长，此观点目前也多有支持者。

3）产业关联理论

1958年赫希曼在《经济发展战略》一书中设计了一个不平衡增长模型，其中产业关联理论和有效次序理论是发展经济学中分析产业结构演进的重要工具。不平衡增长理论主张首先发展具有带动作用的主导产业，而主导产业部门的带动作用取决于关联效应，在主导产业进行生产之前，会与燃料、原料、装备制造等产业产生前向关联；在主导产业进行生产之后，其产品作为其他产业的投入品或直接进入消费部门而发生后向关联；在主导产业生产过程之中，也会与为它提供服务的交通、物流、供电等部门发生旁侧联系。根据赫希曼的观点，产业部门的有效发展次序应以联系效应的大小为据，优先发展联系效应大的产业。

4）主导部门理论

罗斯托提出主导产业扩散理论，认为主导产业是那些能够产生乘数效应、带动经济起飞的产业部门。主导产业的选择基准应根据扩散效应的大小，选择前向、后向和旁侧扩散效应强的产业为主导产业，以便将产业优势辐射到更多相关联的产业链上，从而带动整个产业结构的升级。

（3）产业结构调控方法理论

1）投入产出分析法

美国经济学家里昂惕夫创立投入产出分析法并因此获得 1973 年诺贝尔经济学奖。这一方法是通过编制投入产出表，建立相应的线性代数方程体系，分析国民经济各部门之间投入和产出的相互依存关系。投入产出分析可以清晰地反映国民经济各产业部门之间的经济联系，以及各产业部门生产消耗与分配使用的平衡，是研究经济系统结构特点最常用的数量分析方法。

2）两基准理论

1957 年日本经济学家筱原三代平提出产业结构规划的两个基本准则——收入弹性基准和生产率上升率基准。所谓“收入弹性基准”是指以收入需求弹性作为选择战略产业的基本原则，因为收入需求弹性代表潜在的市场容量，只有收入弹性高的产业才有利于不断扩大其市场份额；所谓“生产率上升率基准”是指将资源优先配置给技术进步速度最快、生产率上升最快的产业，因为这样的产业生产成本降低快，能创造更多的国民收入。两基准理论为区域选择优先发展产业提供了依据。

3）丁伯根原则

荷兰经济学家丁伯根通过大量基础性工作和模型的建立，提出国家经济调节政策工具的数量不得小于经济调节目标变量的数量，且这些政策工具必须相互独立的结论。这一原则揭示了政策目标与政策工具之间的关系法则，对于各国经济结构宏观调控的指示意义是：为了达到 X 个调控目标，至少运用 X 种有效的调控政策，提高政策的针对性和有效性。

5.2.4 区域产业结构的优化设计

1. 产业结构优化的内容

产业结构是指组成国民经济的各产业之间在资源（包括劳动力、资本等）以及产出（包括产业GNP、产业国民收入等）上的比例关系。区域产业结构是全国经济空间布局在特定区域的组合结果，社会经济的发展水平、资源开发利用的合理程度、生产要素的合理配置，在很大程度上都取决于产业结构的调整与优化。产业结构是最重要的经济结构，所以产业结构调整是区域规划的一个重要内容。区域产业结构优化的内容有：

（1）明确区域产业分类；

（2）分析本区域产业结构的现状和特点、合理程度及存在问题；

（3）决定和影响区域产业结构的因素分析，如：自然资源丰饶度、组合特点及开发利用条件、经济实力、技术水平、需求结构、劳动力素质及构成、区域在全国地域分工中的地位等；

（4）区域专业化部门和主导专业化部门选择；

（5）区域各产业之间比例关系的确定及其在规模上的协调和时序上的衔接；

（6）区域产业结构效益分析。

2. 区域产业结构合理性评价

评价一个区域的产业结构是否合理，主要看其能否促进区域经济的发展，具体表现在以下五个方面：

（1）能否有效、合理地利用区域的自然资源及人力、物力、财力资源；

（2）能否充分发挥地区优势，既保证专业化部门的发展，又保证各经济部门的协调发展；

（3）能否促进技术进步，提高劳动生产力；

（4）能否有利于生态平衡，有利于区域可持续发展；

（5）能否提高人民的物质文化水平，使劳动力充分就业，维持区域社会稳定发展。

3. 区域的主导产业规划

区域的主导产业是指在区域所有的专业化部门中，对区域经济起主导作用，能带动全区经济发展的部门。确定区域的主导产业是区域规划中进行产业结构规划的核心。

（1）区域主导产业的特征

在一个区域中，包含了众多产业部门，各产业部门在区域发展中的作用和地位是有差异的，并不是所有部门都能成为主导产业部门。一般来说，主导产业部门应具备如下条件：

第一，主导产业部门的主要产品的需求收入弹性系数高，有广阔的国内或国外市场。

随着国民收入的增加，人们对各个产业的产品和服务需求的增长幅度是不同的，可以从需求收入弹性系数的差异得到反映。

$$需求收入弹性系数=\frac{需求增加率}{人均国民收入增加率}$$

通常，第二产业的需求收入弹性比第一产业高，第三产业的需求收入弹性又比第二产业高，而需求会刺激生产和劳动力的转移，又进一步引起产业结构的变化。

第二，有很高的区位熵，对外输出基础很好。

区位熵又称专门化率，是反映一个地区基础经济部门发展水平的指标。它可以用就业人数来表示。区位熵数求法如下：

$$区位熵\ L\cdot Q=\frac{地区某产业的就业人数/地区总就业人数}{全国某产业的就业人数/全国总就业人数}$$

或

$$区位熵\ L\cdot Q=\frac{地区某产业的产值/地区总产值}{全国某产业产值/全国总产值}$$

若 $L\cdot Q\leqslant 1$，说明该部门只是一个自给型部门，该产业为服务产业；若 $L\cdot Q>l$，则说明该产业为基础部门，有输出的可能，$L\cdot Q$ 越大，说明该部门专业化水平越高。主导部门必须是基础部门，且对外输出基础很好，一般要求区位熵数值在 2 以上。

第三，主导产业部门的技术进步速度快，生产效率高，发展速度高于其他部门的平均速度。

第四，主导产业部门必须有利于缓解甚至消除现存产业结构中的矛盾，如基础设施、能源等原材料部门所造成的“瓶颈”限制。

第五，主导产业部门在地区生产总值中占较大比重，能够在一定程度上主宰地区经济的发展，并有利于推动地区产业组织向专业化、集中化的方向发展。

第六，主导产业部门不能严重危及地区生态环境，妨碍地区经济的可持续发展。

（2）选择区域主导产业的原则

1）适宜性原则

每一种产业都有其最适宜、适宜、比较适宜和不适宜的发展区域。选择主导产业，必须考虑该产业在当地区域的适宜性。这在选择农业主导部门时尤为重要，当地的光、热、水、土、温等生态条件对保证产品的优质和高产有重大影响。

2）生产率上升率原则及需求收入弹性原则

生产率上升率是单位时段内生产率变化的程度。需求收入弹性原则是从需求结构的角度来考察不同产业发展的不同可能性。而生产率上升率原则是从供给角度来考察不同产业发展的不同可能性。然而，同一产业常常不可能两者兼得：收入弹性高的产业，不一定技术进步快；相反，技术进步快的产业，不一定收入弹性高。一般来说，高收入弹性且生产率上升率高的产业，适宜作为区域的主导产业。

3）关联原则

关联原则即关联效应，指一个产业投入产出关系的变动对其他产业投入产出水平的波及和影响。一个产业对另一些关联产业的影响一般有三种类型：一是后向关联影响，指对那些向本产业提供生产资料的产业的影响；二是前向关联影响，指对那些利用本产业提供的产品进行再生产的产业的影响；三是旁侧关联影响，指本产业对其他相关部门，如区域基础设施的建设、服务行业发展的推动等。

显然，如果一个产业在区域所形成的前后关联影响及旁侧影响都比较大，与其他产业发生着紧密的、广泛的联系，则为关联大的产业，宜作为主导产业。主导产业这种关联度的不断增长，必然会使产业结构得到不断强化，区域经济随之得到发展。

4）市场分布原则

主导产业应该是面向区际、面向全国或世界的产业，产品市场范围广、等级档次高、附加值大，具有高度空间集中性倾向。

（3）区域主导产业更替的一般规律

区域主导产业是在一定时期内各种条件综合作用下形成的。一经形成，就具有相对稳定性。但随着时间的推移，区域主导产业发展到一定阶段，原来赖以快速成长的条件发生了变化，其主导地位将随之发生变化（首先是量变，量变的累积导致质变）。

按产业生命周期理论，任何产业都要依次经历滋生、成长、成熟、衰退等阶段，主导产业也不例外，美国经济学教授罗斯托先生在他的著作《经济增长的阶段——非共产党宣言》一书中，以经济成长阶段理论提出了最完善的主导产业更替规律。罗斯托把经济增长分为六个阶段，经济增长的各个阶段都存在相应的起主导作用的产业部门。经济增长总是由某个主导部门采用先进技术开始的，该部门降低了成本，扩大了市场份额，也扩大了对其他一系列部门产品的需求，从而带动整个经济的发展。主导部门对其他部门的带动作用是通过后向、前向、旁侧三重影响实现的。与六个经济成长阶段相对应，罗斯托列出了五种“主导部门综合体系”：

1）为起飞创造前提的，其主导部门体系主要是食品、饮料、烟草、水泥、砖瓦等部门。

2）起飞阶段的主导产业体系是非耐用消费品生产综合体系，如纺织工业。

3）成熟阶段的主导产业体系是重型工业和制造业综合体系，如钢铁、煤炭、电力、通用机械、肥料等部门。

4）高额群众消费阶段的主导产业体系是汽车工业综合体系。

5）追求生活质量阶段的主导产业体系是生活质量部门综合体系，主要指服务业、城市建筑等部门。

由此可见，主导部门序列不可随意改变，任何国家或地区都必然经历由低级向高级的发展过程。

5.2.5 案例：海西经济区产业规划

狭义的海峡西岸经济区指福建省，现有九个地级及以上市：福州、厦门、泉州、漳州、莆田、三明、南平、龙岩和宁德，其中厦门市为国务院批准设立的经济特区，福州市为省会；广义的海峡西岸经济区是以福建为主体，面对台湾，邻近港澳，北承长江三角洲，南接珠江三角洲，西连内陆，涵盖周边，具有自身特点、独特优势、辐射集聚、客观存在的经济区域。

福建省是海峡西岸经济区的主体；福建地处祖国东南部、东海之滨，东隔台湾海峡与台湾省相望，东北毗邻浙江省，西北横贯武夷山脉与江西省交界，西南与广东省相连。福建居于中国东海与南海的交通要冲，是中国距东南亚、西亚、东非和大洋洲最近的省份之一。总体上，福建省以厦、福、泉三地占据核心经济地位，基本呈现出沿海城市经济实力强于内陆城市的经济格局。

从表5-3可以明确福建省各地级市的产业经济现状具有如下特点：①从总量上看，泉州、福州、厦门占据了地区生产总值的前三甲位置；②从人均水平上看，福州、厦门、泉州三市的人均GDP高于全省人均水平，其中厦门市的人均GDP几乎是全省人均水平的2.5倍，其他六市的人均GDP皆低于全省平均水平；③从量上看，福州、漳州的第一产业产值最高，最低的是厦门市，不到福州第一产业产值的1/8；④泉州的第二产业产值在九个城市中占有绝对优势，福州、厦门次之，第二产业产值最低的是宁德，仅为泉州的1/5；⑤福州、泉州、厦门位居第二产业产值的前三位，与第二产业的位次类似，因为第三产业的发展必定是以第二产业的发展为基础。第三产业产值最低的是莆田，约为第一名福州的1/5。

2005 年福建各地级市三次产业产值　　　　表 5-3

地区	国内生产总值/亿元	第一产业	第二产业	工业	建筑业	第三产业	人均/元
福州	1476.31	174，78	693.93	593.18	100.75	607.61	22301
厦门	1006.58	20.96	552.29	501.67	50.62	433.33	44737
莆田	359.91	51.42	192.00	168.56	23.44	116.49	12854
三明	392.84	97.90	150.32	125.75	24.57	144.62	14909
泉州	1626.30	97.88	939.48	870.05	69.43	588.94	21427
漳州	628.53	154.85	255.22	224.58	30.65	218.46	13402
南平	348.00	93.17	120.25	99.69	20.56	134.57	12083
龙岩	385.63	81.93	172.36	150.45	21.91	131.34	14105
宁德	343.60	83.90	119.03	96.61	22.42	140.67	11266
福建	6568.93	831.08	3200.26	2842.43	257.83	2537.59	18646

（资料来源：《海峡西岸城市群协调发展规划》、《海峡西岸经济区产业经济专题规划》）

而从三次产业结构来看，如图 5-5 所示：

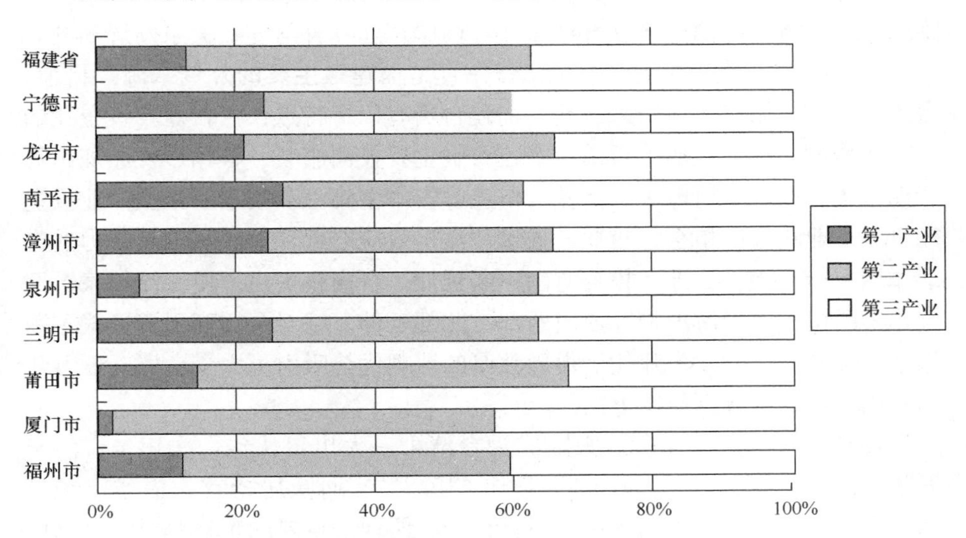

图 5-5　2005 年福建省和各地级市三次产业结构

（资料来源：《海峡西岸城市群协调发展规划》）

第一，南平的第一产业产值占地区生产总值比重最大，为 26.8%，其次是三明、漳州、宁德、龙岩，而厦门的第一产业在经济中比重最小，仅为

2.1%。第二，泉州的第二产业产值占地区生产总值比重最大，为57.8%，紧随其后是厦门的54.9%和莆田的53.3%，比重最小的南平和宁德，均为34.6%。第三，厦门的第三产业产值占地区生产总值比重最大，为43%，其次是福州41.2%、宁德40.9%，比重最小的是莆田，只有32.4%。

从总体上看，福建省第一产业的省内差异最大，第一产业"靠天吃饭"的成分较大，"八山一水"的不均衡地形分布势必影响农、林、牧、畜、渔的不均衡发展；第三产业的省内差异最小，并且和各地第二产业的发展水平息息相关。

1. 海西经济区与周边的产业联系

（1）与台湾地区联系

产业转移。台湾产业转移趋势及阶段分为：①1987—1991年：东盟四国劳工便宜、经济繁荣、政局稳定，吸引成效显著，台资主要流向东盟四国，包括泰国、马来西亚、菲律宾和印度尼西亚；②1992—1993年：大陆市场经济方向的确立和进一步的改革开放，加之劳动力便宜，台资主要流向中国大陆；③1994—1996年：1994年"新一轮南向政策"和1996年实施阻止台商前往大陆投资的"戒严用忍"政策，导致两岸关系紧张，台资部分流回东南亚，尤其是越南；④1997—2003年：金融危机导致东南亚经济衰退，政局不稳，台资再次流向中国大陆；⑤2004年后，大陆对台政策逐步宽松、闽赣地区经济与台湾经济互补性增强，两岸产业互补与经贸关系发展顺利。

投资联系。改革开放以来，台资一直是福建最主要的外资来源。目前，台湾是福建的第二大投资来源地。福建台资有以下特点：①台商投资企业的产业集聚的植根性较弱。目前，福建台资主要投向服装、鞋帽、食品加工等劳动密集型产业，对电子、机械、信息等资本密集型和技术密集型产业投资较少。产业集聚的植根性较弱，技术"溢出效应"低，对区域创新能力的带动作用有待增强。②地区投资范围不断延伸。台商投资由"厦、漳、泉"开始，再渐由东南沿海地带逐步向西部、北部延伸。③对台招商引资形式不断拓展。④开放之初，福建凭借得天独厚的地理优势吸引了大量台资，近五年来利用台资的数额则持续下滑。

贸易联系。2002年起，大陆成为台湾第一大出口伙伴，次年，台湾与大陆的贸易总量（17.1%）超过美国（15.8%）而跃居榜首。福建市场广阔、资源丰富，与台湾文化传统一脉相承，两地是重要的贸易对象，台湾已成为福建第一大进口来源地。

（2）与周边省份的经济及产业联系

1）与江西的经济及产业联系

江西的支柱产业包括汽车、航空及精密制造、特色冶金和金属制品、电子信息和现代家电、中成药和生物医药、食品、精细化工及新型建材。总体上，江西资源丰富，劳动力和土地成本低，但存在经济总量小、技术水平低、产业层次低等问题。闽赣虽地理临近，但武夷山脉横亘整个边界线，直接穿越两省的铁路线较少，与到长三角的交通线路相比，江西往福建方向的交通相对不便；闽赣接邻地区中除鹰潭外，其他三个地级市工业基础薄弱，因此，毗邻地区产业梯度级差不明显，转移难度较大。但闽赣经济间存在互补性，具有产业经济联系的现实性和可能性；江西经济以资源密集型和资金密集型的重工业为主，福建的传统优势产业是轻工业，在资金、技术、管理水平上有相对优势，江西能为福建提供人力资本和较低成本的产业发展环境。

2）与浙江及长江三角洲的经济及产业联系

福建与温州相邻：温州地处长三角和珠三角两大经济区的交汇处，是浙江三大中心城市之一。温州以劳动密集型轻工民营企业发达著称，“温州模式”具有百姓化、精细化、分散化、轻工业化等特点，是一种市场力量主导的发展模式。尽管温州企业“逐成本而迁”，要素瓶颈也迫使企业有外迁动力，但是，温州对福建的辐射有限。这是由于温州经济发展不均衡，其先进地区转移产业时会先考虑本地落后地区。温州与福建接壤的泰顺、苍南两县皆属欠发达地区，难以对福建产生经济辐射；且由于福建与长三角地区之间的运输通道落后，铁路交通仍然不发达，当前难以与长三角在同一平台进行经济对接。

3）与广东及珠江三角洲的经济及产业联系

珠三角拥有大规模廉价劳动力，生产加工能力强，而且形成了独具特色的产业集群和与国际市场接轨的产品销售网络。珠三角提出“适度重型化、轻型高级化”的产业发展思路，将逐步转移轻工类制造业和部分丧失优势的重化工业。福建具有良好的劳动力和资源优势，可以承接珠三角产业梯度转移；而且福建与珠三角产业结构具有同构性、互补性，有利于垂直、水平分工合作。福建还可以利用劳动力成本优势和土地开发成本优势，有选择地吸纳和承接珠三角因产业结构调整而转移的资源型和劳动密集型产业。福建省与广东省经济联系的主要路径可以通过提高闽西南城市化程度，发展产业集群，实现与广东汕头经济特区的对接，以及接收珠三角城市群和港澳经济的辐射效应来实现。

2. 海西产业发展总体战略指向

扬弃传统比较优势，围绕产业高度化目标对现存价值链分工进行调整，针对三次产业现状构建基础竞争优势，缔造区域竞争力，培育国际竞争力。今后，福建省应本着构建新竞争优势的目标，着力调整三次产业的发展方向：第一产业以“引台”和“外销”为重点，将海峡两岸农业合作试验区的功能由单纯的引种、试验、筛选、推广拓展到构建两岸农业产业一体化的高度；第二产业是福建产业复兴的关键，改造传统产业、加快新型工业化进程和发展临港重化工产业项目、提升产业集聚强度是两大核心战略；第三产业的保障功能是福建第一、第二产业发展战略的基础，重点在于，加快中心城市生产者服务产业的培育，为沿海产业项目布局提供服务。

福建省内应积极构建“山海产业协调衔接”的区域均衡分工体系，实现产业间梯度性转移分工布局，并通过政策保障措施加强地区间的经济联系。应注重做好以下三个方面：第一，大力投入交通网络、信息网络、物流网络等区域性公共产品的建设力度；第二，坚持市场主导、政府辅助的工作思路，培育产业规模经济目标，引导在福建沿海形成电子通信设备业及机械、石油化工产业与纺织业和外向型加工业为核心的三大主导产业经济组团，使其成长为向内地产业转移的组织基础；第三，大力培育适宜非公有制经济发展的制度环境，出台实质性优惠措施进行扶持。

在省内各地区间构建功能互补的第三产业发展策略，形成基于核心城市服务产业增长极的福建省区域城市化进程。城市化水平低是福建省中心城市难以形成区域增长极与城市群空间组织结构不合理的重要原因。只有在福州、厦门中心城市增长极确立后，民营经济发达、农业人口比重偏大的泉州市的城市化进程才能从根本上得到解决，“三点一线”式的福建区域城市化的沿海核心主轴才能最终确立，这是构建福建中心城市、中小城市和小城镇和谐城市群空间组织结构的重要前提。

围绕“五类重大项目”，以园区开发为载体，构建优势产业链，全面增强产业集聚，形成分工合理的区域产业布局体系。综合“十一五”期间福建省的发展思路与现状条件，近期应以资金技术密集型为主的重大产业项目、以电子信息和软件生产为代表的劳动知识密集型重大项目、以基于自主知识产权的高新技术产业重大项目、以体现循环经济的绿色经济产业重大项目“四类重大项目”为着力点。

在县域层面推进产业横向联合，构建“县城—乡镇—乡村”的产业空间组织网络，实现城乡统筹、山海衔接。福建县域产业发展应遵循“农业主导、多产协调、壮大企业、竞争名牌、地区联动”的基本方针。

以“制度激励、保障诱导”为指向，围绕福建省产业发展中的问题、战略与趋向，制定缜密的制度性和工具性保障系统，全面推动产业健康发展。

3. 海西经济区三大主导产业发展战略

（1）石油化工产业

目前，福建省石化产业集群发展较快，基础设施建设加快，石油炼化能力及炼油乙烯一体化进程加快。但是，目前亟待克服石化工业总体规模不大，多以中下游产品为主，石化产业龙头效应不足的劣势。未来的发展目标是：充分发挥港口、区位和产业基础三大优势，建设闽东南千亿元产值规模的石化产业集群。

在空间布局方面，第一，坚持湄洲湾石化基地和厦门海沧石化后加工基地两大基地的领跑战略；第二，实行园区带动产业集聚战略，湄洲湾石化工业基地包括泉港石化工业区、惠安泉惠石化工业区和莆田东吴化工区三个园区，以发展炼油、乙烯及下游产品的石油化工产业链为主，厦门海沧石化工业基地重点发展芳烃、合成纤维、塑料加工、感光材料、精细化工等系列产品；第三，多点开发协同发展战略，对南平精细化工基地和福州市江阴化工区等新型石化工业区域的发展具有重要的补充作用。

（2）电子信息产业

当前，福建电子信息产业包括提升产业区域协同发展能力和促进产业专业化集聚两大战略目标。首先应构建跨区的产业链网络，充分发挥集群效应，积极承接发达国家和地区跨国公司的产业转移；在此基础上，进行华映光电、冠捷显示器、戴尔计算机等品牌产品的产业群和产业链整合，促进闽东南福厦沿线地区国家电子信息产业基地的建设，将福建省建设成为继长三角、珠三角和环渤海之后的我国第四个电子信息产业主要聚集区。

在空间布局方面，实行福州、厦门南北并重的空间布局战略和投资类电子产品、消费类电子产品和基础元器件电子产品三大门类产品平行发展的产品集群战略。

（3）机械制造业

福建省是我国规模最大、专业化协作程度最高、工艺设备先进、物流体系完善的工程机械制造基地。目前，福建机械制造业的发展重点及其空间布局包括：福州、厦门汽车及零部件产业集群，厦门工程机械产业集群，龙岩运输及环保等专用设备制造产业集群，闽东电机电器产业集群。

4. 海西经济区产业布局规划

在中国城市规划设计研究院与福建省城乡规划设计研究院共同编制的《海峡西岸城市群协调发展规划》中，对海西经济区的产业空间布局做出战略规划：依托重点中心城市、枢纽海港和枢纽空港构建八个沿海产业集聚区、两个服务业增长核心区，根据要素禀赋打造一个连续的沿海产业密集带和多个分散的山区产业集中区，并在区域一体化思想指导下形成四个省级产业协调区。

第6章 区域城镇体系规划与空间管制规划

6.1 区域城镇体系规划

6.1.1 城镇体系概念

1. 城镇体系的基本概念

体系或系统（system）一词源自古希腊语，有“共同”和“给以位置”的含义。现代科学认为系统常常是由诸多部分的约束构成的整体，这个整体以有规则的相互作用和相互依存关系，构成有组织的或被组织化了的诸要素的集合。它可以是本来就有的，也可能是经过加工而形成的。

城镇体系（urbansystem）的概念是20世纪60年代初由美国地理学家邓肯（O. D uncan）在其著作《大都市和区域》中首先明确提出的。邓肯及其研究团队在该著作中通过对美国国家经济和国家地理的描述阐明了城镇体系研究的实际意义。此后这一概念被广泛使用。这一概念的出现，也是经济发达国家城镇化进入高级阶段以后，城市急剧离心扩散的客观反映。城乡二分法的区域结构已不能满足这一阶段的要求，城市的概念延伸到与中心城市在职能上联系密切的广阔地域，提出了诸如大都市区、通勤场、大都市带、城镇场等新的广义城市地域概念，这种趋势促进了城镇体系的研究。同时，越来越多的国家政府重视城镇化政策的制定，逐渐认识到国家要实现经济的均衡、协调发展与人口的合理再分配，处理好经济与社会公平、经济与环境的相互关系，已经不能在单个城市本身得到满意的解决，而需要一个城镇发展的国家战略，从而刺激国家尺度的甚至跨国的城市研究。

所谓城镇体系是指在一个国家或一个相对完整和独立的区域内，以中心城市为核心，由一系列不同职能分工、不同等级规模，联系密切、互相依存的城镇组成的系统。城镇体系的概念具有以下几个含义：第一，城市体系的研究对象不是把一个城镇当作区域，深入研究它们的内部，而是研究一个区域内的城镇。着重从区域的、宏观的、综合的角度为一组城镇的合理发展提供指导。第二，城镇体系是由一定数量的城镇组成的。这些城镇之间存在着性质、等级、规模、职能之间的差异，这些差异是在区域发展条件制约下，通过自然条件、区位交通、经济水平等客观的和发展政策等人为的作用综合作用而形成的。第三，城镇体系的空间网络组织必须以中心城市为核心，没有中心城市作为区域发展的经济社会中心，为整个区域提供经济发展联系，引领、辐射、带动城镇体系的发展，就不可能形成具有现代意义的城镇体系。第四，城镇体系最根本的特性是联系性和完整性。城镇体系在一个地域范围内具有经济社会发展的相对完整性，它是由不同城镇以及联系城镇的交通经济走廊等多种要素按一定规律组合而成有机整体。其中任何一个要素发生变化，都可以通过反馈和联系机制，影响整个城镇体系的变化发展。

2. 城镇体系的基本特征

城镇体系具有所有“系统”的共同特征。

（1）整体性

城镇体系是由城镇、联系通道和联系流、联系区域等多个要素按一定规律组合而成的有机整体。其中某一个组成要素的变化，例如某一城镇的兴起或衰落、某一条新交通线的开拓、某一区域资源开发环境的改善或恶化，都可能通过交互作用和反馈，“牵一发而动全身”。

（2）等级性或层次性

系统由逐级子系统组成。任何城镇体系都是整个地域城镇体系网络的组成部分。城镇体系的各组成要素按其作用都有高低等级之分，全国性的城镇体系由大区级、省区级体系组成，下面还有地区级或地方级的体系。这就要求制定某一级城镇体系规划时要考虑到上下级体系之间的衔接。

（3）动态性

城镇体系不仅作为状态存在，也随着时间发生阶段性变动，是一个不断发育完善的过程，具有明显的阶段性和鲜明的时代性。不同的时期，会有不同的城镇体系，这就要求城镇体系规划要不断地进行修正、补充，去适应变化了的实际。

（4）相互关联性

城镇体系内部各个城镇之间存在合理的分工合作及密切的社会经济联系，关联性是城镇体系最为重要的一个特征。早在 1960 年，邓肯第一次提出城镇体系的概念，就是基于各城镇之间的分工和联系把它们当作一个系统进行相应的分析。

（5）开放性

由于商品和市场经济的发展，现代化的城镇均具有开放性的特点。城镇体系是城镇群的有机组合，同样必须顺应商品和市场经济的发展和体系的有序转化，形成对外开放系统。体系内经常发生能量的输入和输出，不断加强地域内城镇和地域之间的相互联系，以促进城镇体系的持续发展优化。

从城镇体系的个性特征来看，城镇体系具有地方性，是当地经济、社会发展的反映，不同地域具有不同的城镇体系。它既不是简单的机械系统或自然系统，也不是严格的经济系统或政治系统，而是兼有自然、经济、政治、文化等多种层面的社会系统。社会系统的开放性特点，使城镇体系很容易受到来自外部的、难以预言的复杂影响，因此按系统的变化状态而论，它有高度的不稳定性。作为社会系统的另一个特点，城镇体系不能像自然系统那样，通过某种给定的变化就可以得到明确的决定性的结果。城镇体系的演变虽然有总的规律性趋势可循，但对每个具体变动的反馈都存在着很大程度的不确定性。因此以系统的规律性质而论，不属于必然性系统，而属于随机性系统。

3. 城镇体系的类型

根据不同的分类标准，城镇体系可以划分为各种类型。最常见的分类标准主要有以下四种。

第一种，按行政等级和管辖范围（行政经济区）可以分为全国、省域、（地级）市域、县域城镇体系类型。

第二种，以中心城市数量多寡的组合方式可以分为：

单中心体系类型，是指一个中心城市的城镇体系。大部分区域都是单中心城镇体系类型。其又可以分为：以大城市为核心，集中分布在大城市地域周围的体系类型和以各级行政中心或经济中心为核心，分散的城镇体系类型。

双中心体系类型，是指有两个中心的城镇体系类型。如山东省的济南和青岛、辽宁省的沈阳和大连。

多中心体系类型，是指其中又可以分为：大中城市集聚的城市群类型；以多个各级行政中心或经济中心组合为核心，分散的城镇体系类型。如苏锡常地区、穗港澳地区。

第三种，按区域的经济类型，可以分为综合经济区城镇体系，又可进一步划分为大经济区、基本经济区、基层经济区三种城镇体系类型；还可以根据需要划分为矿区型、农业区型，以及流域型（如长江经济带）、铁路公路沿线型（如陇海兰新城镇带）城镇体系等。

第四种，以特殊的地理区域和经济区域为对象，如沿海、沿江、三角洲地区、边境地区城镇体系类型等。

4. 我国城镇体系研究

城镇体系研究在国外是城市地理、城市规划等领域研究的热门课题。但我国有关城镇体系的研究，长期处于空白状态。真正开始研究是在1970年代中期以后。20世纪80年代以来中国开展了大量的国家、区域、省、市、县等层面的城镇体系规划工作，在规划实践中总结、提升了城镇体系的有关理论和方法，形成了“三结构一网络”的城镇体系规划基本内容体系，相关的学术研究也基本都在这一框架内展开，并始终呈现出与区域发展及规划实践紧密联系的特色。进入 21 世纪以来，我国城镇体系研究呈现出多层次、多领域、多视角、多方法的综合研究趋势。

（1）研究层次的多元化

城镇体系研究呈现出宏观、中观、微观多层次并进的趋势，既有不同层次的行政区域，也有不同层次的自然区域，也有自然与人文交互型区域城镇体系研究，而且研究成果甚多，不胜枚举。

（2）研究理论与方法的多元化

分形理论与方法、定量方法与模拟模型、RS 与 GIS 技术等广泛采用。其中，尤以运用分形理论对不同层次与类型区域城镇体系的研究为甚，虽小部分在深度和广度上有所升华，但多为对分形理论与方法的模仿应用。RS 和 GIS 作为新兴地理信息技术手段，在城镇体系研究中，尤其在演化发展动态监控与模拟预测研究中的应用日渐显现，并有望扩展我国城镇体系研究领域。

（3）研究内容日益深化与多元化

整体仍以城镇体系结构研究为主，城镇体系演变机制研究有所强化，城镇体系优化调控研究日渐拓展，城镇体系规划研究纵向深入，并集中于规划实施保障与支撑研究，城镇体系方法论研究也有所延展，但突破性不足。

（4）研究视角更趋多元化

除了从地理环境、自然资源、交通区位、河流水系、地质地貌等角度对城镇体系及其变化进行研究之外，也开始借鉴国外城镇体系区域间性的创新研究理念进行本土化研究，但目前仅限于对该理念的评价和少量的案例研究。

纵观比较国内外城镇体系研究进展，可以看出，尽管我国城镇体系研究取得了可喜的进步，但仍存在如下不足：首先，总体研究水平仍滞后于国外。始于国外城镇体系学说的介绍引进，难免受其影响而相对缺乏切合我国城市化实际的理论探索。其次，学科交叉与融合不足。我国城镇体系研究主要局限于地理学、规划学等单学科突进状态，与经济学、社会学、生态学等学科交叉融合的研究局面尚未成形，虽偶有学科间个别理论与方法的些许借鉴，但仍与城镇体系研究所需的多学科综合集成相去甚远。再次，研究方法与手段滞后。研究方法虽有改善，但仍以传统城镇体系和经济地理学生产力布局研究方法为主体，定性分析为主，定量分析不足。虽然 RS、GIS 等新技术已经开始应用于城镇体系演化动态监控与模拟预测研究，但亟待强化和提升。最后，过于注重城镇体系内部结构与相互关系的研究，对新兴经济、科技因素对城镇体系的影响研究相对肤浅，对区域性和区域间性的政治、社会、文化因素考虑明显不足。

5. 城镇体系规划

中国以往的城市总体规划基本上是以单个城市的合理发展为目标制定的，城市发展的区域研究常常受到忽视。但大量的经验和教训证明“就城市论城市”的城市规划不符合城市的本质特征。十一届三中全会确定了改革开放道路后，城镇发展迅速，具有特色的城镇体系规划逐渐得到重视和发展，相关理论研究也在实践中蓬勃发展。20 世纪 80 年代，城市规划和区域规划、国土规划在中国不约而同地掀起了热潮，区域城镇体系规划也应运而生。

在经济体制改革中，中国十分重视发挥城市的作用，提出“要以经济比较发达的城市为中心，带动周围的农村，统一组织生产和流通，逐步形成以城市为依托的各种规模和各种类型的经济区”。在这种指导思想下，1983 年以来，大面积推广了“市带县”和“整县改市”的行政体制。这时，市政府的管理对象已不再是单个城市，而是一个相当大区域的城镇群体，各市领导为了指导全局，客观上对城镇体系规划提出了要求。

1984 年国务院颁布的《城市规划条例》第一次提出：“直辖市和市的总体规划应当把行政区域作为统一的整体，合理部署城镇体系”。随后，地理界以及城市规划部门积极进行了市域城镇体系规划的实践，积累了一些经验。

1989 年底，全国人民代表大会常务委员会（全国人大常委会）通过实施的《中华人民共和国城市规划法》进一步把城镇体系规划的区域尺度向上下两头延伸，明确规定“全国和各省、自治区、直辖市都要分别编制城镇体系规划，用以指导城市规划的编制”，“设市城市和县城的总体规划应当包括市或县的行政区域的城镇体系规划”。

1990 年代以来，我国工业化和城镇化进入了加速发展时期，指导城镇合理发展布局的城镇体系规划普遍受到重视。1994 年建设部颁布了《城镇体系规划编制审批办法》，1998 年建设部又发布了《关于加强省域城镇体系规划工作的通知》（建规［1998］108 号），对充实完善省域城镇体系规划内容提出了具体要求，并在陆续颁发的文件中要求各级城镇体系规划都要有强制性的内容。随着国土规划的衰变，城镇体系规划的地位进一步提升。

2008 年 1 月 1 日起实施的《中华人民共和国城乡规划法》，将城市和乡村纳入统一的法定规划编制和管理体系，确定了城镇体系规划、城市规划、镇规划、乡规划和村庄规划五个类别以及总体规划、详细规划两阶段的城乡规划体系，促进了城乡统筹。《城市规划法》将城镇体系规划作为一种规划类型，并没有明确上下层级的城镇体系规划存在法定指导关系。《城乡规划法》则明确了城镇体系规划之间存在“全国城镇体系规划—省域城镇体系规划”的纵向法定指导层级，强化了城镇体系规划的法定层级指导性。同时，细化了镇规划编制体系。

中国已经形成一套由国土规划—区域规划—城镇体系规划—城市总体规划—城市分区规划—城市详细规划等组成的空间规划系列。城镇体系规划处于衔接国土规划和城市总体规划的重要地位。城镇体系规划既是城市规划的组成部分，又是区域国土规划的组成部分。城镇体系规划应以区域国土规划为指导，但它又以其特有的综合特点充实国土规划，并与国土规划的主要成果——综合规划有极密切的联系，组成区域经济与社会开发的总体结构。城市总体规划的制定和修订应以城镇体系规划为指导，而城市总体规划的合理部分也可以被纳入城镇体系规划。

城镇体系规划要达到的目标是通过合理组织体系内各城镇之间、城镇与体系之间以及体系与其外部环境之间的各种经济、社会等方面的相互联系，运用现代系统理论与方法探究整个体系的整体效益。在开放系统条件下强化体系与外界进行的“能量”和物质交换，使体系内负熵流增加，促使体系向有序转化，达到社会、经济、环境效益最佳的社会、经济发展总目标。虽然相对于城市总体规划和小区规划来说，它是更为粗线条的，但却是战略性的、十分重要的。

中国正处于新型城镇化、新城、新区高度发育和规模化城市更新的起步阶段，促进城市空间与土地的协同发展，是当前城市各项规划有效服务城市发展的内在需要。关于城市总体规划、土地利用规划、国民经济和社会发展规划的“三规合一”的实践工作已经开展，也取得了一些成效，并对后期规划有借鉴作用。新时期，“多规合一”、“多规融合”将成为规划编制的重要工作途径，新的发展趋势必将对城镇体系规划有深远影响。已有学者将主体功能区规划、城镇体系规划、土地利用总体规划特指为“三规合一”，探讨城镇体系规划改革与“三规合一”的关系（张泉、刘剑，2014）。

6.1.2 城镇体系规划类型

1. 按行政区域的城镇体系规划

（1）全国城镇体系规划

全国城镇体系规划是国家层面的城镇发展布局规划，是我国城乡规划的纲领性文件，是国家推进新型城镇化发展的综合空间规划平台。依据《城乡规划法》由国务院城乡规划主管部门会同国务院有关部门组织编制全国城镇体系规划，用于指导省域城镇体系规划、城市总体规划的编制。全国城镇体系规划由国务院城乡规划主管部门报国务院审批。

我国城镇化发展正处在战略机遇与矛盾凸显的关键时期，基于全国层面对城镇体系发展进行统筹规划，对于贯彻落实科学发展观、实现国家发展战略、解决当前城镇化问题、促进城镇协调发展、加强和改善宏观调控具有十分重要的意义。2005年建设部（现住房和城乡建设部）委托中国城市规划设计研究院编制完成《全国城镇体系规划（2006—2020年）》。2007年2月由建设部（现住房和城乡建设部）部党组会议讨论同意上报国务院。本规划的任务是以科学发展观、建设和谐社会为指导，按照循序渐进、节约土地、节约资源、保护环境、集约发展、合理布局的原则，在空间上落实和协调国家发展的各项要求，明确城镇发展目标、发展战略，明确国家城镇空间布局和调控重点，转变城镇发展模式，提高资源配置效率，提高城镇综合承载能力，促进城镇化健康发展。根据不同地区的特点和发展趋势，本规划通过城镇化政策分区、城镇体系空间组织、重点发展地区和分省区城镇发展指引等引导性措施，指导不同地区和城市因地制宜地发展；通过城镇建设用地、节水率、能耗指标以及大气、水体达标率和固体废弃物处理率等强制性要求，提高城镇发展的集约、节约水平，提高城镇化的质量。本规划是对全国城镇发展和城镇空间布局的统筹安排，是引导城镇健康发展的重要政策依据，是各省、自治区、直辖市制定城镇体系规划和城市总体规划的依据。

为了加强全国城镇体系规划与省域城镇体系规划、城市总体规划的衔接，落实全国城镇体系规划确定的城镇发展战略和发展要求，加强对下一层次规划的指导，《全国城镇体系规划（2006—2020年）》以31个省（自治区、直辖市）为单元，分别提出了规划指引。规划指引的内容包括城镇化发展目标，重点发展与管理的地区和城市，跨省域协调发展的地区和需要协调的内容，以及对规划期内重大基础设施建设的建议等。主要内容具体如下：

1）城镇化发展目标与方针

人口与城镇化目标：合理控制人口规模，优化人口结构，提高人口素质，引导人口合理分布。2010年全国总人口约为13.6亿，城镇化水平约达到47%，城镇人口约为6.4亿人；2020年全国总人口约为14.5亿，城镇化水平达到为56%～58%，城镇人口达到8.1～8.4亿人。

城镇建设用地规模：控制城镇建设用地的总量和增长速度。2006年至2010年间，城镇建设用地年均增长速度控制在4%以下，2010年城镇建设用地控制在8.24万km^2以下。2011年至2020年，城镇建设用地年均增长速度控制在3%以下，2020年城镇建设用地控制在11.08万km^2以下。

城镇化发展方针：坚持“城乡统筹、区域协调、功能完善、集约发展、社会和谐、安全高效、文化昌盛、人居环境良好”的城镇发展策略。

2）城镇化发展分区

东部地区发展指引：按照鼓励东部地区率先发展的要求，提升城镇化质量。加快京津冀、长江三角洲、珠江三角洲三个重点城镇群的发展和资源整合，提高参与国际竞争的能力。引导产业和人口向大城市周边的中小城市、小城镇转移和适度集聚，与中心城市形成网络状的城镇空间体系，防止中心城市人口和功能的过度集聚。坚持生态环境优先发展原则，加强区域生态环境治理和建设，发展循环经济，提高环境支撑能力。加大环保投资，重视大气污染防治，改善城镇大气环境质量，抑制水环境的恶化。沿海地区应合理安排城镇布局，加强对高层建筑的布局引导，禁止超采地下水，防止地面沉降等地质灾害。建立城市综合防灾体系，加强沿海海防林等生态工程建设，加强灾情预报管理。

中部地区发展指引：按照促进中部地区崛起的要求，加快城镇发展，吸引农村富余劳动力就地转移。大力培育城镇群和区域中心城市，提高城镇群的人口吸纳能力。加强以省会为主体的中心城市建设，完善城市功能，增强辐射带动能力。加大对县城、中心镇基础设施建设的支持力度，促进小城镇支农产业发展，推动农业产业化进程。粮食主生产区要处理好城镇建设与耕地保护的关系，切实加强耕地保护，煤炭等能源基地要实现能源资源的可持续利用，因地制宜积极引导发展接续产业和替代产业，能源基地建设要与城镇发展相互依托。加强中部地区交通基础设施建设，完善中部地区出海通道建设。

西部地区发展指引：按照推进西部大开发的要求，推行生态环境保护优先的集中式城镇化发展战略。加强和完善区域和省域中心城市的综合功能，带动区域经济发展。重点发展县城、工贸和旅游型小城镇。按照国家制定的相关政策，引导生态脆弱地区的人口合理布局和有序转移，保障生态移民工程的实施。结合能源基地建设和资源开发，做好新兴城市的布局与协调，引导资源枯竭型城市健康转型。加快陆路门户城市和边境交通枢纽城市发展，促进沿边开放和能源通道建设。扶持革命老区和少数民族地区城镇的发展，重点加强基础设施和社会服务设施建设，促进地方特色经济发展。西南省区要妥善处理人地关系紧张问题，通过中心城市和重点镇的发展吸纳农村人口，聚集中小企业和地方服务业。西北地区通过牧区小城镇的建设，完善公共服务网络，增强灾害救助能力。

东北地区发展指引：按照振兴东北地区等老工业基地的要求，提升城市的综合服务功能，加快棚户区改造，建立资源枯竭型城市接续产业援助机制，增强城市吸纳就业的能力，促进老工业基地和资源型城市的经济转型和产业振兴。加强东北与东北亚各国、环渤海地区以及东北地区内部的交通通道建设，加快口岸城市和港口城市发展，促进沿边开放和沿海开放。增强区域中心城市的联系，完善区域城镇网络，提升城市对农林牧地区和能源矿产地区的辐射带动能力。搞好森工地区、国有农场地区城镇建设，促进农业、林业发展，巩固农业的基础地位。加强森林、湿地和黑土地生态系统的保育工作。完善区域协同的防洪排涝体系。

3）城镇空间组织与格局

城镇空间组织模式：以城镇群为核心，以促进区域协作的主要城镇联系通道为骨架，以重要的中心城市为节点，形成“多元、多极、网络化”的城镇空间格局。“多元”是指不同资源条件、不同发展阶段、不同发展机制和不同类型的区域，要因地制宜地制定城镇空间组织方式和发展模式。“多极”是指依托不同类型、不同层次的城镇群和中心城市，带动不同区域发展，落实国家区域协调发展总体战略。“网络化”是指依托交通通道，形成中心城市之间、城镇之间、城乡之间紧密联系、优势互补、要素自由流动的格局。依托国家主要陆路交通通道、江河水道、海岸带，以城镇群和各级中心城市为核心，形成大中小城市和小城镇联系密切、布局合理、协调发展的网络化城镇空间体系。

城镇空间格局：规划形成“一带七轴”的城镇空间格局。“一带”指沿海城镇带，是沿渤海、东海、黄海和南海的沿海城镇发展带。重点发展京津冀、长江三角洲、珠江三角洲三个重点城镇群，促进辽中南、山东半岛、海峡西岸、北部湾城镇群的发展。加强沿海通道建设，利用国内国外两个市场，参与经济全球化竞争，引导国家实现全面发展。“七轴”指七条依托国家主要交通轴形成的城镇联系通道，依托上海—南京—合肥—武汉—重庆—成都（含长江）、北京—石家庄—郑州—武汉—长沙—广州（含京广、京九线）、连云港—徐州—郑州—西安—兰州—乌鲁木齐（陇海－兰新线）、哈尔滨—长春—沈阳—大连、北京－张家口—大同—呼和浩特－包头－银川－兰州（包括西宁）、兰州—成都—昆明—南宁—海口、上海－南昌－长沙－贵阳－昆明等交通通道，加强中心城市之间的联系，合理组织人口和产业的聚集与扩散，促进区域协调发展。

4）重点地区城镇发展指引

重点地区包括城镇群，跨省级界线城镇发展协调地区，重要江河流域、湖泊地区和海岸带等。这些地区在提升国家参与国际竞争的能力、协调区域发展和资源保护方面具有重要的战略意义。国家要加强对重点地区城镇化的政策引导和城镇发展的管理。

重点城镇群发展指引：以国家中心城市为核心的城镇群是重点城镇群，它们是带动整个国家经济发展的核心区域，对提高国家参与国际竞争能力，提高我国的综合实力具有十分重要的战略意义。要提升核心城市的国际服务职能，增强对内对外的辐射能力；要优化这些地区城镇的产业结构和能源利用结构，促进城镇分工协作和优势互补；以生态承载力为基础，确定主导产业和人口发展规模；加强区域生态保护和环境建设，严格控制开发强度和密度；加快城镇的网络化建设和基础设施建设，做好区域交通与城市交通的接驳；加快农业产业化和农村产业结构调整进程，统筹城乡空间的整合；创新区域管理机制。

重要江河流域、湖泊地区和海岸带发展指引：重要江河流域、湖泊地区应制定水资源综合利用和流域地区综合开发规划，合理配置水资源，并处理好水环境保护、防洪、发电和城镇供排水的关系。合理布局工业和城镇，重点控制上游地区的环境污染，建立下游地区对上游地区的转移支付机制。保护海岸带的完整性和稳定性，统一规划与分配海岸线资源，处理好海洋资源开发和保护的关系。海洋港口和城镇发展要统一规划，协调建设。该类地区主要指长江流域、黄河流域、珠江流域、淮河流域、辽河流域、松花江流域，太湖地区、洞庭湖地区、鄱阳湖地区、洪泽湖地区，海岸带及海岛地区。

跨省级界线城镇发展协调地区发展指引：在产业和城镇发展、资源开发利用、生态环境保护、基础设施建设方面需要进行省际协作的地区，要健全协作管理机制，加强沟通与协调。跨省级界线城镇发展协调地区包括苏鲁皖豫交界地区、内蒙古东部三市一盟与东北三省的交界地区、苏皖交界地区、晋冀鲁豫交界地区、浙赣皖交界地区、晋陕蒙交界地区、甘青新交界地区、川滇藏交界地区、川滇黔交界地区、川渝交界地区、鄂赣皖交界地区、鄂豫陕交界地区、粤湘赣交界地区、黔湘桂交界地区等。

5）城市发展指引

国家中心城市指北京、天津、上海、广州。这类城市要提升在外向型经济和国际文化交流方面的发展水平，逐步发展成为亚洲乃至于世界的金融、贸易、文化、管理等中心，起到带动京津冀、长江三角洲、珠江三角洲重点城镇群发展的核心组织作用。武汉与重庆是新兴的国家中心城市，分别为长江中游城镇群、成渝城镇群的中心城市，也是我国内陆开发开放的高地。

陆路门户城市（镇）、边境地区中心城市：位于我国边境地区的陆路门户城市和边境地区中心城市需要进一步提高对外开放水平，加强与相邻国家和地区的合作，重点发展边境贸易，健全城市功能。门户城市（镇）主要有：满洲里、二连浩特、丹东、珲春、集安、图们、绥芬河、同江、黑河、瑞丽、景洪、河口、凭祥、东兴、亚东、樟木、伊宁、喀什、阿图什、塔城、博乐。重要的边境地区中心城市包括：哈尔滨、昆明、南宁、乌鲁木齐、拉萨。这些城市也是边境地区的交通枢纽城市。

老工业基地城市：对传统工业为主，产业转型慢，经济增长速度落后于全国平均水平的工业城市，要积极推进科技改造与技术更新，调整产业结构，加强城市基础设施的更新改造，推进公共服务社会化，改善人居环境，增强城市可持续发展能力。

矿业（资源）城市：以矿业和其他资源开采业为主导产业的工业城市，推动产业类型多样化，提升城市服务功能，积极加强矿区的生态恢复和环境建设。对于新兴矿业城市要加强矿区和城镇的协调发展，避免过于分散的空间布局。对于少数资源枯竭的城市要积极发展接续产业，对于难以发展接续产业的城市要采取转移策略，适时转移人口。

历史文化名城：要更好地保护历史文化资源，弘扬民族精神。要严格保护历史文化资源，科学规划，严格管理，协调好新城建设与旧城保护的关系；加强资金、政策等方面的支持。

6）国家综合交通枢纽体系

以能源战略、资源保护、运输安全为原则，建立全国综合交通枢纽体系。加快国家铁路网建设，完善国家高速公路网，注重发展水路运输，增加水运的比重，建立布局合理的民航机场体系，逐步构建多种运输方式协调发展的综合运输体系。

以中心城市为节点，推行一体化的联合运输方式，加强各种交通方式之间的衔接及综合交通枢纽建设，实现旅客运输的零距离换乘和货物运输的无缝衔接，提高门户城市的交通服务水平，强化城市在产业发展和空间布局中的核心地位；促进城市内部交通与区域间交通的有机整合；建立高效便捷、公平有序的城市交通系统。

建立全国综合交通枢纽体系，强化城镇在产业发展和空间布局的核心地位，促进多种交通方式之间的有机衔接，增强中心城市对区域的辐射带动作用。加强边境交通枢纽城市建设，落实国家对外开放战略，完善全国交通网络。一级综合交通枢纽城市为北京—天津、沈阳、上海、武汉、郑州、广州—深圳、重庆—成都、西安、兰州。二级综合交通枢纽城市为石家庄、太原、大连、长春、哈尔滨、南京、杭州、宁波、合肥、南昌、厦门、济南、青岛、长沙、南宁、贵阳、昆明、拉萨、乌鲁木齐。其中哈尔滨、昆明、南宁、拉萨、乌鲁木齐为国家边境地区交通枢纽城市，它们在国家发展中具有重要的战略地位。

（2）省域城镇体系规划

省域城镇体系规划是省、自治区人民政府实施城乡规划管理，合理配置省域空间资源，优化城乡空间布局，统筹基础设施和公共设施建设的基本依据，是落实全国城镇体系规划，引导本省、自治区城镇化和城镇发展，指导下层次规划编制的公共政策。省域城镇体系规划由省、自治区人民政府组织编制，省、自治区人民政府城乡规划主管部门负责省域城镇体系规划组织编制的具体工作。省、自治区人民政府城乡规划主管部门委托具有城乡规划甲级资质证书的单位承担省域城镇体系规划的具体编制工作。编制完成后，经省、自治区人民政府审查同意后，由省、自治区人民政府报国务院审批。省域城镇体系规划编制工作一般分为编制省域城镇体系规划纲要（以下简称规划纲要）和编制省域城镇体系规划成果（以下简称规划成果）两个阶段。编制规划纲要的目的是综合评价省、自治区城镇化发展条件及对城乡空间布局的基本要求，分析研究省域相关规划和重大项目布局对城乡空间的影响，明确规划编制的原则和重点，研究提出城镇化目标和拟采取的对策和措施，为编制规划成果提供基础。编制规划纲要时，应当对影响本省、自治区城镇化和城镇发展的重大问题进行专题研究。规划成果应当包括规划文本、图纸，以书面和电子文件两种形式表达。

《省域城镇体系规划编制审批办法》即中华人民共和国住房和城乡建设部令第 3 号，经住房和城乡建设部第 55 次常务会议审议通过，自 2010 年 7 月 1 日起施行，是为了规范省域城镇体系规划编制和审批工作，提高规划的科学性，根据《中华人民共和国城乡规划法》而制定的。《省域城镇体系规划编制审批办法》规定了省域城镇体系规划的内容应包括：

1）分析评价现行省域城镇体系规划实施情况，明确规划编制原则、重点和应当解决的主要问题。

2）按照全国城镇体系规划的要求，提出本省、自治区在国家城镇化与区域协调发展中的地位和作用。

3）综合评价土地资源、水资源、能源、生态环境承载能力等城镇发展支撑条件和制约因素，提出城镇化进程中重要资源、能源合理利用与保护、生态环境保护和防灾减灾的要求。

4）综合分析经济社会发展目标和产业发展趋势、城乡人口流动和人口分布趋势、省域内城镇化和城镇发展的区域差异等影响本省、自治区城镇发展的主要因素，提出城镇化的目标、任务及要求。

5）按照城乡区域全面协调可持续发展的要求，综合考虑经济社会发展与人口资源环境条件，提出优化城乡空间格局的规划要求，包括省域城乡空间布局，城乡居民点体系和优化农村居民点布局的要求；提出省域综合交通和重大市政基础设施、公共设施布局的建议；提出需要从省域层面重点协调、引导的地区，以及需要与相邻省（自治区、直辖市）共同协调解决的重大基础设施布局等相关问题。

6）按照保护资源、生态环境和优化省域城乡空间布局的综合要求，研究提出适宜建设区、限制建设区、禁止建设区的划定原则和划定依据，明确限制建设区、禁止建设区的基本类型。

《省域城镇体系规划编制审批办法》规定规划成果应当包括下列内容：

1）明确全省、自治区城乡统筹发展的总体要求。包括城镇化目标和战略，城镇化发展质量目标及相关指标，城镇化途径和相应的城镇协调发展政策和策略；城乡统筹发展目标、城乡结构变化趋势和规划策略；根据省、自治区内的区域差异提出分类指导的城镇化政策。

2）明确资源利用与资源生态环境保护的目标、要求和措施。包括土地资源、水资源、能源等的合理利用与保护、历史文化遗产的保护、地域传统文化特色的体现以及生态环境保护。

3）明确省域城乡空间和规模控制要求。包括中心城市等级体系和空间布局；需要从省域层面重点协调、引导地区的定位及协调、引导措施；优化农村居民点布局的目标、原则和规划要求。

4）明确与城乡空间布局相协调的区域综合交通体系。包括省域综合交通发展目标、策略及综合交通设施与城乡空间布局协调的原则，省域综合交通网络和重要交通设施布局，综合交通枢纽城市及其规划要求。

5）明确城乡基础设施支撑体系。包括统筹城乡的区域重大基础设施和公共设施布局原则和规划要求，中心镇基础设施和基本公共设施的配置要求；农村居民点建设和环境综合整治的总体要求；综合防灾与重大公共安全保障体系的规划要求等。

6）明确空间开发管制要求。包括限制建设区、禁止建设区的区位和范围，提出管制要求和实现空间管制的措施，为省域内各市（县）在城市总体规划中划定“四线”等规划控制线提供依据。

7）明确对下层次城乡规划编制的要求。结合本省、自治区的实际情况，综合提出对各地区在城镇协调发展、城乡空间布局、资源生态环境保护、交通和基础设施布局、空间开发管制等方面的规划要求。

8）明确规划实施的政策措施。包括城乡统筹和城镇协调发展的政策；需要进一步深化落实的规划内容；规划实施的制度保障，规划实施的方法。

（3）市域城镇体系规划

市域城镇体系规划，由城市人民政府或地区行署、自治州、盟人民政府组织编制。市域和县域城镇体系规划在具体的操作过程中，被纳入所在地域中心城市的总体规划并编制审批。

市域城镇体系规划主要包括七方面的内容：

1）提出市域城乡统筹的发展战略。其中位于人口、经济、建设高度集聚的城镇密集地区的中心城市，应当根据需要，提出与相邻行政区域在空间发展布局、重大基础设施和公共服务设施建设、生态环境保护、城乡统筹发展等方面进行协调的建议。

2）确定生态环境、土地和水资源、能源、自然和历史文化遗产等方面的保护与利用的综合目标和要求，提出空间管制原则和措施。

3）预测市域总人口及城镇化水平，确定各城镇人口规模、职能分工、空间布局和建设标准。

4）提出重点城镇的发展定位、用地规模和建设用地控制范围。

5）确定市域交通发展策略，原则确定市域交通、通信、能源、供水、排水、防洪、垃圾处理等重大基础设施，重要社会服务设施，危险品生产储存设施的布局。

6）根据城市建设、发展和资源管理的需要划定城市规划区，城市规划区的范围应当位于城市的行政管辖范围内。

7）提出实施规划的措施和有关建议。

新时期市域城镇体系规划的变化主要体现在突出城乡统筹发展战略，突出资源与环境保护，突出空间管制，突出建设标准的确定与重要社会服务设施、基础设施的布局，强调政府事权，科学规划城市规划区。

（4）县域城镇体系规划

县域城镇体系规划，由县或自治县、旗、自治旗人民政府组织编制。县域城镇体系规划体系的主要任务是：

1）贯彻落实省、市域城镇体系规划，指导乡镇规划，满足政府对城镇化和城镇发展实行宏观调控和有效管理的需要。

2）调整县域城乡居民点和产业空间布局，促进产业和人口的合理集聚、城镇集约发展。

3）按照集聚发展的目标和原则，统筹协调各项区域性基础设施和公共服务设施布局，促进基础设施和公共设施的区域化服务与共建共享。

4）加强空间开发建设管治，优化资源利用与配置，提高区域空间开发的整体效益，促进城乡可持续发展。

县域城镇体系规划应突出三个重点：

1）确定城乡居民点有序发展的总体格局，选定中心镇，促进小城镇健康发展。

2）布置县域基础设施和社会服务设施，防止重复建设，促进城乡协调发展。

3）保护基本农田和生态环境，防止污染，促进可持续发展。

县域城镇体系规划应当包括下列内容：

1）分析全县基本情况，综合评价县域的发展条件。

2）明确产业发展的空间布局。

3）预测县域人口，提出城镇化战略及目标。

4）制定城乡居民点布局规划，选定重点发展的中心镇。

5）协调用地及其他空间资源的利用。

6）统筹安排区域性基础设施和社会服务设施。

7）制定专项规划，提出各项建设的限制性要求。

8）制定发展规划，确定分阶段实施规划的目标及重点。

9）提出实施规划的政策建议。

2. 跨行政区域的城镇体系规划

我国的城镇体系规划大多是按行政区域编制，根据国家和地方发展需要，也编制某些跨行政区域的城镇体系规划。比较常见的就是城市群规划、都市圈规划。区域规划中作为专题编制的流域城镇体系规划，沿海、沿江河、沿边城镇体系规划，铁路或高级公路沿线城镇体系规划等也属于跨行政区域规划。跨行政区域的城镇体系规划，由有关地区的共同上一级人民政府城市规划行政主管部门组织编制。《国家新型城镇化规划（2014—2020）》提出要优化提升东部地区城市群、培育发展中西部地区城市群、建立城市群发展协调机制。跨行政区域的城镇体系规划必将迎来新的发展机遇。有关城市群和都市圈的内容在下一章将作具体论述，这里就不再赘言。

6.1.3 城镇体系规划编制

1. 城镇体系规划编制的主要内容

城镇体系规划是一项新的工作，除了省域城镇体系规划有规定的内容之外，目前还没有建立起一套规范的编制办法。1994 年建设部颁布的《城镇体系规划编制审批办法》，规定城镇体系规划一般应当包括下列内容：综合评价区域与城市的发展和开发建设条件；预测区域人口增长，确定城市化目标；确定本区域的城镇发展战略，划分城市经济区；提出城镇体系的功能结构和城镇分工；确定城镇体系的等级和规模结构；确定城镇体系的空间布局；统筹安排区域基础设施、社会设施；确定保护区域生态环境、自然和人文景观以及历史文化遗产的原则和措施；确定各时期重点发展的城镇，提出近期重点发展城镇的规划建议；提出实施规划的政策和措施。

根据新时期发展需要，现有的城镇体系规划也补充和加强了新的内容。区域空间管制规划是其中重要的一项。空间管制通过划定区域内不同建设发展特性的类型区，制定其分区开发标准和控制引导措施，可协调社会、经济与环境可持续发展。从引导和控制区域开发建设活动的目的出发，依据区域城镇发展战略，综合考虑生态与资源保护、区域发展、城乡建设、优化配置资源等要求，划定禁建区、限建区和适建区，为政府进行科学管理提供依据。

城镇体系规划的主要工作内容和它们的内部联系可用图6-1表示。

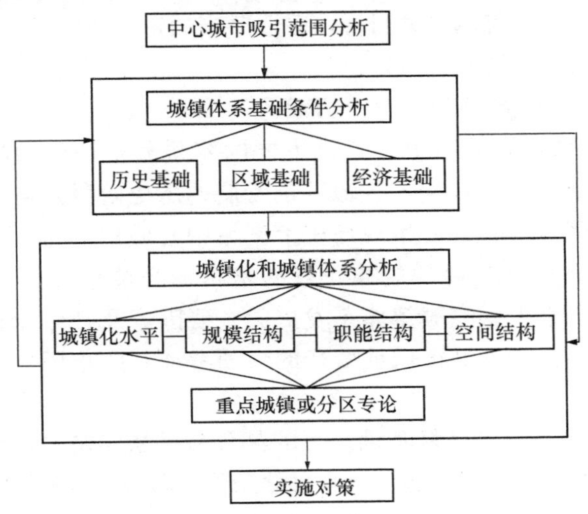

图6-1 城镇体系规划的工作内容

（1）中心城市吸引范围分析

中心城市吸引范围的分析是城镇体系规划的必要准备。城镇体系所在的区域是不能从大区域任意肢解或以若干个小区域任意拼接的，它应当是一个相对完整的区域，即这个区域应当和中心城市的直接吸引范围大体一致。这一项工作之所以重要，必须先行，原因就在于中国现在的城镇体系规划几乎全以各级行政地域为单元开展。尽管在几千年漫长岁月中逐渐演变而来的中国省、县级行政区域，往往与自然区域、社会经济区域高度一致，是相对完整的，但是也不能排除到现代有不相一致的部分。例如内蒙古东起大兴安岭、西至巴丹吉林沙漠，区内城市之间的联系远远不如与相邻的东北、华北、西北之间的联系密切，它作为城镇体系的地域并不完整。

地域完整问题在地级市更突出。在实行“市带县”体制时，中国对“带县”的合理范围没有制定具体的标准和依据，地级市的市域范围有各种各样的情况。当规划的市域范围与中心城市的实际吸引范围差距很大时，把它当作一个完整体系来规划，其科学性就值得怀疑。

规划开展之初先分析一下中心城市的吸引范围，有利于规划人员对规划的对象有一个正确的认识。当地域不完整时，规划人员可对调整行政区域提出建议。即使未能及时调整，在规划中充分考虑到体系不完整的特点也是十分有益的。

（2）城镇体系的基础条件分析

只有对城镇体系存在和发展的基础有了透彻的理解，才能提出正确的规划指导思想，建立正确的规划目标，采取适当的发展战略，选择符合实际的空间模式。

基础条件分析主要有以下3个方面：

1）城镇体系发展的历史背景。主要内容是分析该区域历史时期城镇的分布格局和演变规律，揭示区域城镇发展的历史阶段及导致每个阶段城镇兴衰的主要因素，特别要重视历史上区域中心城市的转移、变迁。研究城镇体系历史上发展演变的规律，目的是解释当前城镇体系的形成和特点，从而为预测未来影响城镇体系发展的主要因素及其作用提供启示。这项工作要避免陷入个别城市城址变迁的烦琐考证，防止历史研究重古代轻近代的倾向。

2）城镇体系发展的区域基础。目的是分析区域经济和城镇发展的有利条件和限制因素。它涉及自然资源和自然条件、环境生态结构、劳动力、经济技术基础、区域交通条件、地理位置等广阔的领域，具体到特定区域不必面面俱到，应抓住要害，重点深入。

3）城镇体系发展的经济基础。区域城市规划要统筹兼顾经济、社会、环境三个方面，它们之间是有内在联系的。现阶段经济的合理安排是主体，也是核心。因此，城镇体系发展的经济基础的论证对城镇体系规划具有特别重要的意义。一般要求深入分析产业部门的现状，找出现状特点和存在的问题；并通过对进一步发展的条件分析、方案比较，指出主要部门发展的方向；最后要具体落实到每个城镇。

在经济条件分析中，有两种倾向需要避免，一种是资源丰富，国家投资较多的地方，要避免头脑过热，不顾客观条件和需要，规划新建项目过多、过大。另一种在国家投资少、项目少的地方，当地领导都可能感到无所作为，规划者则要避免迁就现状，多从合理发展的方向积极提供建议，供领导筹集资金和争取项目做参考。

（3）城镇化水平预测及规模结构和职能结构

按工作的基本内容，可以分成以下几部分：

1）人口和城镇化水平预测。城镇体系规划主要考虑区内建制镇及其以上等级的居民点的合理发展，适当考虑与集镇的关系。因此，在规划期内，区域人口可能发展到多少，城镇人口可能发展到多少，即城镇发展总水平的预测及区内差异是城镇体系规划首先需要回答的问题。其中总人口的预测因资料丰富，方法成熟，相对比较简单。问题是要设法排除现有人口统计和自然增长率中的虚假部分，对今后人口增长率的预测应采取实事求是的态度，避免简单按上级下达的指标办事。城镇化水平的预测比较复杂，至少应该从农业人口向城镇转移的可能性和城镇对农业人口可能的吸收能力两个侧面进行预测和互校。在中国城镇人口统计口径严重混乱的情况下，关键是要以极大的耐心去收集每个城镇最接近实际的城镇人口资料。可以肯定地讲，把现有市镇行政辖区的总人口作为城镇人口用于规划，一定会得出错误结论。

2）城镇体系的等级规模结构。内容包括：依据新中国成立以来，特别是改革开放以来，各城镇人口规模的变动趋势和相对地位的变化，预测今后的动态；分析现状城镇规模分布的特点；确定规划期内可能出现的新城镇，包括某些农村集镇的晋升和因基本建设而可能新建的城镇；结合城镇的人口现状，发展条件评价和职能的变化，对新老城镇做出规模预测，制订城镇体系的等级规模规划，形成新的、较为合理的城镇等级规模结构。

各城镇的规划人口规模之和要与城镇化水平预测得到的城镇人口基本配平。值得注意的是城镇的规模分布有自身的发展规律，各地城镇体系的等级规模规划应根据自己的条件和特点酌情处理，切忌不分青红皂白，生搬硬套国家对于大城市（大于 50 万人）、中等城市（20 万～50 万人）和小城市（小于 20 万人）的发展方针；20 万、50 万或 100 万人等整数界线也不一定是所有区域城镇规模等级的最好标志，各地要根据实际的规模分布来确定等级；城镇的职能等级和规模等级严格说是不同的概念，但在一般情况下，两者之间存在密切的内在联系，不相匹配的例外可能出现在专业化的工矿业城市。

3）城镇体系的职能结构。一个体系中的城镇有不同的规模和增长趋势，决定性的因素是它们执行不同的职能和区域职能结构的分工。

城镇职能结构的规划首先要建立在现状城镇职能分析的基础上。通常情况下，都可以收集到区域内各个城镇经济结构的统计资料，通过定量和定性相结合的分析，不难明确各城镇之间职能的相似性和差异性，实现城镇的职能分类。越是大型的城镇系统，越需要定量技术的支持。

现状的城镇职能和职能结构不一定是完全合理的。长期以来，中国许多城市存在着重复建设、职能性质雷同、主导部门不明显、普遍向综合性方向发展的趋势。这种城市职能结构助长了地方保护主义，削弱了竞争机制，是中国城市经济缺乏活力、效益低下的重要原因。而在另一些工矿业城市，一味注重采油、开矿，忽视了城市的综合功能和单一经济结构的及时转化。正因为这样，对城镇现状职能要加以分析，肯定其中合理的部分，寻找其中不合理的部分，然后制定出有分工、有合作，符合比较利益原则，充分发挥各自区位优势的专业化与综合发展有机结合的新的职能结构。

最后，对重点城镇还应该具体确定它们的规划性质，其表述不宜过于简单抽象，应力求把它们的主要职能特征准确表达出来，使城市总体规划的编制有依所循。

（4）城镇体系的空间结构规划

1）城镇体系的空间结构。这是对区域城镇空间网络组织的规划研究。它要把不同职能和不同规模的城镇落实到空间，综合审度城镇与城镇之间、城镇与交通网之间、城镇与区域之间的合理结合。这项工作主要包括以下内容：①分析区域城镇现状空间网络的主要特点和城市分布的控制性因素；②区域城镇发展条件的综合评价，以揭示地域结构的地理基础；③设计区域不同等级的城镇发展轴线（或称发展走廊），高级别轴线穿越区域城镇发展条件最好的部分，连接尽可能多的城镇，特别是高级别的城市，体现交互作用阻力最小或开发潜力最大的方向；④综合各城镇在职能、规模和网络结构中的分工和地位，对它们今后的发展对策实行归类，为未来生产力布局提供参考；⑤根据城镇间和城乡间交互作用的特点，划分区域内的城市经济区，为充分发挥城市的中心作用，促进城乡经济的结合，带动全区经济的发展提供地域组织的框架。

城镇体系的空间结构规划集中体现了城镇体系规划的思想和观点，是整个成果的综合和浓缩，是最富于地理变化和地理创造性的工作。只有深入分析各地区特有的背景、条件、矛盾和出路，才能找出适合于它的特有的空间结构。

2）重点城镇或分区专论。以上内容基本上把规划区作为一个整体来研究，不可能对重点城镇、专题性的重点问题或各个分区的情况加以充分的阐述。但实际上，这些问题常常是当地政府主管部门特别关注的，他们迫切希望了解自己所属单元在整个体系规划中的作用和地位，以及与其他单元的关系。其实，这样也便于通过地方行政部门，真正发挥城镇体系规划对城市总体规划的指导作用。这部分内容不必拘泥于某种格式，可视需要而定。

（5）实施规划的措施建议

城镇体系规划是规划人员认识和预测客观世界的一种反映。主客观相脱节的规划，只能是“纸上画画、墙上挂挂”。即使一个好的规划，若没有可操作性的政策和措施的配合，也终会变成一纸空文。因此，在这一部分有必要纲要性地把整个规划的要点介绍清楚，然后提出为了实施规划应该采取的某些行政措施、政策措施或组织措施的建议，供政府参考采纳。政府的引导和控制作用可以包括：①通过行政管理系统的强化，建立与加强城镇体系的发展；②通过权力与资源的分配，影响城镇体系的发展；③通过改变交通系统与其他基础设施系统，影响城镇体系的发展；④通过政府对工业与公共项目的直接投资，以影响城镇体系的发展等。

2. 城镇体系规划编制的任务

1994年建设部颁布的《城镇体系规划编制审批办法》中指出城镇体系规划的任务主要有：综合评价城镇发展条件；制定区域城镇发展战略；预测区域人口增长和城市化水平；拟定各相关城镇的发展方向与规模；协调城镇发展与产业配置的时空关系；统筹安排区域基础设施和社会设施；引导和控制区域城镇的合理发展与布局；指导城市总体规划的编制。

3. 城镇体系规划编制的原则

首先要遵循有关的法律、法规和技术规定，其次城镇体系规划应同相应区域的国民经济和社会发展长远计划、国土规划、区域规划及上一层次的城镇体系规划相协调。

4. 城镇体系规划编制的程序和期限

（1）城镇体系规划编制的程序

一般来说，城镇体系规划编制流程如图6-2所示。

城镇体系规划的编制程序与区域规划、城市规划相似，大体可以分为以下几个阶段：

1）规划工作准备阶段

前期主要是甲方政府主管部门和乙方编制单位沟通协商工作。甲方一般要提请政府成立由主要领导任组长、主管领导任副组长、各有关部门领导为成员的城镇体系规划编制领导小组，并在规划局（建设局）设办公室。请各有关部门准备相关的资料并提出对规划编制的要求，准备必要的地形图和相关图件。乙方主要是组织规划编制队伍和进行规划内容分工。查阅规划区域的背景资料，选择与规划区域相适应的规划理论和方法，准备调查提纲和表格；准备区域的工作底图，供实地调查和方案构思用。

2）实地调查阶段

实地调查包括现场踏勘、资料收集、访问座谈、问卷调查等内容。全面、详实地了解区域情况非常重要，关系到规划的质量和深度。

3）调查内容与资料分析研究阶段

主要分析城镇发展的各项条件，分析现状特点和存在的问题，并进行城镇发展条件综合评价。调查内容的分析要做到宏观、中观和微观分析相结

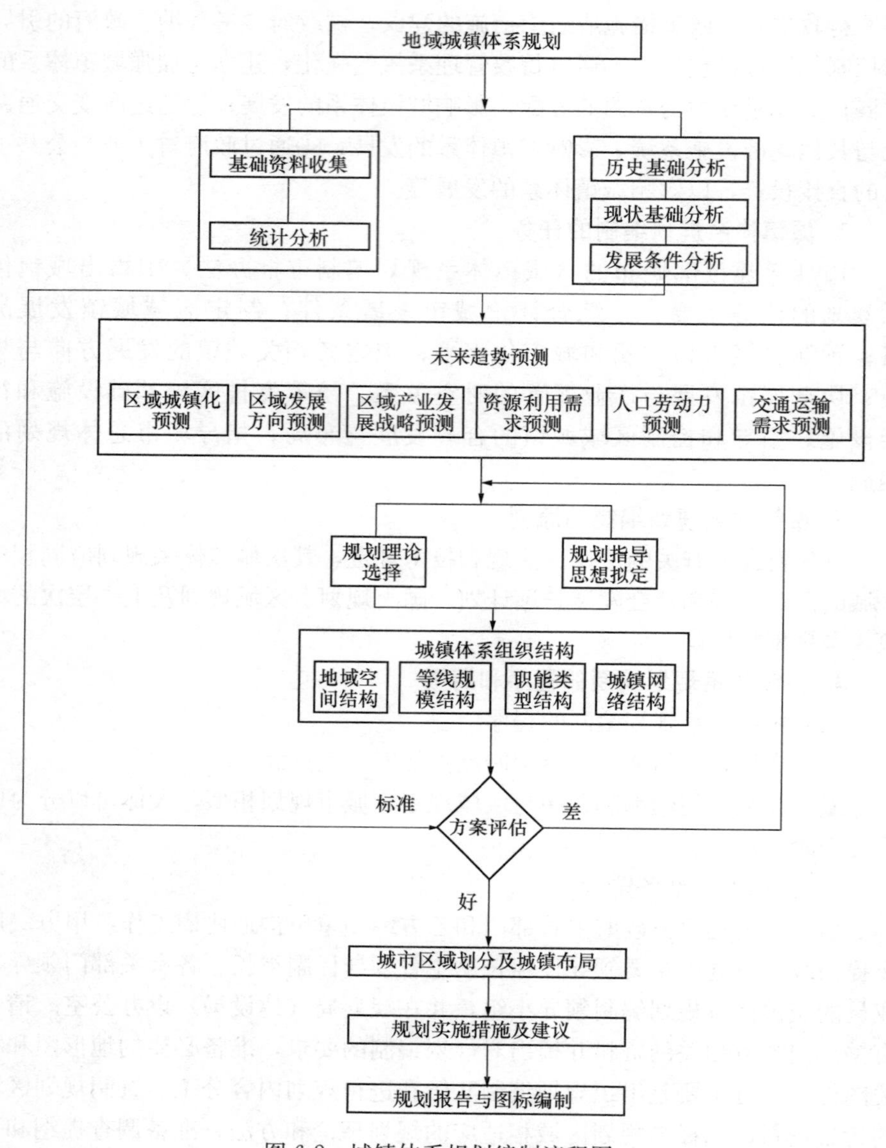

图 6-2　城镇体系规划编制流程图

合，在发展战略、目标和城镇化水平预测等大的方向性问题上要注重宏观分析，与高层次的乃至全国的发展战略、方针政策和预测指标相衔接。中观分析是城镇体系规划的主要工作领域，既需要分门别类地进行部门分析，也需要进行综合归纳的特点分析。微观分析主要是根据一些有代表性城镇的调查研究进行比较深入的分析，进一步说明中观和宏观的分析内容。调查内容的分析还要做到定性分析和定量分析相结合。根据资料分析和现状分析的情况进行重要问题的专题研究，如发展战略专题、城镇化进程专题、经济发展专题、用地用水专题等。

4）规划方案的构思和规划大纲编写、论证阶段

首先要在现状分析的基础上进行规划期的发展战略和发展预测研究，充分利用当地发展改革部门、经济研究机构等已有的国民经济与社会发展规划和远景设想，各有关部门的发展规划，去伪存真、去粗取精，形成观点，制定城镇体系规划的目标和指导思想。继而确定城镇的发展战略、城镇化水平预测，并进一步构思城镇体系的“三大结构、一个网络”，以及城市经济区、城镇体系的支撑系统和城镇发展时序等。在规划预测、方案构思、观点形成过程中要与主管部门及主管的政府领导交流协商，以取得基本的共识。根据构思方案，把规划的主要内容写成规划大纲。通过规划大纲的专家和有关部门领导论证，协调本级政府各部门的意见和上级政府、下级各地方政府的意见，统一思想，取得共识，将书面会议纪要反馈给编制单位。

5）规划方案的拟订和规划评审稿编写、论证阶段

向当地党政领导及有关部门汇报规划方案一般有两次。第一次汇报是附有几张主要图件的多种方案汇报（2～3个方案），目的主要是选择一个可以接受的方案，并听取反馈意见；第二次汇报则是一个方案的系列图件（草图）和规划综合报告的征求意见稿。论证阶段主要是请一些专家来进行规划成果的论证，并与地方领导及有关部门进一步协商对规划方案的认识。书面论证（评审）意见反馈给编制单位。规划论证成果的文件要齐全，包括文本、附件和图纸。规划文本是对规划的目标、原则、内容提出规定性和指导性要求并具有法律效力的文件；附件是对文本的具体解释，包括规划说明书、专题研究报告、基础资料汇编。

6）上报审批阶段

规划成果论证评审后，可根据专家意见，进一步修改文本、附件与图纸形成报批稿，在报送上级政府审批之前，还要由本级人大常委会审查通过。作为城市总体规划组成部分的城镇体系规划一般会与总体规划成果共同进行论证、审查和报批。

7）规划成果的宣传与实施阶段

城镇体系规划成果经上级人民政府批准后应促进编制单位进行规划成果的宣传和普及教育，认真实施规划文本中的各项条款。

（2）城镇体系规划编制期限

城镇体系规划的期限一般为20年。县域城镇体系规划的期限一般为15～20年，近期规划的期限一般为5年。

5. 城镇体系规划编制存在的问题

过去，我国虽然也进行过一些地区的城镇体系规划，并在城镇建设和管理中发挥了重要作用，但由于受当时客观条件所限（城镇体系规划可操作性研究），跨行政区的区域协调性不够，空间结构缺乏整合，大多停留在“就区域论区域”的阶段，而没有充分考虑到其作为一个整体参与更大范围的区域。各省在编制规划时，片面强调省域内结构的完整性，忽视了周边地区的发展，这种现象在沿海发达地区表现尤为明显。在跨行政区划、跨流域的建设上，区域的不协调不仅表现在基础设施的重复建设上，也表现在流域上下游之间产业选择的冲突、资源的利用和分配上。传统的城镇体系规划盲目追求城市功能“大而全、小而全”的倾向，各城镇间的有机联系弱。传统的扩张性城镇规划，对城镇边界没有明确限定，缺少空间结构的规划和对“生态优先”原则的考量。西部贫困省区推进城镇化的过程中，一味求快求“政绩”，不能充分尊重城乡发展规律，因势利导、顺势而为，因此其城镇建设的道路并不完全符合当地实际情况。相关专家建议，类似于甘肃省等西部贫困省区推进新型城镇化，一定要尊重城乡发展规律，探索符合当地实际的路子。以甘肃省为例，在《甘肃省城镇体系规划》（2013—2030 年）中，建议当地可以总结现有的本土城镇化模式，按照矿产资源型、生态屏障型、特色农业型、公共服务型、交通枢纽型和旅游文化型等多种模式，探索多元化的建设路径，确保新型城镇化依法推进。纵观全国，城镇空间集聚度整体不高，首位城市发展突出，中小城市、建制镇数量众多，城镇规模不经济，特别是中心城市和中心镇规模偏小。农民进城缺乏政策鼓励和保障机制。城镇体系规划可实施性不强。《面向可实施性的省域城镇体系规划编制——以吉林省为例》一文指出，我国省域城镇体系将面临新一轮修编，加强可实施性是当前修编面临的核心问题（曹传新，2012）。

6.1.4 规划案例：区域城镇体系规划

1. 浙江省城镇体系规划

（1）浙江省城镇体系规划（图 6-3）的特点

可概括为以下几点：①空间发展由中心城市战略转向都市区、城镇群战略；②空间关系由城乡二元转向城乡一体化；③空间支撑系统由城乡单一转向综合性；④空间管理由单部门单要素转向依据事权分层级管理。

（2）浙江省城镇体系规划空间格局（图 6-4）

环杭州湾、温台沿海和浙中城镇群是实现三大产业带发展的基本空间单元。城镇群中的各级中心城市，包含城市新区和战略发展地区等是浙江省产业经济扩展与升级的重要空间载体。这些主要的中心城市逐渐由省域空间发

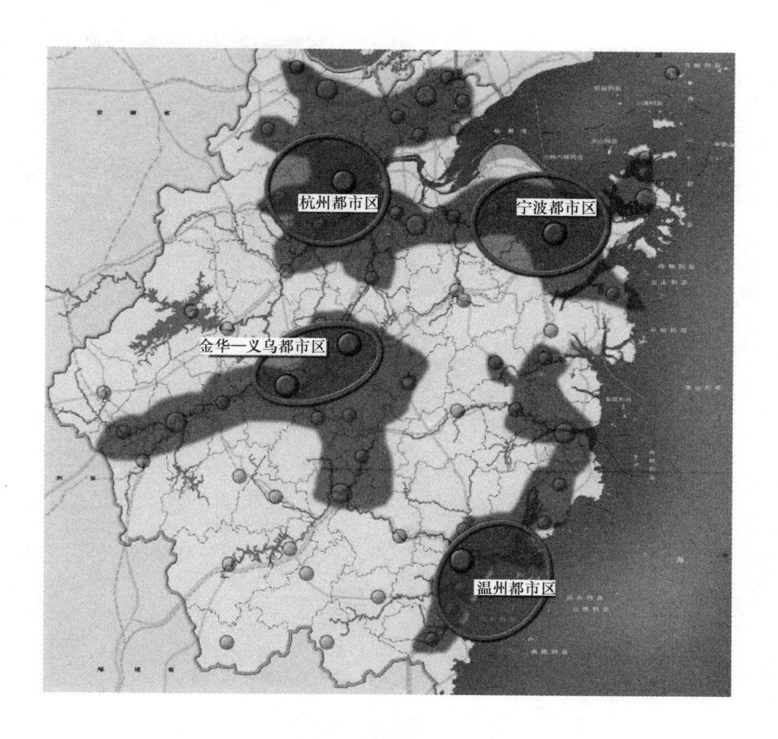

图 6-3　浙江省城镇体系规划

展组织节点向国际化门户和全球节点城市方向演变。未来杭、甬、温、金华—义乌在长三角层面上具有节点和中心意义，在城市发展区域化进程中，需要通过都市区的空间组织方式来重构重大功能的布局，以实现国际化职能升级的战略意图，继而形成四大核心都市区。

其中，杭州都市区和宁波都市区分别通过发挥空港、海港的门户作用，发挥在环杭州湾城镇群的核心枢纽与高端服务功能，向上对接长三角世界级城镇群，对内组织省域空间。

温州通过组建都市区，将生产职能疏解到周边城镇，自身通过国际服务功能扩展提升国际化门户地位，成为带动温台城镇群的核心地区。因此温州都市区对温台沿海地区、闽北地区以及内陆地区的辐射带动作用进一步增强。

金华和义乌两座城市通过发挥各自优势，联合组建都市区，共同提升国际化门户和枢纽地位，成为带动浙中城镇群的核心地区。义乌由于在商贸流通方面具有专业化和国际化职能，与金华合理分工与协作，将迅速成为浙中地区的新兴增长极核，具有联动杭、甬、温三大都市区，辐射带动浙中西部地区和周边省份的枢纽意义。

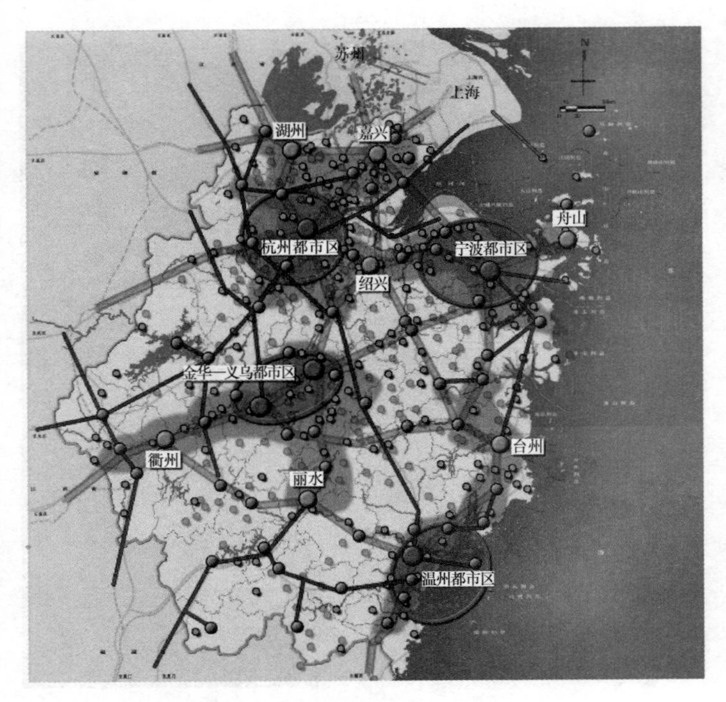

图 6-4　浙江省城镇体系规划的空间格局

通过分类、分级的城镇为节点，以大中小城市和小城镇协调发展为依托，形成五级城镇等级体系。以航空、轨道交通为骨干组织的人流网；铁路、高速公路和海运交通组织的物流网；宽带、电信邮政组织的信息网；以及由电力、燃气管网为主组织的能源网为支撑，形成全省城镇群的网络化发展格局，实现市县域经济的优化提升发展。通过网络化发展，推动产业向城镇集中，人口向城镇集中，高端服务要素向主要中心城市集中，最终形成"三群四区七心五级网络化"城镇空间结构。

2. 珠江三角洲城镇群协调发展规划

（1）区域发展目标

抓住机遇期，加快发展、率先发展、协调发展，全面提升区域整体竞争力，建设世界重要的制造业基地和充满生机与活力的城镇群。五大具体发展目标如下：

目标一：中国参与国际合作与竞争的"排头兵"；

目标二：国家经济发展的"发动机"；

目标三：文明发展的"示范区"；

目标四：深化改革与制度创新的"试验场"；

目标五：区域协调和城乡统筹发展的“先行地区”。

(2) 空间发展策略（图 6-5）

战略一：打造发展“脊梁”，增强区域核心竞争力；

战略二：提升西部，优化东部，促进区域整体提升；

战略三：培育滨海功能带，优化区域产业结构；

战略四：扶持外圈层城镇与产业发展，推动区域均衡发展。

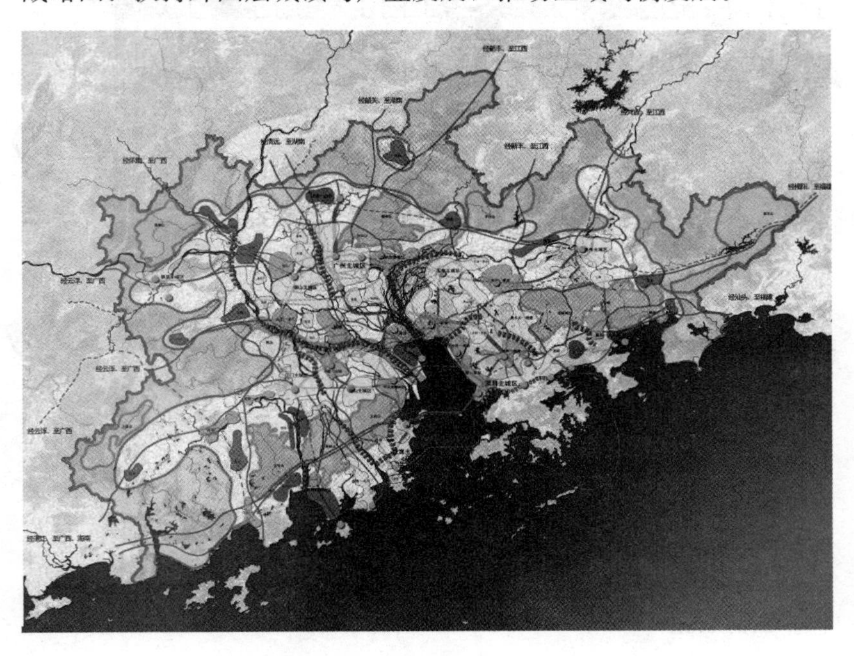

图 6-5　珠江三角洲城镇群协调发展规划

(3) 空间布局（图 6-6）

未来珠三角将形成高度一体化、网络型、开放式的区域空间结构和城镇功能布局体系。

(4) 政策区划

主要分为以下几类：

1）区域绿地；

2）经济振兴扶持地区；

3）城镇发展提升地区；

4）区域性基础产业与重型装备制造业集聚地区；

5）区域性重大交通枢纽地区；

6）区域性重要交通通道地区；

7）城际规划建设协调地区；

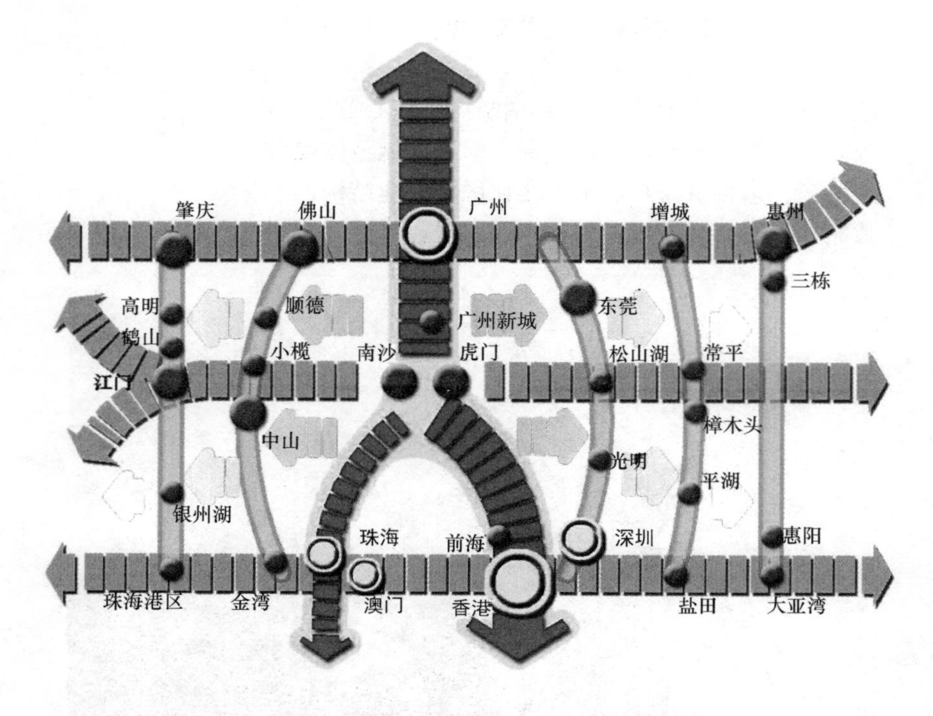

图 6-6　珠江三角洲城镇群规划结构示意图

8）粤港澳跨界合作发展地区；

9）一般性政策地区。

（5）空间管治

表 6-1

级　　别	范　　围	空间管治措施
一级管治（监管型管治）	区域绿地	省、市各级政府共同划定区域绿地“绿线”和重要交通通道“红线”，各层次规划和各相关部门不得擅自更改和挪动。遵照“绿线”、“红线”管治要求，由省人民政府通过立法和行政手段进行强制性监督控制，市政府实施日常管理和建设。
	区域性交通通道	
二级管治（调控型管治）	区域基础产业与重型装备制造业聚集地区	由省人民政府对地区发展类型、建设规模、环境要求和建设标准提供强针对性调控要求，城市人民政府负责具体的开发建设。严格避免与区域发展目标不相一致、与主要发展职能相矛盾的粗放式开发建设行为。
	区域性重大交通枢纽地区	

续表

级　别	范　围	空间管治措施
三级管治（协调型管治）	城际规划建设协调地区	相关城市共同参与制定地区发展规划，确保功能布局、交通设施、市政公用设施、公共绿地等方面协调，在充分协商、合作的前提下，自主开展日常建设管理。城际规划建设协调地区中违反规划、损害相邻城市利益的行为，由省人民政府责令改正；粤港澳跨界合作发展地区，通过粤港澳“联席会议”机制协调。
	粤港澳跨界合作发展地区	
四级管治（指引型管治）	经济振兴扶持地区	省人民政府根据《城镇群协调发展规划》的要求，指导各城市编制下层次规划。各地方政府要严格执行各项城市规划、建设和管理标准，全面提升该类地区的社会经济发展水平和人居环境建设质量。
	城镇发展提升地区	
	一般性政策地区	

6.2　区域空间管制规划

6.2.1　区域空间管制概述

1. 管制与管治

(1) 管治与管制的概念辨析

现在所使用的“管制”一词来源于西方，英文单词为“regulation”，根据《牛津高级英汉双解词典》，“regulation”一词有：管理，调校，校准，调节，控制规章，规则，法规，条例等涵义。在中国，“管制”也被称为“规制”、“监管”或“规管”，作为一个外来词，《辞海》中虽然有“管制”词条，但却没有对该词的一般含义的阐释。

管制在经济学、法学和政治科学等领域受到广泛研究和关注，在不同学科或不同学者之间关于管制也有不同的定义，正如《管制与市场》一书作者史普博（Spulber）所说：“一个具备普遍意义的可有效运用的管制定义仍未出现”。乔治·J·施蒂格勒将管制视为国家“强制权力”的应用，认为“作为一种法规（rule），管制是产业所需并主要为其利益所设计和操作的”。《微观经济学》作者帕金（Parkin）认为管制是“包括政府机构通过定价，制定产品标准和类型以及限制新企业进入一个行业的条件等影响经济活动的规定”；史普博认为：“管制是由行政机构制定并执行的直接干预市场配置机制或间接改变企业和消费者供需决策的一般规则或特殊行为”；日本著名经济学家植草益在其著作《微观规制经济学》中指出：“规制是指依据一定规则对构成特定社会的个人和构成特定经济的经济主体的活动进行限制的行为”；《The Political Economy of Regulation》（《管制政治经济学》）作者米特尼柯（Mit nick）的定义是“管制是针对私人行为的公共行政政策，它是从公共利益出发而制定的规则"。中国学者张昕竹认为，管制“是一种预先干预行为”；王俊豪认为，政府管制是“具有法律地位的、相对独立的政府规制者（机构），依照一定的法规对被规制者（主要是企业）所采取的一系列行政管理与监督行为”；夏大尉认为，“政府规制指在市场经济体制下政府以矫正和改善市场机制内在的问题而干预经济主体（主要是企业）活动的行为，目的是维护正常的市场经济秩序，提高资源配置效率，促进社会福利水平”。

尽管关于管制的定义各有不同，但它们所有都包含一个共同的行为特征，即管制者基于公共利益或者其他目的，依据既有的规则对被管制者的活动进行的限制。这里需要说明的问题如下。首先，管制的实质是管制者对被管制者的限制。其次，无论何种管制都是基于某种目的，或者为了公共利益，或者为了利益集团的利益，或者为了其他经济或者非经济目的。再次，管制的实施总是要依据既有规则，无论这些规则是历史形成的，还是最近形成的；无论是由习惯形成的，还是由政府法规所规定的，或是由组织内部规章所规定的；无论规则是合理的，还是不合理的。最后，管制者可以是个人，也可以是企业组织，还可以是政府，以及其他组织。

“管治”（governance）作为一种综合协调管理模式，已经越来越成为全球性的共同课题，并迅速渗透到城市与区域规划的具体行动中。由于“管制”与“管治”在汉语中音形相近，因此在实际区域规划工作中，二者常常被通用。如董晓峰等在《区域开发与城镇发展管治研究——省域城镇体系规划中“管治规划”模式探讨》一文中关于省域建设管治代表性案例分析中所列举的“管治分区”，实质上就是区域“空间管制分区”。陈闽齐在《苏锡常都市圈的管治协调规划》一文中则指出苏锡常都市圈规划是“结合苏锡常实情，将我国传统的‘空间管制’根据与西方‘管治’理念有机地结合起来，与以控制和命令手段为主的‘管制’不同，转向更加强调沟通和协调，实现区域经济一体化，提高都市圈的整体竞争力，协调、解决都市圈内部矛盾是其管治规划的基本出发点……”。张京祥等在《管治及城市与区域管治：一种新制度性规划理念》一文中指出：“与传统的以控制和命令手段为主，由国家分配资源的治理方式不同，管治是指通过多种集团的对话、协调、合作以达到最大程度动员资源的统治方式，以补充市场交换和政府自上而下调控之不足，最终达到‘双赢’的综合的社会治理方式……其本质上区别于传统单一的‘goverment’或常见与常用的‘管制’概念，其产生正是为了克服传统管理方式的简单与不足。但从另一个层面上理解，‘管制’（包括城市与区域规划所擅长的‘空间管制’技术）也是广义管治体系中的一个组成部分或一种具体的方式”，并同时概括出管治的以下四个基本特征，即：①管治不是一套规章制度，而是一种综合的社会过程；②管治的建立不是以“支配”、“控制”为基础，而是以“调和”为基础；③管治同时涉及广泛的公私部门及多种利益单元；④管治虽然并不意味着一种固定的制度，但确实有赖于社会各组成间的持续相互作用。

综上所述，管制是以“支配”、“控制”为基础，而管治则是以“调和”为基础，尽管两个概念包括相同的内涵，但也存在着明显的差异。

（2）区域管制的概念

区域规划不同于其他综合性的区域经济社会发展规划的根本之处就在于，区域规划是一种以空间资源分配为主要调控手段的地域空间规划，即制定“空间准入”规则（空间供给的多少、分区发展的限制等）并实施“空间管制”，主动对社会经济发展进行必要的调控，修正其中不合理的部分，是实现由虚调控型规划转向实调控型规划的关键“砝码”。

在城市规划中，传统的规划思路是在规划区内布置各类用地，但随着计划经济逐步转化为市场经济后，情况发生了重大转变。政府主导转变为市场选择，政府投资转变为多种投资主体共同建设。这都要求，城市之间必须坚持协调发展原则，否则会造成区域资源的严重浪费，对区域发展非常不利，反过来又会影响到城市发展的可预测性。所以，“建设规划”经常失灵，原有的物质形态规划经常被修改和突破。在这种情况下，“不建设规划”及对空间进行限制和管制便显得尤为必要和重要，只要限制了哪些区域不可以开发，哪些区域不可以进行何种开发，其他内容由市场决定。这时，“不建设规划”就显得非常有效，空间管制规划也就更有意义。

所谓区域管制是指在一定区域范围内，政府依据可持续发展的原则，为使区域经济、社会、资源、环境、生态诸要素协调发展，针对区域条件和特点提出的区域合理发展导向和对策，以及据此所采取的调节、引导、控制和监管手段。区域管制是在全球经济一体化和区域竞争激烈的大背景下，各区域为应对全球竞争，而整合区内资源、协调区内区际关系以提升区域竞争能力的重要对策和手段。它的主要应用是在经济全球化的趋势下制定更为积极主动的区域发展战略，利用市场动员更多当地的政治力量，让更多组织参与、监督区域的开发和建设。在市场经济环境中，区域管制如同法规、税收等，是政府握有的为数不多而行之有效的调节经济、社会、环境可持续发展的重要手段。

对于区域空间管制概念，《城乡规划法》和《城市规划编制办法》中都没有提出明确的定义和说明，仅仅是提出了区域层面战略性资源的管制要求和中心城区层面的“四区”划定要求，还停留在实践要求层面，没有进行理论总结。诸多专家、学者从不同视角提出自己的看法。尽管各位学者和专家给出的空间管制定义并不完全一致，但所阐述的主旨要义基本相通。即空间管制是以政府作为实施主体，通过一定途径划定空间管制区，并对各类管制区制定差异化管理措施的过程，能有效促进协调区域空间资源合理分配，缓解城市发展与环境保护之间的矛盾，实现城乡社会、经济与环境的可持续发展。

2. 区域管制的内容

确保经济社会全面、协调、可持续发展，一个重要的手段就是从区域层面确定空间开发管制范围、管制标准及管制措施。区域管制内容主要包括以下几方面。

（1）制定规划管制政策

在区域发展过程中政府尤其应注意区域政策力量的供给，包括指定区域空间政策、保护政策、开发政策、交通政策、协调政策、城市发展政策及旅游发展政策等，并且进行统筹规划，合理分配城镇各发展单元的人口及用地规模，避免局部之和大于整体；监察城乡区域空间的无序使用，实现集约发展模式。

（2）划定各种用途管制区域

区域开发管制区划是指在一定区域范围内，依据区域可持续发展战略，综合考虑经济、社会、资源、环境、生态诸要素相互协调的要求，划定不同发展方向的类型区，并制定其开发标准和引导措施，以促进区域可持续发展。

在“区域开发管制区划”的方案制订问题上，目前中国还没有统一的要求，因此各省（市、区）对“区域开发管制区划”的理解、制订方案时考虑问题的角度、划分的类型等各不相同。例如，山东省是从城乡土地利用分区协调的角度出发，将全省土地分为城镇密集区、农业耕作区和生态协调区三个地带（覆盖全省），并提出了相应的协调措施；福建省则是从区域环境保护的角度，将全省与城镇发展有关的地域划分为城镇发展区、农业发展区、生态环境敏感区、自然环境生态区、近海海域保护区（未覆盖全省），并提出了相应的环保对策；浙江省基本上也是从区域与生态环境保护的角度将全省划分为城镇发展区（包括大都市区、城镇连绵区、城镇点—轴发展区、城镇点状发展区）、环境敏感区、农业种植区、林业生产区、自然保护区、风景名胜区，并提出了相应的生态环境建设原则、标准及措施等；河南省则是从城镇发展、资源合理利用、环境保护等综合角度来进行区域开发管制区划；广东省则在省域城镇体系规划中，从生态安全、有序建设的角度出发，突出强调严格空间管制。广东省针对不同地区的资源环境特点，提出了城镇建设发展区、区域绿地、乡村发展区三种用地分区，并对三种分区提出了管制要求。对区域绿地等进行了专题研究和规划工作，在区域范围内划定进行永久性保护和开发控制的对区域生态环境有重要影响的绿色开敞空间，包括生态保护区、海岸绿地、河川绿地、风景绿地、防护绿地和特殊绿地六大类二十四小类。结合范例经验及理性判断，对区域管制的区划框架可从宏观和微观两个层次进行划分。

1）宏观层次的划分

宏观型区域开发管制区划主要是为区域可持续发展、城镇体系建设、资源与环境利用保护的宏观决策服务。《中共中央关于制定国民经济和社会发展第十一个五年规划的建议》中指出："各地区要根据资源环境承载能力和发展潜力，按照优化开发、重点开发、限制开发和禁止开发的不同要求，明确不同区域的功能定位，并制定相应的政策和评价指标，逐步形成各具特色的区域发展格局。"可以认为这是对管制区划的宏观层次划分。

优化开发区域：主要指开发密度已经较高的区域。这类区域要成为中国最强最大的经济密集区和中国参与全球竞争的龙头和主体，必须重点发展技术和知识含量高的制造业和现代服务业，严格限制不符合区域功能定位的低水平、占地多、污染大、能耗高的产业。

重点开发区域：主要是指资源环境承载条件较好、具备在一定程度上集聚经济和人口的区域。这类区域要加快集聚经济和人口，逐步成为新的经济和人口密集区。

限制开发区域：主要指资源环境承载力较差、不具备大规模集聚经济和人口的区域。这类区域要实行有限开发方针，发展适合本地资源环境承载能力的特色产业，并引导人口转移到重点开发区域和优化整合区域。

禁止开发区域：主要指依法设立的资源、湿地、动物、文物、地质等保护区及风景名胜区、森林公园等。这类区域要依法实施强制性保护，严禁不符合自然保护区功能定位的开发建设活动。

在实际操作中也有许多地区根据交通、对外联系、地形地貌、生态环境、经济与社会发展基础等条件的区内相似性和区际差异性，从宏观层面将区域开发管制区划分为监督管制区、协调管制区、引导管制区和一般管制区或鼓励发展地域、引导发展地域、限制发展地域和禁止发展地域，划分原则和基本内容大体和以上诸条相似。

2）微观层次的划分

微观型区域开发管制区划主要为各部门的业务矛盾协调和各种业务工作

的具体实施服务的。微观层次划分主要是综合考虑了土地用途、水与矿产等资源的开发保护和产业、城镇发展等方面的问题。不同地区在微观层面上对管制分区区划的原则和内容也不尽相同，但大致包括以下内容。

城镇发展区：本区土地主要用于城镇建设，也可认为是土地用途管制分区中的城市建设用地区、城市控制区范围内的独立工矿用地区、城市控制区范围内的乡村建设用地区、城市控制区范围内的农业用地区等。

农业耕作区：为城镇建设、居民生活和第二、三产业发展提供蔬菜、粮食、油料、水果、棉花等农副产品的现代高效农业区域。也可认为是土地用途管制分区中的基本农田保护区、一般农业区、园地区等。

风景名胜区：为保护特殊的人文、自然景观而划定的区域（相当于土地用途管制分区中的自然和人文景观保护区），包括森林公园、自然保护区、文物保护区等。

生态环境敏感区：指森林覆盖率低、水土流失和风沙严重的区域。

通（廊）道型地域：指与城镇相关的主要河道分布地带和联结区内外、交通条件优越、基础较好的经济密集地带，还包括道路、河流两侧的工业园区、仓储、交通枢纽、农业集约化区、生态基础设施等节点地域。

海域保护区：主要针对沿海城市。

（3）制定相应空间使用要求和管制实施措施

分别基于满足生存需求、支持发展、限制发展三种建设指导原则，以不同类型空间为管制单元，从不同地域空间的特点、功能与属性出发，分析空间发展存在的主要问题与发展优势，明确空间发展的主要障碍性因素，提出空间管制的方向和空间管制目标，对现有类型空间的分布状况进行合理性分析，从优化结构与完善功能出发，确定不同功能空间管制范围。提出区域空间开发共同遵守的原则，以“空间准入”的思想划分空间不同利用程度的区域（如优先与鼓励发展、严格保护和控制开发、有条件许可开发等地域空间），提出不同空间的利用标准、准则和措施，明确必须控制开发的区域。规划管制应力求和其他领域的管制工作相匹配，以整合政府、社会以及个人的权利再分配为目标。

3. 区域管制作用

政府的服务不仅存在于对个体项目和个人服务的表现上，更重要的是为整个社会服务提供了基础性平台。现今，这种公共服务和公共管理更多地体现在区域性的协调和服务上，通过政府的区域开发和管制，实现社会整体的生态保护、合理开发、有效建设、协调发展、构建和谐社会。区域管制强调资源共享与可持续利用，促进资源的合理利用和有效保护，强调自然环境与人文景观的耦合、城乡一体化，保护生态地域结构的连续性与完整性，保障生态功能的持续发挥与增强。其目的是为了解决市场失灵，维持市场经济秩序，促进市场竞争，最终扩大公共福利。

（1）基本目标

根据区域特性、管理活动特征和可持续发展的观点可知，人口、资源、环境与发展的相互协调（即 PRED 协调）是区域的核心。所以区域管制的基本目标与区域管理的目标一致，亦即 3E 目标——保持环境完善（environment perfect）、追求经济效率（economic effectiveness）、追求公平（equality）状态，这里的公平包括人际公平、代际公平和国际公平。管制的结果应既不损害任何社会群体的合法权益，又有利于社会总福利的提高。

（2）积极作用

按照不同地区的资源开发条件、不同空间特点，对特定区域的城乡空间提出合理发展导向和对策，为政府部门的宏观决策提供科学依据，并为宏观决策的实施提供引导性措施。

抑制市场垄断力量，有效弥补市场不足，维护市场经济健康发展。产业管制的目的是激发强有力的市场竞争，政府管制自然垄断，对于促进市场经济发育成长、维护社会公正起着积极的作用。

促进改善生态环境，维护社会可持续发展，为区域经济、社会发展及资源、环境、生态利用与保护之间关系的协调及协调方案的实施服务。如作为限制生产单位排放污染的途径，环保管制通过为生产过程制定工程标准，即规定旨在减少排放物的标准来处理环境污染问题，可以纠正诸如污染之类的负效应问题。

保障公民和消费者合法权益，为社会提供所需的公共服务。区域管制可以弥补私人偏好之不足，实现和保障公民权利。

完善传统城镇体系规划编制工作，可为实施土地用途管制、城镇体系建设等方案指出可操作措施，使区域规划由虚拟规划转向实调控规划。

建立引导、调控、促进和监督区域社会、经济和生态系统运行的有效组织体制，优化政府管理效率。绝大多数资源总是有限的、稀缺的，因此以最小的开支取得最大的成效就成为地方政府的第一目标。社会、经济和生态是区域三大系统，只有把这三大系统引导调控好，才能顺利完成政府职能。

保证城乡空间协调发展，消除区域差异，实现区域共同繁荣。

（3）负面效应

不适当的区域管制也会带来负面效应。例如，垄断权力滥用，垄断企业阻断正常的市场竞争；许多竞争性行业秩序混乱；产品质量与服务质量得不到保证，消费成本增加；健康、完善的市场机制迟迟未建立公民的许多正当权益得不到保障；消费者权利缺乏有效保护；公民的安全、健康仍然受到威胁；职业安全、卫生水平下降；生态环境恶化等。

4. 区域管制导则

真正实现经济效益与社会公正之价值的高质量管制才是良好的政府管制，其制定原则包括：公共利益、必要性、可行性、开放性等。区域管制需要遵循良好管制的基本原则，让政府管制真正发挥优势与作用，最终使政府管制成为一种高质量的政府治理工具。在具体实施中，区域管制应凸显以下原则。

（1）淡化行政区划

形成区域发展统一市场。市场资源配置最重要和最基本的手段是一体化市场体系的建立，不仅可以降低市场交易费用，使市场对资源的配置更为有效，还可以促进建立一个区域经济分工与合作的市场机制，从而使区域内的整体效益达到最佳。努力形成区域发展的统一市场，消除区域内各地区之间的贸易壁垒，强化区域整体发展观念，这是打破区域内不同地区生产要素自由流动存在的种种限制的最有效途径之一。

淡化行政区划，解决人才的自由流动问题。弱化行政区划，改革人才在区域内不同行政区划间的待遇差别，简化相关手续，使人才在区域间能够自由流动。

淡化行政边界，解决土地要素的跨区域流通。调整现有的行政区划，对部分行政管理权限做出灵活安排，在不改变行政、财政体制的前提下，通过市场交易方式实现土地要素的跨区域流通，促使农业基础要素和土地要素的自由流动。

积极稳妥地推进必要的行政区划调整。调整行政区划不是实施城镇体系规划的必然结果，但如果现状城镇布局存在区划上的不合理现象，就必须调整行政区划以实现城镇布局优化。实施中着眼远期发展目标，从优化城镇体系入手，在优先保证各级中心城市发展需要的前提下，实事求是，因地制宜，制订适合各地区的乡镇撤并调整方案，积极、稳妥地加以实施。

整合地区内部行政区划体制。因地制宜，分类指导，把行政区划调整与区域经济社会发展的长远规划，特别是城镇发展的长远规划衔接好，综合考虑各类资源的合理配置，构建至少可以维系多年发展需要的行政区划管理体制。

逐步强化政府管理社会的职能。将政府对经济管理职能的重点转向对产业和区域经济的协调发展，从总体上进行逐级规划指导和调控，制定必要的、因地制宜的经济政策，加强经济立法和税收管理工作，搞好区域和城市基础设施的规划和建设，为加速某些产业和地区的开发创造良好的投资环境等。

建构城市地区之间的协调管理机制。为了有效解决限制大都市区整体发展的行政分割与区际冲突问题，美国在大都市区规划管理方面采取了以下几条有效规划管理措施。

1）适度的行政区划调整措施

为了克服行政分割，能够有效贯彻实施某些涉及大都市区整体利益的决策，一种直接而重要的手段就是选择适度的行政区划调整。

2）根据大都市区内部事物相互关联性，建立统一的大都市政府

美国虽有强烈的地方自治传统和需要选民支持的“民主自由”文化背景，但为了协调区域性矛盾，解决单一城市政府无法解决的实际问题，仍有部分大都市区在城市政府之上建立了统一的权威机构——大都市区政府。

3）以横向合作作为基础，组建松散型城市政府联合组织

在美国强大的“地方自治制度”传统和“民主自由" 文化背景下，普遍建立统一的大都市区政府有一定难度。基于此，在美国广泛形成了都市区域内的各城市水平方式的自愿联合、获得联邦政府和州政府支持、具有特殊协调功能的半官方、松散型城市市政联合组合——大都市区地方政府协会。这是一种城市联合管理体系，而非城市政府结构的联合。

4）联合组建各种单一功能的特别区和协调机构

根据管理的实际需要，各地方政府联合组建多样的特别管辖区（特别区），设立专门管理机构，对都市区范围内的交通、水利、土地利用、基础设施建设、金融、公共服务、环境保护进行统一协调与管理。

（2）生态环境优先

生态与经济是具有全球性和未来性的社会主题，两者必须协调发展已是学术界的共识。所谓优先，往往发生在某两种或两种以上事物产生矛盾或冲突时的取舍或排序过程。生态环境优先是在经济发展和生态建设对资源和环境的需求与竞争过程中，针对环境污染和生态破坏日益严重的局面，提出的一种以扩大的人文关怀和天人合一为核心思想的发展原则或模式。其目标和价值取向与可持续发展思想相一致，主张经济过程与自然过程相协调，强调生态环境建设与资源合理利用在经济、社会发展中的优先地位，借此引导社会经济活动，寻求可持续发展的逻辑起点。在区域发展过程中，强调生态优先的理念，注重区域生态环境建设和整体可持续发展，其目的是在加速城市现代化生产力发展的同时，调整和完善城市生态环境系统功能，使之为城市生产和生活提供良好的永续服务。目前，有关生态优先及其应用的研究正逐渐成为区域发展规划研究的一个热点。

鉴于生态环境因素在区域可持续发展系统中的特殊地位与作用，政府要积极运用管制手段。采取宏观、微观调控措施，运用市场工具（如建立和完

善排污许可证制度、排污税征收制度等），调整和优化地区产业结构，转变经济增长的方式，加强环境保护的力度，大力推进环境产业的发展，提高科技在环保中的贡献率。在解决环境问题时，应实行上下游并重、上游优先的原则，从而为环境产业的发展奠定广阔的经济需求和社会需求基础，最终通过环境产业的发展来带动地区经济的发展，实现区域经济的可持续增长。生态环境管制原则有以下几点：

1）整体利益优先

共同保护都市圈生态环境，合作建设自然保护区、生态防护林带及跨区域环境整治等；共同推进大型区域性基础设施建设，实现共建共享；共同开发利用区域性矿产资源、风景旅游资源和水资源，协调各城镇之间边缘空间布局等。

2）优化产业结构

鉴于产业发展是造成环境污染和破坏的重要因素之一，优化产业结构、调整产业空间布局以及严把外来投资产业关等成为近年实施资源环境保护的重要措施。鼓励发展质量效益型、科技先导型、资源节约型产业和无污染、低污染产业，淘汰耗能高、效益差、污染严重的产业成为各地区产业结构调整的主要思路和发展方向。坚持把生态环境与产业开发、农民脱贫致富、区域经济发展相结合。

3）对区域内部各要素进行合理空间布局

进行科学的功能区划分，使生活区、文化教育区和商业区等与工业区相对隔离；调整工业空间布局，将高效能、高污染的扰民企业搬迁至郊区或其他地区，把工业污染源控制在一个相对集中的范围内加以统一控制和管理。

4）加强城市绿地规划、河道、湖泊等的整治及生态建设

对进驻企业进行严格筛选，并且制定各种政策法规限制企业的污染物排放，为经济发展和居民生活创造一个干净、舒适、优美的区域环境。制定并严格执行生态环境控制和保护措施，使各类污染源得到有效治理，环境污染和生态破坏得到基本控制。切实保护好主要河流、水库等各类水体特别是城市的饮用水源。

5）从规划入手进行生态保护

生态优先原则指导下的生态保护规划主要表现为优先保护森林、湿地、农业生态区、风景名胜区等各类用地；设计生态廊道，构筑合理稳定的生态结构。制定生态调控导则，提出不同地域空间的空间布局、生态保护和生态建设对策。区域城镇体系规划和城市总体规划中应对自然保护区、风景名胜区、水源保护区及其他生态敏感区制定严格的空间管制要求。并选定重点生态空间，建立生态区域保护标准，对不同生态区域分别提出生态环境保护目

标、方向与主要对策。

6）加强区域环境协作。环境问题不是局部性问题，需要区域间彼此合作才能根本解决。现在旨在解决跨区域环境问题的区域环境协作活动越来越多，许多地区，特别是处在同一流域内的行政区之间在环境保护和流域治理方面的合作逐步走向深入。

（3）优化产业分工

产业发展与区域发展是一定经济活动过程的纵横轴，相互交叉渗透构成国民经济发展的坐标体系。从产业发展序列看，国民经济的发展过程表现为产业结构演进和调整的过程，国民经济的发展规模、速度、效能及水平，在很大程度上取决于产业结构的性质、状况及运行机制。国家通过制定产业政策，重点支持和限制某些产业的发展，调整和优化产业结构，提高产业素质，实现社会资源的产业优化配置，以促进产业结构的合理化。从区域发展的序列来看，国民经济的发展过程表现为区际经济发展水平从不平衡到平衡发展的过程，国民经济的发展规模、速度、效能及水平，在很大程度上取决于区域经济发展状况、区际分工和区际利益关系是否合理。国家通过制定区域政策，调控区域经济运行，推进和协调区域经济发展，实现社会资源的区域优化配置，以引导区域经济健康发展。由此可见，产业政策和区域政策是国家宏观经济发展政策的两个不同方面，两者相辅相成，互为补充。只有将产业政策和区域政策有机地结合起来，实施产业政策与区域政策双向调控，促进产业结构优化和区域经济协调发展，才能有效地推动国民经济持续、健康、快速发展。在中国，国家对区域发展和产业发展的关系是不断进行调整的。

优化产业分工的管制原则有：

① 明确区域产业发展方向。在分析研究产业现状、市场环境、宏观背景和发展趋势的基础上，着重提出区域产业发展目标、产业结构调整思路、主要产业发展方向及重点产业带或产业区布局。对于有技术创新能力的区域，通过鼓励技术创新和推动技术成果的产业化来培养新的优势产业；对于技术创新能力弱，经济发展水平低的区域，要积极研究技术转移和产业扩散趋势，结合本区域的要素条件，发展相应的产业，形成优势（主要是成本优势），与其他区域开展分工。

② 对区域已有产业进行分析，识别出具有优势特征的产业。对于这种产业，需要给予大力支持，促使其更好地发展。对所选择的优势产业培养，要发挥相关企业的自主作用，让企业自主地选择产业发展的方向和产品，寻求在更深层次上开展专业化生产。政府应从改善其发展环境入手，增强其发展竞争力，从而使所选择的优势产业能够在竞争中发展壮大。

③ 根据要素禀赋和市场需求，选择区外市场需求潜力大，本区域又有要素优势的产业作为潜在的优势产业培养，并给予其必要的扶持。

④ 调整和优化产业结构，大力发展特色经济，促进资源优势向产业优势、经济优势转化，增强区域自我发展能力，扩大社会就业，改善人民生活。利用当地资源特点和产业优势，以市场为导向，积极发展优势产业，促进本地区传统优势产业参与国内、外竞争。

⑤ 在技术、产品层面上进行优化细分，在产业组织、企业经营上进行创新，从而发现优势的源泉。

⑥ 以企业为主体、市场为导向、效益为中心、先进适用技术为支撑、保护环境为前提，合理调整区域产业分工格局。支持本地区具备基本条件的地方发展资源深加工项目，根据不同地区的特色和比较优势，加强跨省区的经济合作与协调。

（4）空间开发有序

各类型区域在经济建设过程中，都不可忽视对空间资源的开发利用，要树立新的区域观，积极推进城乡一体化、区域一体化和区域经济国际化，加快区域经济空间秩序的演进，不断改善区域经济的空间结构和空间关系，促进区域经济的持续、协调发展。开发建设管制的根本目的是立足于提高土地利用效率，建立切实可行而有效的调控机制，实现城乡一体协调发展。因此，区域空间开发管制的主要原则如下。

协调一致原则。区域、城镇在资源、环境、人口、发展基础等方面存在着差异，规划中应加强区域、城镇的协调发展。

保护与整治并重原则。不同的空间保护与整治各有侧重，整体上必须要求保护与整治并重，才能科学地分类指导，实施有效管制。

引导与管制相结合原则。引导和管制都是空间管制的必要手段。引导可达到优势资源的充分发挥，管制可保护空间资源，保护生态环境，因此在开发建设过程中必须将两者有机结合起来。

（5）区域设施统筹

基础设施产业的显著特点就是自然垄断性，表现为巨大的规模经济性，即自然垄断性的基础设施产业，由一家或极少数几家企业垄断性经营能使成本效率最大化。这就要求政府制定限制进入的管制政策，以保证基础设施产业的规模经济性。统筹区域重大基础设施建设，对区域综合交通、能源、水资源、信息网络、物流体系等重大基础设施，以及科技、教育、文化、体育、医疗、卫生等社会服务设施做出系统规划，不仅可以实现人力、财力、物力上的互补，还可以有效解决基础设施的合理布局与利用效率问题，避免重复建设，并可以加强区域内、外的相互协调和衔接，提高区域基础设施网络化、现代化水平，增强保障支撑和综合服务能力。

政府依一定的规则对基础设施产业进行管制，是一种理性行为。根据基础设施产业的具体状况和政府管制的目标，政府对基础设施产业进行管制时主要遵循以下原则。

1）实行政企分离管制体制

政企分离是政府管制体制改革的关键，只有实行政企分离，企业才能产生新的经营机制，政府才能产生新的管制职能。目前中国基础设施产业的经营主体仍受政府的直接控制，基本上属于政企高度合一的特殊国有企业，在一定范围内政府拥有行政垄断权，实际上这些企业属于政府垄断企业。这种状况不改变，必然导致政府管制失效。实行政企分离后，政府的管制体制才能具有新职能：一是制定有关政府管制法规；二是实行市场进入管制；三是实行产品及服务的质量监督和价格管制；四是市场秩序管制，维护公平竞争。

2）按照经济原理制定管制价格

政府对具有自然垄断性特征的企业进行价格管制时，必须按经济原理确定管制目标：一是政府制定管制价格必须有利于促进社会分配效率；二是价格管制功能不仅仅是制定最高管制价格，还要刺激企业优化生产要素组合，努力创新，实现最大生产效率；三是对沉淀成本大、投资回收期长的产业的价格管制，应有利于发挥企业的发展潜力；四是有利于提高市场供给能力。

3）以有效竞争为导向制定政府管制策略

政府管制相对自然垄断性产业来说，应以价格管制和进入管制为主，对非自然垄断性产业的管制，应以企业所提供产品和服务的质量以维护公众利益为主。集中一点，应以有效竞争为导向制定政府管制策略。具体而言，首先应注意对自然垄断性业务和非自然垄断性业务实行相区别的管制政策。其次注意对地区性垄断企业采取有效利用地区间比较竞争的管制方式，促进各地区垄断企业开展间接竞争。再次注意对于新进入的企业，政府应提供一定的政策优惠措施，以减少新企业相对原有企业竞争能力不对称而产生的进入市场和占领市场的难度。最后需注意随着科学技术的进步和产业的发展，各产业的技术经济特征也会发生变化，因此，政府的产业管制政策应具有动态性，促使产业不断处于有效竞争状态，建立自我约束机制，限制滥用管制权力，避免由于人为因素所导致的管制失效及对有效竞争所产生的不良影响。

4）实现经济与社会的可持续发展是政府管制的重要目标

社会经济的全面进步离不开可持续发展，离不开科技、教育文化、卫生事业的发展；人与自然的和谐共处，离不开对自然资源的合理利用与对自然环境的大力保护。因此社会经济可持续发展战略，是关系人类命运与生存的长远战略。为此，中国政府的管制，应按照经济可持续发展要求，确立政府管制的指标；要把对经济的管制与对环境保护的管制结合起来；要对有害于环境保护的产品使用、产品消费、项目投资实施严格的法律限制；对危害环境的企业及个人的行为，要实施严格的法律限制。

5）管制与促进竞争相结合

政府对基础设施产业进行管制的重要目标之一是提高经济运行效率，而提高经济运行效率的根本途径是有效地发挥竞争机制作用。通过政府管制，以规模经济与竞争活力相兼容的有效竞争作为制定管制政策的目标导向。首先，把基础设施产业和自然垄断性业务领域和非自然垄断性业务领域相分离。然后，针对非自然垄断性业务领域较充分地利用市场竞争机制的力量，而把自然垄断性业务领域作为政府管制的重点。

（6）公共资源共享

资源是人类社会财富的源泉。所谓区域公共资源，主要是指经费资源、人力资源、信息资源、权威资源四个方面，这四种资源对实施区域规划具有重要作用。政府管制是公共权力的运用过程，因此实现公共利益和公共资源共享是政府管制的根本目的，公共利益原则是良好管制的首要原则。良好的管制治理以开放性为特征，开放性可以保持管制的健康与活力，而封闭式的政府管制模式往往会导致低效与腐败。资源共享在基层上强调公众参与，因此，公众参与是公共资源共享的核心要素。

要使公众参与能够深入人心并全面展开，达到区域公共资源共享，就必须从法律、组织、经济上予以保障，促使区域规划管理水平达到一个新的高度。

1）法律保障

从当前中国区域规划和公众参与的问题来看，迫切需要加强规划公众参与的法律建设。从法律上明确行政机关承担的义务和公众、各类团体拥有的权利，并对公众参与规划编制、审批、实施的行使和范围做出制度化保障。

2）统一开放、公平竞争、互惠互利

通过创造公平竞争的社会环境，致力于建立规划范围内协调统一的产业体系、市场体系，促进生产力合理布局，保障相关利益主体的综合利益。

3）尊重市场规则

政府创造公平竞争的社会环境、政策环境，消除区域合作中不合理的行政障碍，引导生产要素的有效配置，促进重点空间优先成长，做大做强重点产业；加强投资、消费、生产、流通市场的一体化；可以共用的基础设施，推进共建共享；政府公共投资结合市场需求，引导区域整体性发展和有序竞争。

5. 区域管制措施

（1）综合管制区划的划分

1）管制区划的作用

进行区域开发管制区划的目的主要是为区域经济、社会发展及资源、环境、生态利用保护之间关系的协调及协调方案的实施服务。它的作用主要有三方面：一是可以有效协调水、土地、矿产等资源管理部门和经济、城建等经济社会管理部门及水保、环保等环境管理部门之间的业务矛盾；二是可以为土地用途管制、城镇体系建设等方案的实施指出可操作措施；三是为政府部门的宏观决策提供科学依据，并为宏观决策的实施提供引导性措施。

2）区域开发管制区划与城市经济区划及土地用途管制区划的关系

区域开发管制区划与城市经济区划的共同点在于两者都是根据区内条件的相似性和区域间条件的差异性进行区域划分，并指出不同区域的发展方向。但城市经济区划主要考虑城市与区域的相互作用、产业与经济社会发展等，对资源、生态、环境问题考虑较少，而区域开发管制区划则综合考虑经济、社会、资源、生态、环境等问题；城市经济区划一般不要求制定区域开发标准和引导措施，而区域开发管制区划则必须制定区域开发标准和引导措施。

区域开发管制区划与土地用途管制区划的主要共同点在于两者都进行分区，都要求制定开发、利用的标准或规则。土地用途管制区划的主要考虑对象是土地，重点界定土地用途、分配土地资源，对水、矿产等其他资源利用保护和产业、城镇等发展的管制问题考虑较少，而区域开发管制区划不仅考虑土地用途，还综合考虑水、矿产等其他资源开发保护和产业、城镇发展等方面的问题；土地用途管制区划由土地部门具体组织实施，而区域开发管制区划则必须由政府或其综合部门来组织实施。可以认为，区域开发管制区划包括土地用途管制区划，土地用途管制区划是区域开发管制区划的重要内容。

（2）规划实施的衔接

1）规划实施的重要性

管制的目的在于解决公共问题，任何管制规则都必须付诸实施，可行性原则贯穿了良好管制的全过程。实践证明，一项区域规划并不因编制出来而获得自动实施，相反，往往要经历相当长的时期并付出艰苦的努力才能实现。可以说，区域规划实施的重要性足以和区域规划编制本身相比，从某种意义上讲甚至比区域规划编制更为重要。

区域规划实施是区域规划目标能否实现的重要保证。区域规划的编制，并不等于区域规划目标的实现。区域规划编制之后到区域规划目标的实现，还需要一个中间环节。这个中间环节就是区域规划的实施。区域规划实施得好，可以充分发挥区域规划的效能，圆满实现区域规划的目标；区域规划实施得不好，则会降低区域规划的效能，使区域规划目标大打折扣。如果区域规划编制审批后不实施或者在实施中要求不严，管理不力，乃至放任自流，即使区域规划编制得再科学、合理，也只能是一纸空文。

区域规划实施是检验区域规划成果正确与否的重要途径。实践是检验真理的唯一标准，区域规划实施也是一种实践活动。显而易见，区域规划是否符合客观实际，是否真正有效，不能由其本身来说明，而要通过实践来检验。尽管编制区域规划时，要求规划人员严肃认真、实事求是、从实际出发、科学规划等，但这并不能证明或保证其规划是正确的、科学的。区域规划实施的过程就是检验区域规划是否正确、科学的过程，通过实施，可以使区域规划得到进一步的充实、完善与发展。

2）规划实施方法

区域规划实施方法有很多种，归纳起来主要包括以下几种。

行政方法主要依靠行政组织，运用行政方式来实施区域规划，也就是依靠各级行政管理部门，采用行政命令、指示、规定和下达任务指标的方式，按照行政系统、行政层次、行政区划来促进区域规划的实施。

经济方法则运用一系列与价值相关的经济利益范畴，作为经济杠杆来组织、调节和影响社会经济活动，促进区域规划实施，包括运用价格、工资、利润、利息、税收、奖金、罚款等经济杠杆、价值工具、经济责任制与经济合同等方式。

法律方法通过立法和司法的方式来实施区域规划。

政策方法与技术方法尽可能多地采用诸如计算机技术、遥感技术、信息技术、生物技术、新材料技术等现代新技术，为区域规划的快速、准确实施提供有力的保障。

3）规划实施步骤

规划主管部门在每个层次规划编制工作开展前，要研究制定各层次规划的技术要点，明确规划技术要求的重点，并通过规划技术设计书的审查、纲要和成果论证等形式对规划质量进行把关。

以区域城镇空间布局调整为核心，以解决区域产业布局和集聚等问题为主要目标，实现城镇和区域集约发展。

将区域可持续发展落到实处，重视资源环境保护和生态建设，划定不同类型开发管制空间（包括城镇空间、农业空间、生态敏感空间等），提出发展策略和管制要求，实现城镇空间和生态空间的协调发展。

重视跨区域协调，明确规划范围内重点区域的协调发展要求，淡化行政区划，强调经济联系，在产业协作、基础设施、城市职能、生态协调等方面进行引导；对本区域与周边行政区域在城市发展方向、资源开发与利用、区域基础设施建设等方面的整体协调做出规定。

加强配套政策措施的研究制定，在提出规划方案的同时，提出相应的实施措施和政策，包括区域基础设施的引导和行政区划的调整等。属于部门权限内的内容，在规划中直接做出具体规定，涉及多个部门的内容，应提出协调建议。

推动市政设施的区域化服务，如实施区域供水、建立城际快速通道和都市圈轨道交通等。加强区域交通联系，加速区域一体化进程；引导区域基础设施的共建共享，实现区域可持续发展。

（3）管制机制的架构

1）提升政府管制能力

政府管制能力是建立在政府与市场之间的关系基础上的，政府通过多种手段与市场形成互动关系，从而形成良好的治理氛围。政府管制能力的发挥受制于整个经济治理结构的特征。政府不同形式的治理方式分别针对不同层次上的市场失灵，因此不能混淆治理手段之间的差异，扭曲治理结构，否则政府管制能力很难发挥，政府管制的有效性也很难达到。

明确政府管制职能。这里需要强调的是“使政府作用和政府能力相适应”才能达到政府管制的有效性，政府管制的有效性首先表现为对政府管制的成本和效益进行分析。过度的和不当的政府管制职能会使政府管制的成本大于收益，使政府管制的既定目标难以达到，从而成为无效管制。因此在明确政府职能的同时，还需要对这些职能的实现进行成本—收益分析，建立可以测评的政府管制成本—收益指标系统、政府管制绩效评估系统，为政府管制能力的提升提供基础。

选择合理的政府经济治理手段。政府管制能力是从经济治理结构中体现出来的，合理地定位经济治理结构、选择合理的政府治理手段是提升政府管制能力的前提。

实现管制制度化。制度可以形成良好的社会预期和社会信任，节约交易成本。制度一方面可以制约行政管制的滥用，另一方面可以制约市场势力随意破坏健康的、有效的市场。政府管制能力的提升过程同时也是管制制度化的过程。管制制度化的过程，关键是形成一套激励性的制度框架并随着政府与市场关系的变化不断进行制度创新。

改革现行区域管理体制，推动规划实施是省域城镇体系规划工作的核心工作。规划委员会制度是实施区域规划协调的一个新机制。已有部分省区

（自治区）在积极探索，拟建立以规划管理委员会为主的区域规划协调新机制，切实保障省域城镇体系规划的实施。例如，贵州省出台了八项配套措施以深化城市规划管理体制改革，其中首要就是建立省、地两级城市规划管理委员会，切实解决省、地（州、市）两级人民政府（行署）对城市规划的指导、协调、监督职能缺位等问题。

2）建立引导规则和激励机制

规则是一种刚性约束，提供了一个好与坏、对与错的标准，因此应创新并重构规则，通过规则引导，使区域环境、经济和社会行为有利于区域可持续发展。而要使管制更加有效，也需要有“抑恶扬善”的激励机制作为必要的补充。

健全机构，加强培训，明确责任，加强和完善城乡规划的法制建设，逐步建立和完善区域不同用途分区区划管制的法规体系，共同构成完整的分区法规体系，对分区的实施管理非常有利。但是，目前中国分区管制在法律保障方面还存在一些问题，配套的法规、规章和技术规范不够完善，影响分区实施管理工作的开展。

加强管制区划的经济约束机制，重视成本效益分析，严格土地用途分区管制。采取强有力的行政措施，有效地保障区域管制分区的实施与管理。

建立高效的协调机构，确定重点协调的空间范围和主要内容。建立区域协调机构，主要负责跨省、市、县边界地区的规划、建设、发展等重大问题的协调，实施建设项目及其环境影响协调联席会议制度，把对区域生态系统的改善纳入区域统一建设计划。对于重要项目、涉及生态环境的项目及可能影响周边环境的项目，必须经有关各方会商并征询相邻区域意见。

区域空间管制应力求和其他领域管制工作相匹配。以整合政府、社会及个人的权利再分配为目标，实施包括产业、人才、农村及社会分配结构、税收等政策干预。

借鉴发达国家政府管制制度的有效经验等。

6.2.2 空间管制的相关理论研究

1. 国外相关理论研究

国外关于空间管制的概念并没有如我国一样明确提出，而是作为一种规划理念始终贯穿于现代城市规划理论和实践的发展历程中，通过对已有文献的总结归纳，主要有以下两个阶段。

（1）20 世纪中期以前城市规划中的空间管制理念

从 19 世纪末现代城市规划产生以来，相继出现的田园城市、带形城市、有机疏散等理论及其实践中均渗透着空间管制的理念。霍华德（Ebenezer Howard）于 1898 年提出的“田园城市”理论认为，当城市发展到一定规模后，便应停止扩大，而在离它不远的地方另建新城，最后在多个城市基础上共同构成城市组群；马塔（Arturo Soria YMata）于1882提出的“带形城市”首次提出用交通通道来引导城市空间扩张的发展模式；沙里宁（Eliel Saarinen）于1918年提出的“有机疏散理论”认为城市是有机的集合体，要缓解城市过分集中所产生的弊病，就必须对城市功能进行有机疏解；另外，恩温（Raymond Unwin）在建设第一座田园城市——莱彻沃斯（Letchworth）中提出的卫星城概念以及阿伯克龙比（Patriek Abererombie）在大伦敦规划中提出的“绿带环”建设思想均体现了空间管制的理念。

（2）20世纪中期以来城市规划中的空间管制理念

20世纪“二战”后是工业时代和后工业时代交替的时期，城市经济发展飞速，城市空间也不断持续扩张，特别是在北美地区还出现了大规模的郊区化现象。这一时期，欧洲各大城市在以“田园城市”为主的理论指引下，主要通过新城疏解、绿带控制、交通轴线引导等措施缓解旧城的无限扩展，将旧城空间有序疏解至外围，并通过交通轴线加以引导；而北美则在新城市主义、精明增长以及紧凑城市等理念的指引下，采用了划定城市增长边界（UGB）、划定优先发展区（PFAs）等成长管理政策（Growth Management Policy）和公共交通引导（TOD）等措施。纵观20世纪中期以来欧美城市规划中的空间管制理念，大致可归纳为空间约束型管理政策、空间差异化管理政策、交通引导型管理政策和生态保护优先政策四类。

2. 国内相关理论研究

自2006年《城市规划编制办法》实施以后，空间管制逐步成为城市规划学术领域的研究热点，陆续出现大量空间管制的相关研究。当前相关研究内容主要集中在空间管制层次及区划标准、空间管制要素体系、空间管制区划方法技术等几个方面。

（1）空间管制层次研究

对于空间管制层次的研究，学术界暂无一致观点，总体可归纳为区域和中心城区两个层面。郑文含从区域层面探讨了城镇体系规划中空间管制编制内容和理论模式以及实施机制；孙斌栋在区域层面上进行空间资源区划，促进城市、乡村、农业以及区域生态协调发展。郝春艳、黄明华探讨了中心城区空间管制规划的理论基础、原则、内容和管制措施；李运军阐述了中心城区空间管制在规划实践中的问题，对管制分区的土地用途提出了建议，并探讨了空间管制措施。

（2）区划标准研究

区划标准即指空间管制区的划分类型，当前研究领域主要存在两类空间管制区划标准：基于空间资源利用功能与特征属性和按照土地利用开发强度的分区标准。前者主要围绕区域空间资源的利用方式展开，其管制类型区的划分无统一标准，韩守庆在长春市空间管制研究中，按资源利用功能将区域划分为大都市圈空间、生态环境敏感空间、城乡一体化地域空间、历史文化保护区空间；孙斌栋将大连西部地区划分为城镇建设发展区、乡村及农业发展区、区域绿地。按土地利用开发强度的分区标准则将管制区划分为“四区”，即已建区、禁建区、限建区、适建区。“四区”侧重对城乡建设的控制与引导，在规划实践中具有较强的可操作性。彭小雷、郝春艳等学者提出“四区”划定的原则与方法以及各分区的管制建议，为城市总体规划实践奠定了重要的技术基础。

（3）空间管制区规划方法研究

雷忠兴、芦守义等学者借鉴最小阻力模型来模拟自然、生物、历史文化及生态游憩过程，辨识每一个过程的安全格局，再叠合成高、中、低三种等级的综合景观安全格局，最后根据城市建设的实际情况选择其中的格局为具体的区划方案；龙瀛等采用基于限建要素分区的方法将北京市域划分为适度建设区和适宜建设区、绝对禁建区、相对禁建区、严格限建区等管制类型区。宗跃光等运用建设用地适宜性的潜力—限制评价方法对空间管制区划进行研究。

对比国内外空间管制的相关理论研究发现，国外研究历程要早于国内，我国大部分空间管制研究成果往往借鉴了国外紧凑城市、精明增长等一系列针对城市蔓延的相关理论思想。国内外研究均表达了在城市快速发展背景下，对生态环境与环境问题的关注。国外理论倾向于从宏观层面制定柔和而具有弹性的开发引导政策，以市场调控为主导，控制中心城区和周边农业地带的发展。而国内空间管制研究则更为深入具体。研究主要围绕管制区划方法、管制层次、区划标准等对规划实践具有现实指导意义的内容展开，为空间管制规划的科学编制提供理论依据。

3. 区域空间管制研究背景

我国经过改革开放以来的高速发展，各方面均取得了举世瞩目的成就，城市规模持续扩大、城市面貌日新月异。而在快速发展的过程中，随着城市利益主体的日益多元化，城市的快速发展也面临新城膨胀失控、开发质量下降、生态环境和文化资源遭到威胁等问题。同时我国是一个历史文化悠久、地域文化丰富多样，但资源又相对不足、生态环境脆弱的国家，因此我国的城市建设亟待通过有效的空间管理手段加以控制和引导。而空间管制作为一种基于空间差异化分区的政策性空间管理手段，在保护自然生态和历史文化遗产、促进公共交通和社区发展、寻求经济和社会公平发展等方面均有突出作用。空间管制作为一种有效而适宜的资源配置调节方式，日益成为区域规划和城市规划的重要内容。通过划定区域内不同发展方向的类型区，制定其分区发展方向和控制引导措施，借此协调社会、经济与环境的可持续发展。因此，在我国城市规划体系中引入空间管制理念并加以法制化，对城乡建设和城乡规划工作的开展都大有裨益。

1998年建设部在《关于加强省域城镇体系规划工作的通知》中最早出现了“空间管制”概念。2006年4月1日开始实施的《城市规划编制办法》中关于城市总体规划编制内容，均包含了城乡生态规划和空间管制的内容。要求在城镇体系规划层面，要确定生态环境、土地、水资源、能源、自然和历史文化遗产保护等方面的综合目标和要求，提出空间管制原则和措施。2008年1月1日新版《城乡规划法》的颁布实施，使得空间管制区划获得了明确的法律地位。这标志着城市规划的指导思想逐渐由传统的强调建设规划向注重对空间发展控制，强调城乡空间、建设空间与非建设空间的统筹规划转变。因此，空间管制日益成为各级规划中的重要内容。空间管制在城市规划平台所扮演的重要角色，使之日益成为当今学术研究的焦点。回顾空间管制相关理论的发展历程，在技术方法与研究尺度等方面积累了丰富的研究成果。

（1）从重经验到强技术的过程

空间管制研究的初始阶段，鲜有相关的科学技术方法在空间管制规划领域发挥作用，在具体的规划实践中，更多的是依靠规划工作者的个人经验，对管制区划做出主观定性判断。随着研究程度的逐步深入，空间管制区划技术方法取得了重大发展，基于景观安全格局、基于限建要素、潜力阻力评价模型等区划技术方法广泛运用于空间管制规划实践，以上技术方法以定量评价分析的方式解决了传统经验管制区划过程中的主观性问题。但各类技术方法在研究重点、引导目标等方面均存在较大差异，不同的技术方法往往产生不同的空间管制区划成果。加之，现阶段学术界对区划技术的应用暂无规范标准。因此，为了保障空间管制规划的科学性与合理性，方法技术的选择便显得尤为重要。

（2）从宏观到微观的过程

从早期的对区域城镇体系规划中空间管制区划及策略探讨，到城市总体规划层面中对中心城区及市县域的空间管制研究，空间管制研究重点经历了由大尺度宏观区域向微观尺度地区的转移。其研究内容也随之达到新的广度与深度，从初期的概念性管制区划构想逐步深化到要素体系、管制层次、管制机制等具有实践指导意义的诸多内容。从研究发展趋势中，可了解到小城镇空间管制研究也必将受到城市规划领域的更多关注与重视。然而，总结现有小城镇空间管制的相关研究成果发现大多数研究仍停留在管制原则、实施机制等宏观策略层面，少有涉及空间管制区划实践方面的研究，对于小城镇的空间管制层次、区划标准等方面内容仍是一片空白。为此，明确具体的管制层次、管制对象、区划标准，成为当前小城镇空间管制研究亟须重视的问题。

6.2.3 “三规”空间管制

1. 城市总体规划空间管制分区

城市总体规划是指城市人民政府依据国民经济和社会发展规划以及当地的自然环境、资源条件、历史情况、现状特点，统筹兼顾、综合部署，为确定城市的规模和发展方向，实现城市的经济和社会发展目标，合理利用城市土地，协调城市空间布局等所做的一定期限内的综合部署和具体安排。城市总体规划是城市规划编制工作的第一阶段，也是城市建设和管理的依据。

随着社会经济的不断发展和社会主义市场经济体制的不断完善，总体规划对城市所在区域土地和空间使用的战略指导作用越来越体现出公共政策的属性，其重要性愈显突出。因而，新的《城市规划编制办法》第三十一条规定，中心城区总体规划应当“划定禁建区、限建区、适建区和已建区，并制定空间管制措施”。城市总体规划中空间管制区划是《城乡规划法》中的强制性内容，法定地位明确。在城市迅速发展过程中，城市总体规划在指导城市有序、公正、公平的发展和平衡市场力量短期行为方面，发挥了积极的作用。与此同时，总体规划的编制内容与方法也暴露出不少弊端。

（1）用地规模确定的科学性不强

随着社会的市场化转型，目前城市总体规划在城市用地规模的确定上存在明显的问题。很多城市总体规划确定的用地规模失控，不少城市在规划刚报批通过或近期建设阶段刚结束，规划期末的城市用地指标就被突破。总体规划中对人口与用地规模的规定对于防止城市过度扩张有一定的意义，但人口规模以及人均城市用地指标确定的科学性值得质疑，实践证明也是非常不符合实际的。人均用地往往用统一的指标，对城市性质、规模、用地条件等众多因素考虑不足。

（2）用地规定缺乏选择性和弹性

总体规划的用地安排往往过细、过刻板。按照城市建设用地分类标准，总体规划中城市用地性质划分一般都要求以中类为主，要多达几十种。而在市场经济条件下，相当一部分土地属于商品，因此应给予开发者和投资者一定的选择权。若规划的引导和控制不提供选择的可能，则不利于吸引投资者。其结果往往是已批准的规划与实际开发、使用相矛盾，难以执行，若要执行合法但不合理。

（3）城市土地使用规划与土地利用规划的矛盾

城市总体规划编制单位以及政府规划管理部门编制的城市总体规划往往从城市的角度出发考虑土地的使用和城市空间拓展，而土地管理部门编制的土地利用规划多从基本农田的保护角度确定土地使用功能，两者经常存在不协调的问题，造成一些区域成为两个规划的盲点，另一些区域在两个规划中明显互相矛盾，导致区域整体土地利用缺乏统一的规划。

（4）城市发展与区域生态环境保护的矛盾

目前城市总体规划在土地使用、道路交通和市政基础设施等方面考虑的比较实际，而对城市所处区域的生态环境整体保护的考虑显得比较苍白。往往仅将城市污水处理达标、大气污染治理、城市垃圾处理等方面作为环境保护规划的主要内容。这是一种被动的补救式规划方式，不能适应城市长期发展对生态的要求。城市应该是所处区域内整体生态系统的有机组成部分，没有区域生态的和谐，就没有城市存在的基础环境保障，因此仅从城市内部污染治理角度不能解决整体生态环境保护问题。

克服我国传统规划的上述弊端，就必须借鉴“成长管理”的思想，从城市整体出发，为未来城市人口、经济的增长做好空间、时间的安排，规避灾害地段与生态敏感区，指明鼓励人口与产业聚集的可开发地区，争取获得城市发展的调控与引导能力。其中，总体规划层面中空间区划与管制的研究是实现这一目的的重要手段。其研究的基本思路是，对城市所在区域用地进行全面的资源评价，制定空间资源区划，区分发展和保护的区域；在空间资源区划的基础上制定空间利用区划，对各类区域从用地使用功能角度作进一步划分，并进而对各类功能区提出管制要求。2006 版《城市规划编制办法》实施后，基于管制分区的禁建区、限建区、适建区和已建区“四区”划分逐步展开（袁锦富，2008），并确定了相关区块的功能和含义。

城市规划“四区”功能及其含义 **表 6-2**

类型	原则性规定	区块功能	法律规定
禁止建设区	作为生态培育、生态建设的首选地，原则上禁止任何城镇建设行为	包括具有特殊生态价值的生态保护区、自然保护区、水源保护地、历史文物古迹保护区等不准建设控制区	必须永久性保持土地的原有用途
限制建设区	自然条件较好的生态重点保护地域敏感区	生态敏感区和城市绿楔	限制发展区应保持现状土地使用性质
适宜建设区	城市发展优先选择的地区	除禁止建设区和限制建设区以外的地区	科学合理地确定开发模式、规模和强度
已建区	—	—	—

2. 国民经济与社会发展规划空间管制分区

国民经济与社会发展规划是对一定时期、范围内的国民经济和社会发展的战略谋划与总体部署，核心内容包括发展目标的制定和近期任务的确定。

主体功能区规划是以不同区域的主体功能为对象编制的规划，是国民经济和社会发展规划在空间开发和布局方面的落实，核心内容是对国土空间进行资源环境承载能力、现有开发密度、发展潜力的评价，确定优化开发、重点开发、限制开发和禁止开发四类主体功能区的数量、位置和范围，明确其定位、发展方向、开发时序、管制原则，并完善财政、投资、产业、土地、人口管理、环境保护、绩效评价和政绩考核七大类相对应的区域政策。

为落实“十一五”规划，国务院确定编制全国主体功能区规划，并于2007年7月颁布《关于编制全国主体功能区规划的意见》（国发［2007］21号），提出将国土空间划分为优化开发、重点开发、限制开发和禁止开发四类，要求确定主体功能定位，明确开发方向，控制开发强度，规范开发秩序，完善开发政策，逐步形成人口、经济、资源环境相协调的空间开发格局。2010年6月国务院常务会议审议通过了《全国主体功能区规划》，在国家层面上将国土空间划分为优化开发、重点开发、限制开发和禁止开发四类区域，并明确了各自的范围、发展目标、发展方向和开发原则。目前按照国家和省级两个层面进行主体功能区规划编制，市县层面不进行主体功能区规划。关于主体功能区四区区块功能理解见表6-3。

主体功能区四区区块功能理解　　表6-3

类型	区块功能	发展方向
优化开发区	开发密度较高，资源环境承载能力有所减弱，是强大的经济密集区和较高的人口密集区	需改变依靠大量占用土地、大量消耗资源和大量排放污染实现经济较快增长的模式，把提高增长质量和效益放在首位，提升参与全球分工和竞争的层次
重点开发区	资源环境承载能力较强，经济和人口集聚条件较好的区域	要充实基础设施，改善投资创业环境，促进产业集群发展，壮大经济规模，加快工业化和城镇化，逐步成为支撑全国经济发展和人口集聚的载体
限制开发区	资源环境承载能力较弱，大规模集聚经济和人口的条件不够好，关系到全国或较大区域范围内生态安全的区域	要坚持保护优先、适度开发、点状发展，因地制宜发展资源环境可承载的特色产业，加强生态修复和环境保护，引导超载人口逐步有序转移，逐步成为全国或区域性的重要生态功能区
禁止开发区	依法设立的各级、各类自然文化保护区域以及其他需要特殊保护的区域	要依据法律法规和相关规划实行强制性保护，控制人为因素对自然生态的干扰，严禁不符合主体功能定位的开发活动

（资料来源：根据国家“十一五”规划纲要资料整理）

3. 土地利用总体规划空间管制分区

土地利用总体规划是在一定区域内，根据国家社会经济可持续发展的要求和当地自然、经济、社会条件，对土地的开发、利用、治理、保护在空间上和时间上所做的总体安排和布局，是国家实行土地用途管制的基础。在各级行政区域内，根据土地资源特点和社会经济发展要求，对今后一段时期内（通常为 15 年）土地利用的总安排。

土地利用总体规划是实行土地管理制度的纲领性文件，是落实土地宏观调控和土地用途管制、统筹各行各业土地利用活动的重要依据，核心内容是基于现行规划实施情况评估和土地供需形势分析，确定土地利用战略和主要指标——耕地保有量、基本农田保护面积、建设用地规模和土地整理复垦开发面积等；明确基本农田、城乡建设用地等用途管制分区以及建设用地空间管制。土地利用总体规划是在整个行政区范围内划分允许建设区、有条件建设区、限制建设区、禁止建设区，对建设用地范围进行空间管制，对布局原则、空间管制的划分和管制原则做了说明，具体 4 个区空间管制规则见表 6-4。

土地利用总体规划分区空间管制规则　　表 6-4

分区	空间管制规则
允许建设区	区内土地主导用途为城、镇、村或工矿建设发展空间，具体土地利用安排应与依法批准的相关规划相协调；区内新增城乡建设用地受规划指标和年度计划指标约束，应统筹增量与存量用地，促进土地节约集约利用；规划实施过程中，在允许建设区面积不改变的前提下，其空间布局形态可依程序进行调整，但不得突破建设用地扩展边界；允许建设区边界（规模边界）的调整，须报规划审批机关同级国土资源管理部门审查批准。[13]
有条件建设区	区内土地符合规定的，可依程序办理建设用地审批手续，同时相应核减允许建设区用地规模；规划期内建设用地扩展边界原则上不得调整。如需调整按规划修改处理，严格论证，报规划审批机关批准。[13]
限制建设区	区内土地主导用途为农业生产空间，是开展土地整理复垦开发和基本农田建设的主要区域； 区内禁止城、镇、村建设，严格控制线型基础设施和独立建设项目用地。[13]
禁止建设区	区内土地的主导用途为生态与环境保护空间，严格禁止与主导功能不相符的各项建设；除法律法规另有规定外，规划期内禁止建设用地边界不得调整。[13]

4. “三规合一”背景下空间管制的协调化

目前，我国存在规划类型过多，相互矛盾，而覆盖广度、深度不足，导致城乡分割、重城轻乡和用地粗放等问题产生，在一定程度上不利于对规划实施的监管。如何加强规划的统筹与管理，推动国民经济和社会发展规划、城乡总体规划和土地利用总体规划的“三规合一”，实现全域空间的“一张图”管理，逐步形成统一衔接、功能互补的规划体系，成为当前规划业界所关注的焦点。自20世纪90年代中后期以来，“三规”之间协调问题的研究一直是规划研究的重要领域。近几年，党和国家领导人对“三规合一”提出了重要指示，“三规合一”成为规划机制与体制改革的重要方向。2013年12月，习近平总书记在中央城镇化工作会议上对“三规合一”提出了明确的工作要求，即构建统一衔接、功能互补、相互协调的规划体系，形成一个县（市）“一本规划、一张蓝图”。国务院总理李克强也在“省部级领导干部推进新型城镇化研讨班座谈会”的讲话中提出要在市县层面探索经规、城规和土规“三规合一”的要求。

我国“三规”空间管制出现内容不协调、部门不协作和管制绩效不足三个主要问题（表6-5、表6-6“三规”在空间管制方面的内容比较、管制分区内涵比较）。城市总体规划、国民经济与社会发展规划（主体功能区规划）和土地利用总体规划主管部门分别是住房和城乡建设部、国家发改委和国土资源部，也即它们分别属于城规部门、发改部门和国土部门负责编制。

“三规”在空间管制方面的内容比较　　表6-5

规划体系	空间管制内容	目标	区划单元	空间管制区划	主要的管制措施
国民经济与社会发展规划	《主体功能区规划》中的“四区”	指引区域与城乡有序发展	以行政边界为基础	划定优化开发区、重点开发区、限制开发区和禁止开发区	制定不同的区域发展战略和政策
城市总体规划	“四区”划定	引导和控制城乡建设有序进行	以自然要素为主	划定已建区、适建区、限建区和禁建区	对建设行为进行管制
土地利用总体规划	“三界四区”	保障土地等自然资源合理利用，严格保护耕地	以自然要素为主	划定允许建设区、限制建设区、禁止建设区，设定规模边界	对土地的用途、规模和位置进行管制

管制分区内涵比较 **表 6-6**

名称	类别一	类别二	类别三	类别四
主体功能区规划	禁止开发区：禁止进行工业化城镇化开发的重点生态功能区	限制开发区：限制进行大规模高强度工业化城镇化开发的农产品生产区和生态功能区	重点开发区：已经具备一定的工业化城镇化基础，且具有较高开发潜力的区域	优化开发区：已经具有较高的工业化城镇化基础，需要优化工业化城镇化开发的区域
城市总体规划	禁建区：具有一定的禁建要素，除有关禁建要素和必要基础设施外，禁止任何城乡建设类型的区域	限建区：具有一定的限建要素，对城乡建设有一定限制的区域	适建区：适宜任何类型城乡建设的区域	已建区：已集中进行城乡建设的区域
土地利用总体规划	禁止建设区：以生态与环境保护空间为主导用途、禁止开展与主导功能不相符的各项建设的空间区域	限制建设区：允许建设区、有条件建设区和禁止建设区以外，禁止城镇和大型工矿建设、限制村庄和其他独立建设、控制基础设施建设，以农业发展为主的空间区域	有条件建设区：原则上不允许作为建设用地利用，满足特定条件后可以开展城乡建设的空间区域	允许建设区：允许作为建设用地利用，开展城乡建设的空间区域

“三规”各自发挥独特的规划优势，主体功能区规划在宏观层面上指导城乡发展，发挥其综合性、宏观性的优势；城乡规划在相对微观的层面上指导城乡建设行为，发挥空间协调的优势；土地利用总体规划在保护耕地和集约节约利用土地方面发挥不可替代的作用。在这样的体制设计下，应在充分发挥各规划优势条件下，建立协调、协作机制，使“三规”在编制实施的各方面协同配合，解决“三规”不协调的问题，并通过法律法规的保障，进一步提高空间管制的绩效。

（1）建立协调机制，协调“三规”空间管制内容

针对空间管制规划多主体编制的问题，从目前的相关实践经验来看，可采用将“同时编制”转变为“统筹编制”的思路。将发改、城规、国土以及其他相关部门制定规划的职责进行整合，由政府部门成立“规划编制委员会”，其职权就是负责“三规”的统筹编制，在编制层面协调各部门，从机制创新层面解决“三规”不协调的问题（赖寿华等，2013）。

1）“三规”空间管制内容层次衔接

在“三规”空间管制内容“纵向”协调方面，市、县、乡三级发改部门

在制定各地的发展政策和绩效考核政策时，应细化和落实上一级主体功能区的区划内容。城乡规划和土地利用总体规划在全国等级的空间管制规划方面，要加强原则性和强制性管制内容的编制与实施，并保障下层级规划与之相衔接。

在“横向”协调方面，通过统筹编制和加强合作，协调“三规”空间管制内容。在市、县、乡三级，由于没有相应层级的主体功能区规划，发改部门应和其他两部门合作，依据国家和省两级主体功能区规划的内容，在国民经济与社会发展规划和年度计划中，制定细化的政策和措施，对其他“两规”起指导作用，达到“发展目标空间化”。城规部门和国土部门在落实国民经济和社会发展规划目标的同时，互相积极配合，制定具体的空间管制协调技术指引，协调空间管制的具体内容。另外，城乡规划应加强城乡建设年度规划的编制，与国民经济与社会发展规划和土地利用总体规划的年度规划内容相配合，加强统筹编制。

2）“三规”空间管制内容协调

在“三规”空间管制规划内容方面，重点要做到基础数据、“生态本底”的统一和“管理依据”的协调。数据统一是指“三规”空间管制内容的编制中，应确保包括现状土地利用、自然资源等全方面数据的统一。“生态本底”的统一是指三部门在空间区划时，生态要素的选取、分析与方法统一，制定统一的生态要素禁建、限建标准，形成统一的“生态本底”，使“三规”区划内容中生态类型的区划不会出现冲突（王国恩等，2009）。

管理依据的协调，是指协调控制性详细规划“四线”和土地利用总体规划内容（赖寿华等，2013）。控制性详细规划“四线”和土地利用总体规划内容，分别作为城规和国土部门管理的重要依据，建立协调机制，使“四线”和土地利用总体规划在边界、内容和管制方式上相协调，为两部门协作共管创立基础。

对于分区类型的协同，通过制定详细的协调技术指引，达到一定程度的协调。例如通过新加入“转换区”的方式，使城规和土规空间管制各类型分区在边界和总量上可以进行空间转换和计算（尹向东，2010）。除了空间协调外，在具体管制措施方面，应进行协调技术创新，使城规中的容积率等指标与土地利用总体规划管制内容相衔接。

3）配套政策协调

在政策内容方面，城市总体规划和土地利用总体规划应加强非空间类管制政策的研究和应用，例如生态补偿、权利救济、绩效考核等政策内容。

（2）建立协作机制，多部门协同管理和监督

针对空间管制缺乏管理协作的情况，现有的一些城市将规划部门和国土

部门的管理职责进行整合，成立统一的服务窗口对外接待建设项目事务办理，将规划部门“一书两证”和国土部门的土地使用权证等业务合并在相同空间内进行，降低管理方面的行政成本，并在一定程度上减小各部门间相互扯皮的现象。

针对“划管不一”和各部门权限交叉的问题，可以整合多部门的监督职权，建立统一的“规划监督监察委员会”，针对不同类型的政策分区，详细规定各部门的监管职权，既要保障各部门之间没有监督管理冲突，又要确保空间管制区域没有“无监管”的“灰空间”出现。

(3) 积极完善相关法律法规，加强空间管制政策化研究和实践

针对目前“三规”各自空间管制内容法律地位不足的情况，在完善相关法律的同时，编制部门应制定部门规章，保障空间管制内容的落实。例如在城乡规划体系中，已有相关编制办法对于空间管制内容的层级落实做出了规定。现实中总体规划确定的禁建区和限建区内容，通过“四线”的方式在控制性详细规划中得到落实和法规化，成为城规部门执法的依据。另外，也须通过制定相关的法规和实施细则，来保障“三规合一”工作的顺利实施（赖寿华等，2013）。

政策化方面，一些城市通过将一部分空间管制内容政策化、法规化，来提高空间管制的法律地位。例如目前深圳、武汉等城市已经开展的基本生态控制线的法规化，将基于生态保护理念的空间管制内容，通过制定“政府令”的形式保障其法律地位，并在其中规定各个部门的管理、监督职权，确保各部门有法可依的同时，避免了职权冲突和监管缺失。

此外，市、县、乡级别发改部门应充分发挥其部门职能，针对所处的管制分区制定不同的绩效考核机制，通过引导政府行为来实现其空间管制的目标。

5. 空间管制规划存在的问题

(1) 基本概念不明确

第一，对于空间管制的地位理解有偏差。部分研究成果认为空间管制类似于传统用地评价，仅是规划布局的基础；而有部分学者认为空间管制是一种基于用地评价且高于用地评价，以物质空间管制为手段，从根本上协调社会关系、经济关系和生态关系的空间政策；第二，对于空间管制的层次理解有偏差。无论是对空间管制的目标、手段和要素体系，以及区划方法和政策措施，在已有的政策制定、理论研究和规划实践中，针对区域层面的空间管制研究较多，而对于中心城区的研究则较少。

(2) 要素体系不健全

已有研究和规划实践中的管制要素大多未形成完整的体系，且大多仅考

虑自然生态要素，而对社会、经济方面的要素考虑较少。同时，大多研究成果和实践案例均是针对具体实例提出的管制要素，没有考虑地区间的差异性，因此也就不具备普适性。

（3）区划方法不科学

目前大多规划所做的空间管制往往是根据经验判断所得，甚至有部分规划的空间管制是为配合所谓用地空间蓝图而绘，缺乏科学性。因此所得的区划结果在实施过程中也缺乏可操作性：首先，对于区划标准的制定，没有分层次、分地域的制定相适应的区划标准，导致区划结果缺乏可操作性；其次，对于区划方法的制定，大多采取的是经验判断法，缺乏科学性。

（4）政策机制不完善

从国家颁布的《城乡规划法》和《城市规划编制办法》来看，目前的空间管制仍仅仅停留在“四区”划定或功能区划定的基础上，仅涉及物质空间层面，而较少涉及具体政策制定、实施等方面的内容。

6.2.4 规划案例：北京空间管制的禁限建规划

1. 北京进行空间管制的背景

国外相关研究中并没有与限建区完全对应的概念，主要相关的概念是“城市增长边界”（Urban Growth Boundary，UGB），1958 年在美国肯塔基州首次提出并得以应用。目前 UGB 主要应用于美国，是城市规划的一项应用日益广泛的有效工具，这一边界是指划定城市与农村地区之间的一条界线，用于限制城市地区的增长，作为分区管制和土地利用决策的依据。在 UGB 内当地政府支持城市高密度的开发，而在边界之外则明令控制，这将有助于保持 UGB 边界之外的乡村风貌，保护开敞空间与农田。在部分州，UGB 一般每 4 年重新修订一次。UGB 往往针对不同的空间尺度，如在农村地区范围、环绕城镇和村庄，往往也设定类似的不同层次的边界。美国往往还有 UGA（Urban Growth Area）的概念，但相比 UGB，虽然二者名字不同，但内涵完全相同。UGB 的作用并不只是划定一个固定的边界，而是在于让政府制订一项对城市无序蔓延所造成的长期损失的直接预测方案。UGB 实际上强制城镇承担一项采用复杂的长期结构方法来预测经济和社会活力，防止城市蔓延的发生。除美国之外，早在 16 世纪，伦敦就划定了绿线用于保护绿色空间，以限制城市建设用地的扩张。20 世纪中期，伦敦周边部分地区划定边界，作为大都市区的绿带。国内限建区研究中，并没有完全引入 UGB 的概念，各城市在限建区相关方面的工作侧重点和工作深度也不尽相同。如香港在《香港 2030 年规划远景与策略》中提出“我们会划出一些发展‘禁区’，从而保护一些拥有珍贵天然财产和甚具景观价值的地区”；重庆从1998年至今划定两批主城内绿地保护区，分为绝对禁建区和控建区，以控制建设项目，保护园林绿地；无锡市、成都市、厦门市、杭州市以及深圳市近年来开展了非建设用地的相关规划研究工作，对城市建设用地的限制性因素进行了部分考虑；而在北京也有相关的实践，如2003年《第二道绿化隔离地区规划》划定了绿色限建区，以保证绿化面积，控制该区域内建设用地规模，以及北京中心城绿线、蓝线和紫线，都是限建区规划的一些初步尝试。从以上国外、国内关于限建区的研究可以看出，欧洲国家主要侧重于从单纯的绿色空间划定限建区；而美国关于限建区的研究比较深入，因为UGB已经作为非常流行的工具应用到多个州及各个层面的城市规划中。国内各城市关于限建区的研究和应用，目前一般仍停留在蓝线、绿线的划定和非建设用地概念性规划层面，对自然灾难防治还有失考虑。

目前北京市正在实施刚刚批准的《北京城市总体规划（2004—2020年)》，诸多新城的建设正在大规模、快速地进行。本次开展的限建区规划，在充分借鉴国外关于UGB的思想的基础上，还做了较大的突破，如考虑了更多的限建要素，给出了城市扩展的刚性边界和弹性边界，同时制定了具体的针对城市建设和城市活动的限制性导则。

2. 限建要素与限建导则

限建要素的行政管理和界定分布在多个政府部门，项目组与市环保局、市园林绿化局、市水务局、市地勘局和市文物局等相关单位积极协调，共同确定相关限建要素的空间定位，并编制要素限建导则。

限建导则是以相关法规、规范、规定为基础，结合已有研究成果，整合各限制要素的限建要求而形成的指导城乡规划建设的规范性条文，立足于对规划范围内的建设限制要素、准入条件和允许开发模式、开发强度以及空间形态的说明。

基本属性及空间属性包括：

代码：在PSS中限建要素的代码，根据限建要素体系进行统一编码；

要素名称：该限建要素的名称；

要素分类：该限建要素所属的分类名称；

总块数：单一限建要素图层所包括的空间对象的总数；

总面积：单一限建要素图层所有空间对象所覆盖的面积；

总周长：单一限建要素图层所有空间对象的周长之和；

数据精度：空间数据的分辨率；

要素尺度：该限建要素的空间尺度——公里、百米、带状。

分析属性包括：

限建目的：该限建要素的破坏可能造成负面影响的方面——安全、卫生、供给与服务、生态保育、景观保护、历史文化保护，可多选；

负面影响程度：限建要素的占用可能造成负面影响的程度；

限制时效：该限建要素对城市建设限制的时间范围——永久性、阶段性、临时。

限建导则包括：

限建指数：是限建要素的核心导则，是兼顾多方面限建因素确定的，用以表征限建要素对城市建设和活动的限制程度的综合指标，该数值越大，表明在该区域开展城乡建设，对环境造成的负面影响越大，引起环境灾难的可能性越高，开发成本越高；

限建等级：包括绝对禁建、相对禁建、严格限建、一般限建、适度建设和适宜建设；

负面影响时效：限建要素的占用可能造成的负面影响的时间长短——瞬时、阶段、长期；

限制用地规模：能承受的最大的开发用地的规模，分为项目、村和镇三个级别；

限制用地类型：参照《北京城乡用地分类规范》中的“中类”用地，确定相应限建要素所限制的开发用地类型；

限制建设高度：能承受的最大建设高度；

限制地下开发：限制的地下开发类型；

限制城市活动：包括损毁设施与环境、限制物质排放存留、限制取用资源、限制占用场地行为；

缓解冲突途径：如该限建要素与现有城镇建设用地冲突，需要采取的缓解措施——加强建设标准管理、建设拆迁、降低活动频率和强度、调整限建要素、专业技术评价等；

指导规划深度：包括城镇体系规划、总体规划、详细规划；

行政主管部门：对该限建要素具有行政管理权的政府机构；

限建依据：该限建要素属性确定的参考依据。

限建要素一览 **表 6-7**

类别编号	限建要素类别	要素编号	限建要素名称
1	河湖湿地	1	河流型湿地
		2	库塘型湿地
		3	滨河带
		4	库滨带

续表

类别编号	限建要素类别	要素编号	限建要素名称
2	水源保护	5	地表水源一级保护区
		6	地表水资二级保护区
		7	地表水源三级保护区
		8	山区小流域水源保护区
		9	地下水厂
		10	地下水源防护区
		11	地下水源补给区
		12	地下水环境较不适宜区
3	地下水超采	13	地下水未超采区
		14	地下水一般超采区
		15	地下水严重超采区
4	超标洪水风险	16	洪水高风险区
		17	洪水低风险区
		18	洪水相对安全区
		19	分洪口门
		20	洪水泛区
		21	中心城蓄滞洪区
5	绿化保护	22	平原区道路林网
		23	平原区农田林网
		24	平原区水系林网
		25	城市绿地
		26	现状其他风景名胜区
		27	风景名胜区特级保护区
		28	风景名胜区一级保护区
		29	风景名胜区二级保护区
		30	风景名胜区三级保护区
		31	规划风景名胜区
		32	县级自然保护区
		33	国家级市级自然保护区核心区
		34	国家级市级自然保护区缓冲区
		35	国家级市级自然保护区实验区
		36	森林公园
		37	一般生态公益林地
		38	重点生态公益林地

续表

类别编号	限建要素类别	要素编号	限建要素名称
6	城镇绿化隔离	39	中心城第一道绿化隔离地区钉桩确界的绿地
		40	中心城第一道绿化隔离地区的规划范围
		41	第二道绿化隔离地区其他绿色限建区
		42	第二道绿化隔离地区现有和规划林地
		43	中心坡楔形绿地规划范围内的绿色空间
		44	中心城楔形绿地规划范围内的非绿色空间
7	农地保护	45	基本农田
		46	一般耕地
		47	一般农地
8	文物保护	48	长城两侧 500m 保护带
		49	长城两侧 500～3000m 保护区
		50	文物保护单位范围
		51	历史文化保护区
		52	地下文物埋藏区
9	地质遗迹保护	53	矿产资源点密集地区
		54	地质遗迹景观资源分布区
10	平原区工程地质条件	55	平原区工程地质较差地区
		56	平原区工程地质一般地区
		57	平原区工程地质良好地区
		58	平原区工程地质较好地区
11	地震风险	59	地震动分界区
		60	地震动峰值加速度 0.1g 地区
		61	地震动峰值加速度 0.15g 地区
		62	地震动峰值加速度 0.2g 地区
		63	活动断裂带
12	水土流失与地质灾害防治	64	土地沙化区
		65	25 度陡坡地区
		66	山前生态保护区
		67	重点风沙治理区
		68	泥石流危险区
		69	塌陷危险区
		70	地面沉降危险区
		71	沙土液化区
		72	崩塌危险区
		73	滑坡危险区
		74	地裂缝两侧 100m 以内
		75	地裂缝两侧 100～500m
		76	地裂缝所在地

3. 限建分区

（1）基于限建要素分区

基于限建要素分区的具体方法是在限建单元空间计算和属性分析的基础上，对所有“限建等级”属性相同的限建单元进行合并，可以生成限建分区——绝对禁建区、相对禁建区、严格限建区、一般限建区、适度建设区和适宜建设区。

① 绝对禁建区：严格禁止一切城乡建设；

② 相对禁建区：严格禁止与限建要素无关的建设，如在饮用水源一级保护区内禁止与供水无关的设施建设；

③ 严格限建区：存在严格的建设制约因素，对城市建设的用地规模、用地类型、建设强度以及有关的城市活动、行为等方面的限制较多，难以克服或减缓限制要求与建设之间的冲突；

④ 一般限建区：存在较为严格的建设制约条件，尽管对城市建设的用地规模、用地类型、建设强度以及有关的城市活动、行为等方面存在限制，但在特殊情况下通过技术经济改造等手段可以减缓限制要求与建设之间的冲突；

⑤ 适度建设区：仍然存在一定的建设制约因素，需要城市建设用地规划加以统筹；

⑥ 适宜建设区：基本不存在建设制约因素，城市建设可侧重考虑其他适用性条件进行用地选择。

类比城市增长边界（UGB）的概念，本研究将城市增长边界扩展为刚性边界和弹性边界，对于禁止建设区，属于城市发展的刚性边界，严格不能突破；而限制建设区，属于城市发展的弹性边界，可以针对不同的城市发展规模有相应的调整，转变为建设用地，具体应参考限建单元的限建属性。

（2）基于限建指数分区

经过对限建要素限建指数的分析可以看出，对于同为严格限建或一般限建的限建要素，其限建指数也可能存在较大的差异，限建指数在一定程度上相比限建分区，更能表征每个限建单元对城镇建设的限制程度，因此提出了基于限建指数的分区方法。限建单元的限建指数，综合考虑了所有限建要素的限建指数，基于限建指数进行分区，考虑了限建要素的累加效应，而限建分区，并没有考虑限建要素的累加效应，而是采取了所谓的“一票否决”的方法，即以构成该限建单元的限建等级最为严重的限建要素的限建等级为限建单元的限建等级。对于禁止建设区，其对城镇建设的指引较为明确，而对于各类限制建设区，分区内部对城镇建设的限制则没有考虑差异性，所以在基于限建指数的分区方案中，明确划定了禁止建设区，而对于其他部分，则以限建指数来表征其限制要求的强弱。在该分区中，非禁止建设区中的限建指数高低，可以表征为其转化为城镇建设用地的时序，即限建指数越高，越不推荐转变为城镇建设用地。

（3）针对用地类型分区

在基于限建要素分区方案中，其禁止建设、限制建设的对象是城镇建设用地，而不是具体的每一类城镇建设用地。实际上每一类城镇建设用地的人类活动强度、开发强度等各不相同，则相应对生态造成的破坏或受环境灾难的影响程度各不相同，所以研究中对每一类城镇建设用地都划定了相应的限建分区，以更为深入地指导实际的开发工作。

4. 建设条件分析

考虑到在实际城市规划管理过程中，多涉及针对某一区域开发用地的建设可行性论证工作。因此本研究结合 PSS 还实现了指定区域的建设条件分析工作。本工作的基础是限建单元图层。首先利用 PSS 实现限建单元图层与指定区域图层的 CLIP 操作，生成指定区域的限建单元图层，确定该区域的限建要素的构成及各限建要素的面积，并结合限建单元的限建导则给出该区域在建设强度与品质等方面的限制条件。利用该区域的限制条件与该区域的建设强度与品质等方面的开发条件进行对比，结合建设条件分析模型，给出该区域的开发建议，即是否建议开发。如果推荐开发，则给出相应的各个方面的注意事项；如果不推荐开发，则给出具体的否决理由。

5. 深入探讨

规划采用了 110 个共 16 类限建要素，构建了一套相对完善的限建要素体系，但由于研究经历及其他单位数据支持有限，还有部分限建要素没有列入本次规划的限建要素体系，如军用限建要素、市域文物类要素、环境容量、资源承载力等。因此需要进一步完善限建要素体系，以更全面、客观地反映对城镇建设的限制。

同时，城市增长往往既受到阻力因素（如以上提及的限建要素）的影响，又受到动力因素（如政策因素、交通接入条件、现状建设情况等）的影响。本文主要探讨了以限建要素作为城市增长的阻力因素，制定城市扩展的边界，而对于采用动力因素来从正向预测城市增长的工作正在进行中。基于阻力因素和动力因素共同分析城市增长，可以在城市按照动力因素自然增长的基础上，尽可能降低对资源环境的破坏和减少环境灾害对城市发展的影响，可以识别城市建设用地的科学增长方向，确定城市增长的科学边界，抑制城市的无序蔓延，实现城市的理性增长。

第 7 章　都市区与城市群规划

7.1　都市区规划

7.1.1　都市区的相关概念解析

都市区的概念起源于美国，是因为美国的城市发展具有最充分的市场经济条件和拓展空间。城市的发展带来空间上的蔓延和郊区化，使得居住和就业发生了空间的分离，形成所称的“都市区”这种空间组织形态。美国人口普查局于 1910 年首先提出了都市区（Metropolitan District）这一概念作为人口普查的统计地域单元，并于 1940 年正式设立了具体的统计标准，后历经多次调整，2000 年以后美国使用核心基础统计区（Core Based Statistical Area）作为基本单元。现一个完整的大都市区由中心市（美国多为县辖市）、中心县（中心市所在县）和外围县组成。

西方其他各国也仿效美国建立了相类似的概念，并设立了大体相同又有细微差别的划分标准。都市区构成的基本单元有两个，一个是中心市，一个是外围地区。综合各国对于都市区的界定标准，可以看出都市区的形成必须具备两个条件：①有一个中心市，是都市区的就业中心。英国具体提出了中心市必须具备的就业岗位指标；日本则明确指出中心市的白天人口要大于夜间人口，也说明是就业中心；美国虽没有明确的说明，但外围地区到中心工作的通勤率指标间接地告诉我们中心为外围地区提供就业岗位。②外围地区有一定比例的通勤人口，即有一定数量居民每天到中心市去上班。通勤率是每一个国家都具有的指标，从 15%到 40%，说明其对定义都市区的重要性。随着美国城市化的推进，通勤流成为划分外围县的唯一指标，并且这一指标的门槛值不断上升，2010 年达到 25%。其他的指标，如非农劳动力比重和人口密度，只反映地方的属性，不能反映中心和外围地区的经济联系，唯有通勤指标反映了中心与外围的关系。所以如果没有足够的通勤人口，就不能称之为都市区，只能是一种空间临近或连绵成片的城镇密集区或城镇群而已。

以上指标，就业中心和通勤区（commuter shed）反映出都市区最本质的特征，即统一的劳动市场。可以说都市区是以劳动市场定义的，都市区内是一个统一的劳动市场，CBD是就业中心，人们每天到中心去上班，中心劳动市场的覆盖范围就是都市区的范围。这就是在西方城市经济学和其他有关城市空间结构的理论中经常讨论的单中心城市模型，该理论是在都市区现实的基础上建立起来的。

都市区内不仅有统一的劳动市场，还有统一的土地市场。因为距市中心的距离决定了通勤的交通成本，而地租（地价）是随交通成本的上升而下降的，于是出现了由中心向外递减的地租梯度线。通勤区的边缘就是都市区的边界，也是城市土地市场的边界。因为在这一点之外，没有了通勤人口，交通成本与地租之间的关系也就没有了，地租将由农业地租决定或由距附近其他就业中心的距离所决定，土地市场就分割开了。所以，都市区的边界分割了劳动市场和土地市场，不同的都市区都有各自的劳动市场和土地市场。由以上的都市区范围的确定还可以看出，都市区范围的大小是与其内部的交通条件相关的。交通条件越好，通勤区的范围就越大，都市区也就越大。所以大都市区内部都有快速的轨道交通，使其形成较长的通勤半径，扩大劳动市场的覆盖面积。

中国对都市区的研究始于20世纪90年代。崔功豪教授于20世纪90年代借鉴国外关于大都市带等的研究概念与理念，通过对中国长江三角洲地区城市发展的实证分析认为，根据不同发展阶段与水平，可以将城市群体结构分为城市—区域、城市群组和巨大都市带三种类型。可以认为这是对后来逐渐为学术界关注和研究的都市区与城市群、城市群和都市带的预见性概括。最近，西方学者在都市区（Metropolitan Area）这一概念的基础上，又提出了城市地区（City Region）的概念。他们认为都市区是一个传统的概念，相当多的外围村庄和城镇居民在中心市区就业。城市地区则是对都市区概念的时代性发展，在城市地区，就业分布分散，而其交通方式也已经多样化，即城市地区在一定程度上已经具有了网络城市的特征。

综上所述，都市区就是在就业与居住空间分离的情况下，通过快速的交通系统将分散的居住地与集中的就业中心相连接，形成的一种以统一的劳动市场和土地市场为特征的地域空间组织形态。

7.1.2 都市区规划的发展

中国战略规划实践最早的当属香港。受英国规划体系的影响，早在20世纪70年代就制定了“香港发展策略（Hong Kong Outline Plan）”。20世纪80年代，国内结合城市规划体系改革，对战略性城市规划进行过一些理论探讨。20世纪90年代，深圳参照香港、新加坡等地的经验，改革规划体系，编制了全市发展策略，开启了全市性战略规划的先例。进入21世纪，结合城市规划体系改革，开展了关于城市战略规划的探讨，同时又广泛开展了广州等大都市区概念规划的编制，使我国都市区战略规划得到了迅速的发展和提高。

1. 20世纪80年代起与城市规划体系改革结合的战略规划研究

从改革中国城市规划体系角度出发，20世纪80年代起，国内学术界就开始不断探讨战略性城市规划的问题，并形成了以下几种观点：一是现行的城市总体规划纲要——城市总体规划系列，总体规划纲要发挥战略规划职能；二是主张将总体规划内容改为战略性规划，形成总体规划即战略规划的逻辑；三是主张从总体规划中分离出部分内容，建立独立的战略规划层次，形成战略规划——总体规划的逻辑关系；也有主张在总体规划之前进行城市战略研究，形成城市战略研究——城市总体规划的关系，但城市研究不作为规划系列而是城市规划的前提工作。还有观点认为城市战略规划既是城市的发展战略，也是一个城市所在区域的区域规划，可以形成区域规划（战略规划）——城市规划的关系等。分别简述如下。

（1）城市总体规划纲要

依据《城市规划编制办法》等法规，编制城市总体规划，应当先组织编制总体规划纲要，研究确定总体规划中的重大问题，作为编制规划成果的依据。城市规划纲要的任务是研究确定总体规划的重大问题，确定城市发展的地域部署，总体规划纲要成果包括纲要文本、说明、相应的图纸和研究报告。总体规划纲要应当包括下列内容：

市域城镇体系规划纲要，内容包括：提出市域城乡统筹发展战略；确定生态环境、土地和水资源、能源、自然和历史文化遗产保护等方面的综合目标和保护要求，提出空间管制原则；预测市域总人口及城镇化水平，确定各城镇人口规模、职能分工、空间布局方案和建设标准；原则确定市域交通发展策略。提出城市规划区范围。分析城市职能、提出城市性质和发展目标。提出禁建区、限建区、适建区范围。预测城市人口规模。研究中心城区空间增长边界，提出建设用地规模和建设用地范围。提出交通发展战略及主要对外交通设施布局原则。提出重大基础设施和公共服务设施的发展目标。提出建立综合防灾体系的原则和建设方针。

（2）城市发展战略研究

城市发展战略，是指在较长时期内，人们从城市的各种因素、条件和可能变化的趋势预测出发，作出关系城市经济社会建设发展全局的根本谋划和对策，具体地说，城市发展战略是城市经济、社会、建设三位一体的统一的发展战略。区别于战略规划，“城市发展战略研究则是通过系统的方法，对城市发展的条件和趋势作宏观分析，把握城市发展的规律，并对城市未来的宏观发展作出合理的预测、判断，在此基础上提出城市未来发展的重大对策”。站在时间的角度上来说，就是从独立的城市、组合城市、城市群一直到协同组合的城市群。

城市发展战略作为城市发展的指导方向，是城市应该长期坚持并指导城市进行各项发展活动的基本思路，关系着城市未来的命运。因此城市发展战略的选择具有极为关键的作用，必须从城市的基本情况出发，站在区域的视角上，解析城市发展的政策、产业、经济、资源环境，深刻剖析城市基本特征和发展潜力，客观公正地制定能够长时间指导城市经济社会和城市建设快速发展的城市发展战略。

简单地说，城市发展战略就是结合城市社会经济现状及其区域地位，关注城市中整体和长远发展影响的问题，对城市的未来发展所作的重大的、全局性的、长期性的、相对稳定的、决定全局的谋划。城市发展战略研究关注内容：从宏观层面上把握城市发展的定性、定位、定向。重点关注土地利用的空间结构、生态格局、交通系统。

20 世纪 80 年代随着我国城镇化的推进，城市的快速崛起与发展，对城市发展战略相关问题的研究也逐渐引起重视，特别是 20 世纪 90 年代在全球化的浪潮下，城市为了应对日益深化的全球竞争，加强了对战略性、长期性问题的研究，学术界展开了关于战略规划概念和编制方法的讨论。关于战略规划概念矛盾不大，基本达成共识。而关于编制方法的观点主要形成两大类别：在总体规划基础上加强战略研究内容，总体规划即战略规划；形成独立的战略规划层次，从总体规划中析出部分内容，使战略规划成为总体规划的依据；或者将战略规划内容放到城市所在的区域规划中去。吴良镛先生曾经提出在城市规划中“建立起整体性概念，城市发展战略——城市政策——规划设计——实施——管理形成系列……”的观点，认为城市规划战略研究是指对城市发展前景有重大影响的宏观要素的研究，如经济全球化、国际政治中的多极化趋势、周边地缘政治格局、经济体制转轨等。

我国许多城市特别是大城市和特大城市在城市规划之前或之中进行了城市发展战略的研究，如南京市、杭州市等，也有的城市进行过专门的独立于城市规划的城市战略研究，如上海市等，极大地促进了战略规划研究的发展。

（3）战略性的城市总体规划

城市总体规划是对城市建设用地功能布局的整体、统筹安排，它是各个利益主体诉求在空间载体上的集中反映，城市总体规划的空间载体属性决定了它在经济社会发展中发挥着至关重要的作用。《城乡规划法》赋予了城市总体规划重要的法律地位，重点强调了城市总体规划的严肃性、权威性和科学性。城市总体规划是编制近期建设规划、详细规划和专项规划的法定依据。各类涉及城乡发展和建设的行业发展规划，都应符合城市总体规划的要求。城市总体规划是城市政府引导和调控城乡建设的基本法定依据，也是实施城市规划行政管理的法定依据。

在我国城市发展全面转型的过程中，作为法定城乡规划体系中的重要组成部分，城市总体规划将发挥重要作用，因为对城市空间资源的“调控与分配权”决定了城市总体规划必然成为各方利益博弈的平台，也决定了它是涉及城市空间资源的、最重要的城市公共政策。因此，城市总体规划可以定位为：城市政府在一定规划期限内保护和管理城市空间资源的重要手段，引导城市空间发展的战略纲领和法定蓝图，是调控和统筹城市各项建设的协调平台。

总体而言，战略性、整体性、综合性、公众参与性、政策性是未来城市总体规划发展的五个方向。

首先，应当突出发展目标的战略性。城市总体规划的编制，要突出重点，强调战略性，要根据国家的和区域的发展要求，结合城市的实际情况，着重研究解决影响城市近期和未来发展战略全局的关键问题，要强调研究并界定近期开发地区（包括城市旧区的再开发）、未来开发地区和不可开发地区（包括为生态保护需要的永久不可开发地区），以便从总体上把握土地资源的合理开发利用。国内学者认为大城市总体规划变革的核心是如何处理好定位问题，应强调其战略性和政策性定位（赵民，2012）。有人还对城市总体规划战略性变革的具体内容与方法提出了设想，指出“总体规划的战略适应性研究即在战略层面中，重点研究城市的功能定位、结构适应、总量控制和时序开发优化，从市场资源的配置出发，对城市发展的重大问题提供判断决策的依据”。有的研究者提出在城市总体规划中编制战略规划，并以大都市总体规划为例进行了深入探讨。

世界城市在编制长远的战略性、结构性规划时更加凸显发展目标的战略性，也更加关注对城市发展定位、空间发展框架的控制与引导。如最新一版的《伦敦规划：大伦敦空间发展战略》（The London Plan：Spatial Development Strategy for Greater London）在经济、环境、交通和社会方面为伦敦未来20～25年（至2031年）提供了完整的战略性发展目标及框架，设定了全球顶级商务中心与世界宜居城市两大目标；《芝加哥大都市区：2040区域综合规划》中提出了更宜居、更具竞争力的发展定位；《悉尼2030战略规划》中提出绿化、国际化、网络化的发展理念与定位。

从世界城市的规划实践经验来看，长远结构性规划凸显了发展目标的战略性，并依循竞争力与可持续两大主线展开。竞争力线索关注城市在世界城市体系中的地位、在区域格局中的地位、经济发展模式与阶段、核心功能体系；可持续发展线索主要关注城市的活力空间、高效交通系统、社会融合与和谐、文化融合、生态宜居、可持续的住房、绿色社区等方面内容。

其次，应当突出空间治理的整体性。城市总体规划编制的趋势在于应用具有前瞻性的思维来应对多元化的问题，并重点关注“整体性”，从对土地利用空间的关注转为对全域整体空间策略的关注；同时关注“层级性”，即全域下面的分层规划控制，重视规划政策的空间落实与实施。在国内现行的编制与审批体制影响下，“分权”特征日益明显的行政管理体制决定了总体规划向战略性、框架性变革的必要性。大城市应该依据行政特征简化总体规划编制内容，重点关注空间治理的整体性、框架性和全局性内容（赵民，2012），而其实施性内容需要通过下一层级规划来完善。例如，新加坡的二级规划体系就是对空间规划整体性和层级性的强化与融合：一级体系是总体的战略性概念规划（Concept Plan），是为了实现长远发展目标而对形态结构、空间布局和基础设施做出的规划安排，为非法定规划；二级体系是实施性的开发指导规划（Statutory Plan），顺应概念规划中的规划意图，来制定地方和区域层面更细化的规划目标，是开发控制的法定依据，为法定规划。

第三，应当突出总规内容的综合性。城市总体规划，一方面在空间范畴上，是统筹城乡一体发展与建设的全域规划，强调对全域建成区的协调和管控，通过全市域总体规划进行全域规划，在全域范围内统筹资源配置，落实城乡空间发展；另一方面在内容上，是统筹多部门的公共平台。明确专项规划作为总体规划的有机组成部分，在总规纲要阶段，提出各专项规划的原则；在成果阶段，整合各专项规划的内容，统一融入总体规划中，形成公共平台信息系统；在总规实施阶段，为各专项规划动态修编留有“接口”，并将动态修改的专项规划内容在总规修改时（一般5年一次）统一纳入其中。

第四，应当突出总规的公众参与性。我国现行规划体制中，规划在很大程度上是基于私有部门、政府和规划师之间达成的“契约”而进行的落实和部署。随着公共管理社会化的逐渐推进与市民社会思潮影响，总体规划的编制、实施已不再是纯粹的政府行为，而是作为多方利益博弈和交流的平台（蔡泰成，2010）。引入公众参与机制来推进总体规划的合理性、决策的科学性和民主化日益受到学者以及政府部门的关注，也完全符合《中华人民共和国城乡规划法》的规定和要求。参照公众参与理论，衡量公众参与程度的标准是公众所获得决策权的大小。因此，规划中公众参与的广度和力度直接牵涉城市规划的公正性。例如，《首尔规划》编制过程中组织了100人左右的市民参与团，其中包括学界人士、NGO人士、媒体人员、专家、市级现任或前任公务员、市议员、其他市民，代表不同利益群体表达诉求。因此，总体规划的公众参与不仅仅是精英主义的参与，也不仅仅是全社会市民的形式主义参与，更是一种多元主体、有效的、有限的参与。

最后，应当突出成果表达的政策性。基于总体规划公共政策属性，应更加强调成果表达的政策性，其核心为空间布局政策，而非一张简单的蓝图。《深圳市城市总体规划（2010—2020）》中提出“以政策定布局，以布局出政策”的规划理念，相应的技术路线是为建立与深圳发展目标相适应的城市空间布局结构，依据分目标出台各项相关的公共政策，通过空间政策来指引建设用地布局。欧美国家城市总体层面上的用地规划，较多已摒弃土地利用详细分类，而是采用政策导向的功能性地区分类，或是政策性与功能性相结合的分类，甚至部分已放弃“图纸”（maps）改为“图示”（diagrams），以突出总体规划的政策性、战略性以及具体功能安排的适应性（赵民，2012）。

世界大城市结构性、战略性规划空间规划的表达方法多为功能导向的政策区引导方式。如《新形势下的东京发展规划（2025 年）》采用了问题导向和非全覆盖功能性地区的方式，在 13500km^2 范围内划分出都心再生分区、东京湾临海活力分区、核心城市区域协作分区、都市环境再生分区、自然环境保护和使用分区。因此，大城市总体规划土地利用规划政策性表达的核心是对功能性地区的识别、控制和引导；而控制性详细规划是指导开发建设的直接规划依据。若大城市总规的用地规划过细，且采用排他性、自我闭合的详细用地分类，必然会导致后续详细规划编制过程中不断突破总体规划的“违法”现象（赵民，2012）。

（4）城市发展规划

针对 20 世纪 80 年代初我国在缺乏国民经济与社会发展长远计划和区域规划的指导下开展城市规划、城市总体规划编制依据不足的状况，可以在编制总体规划之前先编制由政府负责、由计划经济部门组织的城市发展规划。

城市发展规划的主要任务是：根据当地的自然环境、地理条件、资源情况、历史沿革、现状特点和发展趋势，从该城市所在的经济区域整体出发，分析、论证该城市同本区域内的中心城市、其他城市（镇）以及周围农村相互之间的经济、文化联系，合理地拟定其择优发展的方向，并在此基础上具体研究确定该城市的职能、作用和特点，从而明确地规定其城市性质、经济文化发展方向和人口发展规模。

也有学者提出城市总体发展规划的概念，指出城市总体发展规划的基本任务是通过研究城市及其相关地域之间，城市主要构成要素之间在社会、经济及空间方面的基本关系。并提出城市总体发展战略，制定反映城市深层次结构及其发展趋势的结构规划，从而建立城市建设在宏观技术政策上的可导性，以保证科学地引导城市有秩序、协调发展，使城市取得更多的综合效益。

（5）区域规划作为城市战略规划

从战略规划的全局性要求出发，有学者提出可以通过区域规划的适当深化和具体化，编制出整个经济区域内的城市发展规划，或称“区域城市发展规划”。也有人指出，从规划的地域角度讲，战略规划是全市域的，就阶段而言，它既是城市规划也是区域规划。它以整个行政辖区为规划范围，在内容上将原城市总体规划纲要的主要内容和城镇体系规划的内容纳入。

目前，在全球化的过程中，比较优势已经被城市的竞争力逐步取代了，城市竞争力已经成为将来城市发展中的一个重要因素。在区域间、城市间、城乡间的合作等方面，建设“合作型城市”，已经成为区域规划中城市发展战略的关键所在。从城市的角度来看，城市自身很难解决自己的问题，这使得城市在将来的发展中有很小的自主性，而目前各主干城市正在形成一个发达的网络体系，城市正在变成一个更大的经济活动体系的交点，各个城市之间形成了更加紧密的共生关系。因此，区域背景分析是在一个比较系统中研究各个城市的核心竞争力，而不单单是对现实状况的简单描述。城市战略规划的编制必须充分考虑到如整体竞争力的提高、地区繁荣的保持、交通和基础设施的建设、区域里各个城市间的关系等之类的城市的“地区问题”。

（6）远景规划作为城市战略规划

从战略规划的长远性要求出发，有人提出编制城市远景规划作为战略规划，“城市远景规划是人们对城市发展远景理想状态的预期和实现这种预期的行动纲领，其目的在于挖掘城市长远发展的潜力，认清城市发展的远景，建构城市合理发展的基础，保证城市的可持续发展。它的规划期限呈开放性特点，以达到城市合理发展规模限度为边界。它是一种战略型的规划，总的内容包括基本方针、理想目标、宏观构想三个组成部分”。远景规划要求展望更远的时间空间，审视更广的地域空间，透视更深的内部空间，进行定性和定量分析，研究区域资源、生态环境、人口、用地布局和综合基础设施等。例如，2013 年发布的《武汉 2049》远景发展规划就提出武汉从区域中心到国家中心、再到培育世界城市的“三步走”路线图，其中世界城市体系将武汉定位为亚太地区的国际门户城市。

（7）城市战略规划

20 世纪 90 年代开始，“战略规划" 概念被明确提出并加以研究。战略规划主要是通过制定城市或地区的发展目标，明确城市或地区的性质职能，制定开发政策，确立定额指标，为城市发展和城市建设提供宏观指导。避免城市发展的盲目性和短期性，将城市建设纳入有计划的、长期的运行轨道。战略规划意味着通过树立可达到的目标和目的，为当局建立一个长远的方向。

战略规划的方法包括以下步骤：规划的组织——审视环境——编制任务说明——外部和内部分析——编制行动计划——实施。有的研究提出将城市规划分为基本系列和非基本系列，其中基本系列分为区域规划、城市规划两个层次和战略规划、总体规划、控制规划、详细规划四个阶段。战略规划的内容包括市域经济、社会发展战略、市域城镇布局及大型基础设施的网络和布局。规划成果包括市域土地分类规划图、城镇体系规划图和其他结构性图纸以及规划文本和说明。战略规划的作用是政策指导，确定城市化促进区和城市化控制区，它由上级政府审批。

通过对《深圳 2030》、《香港 2030》、《纽约 2030》以及《悉尼 2030》的充分对比发现，在城市中长期发展战略规划中，可持续发展、城市文化、生活环境、交通、住房等问题被普遍给予高度关注，其共同趋势是在可持续发展的大前提下，注重发展城市文化和绿色交通，营造优质生活环境，保障社会公平，构建宜居城市。目前，我国城市在发展阶段、建设机制、规划体系等方面与发达国家存在差异，在编制城市战略规划的过程中需要在如下三个方面加以特别注意：

第一，加强规划对城市建设的指导。城市中长期战略规划作为城市总体规划的编制依据，具有重要的指导意义。编制城市中长期发展战略规划时，强化“目标、策略、措施”三者之间的对应关系，明确规划框架；制定详细、可实施的行动计划和措施，量化目标，明确规划指标；落实每项计划和措施的负责机构，规划时间节点，明确绩效目标。通过明确规划框架、指标、负责机构及绩效目标，加强中长期战略规划对城市建设的指导。

第二，重视城市空间拓展规划。随着我国城市化进程加快，大多城市处于空间快速拓展时期，中长期发展战略规划的重点应放在未来空间拓展规划上。一方面，空间拓展规划应重视城市空间科学划分，避免空间均质发展，实现空间集约利用，提高城市活力与竞争力；另一方面，在可持续发展理念的指导下，城市空间拓展规划应与环境、能源、气候、资源等方面结合，优化城市拓展空间的生活环境，提高城市宜居性。因此，应充分重视城市空间拓展规划，将集约化发展与可持续发展理念相结合，从而提高城市竞争力与宜居性。

第三，建立规划实施监管机制。规划实施监管机制的建立对于中长期战略规划的实施具有保障作用。我国城市中长期发展战略规划应加强对规划实施的监管，建立政府与公众结合的实施监管机制。在政府层面上，规划公布实施后，应监察宏观趋势，评估实施情况，定期向公众发布实施报告，针对实施后出现的问题开展研究，制定后续计划，确保规划的动态更新；在公众层面上，可以通过政府网站、论坛、社区活动等方式参与到规划的制定、实施及监管中，形成公众监督。因此，通过政府与公众“自上而下、自下而上”的实施监管机制，确保中长期战略规划的实施。

随着我国经济快速发展，城市化进程不断加快，为实现可持续发展，提高城市竞争力，我国城市需要对未来发展进行前瞻性和系统性的研究，制定中长期发展战略规划，合理协调人口、土地、环境与经济、社会的发展关系。我们应吸取国内外城市中长期发展战略规划经验，结合我国城市实际情况，推动城市中长期发展战略规划不断发展和创新，制定具有中国特色的城市中长期发展战略规划。

2. 我国都市区战略规划的发展

中长期发展战略规划研究针对一个较长的时间跨度或历史阶段，战略性地提出国家、区域或城市的发展远景和发展目标，明确一定空间地域内应对未来各种潜在重大问题、发展机遇或挑战的方针策略，通过建构一个长期、灵活、概念性的指导框架和行动纲领来引导未来发展。

20 世纪 80 年代以来，随着我国城市的迅速发展，城市总体规划的编制缺乏国民经济与社会长远计划的指导，城市发展战略规划的研究逐渐受到重视。进入 20 世纪 90 年代以后，随着计划经济向市场经济转型，我国城市人口、经济迅速发展，传统的总体规划不完全适应城市发展的新要求，需要从长远角度把握城市发展的方向、结构以及大型基础设施建设等方面，城市发展战略规划显得更加迫切。2000 年以后，在经济快速发展和城镇化的刺激下，城市呈现迅猛的跳跃式发展，现有的总体规划无法及时地适应城市发展的要求，甚至限制了城市的发展，需要发展战略规划对城市未来进行研究。《广州城市建设总体战略规划》的成功实践，引发了我国大城市编制发展战略规划的热潮。此后，城市发展战略规划在编制背景、研究内容、规划成果等方面不断发展创新，随着《深圳 2030 城市发展策略》、《香港 2030 规划远景与策略》等中长期发展战略规划陆续公布，各方反响热烈，在规划创新、指导城市发展等方面收到了良好的效果，掀起了编制中长期发展战略规划的新一轮热潮。中长期发展战略规划对城市未来 20～30 年，甚至更长的时间进行整体性和前瞻性的研究，优化城市资源配置，提高城市核心竞争力有着重要意义。

与此同时，国外一些城市纷纷制定中长期发展战略规划，积累了丰富的经验。这些规划从长远角度关注城市环境、能源、气候等重大问题，借助先进的技术手段与科学的研究方法，积极应对城市发展可能的突发情况，减小城市发展的不确定性；充分发挥规划对经济、社会、空间、环境等的整体调控作用，为城市未来发展做准备，使城市在激烈的竞争中占据有利位置，实现可持续发展。面对新一轮国内外城市中长期发展战略规划实践成果，我们需要总结经验教训；对比同类型的国内外城市先进案例，在分析共同趋势和差异性的基础上，结合我国城市实际情况，吸取国内外城市积累的规划编制与实施经验，推动我国城市中长期发展战略规划不断发展，为我国城市更科学合理地编制符合我国国情的中长期发展战略规划提供参考和借鉴。

（1）香港战略规划

香港是亚太地区经济、金融中心与国际航运枢纽。香港的策略性规划有相当长的历史，全港发展策略开始于1948年的《亚拔高比报告书》，在20世纪70年代初制定了《香港发展纲略（Hong Kong Outline Plan）》作为全港长远发展的依据，并在1974和1979年两度修改。1984年制定首套名为"全港发展策略研究"的战略性大纲，经过1986年和1988年两次小规模的修订，1990年开始对发展策略进行检讨。1993年和1996年，先后进行大规模公众咨询并与广州、深圳、珠海及澳门当局就有关共同关注的事项进行协商。1998年2月，行政会议批准发表《全港发展策略检讨最后行政报告》。

随着全球日益激烈的竞争及出现的新情况，如金融风暴席卷亚洲、由内地来港人士大增、中国加入世界贸易组织、香港市民追求优质生活的期望日盛等，这些对香港的长远发展提出了新要求。香港规划署决定对全港发展策略进行检讨，于2007年10月公布名为《香港2030：规划远景与策略》的最终报告。2000年香港启动新一轮策略规划的检讨。新的全港发展策略大纲命名为《香港2030：规划远景与策略》，作为对1998年报告的更新和范围的扩大。

1）重大问题亟待解决

《香港2030：规划远景与策略》提出了需要面临和解决的重大问题：香港已经逐渐发展成一个国际及亚太区金融中心，以及世界主要贸易中心和最繁忙的货柜港口。然而随着亚洲金融风暴的发生，香港经济偏重金融和服务业的弱点明显暴露出来。为回应这些要求，政府已通过不同渠道，探讨巩固香港经济结构的方法，包括促进高增值和高科技产业、推广旅游业等。建议兴建的数码港和迪士尼主题公园计划，便是政府致力朝这个方向推进的最佳例证。

2）中国加入世贸的影响

中国已加入世界贸易组织，将会带来深远的影响，这也是香港必须研究的课题：①包括与内地的联系。随着香港与内地之间的社会经济联系日趋紧密，两地间的客货运输急剧增长，跨界旅客的人数也大幅增加。为加强两地间的社会经济联系，增建跨界通道应列入考虑范围。②新界专题研究。有关新界西北、新界东北、新界东南、新界西南和都会区的次区域规划研究大多将于短期内完成，为反映及落实这些研究的结果和建议，全港发展策略也需做出相应的修订。③港口设施的选址。需要重新评判各项港口设施的施工计划，以配合香港现有货柜码头可能增加的吞吐量，以及内地港口发展（尤其是深圳地区）所带来的竞争。④策略性增长地区的选址。可持续发展概念的应用。采纳可持续发展概念，作为平衡香港经济、社会及环境需求的基本规划原则。

3）实现目标的规划措施

《香港 2030》为香港制定的长远目标是，香港将来不但是中国主要城市，更可以成为亚洲首要国际都会，享有类似美洲的纽约和欧洲的伦敦那样重要的地位。为协助实现上述长远目标，初步采纳的规划措施：贯彻可持续发展的原则；提升香港的中枢功能及提供足够土地配合不断转换的经济需求；保护自然景观、保护文化遗产、美化城市景观及促进旧区重建，以提供优质的生活环境；配合房屋及社区设施的需求；提供一个安全、高效率、合乎经济效益及符合环保原则的运输系统及行人设施规划大纲；促进旅游业；加强与内地的联系。

总体而言，《香港 2030》规划策略可概括为以下三点：第一，提供优质生活环境。优质生活环境不仅包括社会和环境目标，更有助于吸引和挽留经济持续发展所需要的高素质专才和技术人员；第二，提升经济竞争力，提升经济竞争力是指结合规划策略提供的发展框架，配合香港的经济政策，发展金融、商业、文化创意及旅游业和会展业，令香港经济可持续并更稳健地增长，成为更繁华之都；第三，加强与内地的联系。加强香港与内地的联系，既是手段亦是目标，包括提升香港的经济竞争力和改善生活环境，巩固香港的世界交通枢纽位置，促进更多的与内地交流和跨界活动。《香港 2030》在回顾和检讨全港发展策略的基础上，提出可持续发展，把香港缔造成一个更安居乐业的“亚洲国际都市”。通过方案比选，制订最可取方案，明确提供优质生活环境、提高经济竞争力、加深与内地的联系三大方向，制定主题和措施，并对未来与预期不符的可能情况，制定应变机制。

（2）20 世纪 90 年代末的深圳全市发展策略

深圳在过去 30 年里，逐步发展成现代化特大城市。2002 年 3 月，为了实现“和谐深圳”、“效益深圳”的战略目标，积极对接《香港 2030》，深圳市规划与国土资源委员会正式批准《深圳 2030 城市发展策略》立项，并委托中国城市规划设计研究院进行编制。采用网上咨询、抽样问卷调查等方式，加强公众参与，分阶段征询社会意见；结合专家咨询、政府决策，形成策略总报告、法定化文件、专题报告等主要成果。2006 年 7 月，经深圳市人民代表大会常务委员会审议通过。《深圳 2030》以城市发展存在的问题为切入点，以“建设可持续发展的全球先锋城市”为目标，对未来发展的不确定性从区域发展、社会经济发展、空间拓展、基础设施建设、生态环境保护等方面提出多元化的发展目标和策略，制订城市发展的行动计划。

深圳市率先对我国的城市规划编制体系进行了改革，制定了“三层次五阶段”的规划编制体系。其中的全市发展策略是整个行政区域的战略性区域规划，类似于香港的全港发展策略。这是我国较早进行城市区域规划的新探索，全市发展策略在五大主要原则之下，对多方面的内容予以研究。五大原则如下：

指导性原则。该策略是一个方针性、目标性的文件，可为城市总体规划提供指导和依据，研究确定城市总体规划的重大原则。

区域性原则。研究深圳市与区域之间的衔接和协调关系。珠江三角洲城市群体协调和深港衔接关系，确定深圳市的区域地位与作用。

全局性原则。以社会经济发展规划为依据，研究社会、政治、环境与经济政策目标和相互协调的关系，提出城市发展的关键性问题。

平衡发展原则。研究全市人口、经济、交通等之间的协调发展以及与水资源、土地开发利用之间的供求关系，以达到最佳品质的城市环境和自然生态环境。

动态规划原则。研究城市开发建设的有序性，建立城市可持续发展的空间环境，确立全市中长期综合发展目标和发展方向。

其中，《深圳 2030》的发展目标是“建设可持续发展的全球先锋城市”。“先锋城市”有四个内涵：改革开放与制度创新的先行者、自主创新和产业转型的排头兵、深港交流和区域合作的推动者、中国参与全球竞争的领跑者。对应发展目标，未来深圳城市发展的功能定位是：国家级高新技术产业基地和自主创新的示范城市、区域性物流中心城市、与香港共同发展的国际都会。未来的深圳将是一个新兴的、可持续发展的、备受推崇的国际城市，强调深港合作、共同发展的世界级城市。具体来说：

经济发展——繁荣、活力。建立与社会、环境协调发展的多元化产业结构，维系核心竞争力。力争未来 25 年，深圳 GDP 年均增长率保持在 7%以上，到 2030 年，经济达到目前最发达国家城市的平均水平。

社会发展——平等、和谐。逐渐缩小社会群体差距，增加住房和就业机会，改善人居环境和就业环境，从而增强市民的安全感和归属感，提高城市的凝聚力，建设和谐的社会。

环境发展——自然、宜居。坚持可持续发展的理念，建设资源节约型和环境友好型城市，实现人与自然的和谐发展。

实现目标，有着多种途径。未来 25 年，深圳将基本遵循“从高速成长期，逐步进入高效成熟期，进而走向精明增长”的渐进式转型三部曲。近期以高速发展模式为主导，维护经济发展的惯性，以实现经济发展模式的平稳过渡；同时，启动重点地区的空间优化，培育新的增长点，开始经济发展模式的渐进式转型；中期以高效成长模式为主导，全面推进空间优化，完成经济发展模式的全方位转型，从规模竞争走向效益竞争。实现城市适度密集发展、资源集约利用与环境质量的提升；远期以精明增长模式为主导，逐步进入成熟期，满足人的多方面发展需求，寻求经济、社会和环境的全面和谐发展，走向“精明增长”。以人为本七大发展策略在“解决现状问题、实现未来目标”思路的指引下，提出城市未来的发展策略。

（3）21世纪初城市战略规划实践与研究

进入21世纪以来，随着我国城市战略规划实践的不断丰富，战略研究已不再是对城市总体规划的深化与改良，而是对城市规划体系的改革与完善，城市战略规划已成为城市规划理论探讨和实践的重要内容而“浮出水面”，建立单独的城市战略规划的层次已成为讨论的热点问题。2000年6月，广州市人民政府借鉴一些发达国家和地区的做法，开国内大城市之先河，邀请中国城市规划设计研究院、清华大学城市规划设计研究院、同济大学建筑城规学院、中山大学城市与区域研究中心、广州市城市规划勘测设计研究院五家规划设计单位开展了广州城市总体发展概念规划的咨询工作，取得了较好的效果。随后，国内其他城市纷纷开展类似工作，仅南京大学在2000～2004年短短的五年时间中，就先后承担了杭州、哈尔滨、合肥、泉州、温州、嘉兴、湖州等大中城市战略规划的制定。

结合新的城市规划实践，学术界也进行了大量的总结、探索。《城市规划》杂志在2001年第三期围绕广州概念规划编制编辑了概念规划专题，随后又有大量的文献和著作问世。如南京大学顾朝林等编著的《概念规划：理论·方法·实践》(中国建筑工业出版社，2003)，同济大学赵民等编辑的战略规划专题研究杂志《理想空间》等，对战略规划的地位、作用、程序、内容、方法等均进行了探讨。

总的看来，我国城市战略规划研究以借鉴西方规划理论方法，对城市战略规划的编制程序、方法、内容讨论较多，而对城市战略规划的理论体系和战略规划的实施控制机制探讨不足。

7.1.3 都市区规划的主要内容

21世纪是一个战略制胜的时代，依据现代科技和国内外市场预测制定发展战略是城市规划的关键。在一个城市及其存在的环境变化迅捷、全球化与地方竞争加剧的时代，战略是一个城市把握未来命运先机的法宝，战略规划是提高城市竞争力的重要手段。因此，城市战略规划应当成为城市规划体系的重要组成部分。但是对于战略规划的内容，目前还处于探索阶段，还没有在法定层面加以规范。

综合上述各种研究观点，以及国内外都市区规划的实践，在具体的规划内容方面，都市区规划作为战略规划，必须突出以下内容。

1. 发展条件评析

综合分析都市区发展的背景与发展条件，对都市区的竞争力做出评判。主要是分析都市区发展所面临的时代背景、区域背景、自身发展的阶段，以及这些要素对城市发展提供的支撑条件、制约条件和基本要求，作为战略规划的基础。在此基础上，通过全面分析都市区发展的内外条件，明确优势和不足，判断发展面临的挑战和机遇，从而对都市区的竞争力做出一个清晰和明确的评判。

国外学者对城市竞争力影响要素的研究很多，大致可归为两类：针对硬实力硬资本与软实力软资本的研究。前者包含城市地理、基础设施、产业企业和矿产资源等，后者包含制度、文化、教育等。大多数理论都侧重经济结构因素，即硬实力。这主要是由于，一方面这些因素对城市的影响显而易见，另一方面这些因素易于量化和测度。但是，目前越来越多的研究表明，人力资源、制度环境、文化背景、学习教育等因素越来越成为解释竞争力的重要因素甚至核心因素，软实力在城市的持续发展中发挥越来越重要的作用。近些年来，国外对城市竞争力理论的研究有所拓展，出现了一些新的关注点，尤其是从过去一向对经济方面的聚焦，逐步拓展到环境、知识、制度、文化、规划等诸方面。

国内学者对城市竞争力内涵的认识大致可分为三类：以提高居民生活水平和生活质量为标准，接近国外贝格和加德纳的观点，以姚士谋等的定义为代表；强调对资源进行配置的能力，重视经济效益，以宁越敏等定义的城市竞争力三方面内涵中的第三点为代表；以资源拥有和开发能力为标准，即获取各种流动资源（尤其是战略性资源）和占领市场的能力，以倪鹏飞关于城市竞争力的定义为代表。细究各学者对内涵的阐述，可以发现，每个学者对城市竞争力的认识实际上都是多方面的，对这三类标准的其中两类或三类都有所涉及，只是各自的侧重点不同。因为三个标准本身存在密不可分的联系，可以说第一个标准是目标，第二个标准是方式与途径，第三个标准是基础，概括来讲则是“立足资源，通过配置，达到目标”。近年来，浙江师范大学金水英通过结构方程模型对城市竞争力要素重要性进行了估算，并确定了智力资本作为城市核心竞争力的关键要素。其方法和结论与拜特耶有异曲同工之妙，对国内竞争力理论研究具有突破性和启示性。但是鉴于不同城市自身的历史、地理背景，这一结论相对较粗泛而有待更深入具体的研究。另外，郑新奇以山东省为例使用数据挖掘的空间分析方法得出城市系统的结构特征，研究了城市规划和城市竞争、空间优化布局和城市发展之间的关系，但是其竞争力评价系统和评价方法仍有待完善。

2. 区域发展定位

城市发展定位既是对城市未来发展可能承担的最重要的战略使命的确切表达，也是对城市自身战略地位的规划。因此，必须在区域定位、产业定位和社会形象定位三个层面予以明确。

就区域定位而言，在全球化的时代背景下，都市区的发展定位首先必须置于全球背景下予以分析，明确其在全球产业分工中可以发挥的作用以及在全球城市体系中的战略地位，或者与全球城市的互动关系；其次，任何都市区都承担着一定地域范围的中心职能，战略规划必须对都市区可能发挥作用或者影响力的不同层次的区域分别进行分析，明确其在不同区域层面的定位，如《深圳2030》中采取的区域发展策略：进行多层次区域合作以扩大城市对外的辐射力，促进共同发展是深圳未来应采取的选择。充分发挥深圳移民城市和移民文化的特点，构筑与内地最为广泛和深入的联系，进一步扩大城市发展的经济腹地，成为辐射内地经济的主要中心之一；依据互惠互利原则，加强与珠江三角洲其他城市的多边合作，成为“泛珠三角”进一步对外开放的重要门户；加强与香港在高端制造业、现代服务业以及其他领域的合作，形成“同城化”发展态势。依托深圳与内地的联系优势和香港的对外联系优势，坚持不懈地走向国际市场，不断提升深圳的国际影响力。

就产业定位而言，现代都市区最突出的职能仍然是经济职能，特别是产业功能，因此，产业定位是都市区定位的重要方面。产业定位必须全面分析都市区产业结构及其演变规律，明确自身的产业优势，寻找可以培育的支柱产业、特色产业，作为城市未来经济发展的主攻方向。必须注意地是，在全球化和市场经济条件下，城市的产业发展主要取决于市场机遇和经营能力，人为的预测与规划显然无法把握瞬息万变的市场步伐，封闭发展模式下和计划经济条件下的产业定位方式已经不再适用。城市产业定位要力图避免对具体的产业部门的描述，而应该立足于城市产业演变的内在客观规律，主要明确城市在产业链中的地位，比如是选择加工制造业基地、高科技都市，还是研发基地或物流中心等。而涉及城市不可替代的特色优势的方面则可以比较具体明确，如在《深圳2030》中，对深圳的产业发展进行了准确的定位，明确提出其产业发展策略：未来要推动第二产业的高级化和规模化，加强第三产业的发展，逐步提高产业附加值、降低产业资源消耗，提升产业核心和持久竞争力；保持产业结构平稳升级。根据产业发展的特点，分批次地进行产业的升级与空间腾挪置换，使产业平稳转型升级；构筑多元化产业结构。结合城市特点，大力发展高端制造业、现代服务业、现代物流业和特色文化产业，形成多元化的产业结构；培育产业核心和持久竞争力。鼓励新兴产业的技术研发和推广工作，培育未来优势产业，如生态产业、环保产业和海洋产业；建设专业化产业园区。围绕各种产业族群，建设多个产业聚集地，形成产业发展的集群优势，提升产业和城市竞争力。

就社会形象定位而言，则主要从都市区地域文化特色（历史文化、民俗文化）、景观环境特色等角度对都市区的特点进行概括。如南京“六朝古都”、“山水园林城市”的特色定位，济南“泉城”、香港“动感之都”的定位等。一般来说，都市区作为相对较小和一体化的区域空间，基本处于相同的地域亚文化圈和地理小环境之中，是可以概括出其社会形象特色来的。如果空间尺度放大，则社会形象定位在发展定位中的重要性就降低了，如大城市群、省域空间范围就不可能也没必要进行社会形象定位。

3. 目标与策略的制定

明确城市发展的总体目标，规划城市实施这些目标的战略和策略。如果说城市发展定位主要是城市未来可以发挥的作用的话，那么发展目标就是城市实现发展定位所必须具备或者达到的内在素质的水平。也就是说，城市发展定位主要是城市对外表现出来的作用、地位和功能，而城市发展目标则是城市自身所需具备的条件。城市发展的目标包括经济目标、社会目标、环境目标以及城市的文化与景观形象目标等。目标的表达既可以是具体的量化指标，也可以是定性的描述。目标的确定则必须将外部环境的发展趋势、城市自身的发展潜力以及市民的要求与理想融合起来。在目标确定之后，通过分析，找出目标理想与现实的差距，提出城市实现目标的现实可行的战略方针与措施。

4. 承载力分析与规模预测

基于新的城市定位，对城市的人口容量与规模、城市的就业潜力等进行分析。城市规模的分析可以将环境容量与生态承载力分析、人口增长趋势分析和就业潜力分析结合起来，对三个方面预测的容量规模、发展规模与就业吸纳规模进行综合，提出可行的城市规划人口规模方案。依据该方案，推算出城市合理的空间规模。

5. 空间结构与布局

对城市的空间结构进行分析和重组，提出符合城市发展要求的城市空间模式。按照都市区空间成长的内在规律，分析规划的城市所处的空间扩展阶段及其现实的空间结构模式，依据未来功能定位和空间规模，对城市空间结构进行评判，并结合城市未来发展态势、交通格局的引导和自然地形的特色等，提出城市新的空间拓展方向和结构模式，以及按照新的空间模式对城市现有空间进行重组与优化的方案。对都市区空间进行综合分析，提出增长空间、更新空间、保护空间等不同开发力度空间的开发与保护策略，并明确其准入条件。

6. 城市特色与发展质量

从市民生活质量角度，提出优化城市环境、塑造城市文化等的战略，以及城市环境保护与环境优化战略。宜人的城市环境是城市发展最根本的目标，因此，规划必须对都市区的人工环境景观和自然环境进行综合规划，塑造出生活舒适便利、生态环境健康优美的区域环境。同时，积极挖掘区域传统文化和地方文化资源，提出具有自身特色的城市文化品牌，并提出对该文化品牌进行拓展的措施和建议。通过对硬件环境和软件环境的综合配套建设，形成“以人为本”的具有较强吸引力的城市人居环境。

7. 基础设施支撑体系

提出与新的都市区空间结构和目标定位配套的综合交通体系和其他基础与社会服务设施体系，构建综合交通网架，尤其是联系区内外的快速交通与区内的干道交通构架。

8. 实施措施与行动建议

提出实施规划的政策和机制建议，特别是城市经营与管理的策略与政策建议、城市行政区划调整建议等。

必须看到的是，目前的城市处于一个动态竞争的环境中，接受全球化和地方化两种力量的塑造，城市区域作为一个具有高度市场竞争意识的主体必须去接受来自全球任何角落的挑战，而城市要在全球化的竞争中保持自身的特色，就离不开对自身文化与形象特色的塑造和追求。因此，城市战略规划应该针对新的时代背景，在以下几个方面重点分析和研究：①都市区的全球化战略研究；②都市区的空间结构研究；③都市区的经营策略研究；④都市区的竞争力研究；⑤都市区的城市与区域形象研究。

7.1.4 规划案例：青岛都市区规划

在《山东半岛城市群发展战略研究》中，青岛都市区指的是青岛市胶州湾沿岸的市南区、市北区、四方区、李沧区、崂山区、城阳区、即墨市、胶州市、黄岛区。考虑到胶南市作为黄岛区的扩展区，最终必将融为一个整体共同构成青岛都市区，本规划对青岛都市区进行了重新界定，将胶南市划入到青岛都市区里。

都市区实行“七区加三市”的行政管理模式，简称“7＋3”的行政构架。

所谓都市区即以青岛中心城区（市南区、市北区、四方区、李沧区、崂山区、城阳区、黄岛区）为主体，外围包括即墨、胶州和胶南三市。青岛都市区面积6217.71平方公里，2002年人口509.32万人，GDP 1259.76亿元，分别占青岛市的58.36％、71.17％、82.97％。

都市区的构筑体现了科学的城市发展观，是实行资源管治先行的可持续、统筹发展的城乡共同体，是承担和执行弹性的、开放的、适应性强大的规划体系的空间载体，是增强青岛核心竞争力的物质载体。

1. 都市区活动特征

（1）城市等级扁平化

市场经济作用下，传统意义上的城市等级结构越来越模糊，区域城市体系结构扁平化，与一级城市距离较近的城市就有可能提升自己的地位，超越所属行政区划内行政级别高于自身的城市。

黄岛区、城阳区、胶南市、即墨市、崂山区 GDP 增长率达到 20％以上，是青岛市经济增长最快的地区。随着经济的迅速发展，各城区的建成区规模迅速扩张，各城区之间、各城区与中心城区之间的规模差别不断缩小，功能分化日趋明显；城镇规模的扩张使城市建设用地不断向周边蔓延，城市之间出现了绵延发展的趋势，而互相之间的空间功能关联度日益模糊（图 7-1）。即墨市与城阳区之间已经出现了城区对接的倾向。

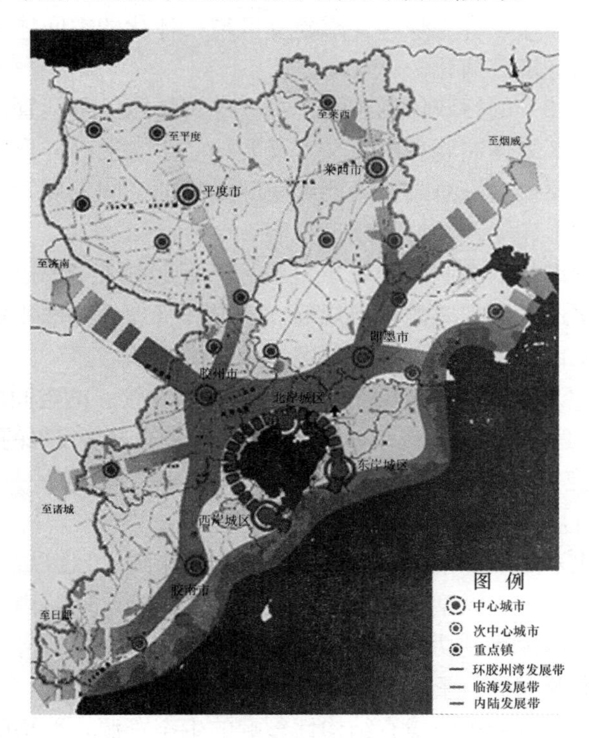

图 7-1　青岛市市域空间结构图

（2）城市职能专门化

崂山区以高新技术产业为主，黄岛区以港口及临港产业为主，胶南以机械纺织为主，即墨以服装加工、集市贸易为主。以黄岛、城阳、崂山为支点，胶南、胶州、即墨为一线的产业隆起带日渐形成，城市职能趋于专门化，逐渐形成配套的专门化城市产业集群，初步显示出不同城市在产业链中的专门化与特色化。原有的同构型的中心城市职能由于空间功能关联度不清逐渐弱化，形成空间全局分散的格局。

（3）城市空间一体化

济青高速、青银高速、青岛－红旗拉甫高速、同三高速、环胶州湾高速、滨海公路的修建，使都市区内各中心城镇进入一小时经济圈，成为统一的经济体。

港口、机场、油码头等大型基础设施在都市区范围内共建共享，互利互惠，“七区三市”的边界逐渐消失，城市群空间实现一体化大都市发展格局的条件已经成熟。

就青岛都市区现状问题及发展趋势而言，青岛市经济的快速发展不断地影响和带动周边地区，形成和谐的与非和谐的、合拍的与非合拍的空间发展同时并存的状况。这一客观现实要求建立区域一体化的空间体系，使分割的行政区向统一的经济区演化。

青岛市“7＋3”的行政体制割裂了统一经济体内的空间管治权。规划既要承认现有行政区划体制管理的意义，又要统一事实上已经形成的经济体内空间发展意志，要使这一意志成为能够实际操控的空间发展管治，就必须在传统规划的基础上建立新的城市规划机制。

在现有的城市规划编制内容及审批程序不足以满足市场经济的条件下，为满足青岛市快速发展需要的城市规划、建设和管理的特殊要求，需要建立新的创造性的城市规划机制，而规划编制是其中的核心。

全球化、市场化、机动化、法制化共存，要求在统一的空间层面上形成弹性的、开放的、适应性强大的规划体系以应对未来社会经济发展的不确定性。

2. 都市区空间发展策略

（1）区域发展一体化

建立一体化发展的都市区，克服行政区划的束缚，以区域生态资源统一管理、区域资源共享、大型基础设施共建为目标，消除区域内部要素流动壁垒，实现区域整体优势及功能的扩张和高级化。

（2）生态资源保护与重建

着力养护对区域生态环境有结构性影响的生态资源，严格限制此类生态资源的开发和利用，使之保有自更新的能力并且能够为区域内人类活动提供适宜的生态环境，保证青岛市乃至更大范围内的生态安全。为后代子孙的发展提供可能，实现可持续发展。

（3）基础设施协调共享

在都市区建立和谐统一、强大高效的基础设施支撑体系。一是交通系统的协调，完善城市快速路网的建设，加强中心城区与外围经济区的联系；合理利用海岸带，协调港口港区分布。二是市政基础设施的协调，按照资源共享和可持续发展的原则，合理协调胶州湾的给水、排水设施的布局。三是组合城镇的基础设施，利用共建共享、互利互惠原则。

(4) 城市功能空间整合

实现产业发展的地域整合。中心城区增强产业极化与城市综合服务功能，提高区域影响力，尽快成为区域内经济发展的重要极核与节点，增强区域整体竞争力。新兴的产业发展区向外围城镇（即墨、胶州）转移。实现旅游产业的地域整合，以滨海旅游带为发展主体，形成重点旅游区；深化发掘旅游资源，发展北部内陆旅游区，推出多种各具特色的旅游线路、旅游景点，发展整体优势。

3. 都市区空间结构

市场经济发展的牵引力的方向和强度阶段性的发生改变，使城市空间的发展受到多方力量的影响，不可能完全按照某一单一的模式发展，在不同的阶段，可能会采用不同的发展模式。未来的城市形态将以“流动的城市空间、漂移的城市中心”为特征，这就需要形成一个既有确定性又有弹性，既有上级控制引导，又有下级自主发展，开放的、具有强大适应力的城市空间发展模式。

都市区空间结构实施“三点布局、一线展开、组团发展”城市群空间发展战略。依据青岛市城市空间演变规律、区域空间发展关系、现状自然条件及城市发展要求，综合不同发展空间模式的特征，采用组团协调发展的方式，形成以胶州湾、崂山群脉、小珠山山区为生态核心、滨海一线为生态纽带、河流水系为生态廊道的生态体系下的多中心与组团式的城市空间布局形态。

采用“三点布局”的多中心组团式结构，有利于城市群用地功能在更大的空间中合理布局，促进城市社会、经济、环境协调发展；有利于疏解主城区产业与人口；有利于保护胶州湾、风景名胜区以及历史文化名城等自然人文资源，构筑城市生态安全体系。

都市区总体空间结构为“一湾两翼三城六组团”的滨海生态型大都市如图 7-2 所示。

4. 都市区空间管治模式

(1) 城市资源管理法制化

提出都市区规划管治权的概念，通过深化、细化体系规划的职能完成对都市区“7+3”的行政架构的规划和管理。都市区规划管治权综合了都市区经济发展一体化及城市管理分权化的特征，提出两级规划管理的体制。第一

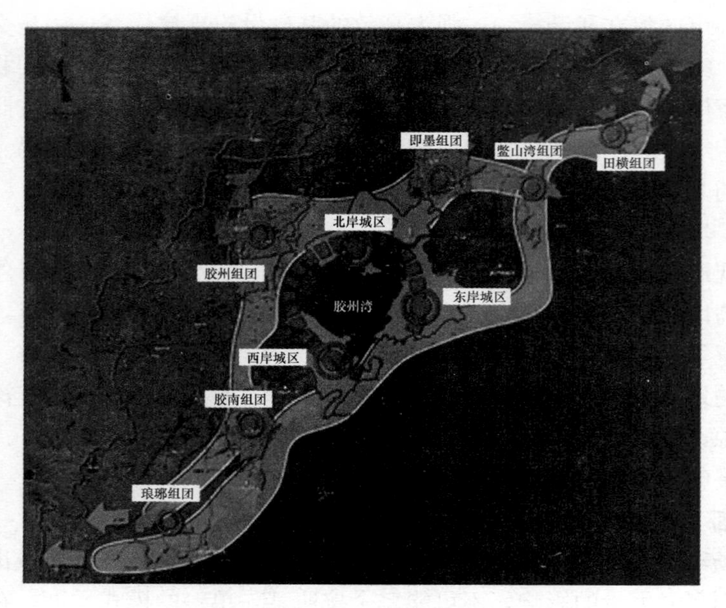

图 7-2　青岛都市区空间结构规划图

层次称为都市区协调与管治规划，该规划类似于国外的结构规划（Structure Planning），由青岛市人民代表大会（市人大）通过，市政府上报国务院批准，发挥总体规划中体系规划的指导和协调职能。其管理权属于青岛市政府及市人大。第二层次为“七区三市”各自的分区规划及总体规划，类似于国外的地方规划（Local Planning），“七区”的分区规划上报青岛市政府批准，“三市”的总体规划由当地人大通过后报省政府批准。

规划重点在于落实都市区协调与管治规划的要求，明确需要由青岛市政府直接管理的公共资源的种类、范围和管治内容，提出相应的管治方法；明确需要由青岛市政府监督和引导建设的都市区城市发展政策分区，有针对性地提出引导性政策。

（2）可操作规划管治

以青岛整体地域的资源环境保护和利用为目的，整合生态资源，规定生态资源安全管治区，通过市人大立法完成对都市区内的生态资源安全的统一管理；以保存和发展青岛市历史文化特色及风貌为目的，明确历史文化名城保护区的范围，依法由市人大对都市区内有价值的人文资源进行统一管理和保护；以区域资源共享和城市协调发展为目的，明确重大交通及基础设施用地及走廊，依法由市人大对其进行统一管理；整合都市区用地，通过都市区规划管治权来管理和引导城市群的协调发展；通过两级规划管理的体制，在宏观层面上对城镇体系进行规划和协调，在微观层面上各区市适度自主竞争发展（图 7-3）。

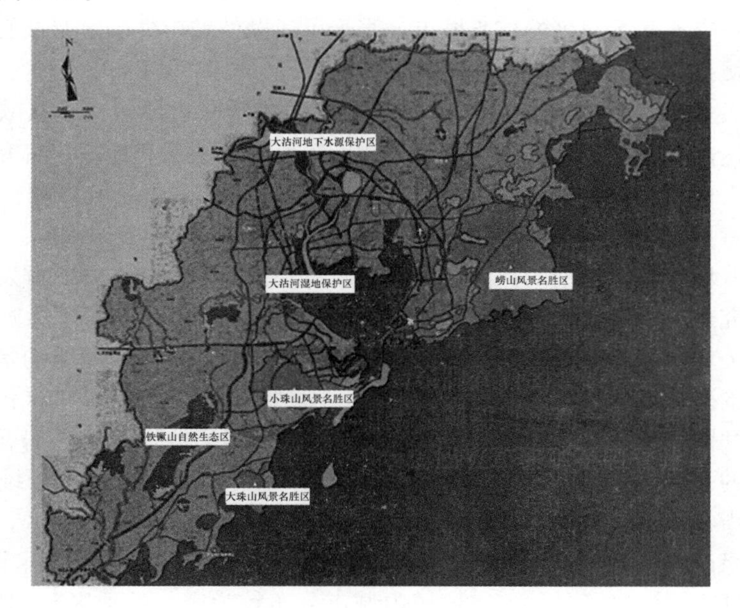

图 7-3 青岛市都市区空间管治规划图

7.2 城市群规划

7.2.1 城市群的概念界定

城市群概念缘于国外，但由于引述文献不同于翻译差异，国内对城市群所对应的英文术语并没有形成统一的认识。通过对已有研究文献的分析，相关研究涉及的英文术语包括 town cluster、conurbation、megalopolis、metropolitan area 和 urban agglomeration。19 世纪末 20 世纪初，霍华德第一次将观察城市的目光投射到城市周边区域上，并将城乡功能互补、群体组合的"城市集群（Town Cluster）"发展作为解决当时城市问题的方法之后，格迪斯（P. Geddes）提出了集合城市（conur-bation）的概念，认为它是人口组群发展的新形态。他谈及了英国的 8 个城镇集聚区，并预言，这一现象将成为世界各国的普遍现象。

到 1957 年，随戈特曼（J. Gettemen）有关美国东北部地区大都市带（megalopolis）论著的出版，在地理学界和城市规划学界掀起了对城市群研究的热潮。在戈特曼研究的影响下，与大都市带接触最早，受影响最广泛的国家是日本。日本学者提出以城市服务功能范围为边界的城市群概念，并进行了大量的规划实践和研究。而对大都市带的概念有所发展的是麦吉（T.

G. Mcgee)，他提出了“Desa-kota”这一亚洲特有的，包括两个或两个以上由发达的交通联系起来的核心城市，当天可通勤的城市外围区及核心城市之间的区域。

进入 20 世纪 80 年代后，国外对城市群的研究对象也逐步从欧美、日本等发达国家和地区，扩展到拉美、印度等发展中国家和地区。研究内容逐步转向人口、产业等城市群发展的影响要素研究，强调区域协调机制的研究，注意探索全球化、信息化时代背景下城市群的新变化与新模式。与此同时，随着城市管治理论的提出，对政府政策和政府间合作在城市群发展中的作用研究也逐步兴起。而城市群（Urban Agglomeration）的概念则见于姚士谋有关城市群的论著当中，国外研究对应的文献较少，这里指的是在特定地域范围内，具有相当数量的不同性质、类型和等级规模的城市（包括小集镇）所共同构成的一个相对完整的城市群区。另外，在联合国人居署对世界城市化的研究文献中也有出现“urban agglomeration”，主要用于统计城镇人口，指在城市边界外或毗邻城市边界的任何建成的、稠密的住区，也包括城市边缘区内的城市。而 1999 年，我国颁布的《城市规划基本术语标准》中，对城市群的定义是“一定地域内城市分布较为密集的地区”，对应的英文单词是“agglomeration”——集聚、团块、联合体的意思。事实上，“agglomeration”对应英文的含义很多，不太适合特指城市群这一概念。

从国外相关概念的缘起来看，城市群可以被理解为在区域协调思想影响下，随城市集聚发展，城市的功能影响范围超过城市传统行政边界，城市区域协作出现并逐步加强后而产生的一种人类聚居形式。而这一概念的核心，在于集聚（密度）和城市功能范围扩展两个方面。从国外研究的发展方向来看，未来可能的研究方向包括区域协调机制研究，人口、产业等对城市群发展的影响研究，城市管治对城市群发展的影响研究，以及全球化、信息化背景下城市群的新变化与新模式。

总体上看，对待城市群这一概念，国外研究采取的是一种先肯定再反思的态度。事实上，与其悲观地否定城市集聚所创造的价值，不如将其作为一种新的概念，谨慎地探究其特征，明确其存在的意义，理解其形成和发展的规律，寻找其可持续发展的路径，这应该是一种比较务实的研究态度。

国内的相关研究最具代表性的是姚士谋的相关著作。姚士谋认为，城市群的形成是一个地区现代化的重要标志，它具有网络结构，与地区城市化以及城市的集聚与扩散密切相关。而城市群的发展和强化与首位城市发展紧密相关，会沿经济走廊（重要的交通干线）形成新的城市，它应该是开放性的，边界不宜强求。

国内有关城市群内涵的现有研究主要是一些定性认识。吴启焰把城市群定义为，在特定地域范围内，城市个体之间以及城市与区域之间产生内在联系，并共同构成的一个相对完整的城市地域组织。倪鹏飞把城市群看成是由集中在某一区域、交通通信便利、彼此经济、社会联系密切而又相对独立的若干城市或城镇组成的人口与经济集聚区。方创琳则基于国内外有关城市群内涵的综合认识，指出城市群是在特定地域范围内，以 1 个特大城市为核心，由至少 3 个以上城市群（区）或大中城市为基本构成单元，依托发达的交通通信等基础设施网络，所形成的空间相对紧凑、经济联系紧密，并最终实现同城化和一体化的城市群体。

综合来看，这些学者都将紧密联系的多个城市，特大城市为核心等作为城市群的重要特征，并认为集聚是城市群的主要产生条件。但这些特征并不能使城市群有效地区分于城镇体系、都市连绵区（大都市带）等概念。方创琳虽对城市群概念提出了最低的人口密度、人口规模、交通网络密度等指标，但这些指标的提出，只是相关概念的类比与修正，并未指明修正过程，也没有指明城市群区别于其他概念的特征指标。

总结而言，城市群就是货物流、技术流、资金流和人才流等自由流动的城市群地区。城市群战略的构建要旨在于鼓励生产要素在更大范围内流动和集聚，引导企业在更广的空间尺度上兼并、联合和重组，培育具有国际竞争力的城市群体，提升城市和区域的整体竞争力。城市群的形成是一个动态发展过程，是在具备若干个功能各异但互为补充的高度关联的现代化中心城市和区域经济演进的必然产物，又是群体竞争时代的客观要求，也是重塑区际分工与协作的重要手段。

7.2.2 城市群规划的主要内容

对于城市群规划的内容，不同学者有不同的观点。一种观点认为，应该将城市群规划作为省域城镇体系规划的分区规划看待，纳入法定规划，这样在内容上就可以参照省域城镇体系规划。另外一种观点认为，应该参照国外经验界定城市群概念，确定其独立的规划内容体系，而且在不同的时代具有不同的主题，如日本的五次国土综合规划，分别以产业、居住、交通、环境等为主题，确定策略及行动纲领。也有学者认为，城市群规划不能试图解决区域发展的所有问题，规划内容与方法不必拘泥于某种特定的模式，可以针对城市群的实际特点，以城市群层面需要解决的重大问题为对象，实事求是地提出解决问题的方法和方案，保证规划的可操作性和现实指导作用。同时，城市群规划作为跨行政区域的空间协调规划，虽然涵盖涉及空间利用的各类要素，但城市群规划不代替各专业部门与本区域有关的行业发展规划，作为综合性规划，城市群规划在充分尊重和吸纳专业部门意见的同时，更需要从城市群发展的角度提出对有关专业规划的修改、调整、反馈意见和要求。参照国际经验及国内已经进行的城市群规划实践，总结相关研究成果，城市群规划的主要内容应该包括：

1. 城市群的发展定位

城市群的发展定位主要明确城市群整体在区域发展中所担当的角色和所发挥的作用，以及与之相匹配的区域地位，也是城市群发展战略目标的综合反映。由于城市群是一个整合性的空间系统，因此，在明确整体发展定位的前提下，必须对不同的次级区域和中心节点进行各具特色的定位分析，保证整体发展的协调。

纵观国际经验，美国、日本和欧盟内部均存在多个城市群，而且各个城市群及群内的各个城市均具有不同的功能定位，因此，我国培育和壮大多个城市群是合理的而且是必需的。在发展壮大多个城市群的情况下，城市群的功能定位问题便成为关键。功能定位合理能发挥各城市群优势，形成合力推动整个国家经济的健康发展，否则将导致严重的内耗，浪费资源并错失发展良机。总体上，城市群的功能定位包括两个层次：一个是从国家的角度对城市群进行功能定位；另一个是从城市群的角度对内部各个城市进行功能定位。

（1）城市群之间功能定位

我国目前存在多个城市群，不同的城市群有不同的产业基础、不同的资源禀赋和不同的地理位置，理应有不同的功能定位。只有不同的城市群有不同的功能定位，才能防止城市群之间的恶性竞争，形成城市群发展的合力，提高我国经济的国际竞争力。以京津冀城市群和长三角城市群为例，京津冀城市群应充分发挥自身的研发优势和首都优势，成为全国的研发中心、文化中心和政治中心；长三角城市群立足自身经济优势和对外贸易优势，打造全国的经济中心、航运中心和国际会展中心，成为国家对外的窗口。显然，从实施角度来看，城市群之间的功能定位需要国家进行统筹规划，也需要各城市群立足实际进行科学定位。

（2）城市群内部功能定位

城市群内部包括大中小不同规模的城市，各城市之间具有不同的比较优势。城市群作为一个整体，需要对内部各个城市进行不同的功能定位，防止各城市之间的恶性竞争。城市群内部的各城市之间应立足自身优势寻求合作机会，共同打造产业链条，分享经济发展成果。

大城市。大城市教育培训机构多，基础设施和公共服务完善，人才集聚、企业众多，应侧重发展生产性服务业和高端制造业，包括创意产业、金融行业、信息咨询行业、信息产业等。要定位整个城市群的核心枢纽，发展总部经济，占据产业链高端环节，向“微笑曲线”两端的高附加值环节扩展，成为城市群所有主导产业的研发中心、设计中心、营销中心和决策中心，引领整个城市群作为一个整体参与市场竞争。总体上，生产职能弱化，服务、开发、管理职能趋于强化，是国际经济中心城市发展的一般趋势。大城市在整个城市群中，负有打造城市群品牌的重要责任。

中等城市。中等城市城市人口适中，人文素质和基础设施、公共服务一般，应侧重发展技术含量不高的制造业，包括纺织、服装、鞋帽、玩具等劳动密集型产业和煤化工、石油化工等资本密集型的装备制造业和能源产业，尤其是零部件生产、产品组装和物流行业。中等城市的核心定位是城市群的生产中心，充分发挥自身劳动力、土地等要素价格较低的优势，大力发展第二产业。

小城市。小城市人口少，人才资本缺乏，城市基础设施和公共服务也相对较差，因此产业集聚力不足。在整个城市群中，小城镇应侧重发展生活性服务业、农产品加工业和农业服务业，发挥自身独特优势，确立主导产业，建立休闲旅游小镇、商贸物流小镇或养老小镇等。同时，在城市群中，小城市的独特优势是贴近农村，应围绕农村发展农产品加工业如储藏物流业、面粉加工业等，发展农机维修、农技服务、农业生产要素销售等各种农业服务业。

城市群由城市组成，各城市的功能定位需要从城市群的角度统筹规划，综合考虑资源优势、技术优势和经济基础。在市场竞争的基础上合理引导，既要发挥各个城市的积极性，也要制定强有力的发展规划，最终发挥各个城市的比较优势，真正将城市群拧成一股绳，形成合力共同提高城市群的竞争力。在市场竞争的过程中，受规模集聚效应、产业集聚效应等因素的影响，城市群内部各个城市的功能定位会有所调整，小城市可能发展成中等城市，中等城市可能发展成大城市，但在动态调整中，城市群内部各个城市功能定位相互补充协调的原则是不会变化的。

2. 城市群产业发展战略

在市场经济条件下，区域共同市场的充分发育是空间一体化的根本保证。城市群产业规划的根本目的在于将城市群各市的相对优势整合为综合竞争优势，追求资源效益的最大化。因此城市群产业发展规划的重点是产业发展目标的确定、产业集群的构建、城际战略产业链的构建和产业发展空间的优化与引导。

城市群竞争力体现在城市群的产业竞争力，而产业竞争力又取决于城市群中各城市间合理的产业布局及产业集群水平。从城市群整体来看，这就要求城市间有合理的产业定位与产业分工，否则，不仅不能形成整合优势与集聚优势，反而可能导致城市群内部城市间的产业冲突，降低城市群的整体竞争力。然而，城市间合理的产业定位与产业分工不能主观臆断，必须遵循城市群产业分工演进的基本规律，以构建合理的城际战略产业链为基础。

新型的产业分工带来新型的城市群分工模式。伴随着城市群的发展，城市间产业分工出现了由传统的部门间分工逐步发展为部门内的产品间分工，进而又开始向产业链分工方向发展的趋势。依据一定经济技术联系而形成的链条式产业活动，客观上要求各链条环节落脚于一定的地理空间，城市群中各城市按照产业链的不同环节、工序乃至模块进行专业化分工，产业链的优区位指向性特点要求产业链上不同的价值环节被配置到不同的经济空间中。

从产业链分工来看，一个产品的价值链可以分解为不同的环节，即从R&D、产品设计、原料采购、零部件生产、装配、成品储运、市场营销到售后服务，每一个环节都可以选择在不同的地区进行投资。根据产业链的优区位指向性原理，在城市群中，核心城市（或大都市中心区）着重发展总部经济，以研发、设计、培训以及营销、批发零售、商标广告管理、技术服务等环节为主；次中心城市（或大都市郊区、工业园区及其他大中城市）侧重发展高新技术产业和先进制造业，以关键零部件的设计与加工、终端产品生产、物流等环节为主；卫星城市（周边其他城市和小城镇）则专门发展一般制造业和零部件生产，以一般零部件制造、产品组装与测试等环节为主，由此形成了新型的城市群产业分工模式。

构建城际战略产业链是进行城市间合理产业分工的基础。按照产业链分工进行产业布局是提升城市群竞争力的关键。但现在的问题是，城市群是由众多城市集合组成的，一个城市群可能形成多条产业链，应该重点发展哪些产业链？这是产业链选择的难点。通常情况下，产业链可以分为跨城市产业链和不跨城市产业链，跨城市产业链常常被称为城际产业链。城际产业链又可以进一步分为城际战略产业链和一般城际产业链。城市群产业链的重点是城际战略产业链，城市间基于城际战略产业链的分工协作关系是城市群发展的关键。只有正确选择城际战略产业类型，合理布局并优化组合城际战略产业链环节，才能加快城市群产业融合，将不同城市联结成为具有密切经济联系的一体化区域，使城市群的发展实现“结构有序、功能互补、整体优化、共建共享”。事实上，经济社会高度发达的城市群都是由优势城际战略产业链构成的城市体系。

所谓城际战略产业链是指在城市群中具有较高产业战略力和较高城际连接力的产业链，是从整体、长远和根本上决定或影响区域产业一体化发展的关键产业链。城际战略产业链不仅涉及众多的产业部门和附加值不同的价值创造环节，而且涉及不同规模等级的城市，各城市依据其资源禀赋和价值创造能力，专注于战略产业链上特定的价值环节并进行专业化生产，由此形成基于产业链分工的城际战略产业链。由于这种分工协作模式充分考虑到城际战略产业链各增值环节对要素条件的不同偏好，将各增值环节配置在拥有其所需要素条件最优的城市中，因而能够充分利用城市间的差异和分工带来的资源成本优势，在此基础上形成整个区域的竞争优势。作为区域产业一体化关键纽带的城际战略产业链，不仅成为决定区域竞争力的关键因素，而且也是区域竞争的真正主体。城际战略产业链的类型选择和空间布局，不仅有利于各城市充分认识到其在战略产业链上所处的位置及发挥的作用，而且有利于各城市进行基于战略产业链环节的竞争和合作，促进城市间产业的协调发展，加快城市群产业一体化进程。城际战略产业链是既能推进城市间合作又能协调城市间利益的有效载体。

3. 城市群空间组织

空间组织包括空间利用和空间结构两个方面。空间利用主要解决城市群范围内开发建设空间、保护空间等不同准入要求的空间分布以及城镇空间、农业空间、生态敏感空间等不同功能空间的布局。城市群地域空间结构是指城市群社会经济发展在地域空间上的投影，简言之，就是城镇空间与区域基质空间的组合关系。从江苏省城市群规划的具体实践分析，城市群的空间结构应突出核心城市功能地域的组织以及区域发展的主要轴线和通道。

城市群形成与发展过程实际上就是其空间结构优化与整合的演变过程，也是产业不断重组和优化的过程。伴随工业化与城市化进程的不断加快，城市空间结构由高度集中转向分散，借助联系方便的交通运输网使一些在经济、社会、文化等各方面活动有密切交互作用的巨大城市地域成为现实，被人们称为都市密集区的城市群由此发育形成。1957 年，美籍法国城市地理学家 Jean Gottmann 在研究了美国东北沿海地区城市密集区的空间组织过程之后，提出了大都市带（Megalopolis）的空间结构组织模式，并认为大都市带是城镇化空间演进到高级阶段的产物。1976 年，莱曼提出城市群的空间组织过程表现为具有高密集的人口和经济活动，核心之间表现出强烈的空间联系，如相对较高的联系强度和相对稳定的联系方向。1991 年 McGee 将由数个通过交通走廊联系的大都市及其周围或其间的城乡一体化区域（Desakota）组成的巨大地域组织命名为超级城市区（Megaurban）。

1992 年姚士谋根据城市组合的空间布局形式将城市群分为组团式、带状和分散式的放射状或环状城市群。1996 年周一星将城乡一体化区域这类城市体群结构命名为都市连绵带（Metropolis Interlocking Regions，简称 MIR）。1997 年齐康等根据城市群发展的时间差和空间差提出一种具有生态“绿心”的开放间隙式生态城市群空间组织模式，1995 年以来新世界城市体系的倡导者认为，经济全球化和集团化背景下形成的跨国网络化城市体系及其雄厚的物质基础，加上技术扩散的力量，促使人口与产业空间重组再次发生于大都市连绵区，形成新的城市—区域地域空间组织形式，成为城市化发展进入高级阶段后出现的以聚集和扩散为主要特征的空间重组与整合现象，并最终突破城市空间限制，发展为大规模的城市群。1999 年顾朝林将城市群分为块状城市群（如长江三角洲和珠江三角洲城市群等）和线状城市群（如胶济—津浦铁路沿线的山东半岛城市群等）。2004 年朱英明根据城市群的平面空间形态，提出了“>”型、“△”型、“Λ”型、“H”型和“ϕ”型 5 种空间组织形式。2004 年郭荣朝等提出了生态城市空间结构优化组合模式，2005 年王兴平从节点、轴线、功能单元三个方面将城市新产业空间组织形式划分为点状、带状、片区状三种形式。2006 年姚士谋等在《中国城市群》一书中将 21 世纪以来中国城市群空间扩展模式归纳为四种模式，即高度集中型发展模式、双核心型发展模式、适当分散型发展模式和交通走廊轴线型发展模式。2006 年乔家君等提出了河南城镇密集区的空间地域结构，2007 年刘承良等研究了武汉都市圈经济联系的空间结构。

综观国内外有关专家的研究脉络，可以发现，城市群形成与发育过程就是城市之间空间扩展的有序化过程，也是城市之间产业协作优化组织的过程。国内外城市群空间整合与产业优化组织的经验对城市群的建设具有重要借鉴价值，同时对丰富和完善城市群空间整合与产业优化理论具有重要的指导意义。

4. 城市群基础设施通道及网络

区域基础设施一般包括能源、给排水、交通运输、邮电通信、环境工程和防灾减灾六大系统。区域基础设施为物流、人流、资金流、信息流、技术流、能量流等提供传输通道，是区域发展的物质基础，是实现区域协调发展的必要条件。区域基础设施是一个综合系统，作为推进区域协调发展的重要手段和动力，它本身也是区域经济一体化的重要内容，具有系统性和整体性、复杂性和长效性、建设超前性、自然垄断性、外部公益性五个基本特征。

在过去六十多年的城市化建设过程中，我国公共基础设施的建设发展模式走过了一条极为坎坷的道路。在新中国成立之初，经济快速发展的“一五”和“二五”时期，我国开始了大规模交通、工业、能源、水利等设施的建设，可以称得上是超前型模式，并为后面中国的发展立下汗马功劳。但由于后期的“大跃进”以及“文化大革命”活动，我国各个城市的基础设施建设基本上处于一个迟缓甚至停滞的阶段，这段时期可以称得上是滞后型，其为后期经济建设带来了一系列的“瓶颈”问题，如基础设施规划不当为后期城市基础设施的建设留下了不小的后遗症。以至从改革开放以来到 20 世纪

90 年代中期，虽然整个国家的经济平稳持续发展，基础设施的建设仍严重滞后于国民经济其他部门。直到 1994 年前后，我国政府因经济发展需要大大加强了基础设施建设的投资力度，使我国的基础设施建设进入一个良性循环的模式——随后同步型，并取得了极佳的效益。

在后期的城市群区域公共基础设施网络建设中，我国可通过采用适应当前中国现状的协调发展模式“适度超前型”与“随后同步型”，为公共基础设施体系的建设形成良好的布局。其中交通类、电力、能源和给排水等基础设施宜采用适度超前开发模式，其他居民生活以及经济生产部门的需求采取随后同步型。为节省在公共基础设施建设上的开支，应在整个城市群区域内对交通、给排水、电力、电讯等基础设施做好规划，形成一体化的基础设施走廊体系。以交通运输类基础设施为例，为加快区域间物质与人员的流通，仅仅靠公路根本无法满足人民群众日益增长的物质与生活的需要。为此，应加快区域间快速交通与轨道交通的建设，并且在沿江地区加快水运的发展，为整个城市群提供设施配套/功能互补的交通平台。

除此之外，在城市群规划中，要充分利用城市群地区性经济发展网络间公共基础设施体系对区域内各城市发展的引导作用，把整个城市圈全都纳入市场范围，增强区域内的经济交换，促进整体产业的发展。对于像长三角或者京津塘这类发达的城市群区域，公共基础设施体系应充分发挥其导向作用，推进城市群区域范围内整体的发展进程，同时尽可能避免重复建设，以及因重复建设或者职责不明导致的资源浪费。而对于像欠发达的城市群区域建设，应尽可能以引导及推动产业布局为中心，完善交通、电力、能源、水利等公共基础设施，合理布局可持续性发展的现代化公共基础设施体系以及产业结构体系。如此一来，公共基础设施体系与经济产业结构、城市群空间布局协调和有机衔接，将实现城市群区域经济的快速增长。

另外，可以借鉴学习环长株潭城市群区域基础设施的共建模式。区域基础设施的共建共享成为推进“长株潭”一体化的主要抓手。1998 年，“长、株、潭”三市提出了“交通同环、电力同网、金融同城、信息同享、环境同治”的“五同”建设目标。近年来，鉴于“老五同”部分目标已经实现，根据一体化的新要求，又提出了“交通同网、能源同体、信息同享、生态同建、环境同治”的“新五同”建设目标，并将“新五同”的建设范围延伸到环长株潭城市群，即延伸到周边的岳阳、益阳、常德、娄底和衡阳五市。目前，“新五同”建设已取得重大进展。在环长株潭城市群区域基础设施建设过程中，因条块管理体制和相关法规限制，难以形成共建共享机制，难以形成强大合力，而环长株潭城市群在规划机制、法制措施、行政机制、外援机制四个方面协调多个部门，实现了机制创新，突破现有的体制机制障碍，逐步构建环长株潭城市群区域基础设施共建机制，从根本上解决了这些问题。

5. 城市群生态建设与环境保护

所谓生态环境问题是指人类的生产、生活行为对外界环境的不良影响，造成所有生物体包括人类自身生存环境质量下降的问题，这一问题威胁到生物体的繁衍与人类自身的可持续发展。城市群作为人口与社会经济活动高度集聚的区域，生态环境问题往往更多，更为严重，解决的难度更大，迫切性更强，意义也更大。城市群生态环境协调的本质含义就是城市群内部各地域之间在生态环境的治理与保护方面采取协调一致的措施，从而保证城市群区域的可持续发展。由于行政区划、条块分割等原因，城市群内各城市之间缺乏必要的沟通，地区资源缺乏系统高效地整合和利用，环境污染跨境转移，造成了资源的大量消耗和浪费以及生态环境的日益恶化，削弱了区域可持续发展的能力。许多问题显然不是在一个行政区域所能妥善解决的，因此，依托城市群规划促进区域的生态建设和环境保护成为一种有效的手段。

城市群生态建设与环境保护规划应当参照《全国主体功能区规划》和国家环境功能区划相关技术导则，结合城市群区域生态系统特征，开展生态系统、社会经济、资源环境综合评价，明确生态环境问题空间异质性及其特征，考虑区域生态安全、人群环境健康需求、资源环境承载能力等因素，建立综合评价指标体系，以县级行政区为单元进行评价，根据综合评价结果，确定各分区的生态环境空间管制类型。

不同国土空间区域的生态环境管制分区主要包括三大类：生态环境管制区、生产环境管制区、生活环境管制区，其中，生态环境管制区包括自然生态保护区和生态功能保育区两类，生产环境管制区包括农产品生产环境保障区和资源开发环境管控区两类，生活环境管制区主要是人居环境维护区。根据管理方式及生态环境问题的差异性，各空间管制分区可进一步细分。如生态功能保育区根据主导生态功能可分为水源涵养区、水土保持区、防风固沙区、生物多样性维护区等；农产品生产环境保障区根据生产方式和环境管理特点可分为粮食生产环境安全保障区、畜牧产品环境安全保障区、水产品环境安全保障区等。城市群生态建设与环境保护规划一般包括六个方面的内容：环境目标、分区生态建设、自然保护区、生态防护林体系、环境综合整治、区域性防灾减灾。

6. 城市群重点区域管治

（1）国内外城市群管治的相关研究

城市群是由多个成员单位组成的在功能上相互联系、跨行政边界的整体性城市区域，它被复杂的空间细分为多目标的地方政府自治体，并由此带来了行政管理上的缺陷、政治上的“巴尔干化（Balkanization）”和无组织状态，并引发公共产品与服务的低效率。近年来，随着公民社会的兴起以及政府、市场的失效，越来越多的地区将管治的理念运用到城市群规划与管理的实践之中，以解决城市群发展中的问题。通过组织机构和管理模式来有效实现城市群的管治已成为全世界的城市群在演进过程都面临的共同问题（顾朝林，2013）。虽然城市群发展的不同阶段所面临的问题不同，采取的制度、方法和模式也各有侧重，但城市群管治所要解决的核心问题就是地方自治带来的利益分割和冲突与区域一体化内在要求的地方协调合作之间的矛盾。围绕这一问题，发达国家的理论界和城市群地方政府进行了长期的探索，形成了诸多有影响有实效的理论流派和制度模式（Pierre，2005；吴超、魏清泉，2005；王旭，2006；李铭、方创琳等，2007；洪世键、张京祥，2009；易承志，2010；Norris，2001）。

西方对于最适合和最可行的大都市区政府模型的研究由来已久，随着经济全球化与市场竞争加剧、高层次移民运动和资本的快速流动，刺激了人们对当代大都市区管治的重新思考。我国目前仍处于计划经济向市场经济转变的时期，对于城市群管治的研究也不能脱离这一历史背景。改革开放以来，一系列的分权改革很大程度上是政府内部的权力转移，而不是将权力赋予企业、市场和社会，反而强化了地方政府干预社会各项事务的能力。表现在经济发展上，政府代替了市场以推动经济的发展，其作用被强化和夸大，而行政体制的僵化、封闭及不同等级行政区间管理事权不明，很大程度上限制了城市和区域的资本、土地、劳动力、技术、信息等要素的合理流动，从而产生了“条块经济”、“诸侯经济”。在此背景下，区域经济发展不平衡进一步加剧，不仅表现在各个地区之间，即使同一城市内部也出现差异扩大的趋势。

城市群规划，作为一种问题导向性的区域规划，主要通过区域合作和区域协调的方式，重点解决城市和区域发展中的跨界发展问题，成为解决“条块经济”、区域发展不平衡等发展弊病的必然选择。然而，城市群规划作为未来较大时空范围内经济、社会、空间、资源和环境等方面协调发展的整体战略，不仅是一项技术过程，而且还是一项政治过程，一种政府间行为协调的组织形式，具有宏观性、综合性、协调性和空间性的特点。编制城市群规划，其主要目的在于：为城市群提供经济发展的动力、高水准的生活质量、可持续的发展平台以及为规划范围内所有成员提供均等发展的机会。因此，在城市群规划中引入“管治”理念，研究大都市地区内不同层次空间发展单元间的相互关系、运行机制、利益冲突、协调模式，对于促进区域长期合作机制的建立、协调城市群均衡发展、提高城市与区域政府的管理效率等均具有十分重要的科学意义和实践价值。

管治协调的区域一般包括城市群核心层或核心区域、沿主要发展轴线和发展通道地区等。管治协调的方法是，围绕重点区域在城市群规划中面临的城镇空间发展要求与生态环境约束，重点进行产业空间组织、城镇空间发展、基础设施建设、环境保护等多要素的空间整合，提出具有针对性的控制管理内容和协调要求。管治手段应体现强制性、指导性并重。在影响区域生态环境的规划建设、重大区域基础设施的空间布局和时序协调上提出强制性要求；在各市可以遵循市场原则自主发展的内容上，加强规划引导。

(2) 国内外先进的管治经验

国际上一些大都市区和区域的管治经验对我国城市群具有很好的借鉴意义。重要的包括：①欧盟对整个欧洲城市与区域管治再次逐层极化，以及美国启动"新巨型都市区"（New Mega-Region）计划，以期作为新的区域增长模式（杨振山、蔡建明，2008；Faludi，2003；Dühr，2005；Dewar，2007）；②国外城市群一些公私部门自愿自由且广泛参与的区域联盟、发展协会、城市论坛、合作协议等非正式合作方式，对提升积极性、增进共识、深化交流和促进城市群一体化也有着较强的作用（唐燕，2009）；③非政府组织（NGO）作为一种第三方力量，具有成本低、功效强、作用大等特点，是政府管治的有效补充（胡萍、卢姗，2007），在城市群一体化发展中的作用也越来越大，出现了城市联盟和跨国城市网络等形式（靳景玉、刘朝明，2006；李昕蕾、任向荣，2011；于立，2007），代表性的如"C40"和"厦漳泉城市联盟"（刘克华、陈仲光，2005），为促进城市群的一体化发展，搭建了协商、对话、沟通、交流、合作的平台（于立，2007）。

国内外的城市群和区域管理经验为我国城市群一体化组织与管理机制的突破提供了很好的借鉴，同时区域管理的一些最新趋势也应该在城市群管理中充分考虑。包括：①以城市群或区域为平台积极培育城市的国际竞争力。国际上主要城市群无论城市组群发展的初衷是什么（如荷兰的 Randstad 地区最初是以环境保护为目标），但促进经济发展和应对国际经济竞争始终处于突出的位置；②以气候变化为代表的环境问题是区域管治中需要考虑的新问题。区域管治中最初主要涉及水资源管理问题。随着近年来气候变化，特别是空气污染的加剧，大气污染的联防联控将是区域协调中的重要问题；③城市群内城镇中心之间的"空间—经济—行政体系"的对应与衔接。城市群是地域、社会文化和经济发展的复合管理概念。城市群内部城市间的互相协调有赖于行政功能的明确、经济功能互补和社会文化的互相吸引，以及这些方面在空间上的投影所形成的良好空间组织结构。因此，目前城市群和区域管理体系的构建都在加强"空间—经济—行政体系"的内在逻辑。

结合国外发展趋势，立足我国国情，我国城市群组织与管理机制研究及创新突破的重点工作方向包括：①构建适应城市群一体化发展的具有针对性和灵活性的组织结构。在判断城市群组织结构特点和问题的基础上，科学认识区域内不同城市所处不同发展阶段所带来区域一体化的复杂性和阶段性，引入弹性思维，区分一体化进程和核心—外围城市。从市场和政府关系的角度入手，创新城市群一体化发展的组织结构。主要内容有城市群现有组织结构及面临问题的判别，国内外相关城市群组织架构借鉴，城市群发展发育阶段判断，城市群一体化进程及核心—外围城市界定以及一体化进程设计，基于城市群未来发展的组织结构创新和维持组织结构的长效机制；②探索城市群一体化发展的管理模式。从全球化时代区域发展特征和社会经济活动演进趋势入手，面对当前空气、水等自然资源的区域性管理问题，遵循市场机制，进一步厘清政府职能，积极发挥非政府和半政府组织，以及社会团体的作用，设计市场与政府相结合的管理模式；③推动实施新管理模式行动方案和制度保障。应对城市群一体化过程中实现政府间合作的困难，建立利益协调机制、确定重大事件和项目合作机制，构建城市群一体化组织结构与管理的行动方案和制度保障。如，政府间利益协调机制、多利益群体参与以及政府—企业—公众对话与合作平台构建、基础设施公私合作（Public Private Partnership，PPP）机制（Binza，2008）、重大项目合作与重大事件协调机制等，并确保创新组织和管理实施的制度保障措施。

总的来说，在制度转型和市场经济并行的过程中，建立适合我国城市群一体化的组织管理方式是一个重要的现实实践任务。其关键问题是立足城市群一体化发展趋势，提出既符合现代城市群演进规律，又能满足城市群一体化发展现实需要，能为多层级行政管理体制所接受的、可操作性的组织结构和管理机制。

7. 协调措施和政策研究

协调措施包括同行政区域相关规划制定、跨行政区域相关规划制定、重点协调管理的空间范围确定、重点协调管理的主要内容、协调机制和批准权限等。政策研究包括市场一体化政策、区域产业政策、区域基础设施政策、区域城市化政策等。

（1）城市群协调机制的类型

城市群协调的内涵是多方面的。从协调的层次看，可分为同级协调和上下级协调；从协调的内容分，可分为产业协调、基础设施协调、制度协调、管理协调和规划协调等；从协调的主体来分，可分为政府主导型、企业主导型和民间组织主导型等。城市群运行的复杂性决定了协调形式的多样性，这需要根据不同城市群的实际特点来设计合适的协调机制。

城市群协调机制的设计有三种基本类型：制度化协调机制、非制度化协调机制和混合协调机制。制度化协调机制是各个城市之间的合作与发展依据所建立的制度来进行，有章可依，摒弃合作中的主观随意性；非制度化协调机制一般采取“自主参与、集体协商、共同承诺”的方针，成员以“相互尊重、平等协商、自愿互利”的行为方式来处理各种事务，以利益为纽带、以信誉作保证，不带有强制性；混合协调机制是制度化协调和非制度化协调相结合，在某些领域进行制度化协调，在另一些领域进行非制度化协调。每种协调机制都有自己的优势与不足。一般来说，制度化的协调机制更有利于推进区域紧密型合作与发展，但这需要具备相应的条件，如高度完备的制度法律体系、内部经济关联度高等。从中国城市群的实际情况来看，实行完全制度化协调机制的条件尚不具备，宜采取两者结合的办法，即采取混合协调机制。

（2）国外城市群的协调机制及启示

国外发达国家的政体虽然与中国的不同，市场经济的发达程度也不同，但国外一些城市群成功的协调机制建设经验对中国城市群协调机制的建设仍有所启示和可借鉴之处。

1）英国的城市群协调机制

英国是建立在地方分权基础上的单一制国家，但从 20 世纪 80 年代以来，相对的中央集权是中央与地方关系的主导趋势。在城市群协调上，中央政府拥有较大的权限来协调跨地区的事务和对地区发展的引导与控制。其中环境与交通部作为城市规划的主管部门，对区域协调起着重要的作用，其基本职能包括制定规划政策和地区开发政策，监督地方政府完成城市开发控制任务。中央政府主要通过立法、政策、行政和财政手段来协调区域发展。近年来，英格兰区域协会（ERAS）在区域发展和协调中也扮演了重要角色。区域协会的主要工作内容包括：区域管理、制定区域发展战略、区域空间规划、区域交通、住房政策、协调区域内外部的关系以及欧洲一体化对区域发展的影响等事务。

2）美国的城市群协调机制

美国是一个典型的联邦制国家。美国的财政收入大部分集中在联邦政府，联邦政府要通过转移支付的形式对州和地方政府给予财政资助，用来增强州和地方提供公共服务的能力以及平衡各地区的公共服务水平，同时用于调节和控制州和地方政府的行为，以实现对地方协调发展进行宏观调控。从纽约大都市区来看，对区域协调起重要影响作用的是纽约区域规划协会。该协会是一个非盈利的民间组织，主要成员来自各州、市的政府官员和规划人员。协会主要致力于拟订区域道路交通规划和其他基础设施系统以及绿地系统的规划。近年来，协会的工作重点转移到了确保纽约全球性大都市地位，促进经济发展和就业，以及环境保护方面的协调对策等问题上。

3）日本的城市群协调机制

日本是一个单一制国家，实行地方自治制度。中央政府通过实行财权集中的体制，运用财政手段，来引导和均衡各个地区的发展。同时，中央政府还设置了各种公共开发公司，直接参与大型基础设施和大规模的城市开发计划。中央政府为了加强对地方政府的联络和协调，每年会召开各种类型的联络会议，促进了地方关系的协调，推进了区域的整体发展。另外，日本已形成了较为完善的国土与区域规划体系，把国土开发和城市群的整治纳入了法制化轨道，对东京城市群的形成及发展起了重要作用。尽管"东京一极集中"的状况有着多种弊端，但正是这种大城市经济圈的存在促进了日本经济的迅速崛起。

综合上述国家（英、美、日）的城市群协调机制建设经验，可以归纳出对中国城市群建立协调机制，推进协调发展的几点启示：①中央政府对城市群发展的调控作用都在增强；②协调主体呈现多元化的倾向；③协调的手段多种多样，主要有立法、财政、规划、行政监督与协商手段。在这些协调手段中，规范化是其共同特征，除立法、财政、规划这些本身制度性就比较强的手段外，行政监督和协商等手段也愈来愈趋向于规范化和制度化；④区域发展战略规划是重要的协调手段之一，而且这些区域规划都是以一定的法律为基础，保证了区域规划的权威性。

（3）中国城市群协调机制建设的对策

借鉴国外城市群协调机制建设的经验，结合中国国情，中国城市群的协调发展除继续加强中央和省级政府对地方政府的宏观调控作用外，对现阶段城市群协调机制的建设从以下三个方面提出对策建议。

1）建立权威的城市群协调机构

尽管全球经济和区域经济一体化将迫使行政区经济淡化，但行政区经济在未来相当长的时间内还会演绎重要角色，并可能继续强化。由于不同层级政府间的利益冲突加剧，依靠单个城市政府自身的力量来形成城市间稳定、良好的区域合作关系举步维艰，区域协调和合作必须依靠更高层级政府或超越单个城市政府的权威机构来组织。因此，适当的集权是必要的，有利于快速形成协调的新秩序。欧洲经济一体化进程的快速推进在很大程度上得益于有一个高效的组织体制和决策机制。城市学家 L. 芒福德指出："如果经济发展想做得更好，就必须设立有法定资格的、有规划和投资权利的区域性权威机构”，并在权力、职责、资金等方面给予区域协调机构以保障，使之高效运作。

中国城市群的发展实践也表明，当前协调发展难以推进的根本原因在于缺乏统一、协调、有效的竞争规则，缺乏制定和执行规则的权威性机构。为此，必须建立行之有效的区域协调机构。国外城市群虽然实行完全自由市场经济，区域协调机构大都为松散的由官方、企业和民众参与组成的非官方或半官方性质的机构，但它们具有两方面的权力，即对地方规划进行审查的权力和对具有区域影响力的重大基础设施项目进行审查的权力，从而对下级规划保持较强的指导或指令性，可见其协调机构权威性仍然比较大。而中国城市群的协调机构尽管具有官方性质，但往往由于权威性不足而收效不大。

因此，建立城市群协调机制，首先必须建立由各城市上一级政府，其中，省际城市群应由中央政府组织，省内城市群应由省级政府组织，成立具有相应法定协调权力的机构，并设立日常执行机构；其次，制定城市群内部的有关组织协议、制度或者法律，使之成为调解各城市矛盾、部门利益冲突的法定依据，使协调机构的行为有法可依、有章可循；第三，赋予协调机构职权，确立它的权威性，保证协调的高效率；第四，赋予区域规划法律效应，使区域规划真正起到规范城市群各成员行为的作用。

2）建立各种行业性的跨城市协调组织

随着专业化分工的不断深化，城市之间的矛盾和冲突显然是不可避免的，各行业之间的协调变得越来越重要。通过建立各种行业性的协调组织，汇聚信息，互通信息，提供求同存异的平台，提供多方谈判机制，有助于降低城市之间的交易成本，促进跨区域问题的解决。同时，有利于政府权威协调机构制定的协调措施有效实施，对其协调职能进行补充，对其协调职权进行监督。因此，在城市群地区仅成立一个区域协调机构显然不够，还需要成立各种行业性的协调组织，如可以成立各种产业、环境协调组织。各种行业性协调组织主要解决跨区域的基础设施建设、环境保护、产业发展等问题，促进政府、企业与民间的合作与交流。各种行业性协调组织既可以是官方的，也可以是半官方和民间的，从而形成多种利益集团、多元力量参与、政府组织与非政府组织相结合、体现社会各阶层意志的新公共管理模式。

3）充分发挥企业在区域协调中的基础作用

在市场经济的初、中级阶段，打破行政区经济的限制，推进城市产业扩散和产业链的延伸，实现经济或产业的一体化是城市群协调的重要内容。因此，要加快市场机制的建立与完善，充分发挥企业在资源要素配置中的基础性作用，尤其是要重视发挥企业集团的作用。企业集团的跨地区、跨行业、跨所有制的组建和发展，能有效地打破行政壁垒、打破条块分割，推动生产要素市场的一体化。同时，企业集团根据市场规律运行企业，不仅有利于企业成为经济活动和市场竞争的主体，而且可促使各级地方政府更新观念，实现政企的进一步分开和区域经济一体化的形成。因此，跨地区、跨行业、跨所有制的企业集团是城市群协调发展的基础组织。

中国城市群的经济一体化必须充分重视“三跨型”（跨地区、跨行业、跨所有制）企业集团的组建与发展。要集各城市之长，以大型骨干企业为核心，组建一批“三跨型”企业集团，才能提高区内支柱产业在规模、成本和技术方面的竞争力，才能与区外和国外同类型的先进大企业相抗衡，才能确立城市群的比较竞争优势与知名品牌，才能实现区域资产优化重组。为此政府职能要从权力型向服务型转变，为企业的“三跨型”发展创造良好的制度环境。

7.2.3 规划案例：首都圈规划

清华大学主持完成的《京津冀（大北京地区）城乡空间发展规划研究》，提出了规划大北京地区、建设世界城市的设想。规划的大北京地区，主要是由北京、天津、唐山、保定、廊坊等城市所统辖的京津唐和京津保两个三角形地区。2000年末，该地区拥有人口4030多万人，土地面积近70000平方公里。实际上，大北京地区相当于历史上的“京畿”地区，今亦称作“首都圈”。

该课题提出的研究宗旨为：从世界城市、可持续发展和人居环境的战略高度，以整体的观念审视首都圈的发展，探讨京津冀地区城乡空间发展中的问题，为国家制定该区的区域发展政策提供一个基础性的研究报告。规划建立在如下的基本观念之上：可持续发展观念、人居环境观念、区域观念。规划提出应该“从全球着眼，从地方着手”，对大北京地区的空间发展进行战略性研究：注重区域综合交通体系建设，注重区域城镇的协调发展；在更大的空间范围内解决发展中的问题，提高区域的整体竞争能力；建立良好的人居环境，提高生活质量；最终寻求经济、环境与社会的协调、持续发展。在规划的具体方法上，规划提出了基于复杂性科学的观念，强调整体性思维，以问题为导向，建立科学共同体，注重交流与沟通，树立协调管理理念，建立解决问题的新机制等。

规划方案的内容和基本观点概要如下。

1. 在全球视野中审视大北京地区的走势

（1）世界城市——全球化进程中北京城市发展的战略定位

发展世界城市是全球化时代世界主要国家或地区获取更大发展空间的战略选择。大北京地区应该借助它作为大国首都的影响，发展成为21世纪的世界城市地区之一，为参与世界政治活动、文化生活、国际交往以及获取国家竞争优势等方面奠定必要的基础。

(2) 基于知识的发展——大北京地区经济与文化发展的新思维

以信息技术为代表的新技术群迅猛发展，知识成为世界经济发展的关键因素和参与全球竞争的重要门槛。北京、天津属于中国知识资源最密集地区，知识发展水平居于全国之首，最有条件融入世界知识社会，应当发展成为我国获取利用全球知识，强化国家吸收知识的水平，提高国家知识的创新能力，扩大知识扩散和应用范围的主要基地。

(3) 可持续发展与人居环境——从观念到行动

要面向世界城市，结合现有的自然资源条件、生态环境状况、经济发展水平等，调整整个区域的城乡空间布局和生产力布局，建设可持续发展的城市地区。要搞好区域生态环境保护和生态环境建设，确保大北京地区的生态安全。要以综合的发展途径来创造美好的人文环境，提高区域环境质量，使长寿、健康和创造型的生活成为可能。

2. 在区域层次上综合考虑大北京地区的功能调整

大北京地区将成为多种功能、多种中心汇集之地，必须综合考虑大北京地区城市发展的新空间。作为世界城市，北京必须有足够的发展空间、更高的环境质量，必须寻求城市地区整体协调发展，汇聚区域的整体力量来增强其在国际分工中的有利地位和控制能力。北京市的规划布局应从更大的空间考虑，适应多种活动的需要和多种发展的可能性。

3. 规划大北京地区，建设世界城市的构想

该构想可以概括为四个方面的战略：

(1) 核心城市的“有机疏散”与区域范围的“重新集中”结合，实施双核心（多核心）都市圈战略。

(2) 实施大北京地区的土地整体利用，综合平衡，强化生态建设。

(3) 建设综合交通运输体系，重组发展空间。

(4) 采取“交通轴＋葡萄串＋生态绿地”的发展模式，塑造区域人居环境的新形态。

基本思路为：以北京、天津“双核”为主轴，以唐山、保定为“两翼”，疏解大城市功能，调整产业布局，发展中等城市，增加城市容度，构建大北京地区组合城市；京、津两大枢纽进行分工与协作，实现区域交通运输网从“单中心放射式”向“双中心网络式”的转变；城市将沿区域交通轴，呈“葡萄串”式分布发展，相互以生态绿地联结。

4. 加强区域统筹管理，建立区域协调与合作机制

建立行之有效的区域协调合作机制，在区域整体协调原则的指导下，开展跨地区重大项目的协调与合作，对这一地区原有城市总规划进行调整，共同推进建设世界城市的战略。

7.2.4 规划案例：山东半岛城市群规划

1. 规划背景

山东半岛地处山东省的东部，扼黄渤海之咽喉地带，处长江三角洲、京津冀、辽中南几大都市连绵区之中心和连接枢纽，与韩国、日本等发达和中等发达国家临海相望，是欧亚大陆桥的重要桥头堡，在中国乃至东北亚具有举足轻重的重要地位。2003 年山东省 GDP 仅次于广东和江苏，名列全国第三，高居北方各省之首，与京津冀之和相当；而 2002 年山东半岛 GDP 达到 7014.23 亿元，占到山东省的 64.6 %，是山东省经济社会发展的龙头和引擎，因此，半岛的发展和兴盛对于山东乃至全国都具有重要的影响。

2. 规划任务

（1）确定山东半岛城市群发展目标，明确其在山东省，全国乃至全球城市体系中的战略地位，制定城市群空间发展宏观策略。

（2）预测规划期内山东半岛城市群区域、各地区城市化水平以及城市规模，并对城市规模等级予以合理安排。

（3）评价山东半岛城市群区域以及各地区的土地容量，预测规划期内建设用地总量增量，并对山东半岛及各地区基本农田保护区的控制指标提出调整建议。

（4）确定山东半岛城市群区域空间发展结构，包括城市节点体系、空间发展轴线和城市化重点引导区，建立都市区实体地域结构。并以城市空间联系为依据，建立城市区功能地域结构。

（5）确定山东半岛城市群区域产业空间布局，选择城市群重点发展产业和优势产业集群予以重点规划打造。根据各城市产业发展特征确定区域城市职能结构。

（6）对区域基础设施，包括港口、机场、公路、铁路等进行统筹规划安排。

（7）在国土资源评价的基础上，对山东半岛城市群区域土地利用结构，尤其是海岸带土地利用结构进行规划。对不可建设用地实施总量控制，制定相应控制指标。

（8）建立山东半岛城市群区域生态安全格局，确定生态控制区、生态恢复区等的总量控制指标。

(9) 确定各重点地区的城市空间发展方向，以及区内各城市的空间增长途径，确定重点地区及内部各城市的重点发展产业。

(10) 制定近期重点建设开发计划。

(11) 建议促进区域协调发展和各地区城市化健康发展的政策措施。

3. 总体发展目标

通过对山东半岛城市群城市、人口、产业、土地等要素作出合理布局和统筹安排，以青岛为区域对外开放的龙头城市，在规划期内以青岛、济南为区域发展的双中心，积极培养烟台的副中心城市地位，联合城市群 8 地市，积极促进以城市化重点引导区为重心的区域快速城市化过程。立足东亚，面向世界，将山东半岛城市群发展成为区域综合竞争力强大的都市连绵区和城市空间联系密集区，全国最为重要的制造业生产服务基地之一，并实现山东半岛城市群和带动全省社会经济的跨越式发展。

4. 战略定位

在全球范围内，山东半岛城市群是以东北亚区域性国际城市——青岛为龙头，带动山东半岛城市群外向型城市功能整体发展的城市密集区域，是全球城市体系和全球产品生产服务供应链中重要的一环。

在次区域经济合作圈内，山东半岛城市群是环黄海地区区域经济合作的制造业生产服务中心。构筑由山东半岛、韩国西南海岸地区、日本九州地区组成的三角地带跨国城市走廊，推动“中、日、韩黄海地区成长三角”的形成。

在全国范围内，山东半岛城市群是黄河流域的经济中心和龙头带动区域，是与珠三角、长三角比肩的中国北方地区的增长极之一，是与京津唐、辽中南地区共同构筑环渤海地区经济合作圈的领头军。

5. 空间结构规划

山东半岛城市群应以青岛为区域对外开放的龙头城市，在规划期内以青岛、济南为区域发展的双中心，积极培养烟台的副中心城市地位，促使烟台、青岛、济南分别成为区域东、南、西部子区域的核心城市。区域内其他核心城市节点还包括淄博、潍坊、东营、日照、威海，并以这 8 个核心城市为中心构成了各自空间经济联系紧密的城市区功能地域（图 7-4）。以济南—淄博—潍坊—青岛、日照—青岛—威海—烟台两条空间发展轴为半岛区域城市发展主轴，以烟台－莱州－潍坊－寿光－广饶－东营为区域城市发展次轴，形成区域内部城镇密集分布的多条城市聚合带；依托于这三条城市发展轴的辐射作用，激化 5 个城市化重点引导区的城市集聚和城市经济发展进程，并逐渐促进山东半岛都市连绵区的形成（图 7-5）。

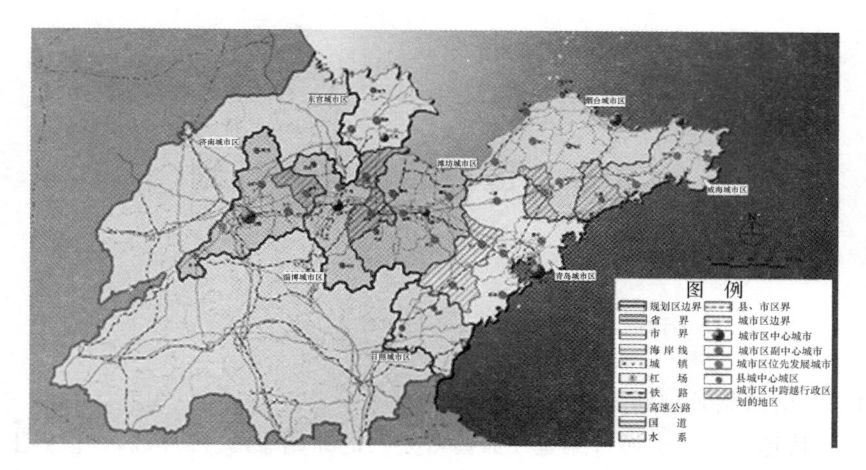

图 7-4　山东半岛城市区空间组织规划

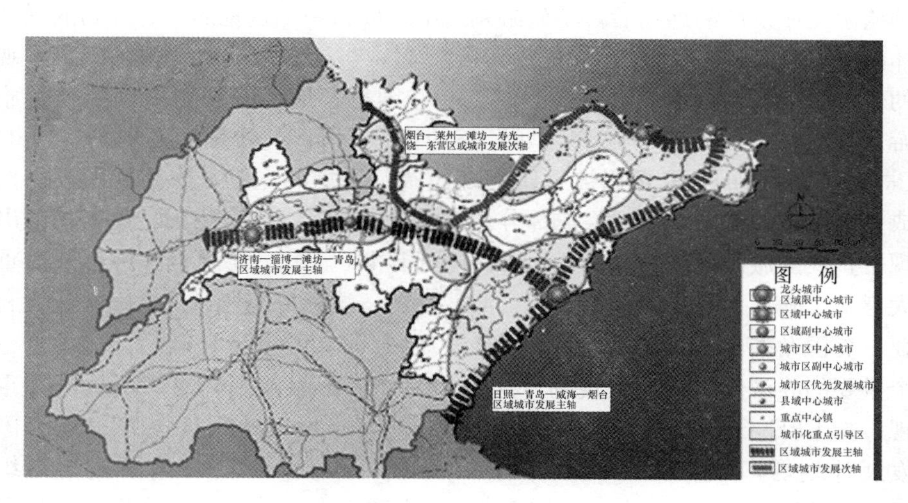

图 7-5　山东半岛城镇发展空间规划

第8章 区域旅游体系规划

8.1 区域旅游规划的概念与理论

8.1.1 区域旅游规划的概念

古代达官显贵巡游计划是“旅游规划”的原始雏形。二战后，世界上一些地区开始形成具有稳定的功能、重复运行的现代旅游系统。一些地区在受到旅游无序发展的惩罚后，将旅游系统组织成为一个自觉的、有计划的联合体的思想开始逐步形成。20世纪50年代起，当旅游被政府意识到既有可观的经济效益，又会带来不良影响时，一些国家、地区的规划中开始涉及旅游。其中具有较完整的旅游规划形态的当数1959年的夏威夷规划（State Plant of Hawaii），它可以被看作是现代旅游规划的先驱，旅游规划第一次成为区域规划的一个重要组成部分。20世纪60年代后，法国、英国相继出现了正式的旅游规划。1963年，联合国国际旅游组织强调了旅游规划的重大意义。随后，马来西亚、中国台湾、斐济、波利尼西亚、加拿大、澳大利亚、美国及加勒比海地区均兴起了旅游规划。20世纪70年代后，旅游是一个重要的经济部门并需要规划，这开始为许多国家及国际组织所认同和重视，如EEC（欧共体，European Economic Community）、UNDP（联合国发展计划署，United Nations Development Program）等。世界旅游组织（World Tourism Organization）于20世纪70年代颁布了旅游发展规划目录（Inventory or Tourism Development Plans）。WTO、UNDP、世界银行等国际组织积极推动并参与了菲律宾、斯里兰卡、尼泊尔、肯尼亚等国的旅游规划编制工作。20世纪80年代后，旅游规划普及到许多不发达国家和地区，同时也在发达国家进一步普及和深化，还出现了旅游规划修编，如夏威夷州旅游规划（1980）、奴萨—坦格旅游规划（Nusa—Tenggara，印度尼西亚，1981）等。

1990年国家教委公布的新的研究生学科目录，以及各地高校设置的与旅游学研究相关的培养方向情况，分析发现它们涉及许多基础学科门类，包括理学（地理学等）、工学（建筑学等）、农学（园林学等）、历史学（文化史等）、教育学（体育学、心理学等）、经济学、管理学等。

8.1.2　区域旅游规划的理论基础

1. 旅游学（游憩学）与区域旅游规划

旅游规划首先遇到的一个基本概念就是“旅游”（tourism）。旅游活动首先是人的活动，它广泛涉及人类学、心理学、历史学、地理学、民俗学、文化学、经济学、管理学等多学科内容，实践的现实已经要求从事旅游研究的专家学者（或者研究机构团体）必须是“通才”意义上的人文学者。旅游学的研究及其理论进展显然对旅游规划有重要影响。根据旅游学产生的条件和内容，它是一门综合性的边缘学科。1980 年代中期，译介到中国的麦金托什（1985）等著的《旅游学：要素・实践・基本原理》，是我国旅游学研究早期的重要译著之一，其中的观点和材料被广泛参考和引用。什么是旅游和旅游业的本质，一些作者提出了看法，其中包括对其以下特性的概括：综合性、服务性、外向性、依赖性、季节性、消费攀高、道德感弱化、文化干涉和物质摄取。有些作者强调了旅游是以文化为主的综合性社会活动。对旅游的理解目前有“大旅游”与“小旅游”之分。“大旅游”是指包括人类闲暇时间内从事的所有游憩（recreation）活动；而“小旅游”则指外地旅游者抵达某一目的地的有过夜行为（overnight）的出游活动，有时包括符合一定的出游时间与出行距离条件的一日游活动。我们这里旅游希望将其理解为大旅游，区域旅游规划也应该从大旅游的角度出发进行市场分析、资源评价、方案拟订、支持系统设置等研究工作。

在西方研究者眼中，游憩（recreation）与旅游相依相存。史密斯的

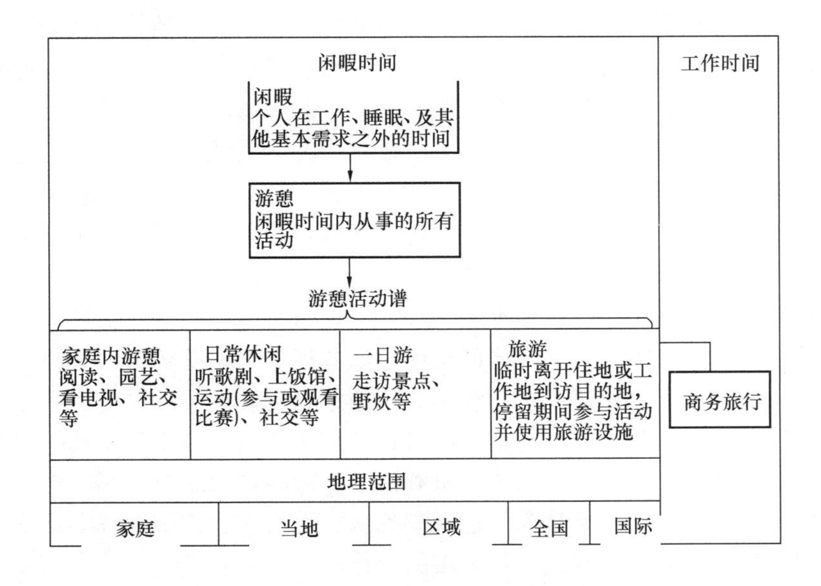

图 8-1　旅游游憩图谱

《游憩地理学》讨论的问题大多数是旅游行为的空间分析；Dulles 在其《美国人游憩史》一书中涉及了运动、剧院、矿区营地、都市娱乐、时装表演、乡村游憩、电影、汽车旅行、航空旅行等多种内容，表现了美国居民对游憩含义的广义理解。张捷等将旅游与休闲视为两种紧密相连的事物，进行一体的讨论，并提出在信息时代的知识经济模式下，旅游及休闲业面临新的挑战与机遇。

针对旅游的广义含义，以及旅游与游憩科学的多学科特征，旅游规划研究有必要建立相应的多视角考虑问题的观念和方法，注意游憩活动的连续性、旅游产业的关联性、旅游研究的多学科性，用旅游系统的理论指导自己的规划编制实践和基础理论研究工作。

2. 地理学与区域旅游规划

地理学由于自身具有涉及自然科学和社会科学的综合性特征，在这一点上与旅游学十分相像。同时地理学的研究对象与旅游学的研究对象具有亲缘关系。因此无论是西方还是中国，地理学对旅游学的研究都作出了重要贡献。这一学科与旅游学科的接触带构成现代旅游地理学的领域。它将旅游规划、特别是区域旅游规划作为其研究领域内重要的组成方面。

现代旅游地理学是起源于北美洲的地理学分支之一，自 1970 年代末传入中国，旅游地理学已成为一门相对独立的学科，在整个地理学领域中逐渐确定了其应有的地位，并开始受到广泛的重视。中国地理学会于 20 世纪 90 年代正式成立旅游地理专业委员会，这一组织的发展，标志着旅游地理学在学术组织中已经得到机构保障。同时旅游地理学家以自己独特的优势和开拓精神，在促进本学科自身不断发展的同时，也积极参与、渗透进入其他相邻旅游学科，其中如中国旅游协会区域旅游和生态旅游两个专业委员会；中国区域科学协会区域旅游开发专业委员会是其中尤为活跃的学术组织。

从地理学内部观察，旅游地理学的发展融汇了自然地理、地貌学、经济地理、人文地理、区域地理、历史地理、区域科学和城市规划、生态学、环境、地理信息系统等不同领域，既吸纳了这些领域的理论方法，也汇入了这些学科的研究人员。同时在地理学之外，它也与其他一些基础学科或应用学科，发生着或多或少、时强时弱的交流，如心理学之于游客行为研究；历史学之于目的地历史文化研究；建筑学之于旅游景观规划设计；经济学之于客源市场研究等。因此可以称它是一门真正的交叉学科，并以其独特的研究角度给地理学的进一步发展注入了生机和活力，同时也为旅游学科的建立和发展作出了自己的贡献。但是人们也观察到从旅游地学、旅游地理学到旅游开发研究之间，还需要与其他学科更多的合作。

在旅游资源研究领域内，人们的认知水平和实际研究情况还是相互一致的，但在旅游环境容量、旅游交通、旅游区划、旅游线路设计、旅游地图等领域，人们的认知水平很高，而实际研究时却未有足够的重视。另一方面，上述尚未得到较深入研究的内容正是区域旅游规划所需要的。这说明旅游地理学者仍然面临着怎样为区域旅游规划提供更多学术支持的一系列挑战。

近年来的规划实践，反映出地理学家在区域旅游规划方面形成了自己的特色，尤其在资源开发方面具有专业优势。但应该注意的是，对于区域旅游规划来说，旅游资源的调查和分析，其重点是进行旅游开发的适宜性评价，而不在于资源的研究本身。此外要对周边及相关地区的资源开发和旅游产品市场进行调查分析，摸清区域竞争态势，据此确定今后资源开发利用方向。较长一段时期以来，为数不少的区域旅游规划往往在资源调查与一般性评价方面花费大部分时间、精力和文本篇幅，成为旅游资源和景点现状的描述与堆砌，而对规划的主体部分则往往语焉不详。这是规划人员，尤其是地理学家出身的规划者应该注意克服的倾向。当然，任何一部好的区域旅游规划都必须建立在对旅游资源深入了解的基础之上，那种完全不调查资源现状，仅靠有限的市场分析来进行规划方案的编制的方式，同样难以达到完善的境界。

3. 区域科学与区域规划

自 1954 年美国人艾萨德（W. Isard）成立区域科学协会并出版第一本论文集以来，区域科学经历了 40 多年的发展历程。艾萨德认为“作为一门学科的区域科学，所关心的是采用各种各样的分析性研究和经验式研究相结合的方法对区域内或空间范围内的社会问题进行细致耐心的研究”。他在空间组织区位论、城市化和城市体系、区域发展政策等方面都具有开拓性贡献。另外一位对区域科学的进步作出过杰出贡献的学者是威尔逊，他提出了著名的空间相互作用理论。

旅游活动离不开游客的空间位移，旅游地之间的空间竞争、目的地与客源地之间的吸引与通连、旅游企业的位址选择（Site Selection），这些问题都与空间过程有关。区域科学和空间过程分析提供的一些基本概念对于区域旅游规划具有重要指导意义，特别是对本书后面的旅游空间结构的构建，具有指导意义。王铮、丁金宏在其《区域科学原理》一书中对目前学术界研究的区域科学前沿问题进行了简单的综述，其中涉及的主要领域包括均值地域上的区位问题、空间相互作用的微观研究、区域分工和区际系统动力学、区域动力学、城市地域结构、人口资源环境与发展的协调问题等。

空间是对人类生活的地球表层的一种抽象。各空间单元的相互联系构成所谓空间关系，空间的点线面构成的关系的抽象，称为空间结构。区位，简单地讲就是空间位置，区域科学的区位，指的是出现商品或产业等的概率最大的位置，它是统计的位址。在区域科学中，关于牛顿势、最大熵模式、杜能区位与杜能结构、韦伯结构、廖什竞争与廖什结构、克里斯塔勒中心地体系、空间网络结构以及空间动力学等的基本概念，具有对于区域旅游规划、特别是空间结构规划的指导意义。

4. 景观生态学与区域旅游规划

景观生态学在生态学和地理学结合下应运而生，景观生态学 1960 年代中后期在欧洲大陆得到迅速发展，到 1980 年代为北美所普遍接受。王仰麟认为，景观生态学研究的主要内容是由一系列 Ecotopes（生态环境）组成的、数平方公里广阔地域内的异质土地单元之间的空间结构与功能相互作用，以及生态镶嵌随时间的变化。对时空尺度和人文因素的综合考虑，使景观生态学得以成为规划和管理中富有潜力的理论框架。

景观生态学包含了生态学的思想和原则，同时重视考虑时空上的特色，这与规划在具体区域上进行的同时又考虑生态平衡不谋而合，因此景观生态学是土地景观设计、管理、保护、发展和改进的科学基础。根据景观生态学原理，在实现可持续发展的目标下，旅游规划应引入景观生态设计的异质性原则、边缘效应原则、尺度适宜性原则、整体优化原则、多样性原则、综合效益原则、个性与特殊性保护原则等。

整体优化原则。即把旅游景观作为系统来思考和管理，实现整体最优化利用，规划者从整体的高度上，强调生态系统的稳定性和自然规律。

多样性原则。多样性既是景观规划设计原则又是景观管理的结果。多样性的存在对确保景观的稳定性，缓冲旅游活动对环境的干扰，提高观赏性方面具有极其重要的作用。旅游地规划的重点之一就是景观多样性的维持及游憩空间多样性的创造。

综合效益原则。即综合考虑景观的生态效益和社会经济、环境、美学等各方面效益。一般情况下，规划行动可能使景观发生改变并带来负面作用。了解景观组成要素之间的能量和物质流的联系，注重生态平衡，结合自然，协调人地关系，体现自然的生态美、生态和谐、艺术与环境融合，这在旅游地人文景观的规划设计中尤为重要。如将观赏、游憩与林业、养殖生产等结合，集约管理，减少废物压力，取得经济效益。

个性与特殊性保护原则。景观具有各自特色和个性，规划设计不能以简单套用、沿袭旧式来湮没、剥离景观原有的特殊性。景观的特殊性是指旅游地内有特殊意义的景观资源，如历史遗迹或对保持旅游地生态系统具有决定意义的斑块。旅游规划中应充分注意旅游地个性及特殊性的保护，这实际上也就是对目的地吸引力的保护。

在规划中可以运用景观分类、景观诊断及敏感度分析技术，进行规划前的科学研究，为规划方案编制提供景观学支持。景观诊断包括对格局的分析、功能评价及动态的分析模拟等，一般需要在计算机帮助下实现；敏感度分析是诊断的一种方法，它取决于景观本身价值及其暴露程度，得到的敏感度结果可以为景点和各类设施的组织与布局提供直接的环境依据。作为一种规划方法论，景观安全格局理论具有以下特点：安全是有等级层次的和相对的，不同水平上的安全格局可以使生态或其他过程维持在不同的健康和安全水平上；安全格局可以根据过程的动态和趋势来定义，而它们可以用趋势面来表达。根据趋势面的空间特性可以判别对控制过程具有战略意义的局部、点和空间联系，即安全格局；多层次的安全格局是维护生态或其他过程的层层防线，为规划和决策过程提供辩护依据，为环境和发展提供可操作的空间战略。

区域旅游规划中引入景观生态学会带来更多生态的产品和生态效益。

（1）在旅游区中利用生态学原则，建立自给性旅游区，发展旅游区果园、生产基地，从而使之也成为旅游区环境的一部分，实现土地利用的合理化。利用本地的资源解决游客的一部分供给问题，不需要或减少需要通过外在生态系统的资源输入来维持旅游区的生存。

（2）在旅游区中创建合理的人工植物群落，这种人工植物群落是对自然环境的模拟，能够提高整个旅游区环境系统的可逆性，增加稳定性。从景观生态学的原则来说，合理的人工植物群落的开发，能够解决资源开发利用和自然保护二者间的冲突。

（3）在旅游区中划定特定区域，使之成为保存物种的种质库。植物种质流失严重破坏了生物圈的平衡，因此保护旅游区内野生植物的种质是非常重要的工作。同时，适当、科学地引进外部的种质，不仅可丰富绿化素材，又可加强旅游区生态系统的稳定性，有效地保护植物种质资源。

5. 人类学与区域旅游规划

人类学是什么？人类学的目的是描述和解释一种特殊的自然现象：人类，即人这个物种，并且在研究这个物种的同时，也关心他们的文化。这门学科主要分为体质人类学、考古学、语言人类学和文化人类学。主要从文化人类学角度，对旅游现象进行研究，最早可以追寻到 1960 年代对一个墨西哥村庄的周末旅游的研究，是 1980 年代以来西方旅游人类学的主要学术代表。从人类学的观点给旅游者下了一个定义：当一个人不承担社会文化的世俗观念而离家外出旅行时，他就成了一个旅游者。这种理解被称为足够成为旅游活动的初步定义。根据这个初步定义，人们提出了“泛人类旅游过程”（Pan-humantouristic Process）的概念，在此过程中，旅游者与当地主人接触，在接触交往中最终互相作用于旅游者、当地居民和其社会文化，这个旅游过程也能成为旅游系统并被包含在更大的社会结构中。

很多社会中文化演变的主要因素并不是旅游，旅游仅仅是一个助动因素。Nash 的《旅游人类学》中提出了三个论点：旅游现象作为发展或文化的研究、旅游现象作为个人移动的研究以及旅游现象作为一种上层建筑形式的研究，是旅游人类学研究的系统归纳。

旅游人类学对于区域旅游规划来讲，其意义在于为旅游规划师提供了一种“以人为本”的规划哲学。人本主义（humanism）首先在旅游规划的基础理论源泉之一的地理学中得到了重视，人本主义地理学是要研究个人以及他们对现象环境的创造（和在其中的行为），或者是分析贮存着人类含义的景观，主张将人理解成为活生生的、行动着的、思想着的存在者，而防止一些研究中过于客观的、抽象的倾向。实际上区域旅游规划及城市旅游规划同样需要坚持这一标准。

以人为本的规划，着重研究和解决三个问题：区域和城市空间活动的主体是一群什么样的群体——人群的结构和特性；人怎么活动，从事什么样的活动；人活动的场所和载体，即物质环境和社会环境（杨重光，1996）。那种只重视物质环境的规划设计的传统工科教育，实际上仅仅注意到了人活动的场所和载体，而且仅仅是其中的物理环境载体，对于其前的人群特性、人群的活动，以及所处的社会环境未加注意或注意不够。而以人为本的旅游规划哲学，要求首先研究人，即旅游者、当地居民和开发商的特性及其相互关系，然后才是对景区景点、基础设施等的物质规划的考虑。

重视人的心理因素在旅游规划中的作用，是旅游规划师体现以人为本的观念的一种表现。旅游规划应以旅游者为中心，在开发规划的指导思想上，将旅游者放在第一位，以能否满足旅游者的需求为制订规划方案的依据；在确定旅游区性质时要与潜在旅游者的特征相结合；在进行资源评价时，注意与旅游者进行角色互换，以旅游者的眼光评述旅游资源及其产品转换能力；在规划项目设施、线路组织设计中，努力使方案符合旅游者心理活动规律；客源市场预测及营销则更应以旅游者为中心。其提出的上述观点，证明人本主义思想已经得到部分国内规划者的重视。

8.2 区域旅游规划的内容与编制

旅游规划是规划的一种，学界对其概念的理解基本一致，如旅游规划是“对旅游未来状态的设想，或是发展旅游事业的长远的、全面的计划”，旅游规划是“在调查研究与评价的基础上寻求旅游业对人类福利及环境质量最优贡献的过程”；旅游规划是“经过一系列选择决定适合未来行动的过程”；旅游规划是“预测和调节系统内的变化以促进有秩序地开发，从而扩大开发过程中的社会、经济与环境效益”，规划是对未来事务的合理组织与安排。因此，可以说旅游规划是对未来旅游发展状况的构想和安排，以追求最佳的经济效益、社会效益和环境效益。

8.2.1　区域旅游规划的性质与作用

1. 旅游规划的性质

在近代规划史上曾经有过用规划来控制未来一切的美好理想，但是实际上规划并不能解决所有问题。不同性质的规划所对应的规划目标是不相同的，规划实践使规划更趋于理智。与其他规划相比，旅游规划具有以下性质：

（1）综合性

旅游业是建立在第一、第二产业和部分第三产业基础上的服务性行业。旅游规划要综合考虑这些与旅游业直接相关或间接相关的产业，使之协调发展。

（2）依赖性

旅游业发展水平很大程度上依赖区域经济发展水平。旅游系统是依赖于很多行业支持的系统，没有这些行业的支持，旅游系统就难以运行，同时旅游规划必须协调这些行业与旅游业的关系。

（3）地域性

旅游规划是对一定空间范围内的旅游活动进行规划。旅游资源是开发与规划的重要物质基础和依据，旅游规划具有很强的地域性。

（4）系统性

旅游是一个复杂的系统，包括许多子系统，如旅游资源系统、旅游设施系统、客源系统、旅游服务系统、旅游环境系统、旅游保障系统等，这些子系统下又有很多低一级的子系统。

（5）软硬性

旅游规划具有“软”、“硬”两个方面：软规划是指旅游社会经济发展规划与市场营销规划；硬规划是指旅游空间规划，包括总体规划、分区规划和详细规划。

（6）动态性

旅游规划是一种动态规划，要适应旅游发展趋势，尤其是旅游项目的选择与布局必须具有弹性。

2. 旅游规划的作用

一个区域、城市或景点需要对其旅游资源进行开发，首先就要制定规划，规划是开发的先导。旅游规划指导旅游系统不断地提高内部各因素之间的方向协同性、结构高效性、运行稳定性和环境适应性，增强旅游系统的整体竞争力。旅游规划在内化于旅游发展的过程中，具体有以下几大作用：

首先是确定旅游发展的合理目标。旅游系统的发展目标用以规定旅游系统合理的发展总水平和总方向，其合理性的主要标志是既理想又可达确定合理的规划目标，实质是一个寻求理想与可达之平衡点的过程。

其次是催化旅游系统要素的相互整合。旅游系统要素的整合首先是市场与资源的整合。旅游规划的作用在于科学合理地确定资源与市场的平衡点，积极调动社会经济系统中已有的支持力量，指导和强化旅游系统有关各方的协同关系，以实现旅游系统的整体利益最大化。

然后要协调旅游资源保护与开发的关系。旅游规划能从规划层面预先对旅游资源的保护与开发提出系统性的建议，尽可能地减少破坏性的开发行为。

8.2.2 区域旅游规划的内容

区域旅游规划是指在全国省、市、县等不同行政范围内编制旅游事业发展的总体规划。有时，规划区域可能跨越若干行政区域，也可能比一个县的范围更小些。区域旅游规划的任务包括：研究确定旅游业在区域的国民经济中的地位、作用，提出旅游业发展目标，核定旅游业的发展规模、要素结构和空间布局，安排旅游业发展速度，为旅游业健康发展提供有效支持系统。从空间来看，在规划范围内，旅游吸引物、设施或服务仅仅在规划区域内的空间或土地利用上占有一定的份额，而不是全部或大多数份额，也就是说旅游功能在空间上是不连续的。在功能上，规划区域内的土地只有一部分为旅游功能，其他土地则为非旅游业用地。区域旅游发展规划实际上就是以旅游经济产业为主，十分重视旅游开发项目、客源市场营销的规划。一般地，规划内容包括在资源与市场分析基础上，一方面对空间结构加以控制，另一方面对区域内的旅游产品和线路、项目和服务等加以引导或进行政策性的控制。

1. 旅游规划编制的基础性内容

包括以下几个方面：区域基本概况分析；区域旅游发展概况；旅游发展条件分析；旅游资源调查分析；旅游市场调查分析。

2. 旅游规划编制的核心内容

包括以下几个方面：确定该区域的旅游产业地位，明确发展目标，确定旅游发展指标（市场指标、经济指标、社会指标、环境指标），制定区域旅游发展战略；旅游形象策划，进行合理的旅游规划分区；确定旅游发展的空间布局，确定区域旅游发展重点，并对其空间及开发时序做出安排；旅游产品开发规划（旅游产品设计、旅游服务设施、旅游线路的设计），提出旅游发展保护开发利用措施。

3. 旅游规划编制的支持性内容

旅游规划最终是否能够实施以及实施的程度如何，还需要有一系列的支持体系和保障措施，如政策保障、财力保障、人力资源保障等。这些构成了区域旅游规划的支持性内容。

4. 旅游规划内容的发展趋势

旅游规划工作是一项理论性实用性和科学性都很强的工作。虽然旅游规划的编制中还存在各种问题，但是总的来说旅游规划在整体上是向前发展的，表现在以下几种趋势：

（1）旅游规划编制的目的趋于多样性随着旅游开发形势的发展，编制旅游规划的目的性呈现多样性。

（2）旅游规划编制趋向“小”而“实”。对于一些旅游业发展比较快的地区，旅游规划的编制开始变“小”，规划涉及的地域面积变小，涉及的内容也不再包罗万象。

（3）规划制定得也更加实用。更多地考虑产品的市场定位、具体的目的地的营销推广策略、资源的合理配置、经济增长点的挖掘等，以投入产出率、项目的可操作性和旅游消费市场接受开发程度为第一需求。

（4）旅游规划编制成果由感性型走向数字型旅游规划学科发展的日趋成熟，必然会加强旅游规划中量化研究的部分，以更多的量化指标来支持规划决策，也就是所谓的数字规划。数字规划的核心是建立以市场研究为基础的旅游参数、旅游指标体系和策划体系。

（5）旅游规划从动态规划转向动态管理规划旅游规划本身就是动态的、不断创新的。在变化发展的时代中，编制旅游规划更需要在变化中抓住其核心内容，才能使旅游规划满足市场需求。

8.2.3 区域旅游规划的实施

旅游规划实施的任务是协调相关各要素，面对快速发展的旅游市场必须快速应对变化的旅游发展环境，并不断地调整规划以适应发展需求。在规划编制过程中，如何将文本内容所提出的政策解读、方案设计、发展建议等付诸行动，如何确保旅游产业升级以及可持续发展，旅游规划的有效实施和持续性管理是十分重要的。

1. 旅游规划实施的相关要素

政府在规划实施的作用体现在以下几个方面：制定实施计划、法律法规，基础设施与公共旅游设施的建设，区域市场营销。企业是旅游产业开发建设的主要投资者和经营者，经营性旅游设施的开发和建设，一般由企业承担。

在旅游规划实施过程中，公众担任监督者的角色。规划的实施要邀请社区人民参与探讨和听证，不要随意伤害公众的利益。公众参与能增强旅游规划实施的效果，是旅游规划目的实现的核心要素。

2. 旅游规划实施面临的困局

政府在编制旅游规划目的上更多地体现为形象工程、“面子工程”，将旅游规划作为向上“要钱”以及招商引资的牌子。政府官员任期的不确定性和不连续性也会影响规划实施的效果，政府与旅游规划专家不同的地位和角色，在旅游开发和实施上往往意见不一致，其博弈的结果往往按照政府的想法随意修改规划，导致旅游规划开发的随意性。

部分规划编制单位水平低，编制人员鱼龙混杂，缺乏破解旅游发展症结的能力。他们常常以传统的编制方法和思路来凑数，往往解决不了地方旅游发展的问题，使得旅游规划编制先天性不足，导致旅游规划可操作性差，无法落实到实施层面。

此外，旅游社区的民众应是当地旅游资源的一部分。但大多数规划忽略了当地居民的利益，在旅游规划和后期开发经营上没有考虑他们的作用，很少听取当地居民的建议，缺少公众的支持，导致后续旅游规划实施会不顺畅，阻力较多。

8.2.4 区域旅游规划的创新

旅游规划的创新不是抽象的概念，也不是纸上谈兵，而是在科学规划的基础上，将创新观念或思路落在具体操作上。创新规划不是完全地背离传统的规划，否定原有规划，而是应该在尊重原有的基础上，发展成为一种创新思维的规划。即系统化、集成化、协调化、动态化规划，有效解决规划失灵等问题，做到科学性与可行性的统一，有效实施与过程控制、管理控制等相结合。

1. 强化观念和理念创新

随着人们对旅游产业发展的了解，以及认识上的不断深入，旅游规划的观念以及理念发生了深刻的变化，由最初的资源导向转向形象导向、产品导向。而规划的理念和观念的创新需要将旅游产业作为一个整体来看待，在这个产业中，当地的旅游资源是基础、旅游市场和体制机制是保障、旅游形象是竞争力，使区域旅游规划快步进入产业发展大时代，实现旅游产业的综合和整体效益。

旅游规划创新理念就是要树立旅游合作意识，加强“大旅游”的观念，强调整体的质量和效益，并将这种观念融入各种旅游规划上。在编制旅游规划时，要强化观念和理念的创新，加快旅游产业的发展，提高产业高度。以创新的观念整合旅游资源，以创新的视角来设计和创新旅游产品。

2. 创新文本编制

目前旅游规划编制存在很严重的模式化倾向，这种模式化的旅游规划千篇一律，很少有创新的思路和方法。现有的规划体系像是模仿城市规划体例的“八股文”，许多旅游规划的编制基本上都按照这种固定的模式进行复制和嵌套。传统统旅游规划包括资源、产品、市场、保障体系四大块，往往不能对产业、产品、运营和管理做出具体的指导。旅游规划者基本都是站在生产和写作的角度而不是在市场角度、解决难题的角度进行研究，对于当地旅游业的指导不可能按照项目实操的要求进行深度挖掘、创意与整合。作为旅游规划的重要部分，策划是解决实际操作问题最好的钥匙。创新旅游规划编制体系时，策划应成为规划最好的补充和支持，策划是魂，规划的可行性和创新性靠旅游策划来保证。

同时，在创新文本编制上要加强以下两方面的研究和分析，即定量地加强旅游经济贡献值和利益相关者理论分析。前者通过确定旅游产业与其他相关产业之间的关联和结合度，找到旅游产业同其他产业发展的动力机制，通过定量的数据分析，使结论更具有说服力，有助于加强人们对旅游产业的认识，以及认清旅游对经济贡献作用的大小。这种分析更有利于统一认识。另外，不同利益相关者之间利益关系博弈的分析将成为旅游规划创新的重点和难点，是规划者不断探索和实践的题目。

3. 创新方法路径

旅游规划是运用技术手段的一种经济行为，即运用适当的经济、技术资源，特别是智力和知识资源，使资源产生经济效益、社会效益和生态效益的过程。旅游规划需要以多种学科理论基础作为支撑，旅游规划者要在经济—生态—环境—人文的旅游规划理论体系下，形成哲学层—理论层—技术层的逻辑方法。

（1）系统集成的规划方法

在信息时代到来之际，旅游规划在方法创新上得到了一个新的视角——将旅游规划与人类学、社会学、生态学等学科进行融合。旅游规划应基于系统集成方法作为指导，丰富旅游规划研究方法，制定科学有效的旅游规划以实现旅游规划的最大价值。

系统集成规划从整体系统出发，通过理论知识、实践判断、专家经验相结合的办法，建立旅游规划信息数据库，并通过各种调查、研究，收集各种信息和数据进行汇总分析。系统集成规划能为科学编制规划提供可靠的量化依据，极大地提高现有的规划编制效率，也强化了规划的科学性和系统性。

（2）创意思维方法

从时下发展的态势看，文化创意产业正受到国家政策的鼓励和支持，其发展运势大行其道。而旅游产业与创意产业有着很“亲密”的关系，可以说是创意离不开旅游，同时旅游也离不开创意。旅游产品从初期的简单创意，通过设计、营销变为市场消费潜力巨大的旅游产品，创意经济在旅游产业中得到了极大的体现。

旅游产业发展呼唤创意性思维。创意性思维是旅游规划进行改革创新的重要推手，对于规划人才的创意性思维的培养和锻炼是规划创意中的头等大事，创意思维方法应成为旅游规划的重要组成部分。旅游规划的创意性体现在规划的所有方面，其中最重要的是营销创意、主题创意、服务创意、产品创意等。

（3）坚持规划系统动态管理

旅游系统是一个多要素的复杂的大系统，各要素之间具有高度关联性和相关性。管理规划的首要任务是管理整个旅游系统，核心思想是整体意识和系统概念。旅游规划是一个连续的操作过程。在这一过程中，管理表现出一种动态性。要顺利地实现规划的目标，坚持系统的、动态的规划管理工作，建立现代化的管理机制和管理手段变得十分重要。

旅游系统的动态性主要表现在旅游系统的发展变化上，无论是客源地、旅游目的地或是媒介系统，都处于不断变化的状态。游客对于目的地的选择发生了很大的变化，这种变化性势必会引起旅游开发重点的转移，产生新的旅游格局。因此，旅游规划应能适应市场的变化，洞察旅游者的新需求，适时地调整和改变规划，准确地解决出现的问题，使规划按照预想的轨道进行。

因此，以旅游系统为规划对象的旅游规划就必须树立系统论、动态观，实施全过程的动态管理、全质量管理和监控。旅游规划的动态管理体现在规划的全过程，涉及从规划的立项到规划的编制，再到实施的整个过程中。

4. 鼓励多方参与

旅游规划的编制工作应由政府发起，由政府主导完成。在规划执行实施的过程中，政府部门还应当承担起沟通和协调各部门之间的利益关系等职责。同时，规划编制者还应加强同旅游经营者、投资者、旅游地区公众等利益主体的沟通与交流，积极吸收各方面的合理化建议，并权衡各利益相关者的价值主张以满足其利益。

旅游规划涉及多种人群及其利益关系，如何使他们进行相互沟通与合作就变得十分重要。良好的沟通与合作能够解决规划问题或管理过程中的难题，从而更好地进行旅游规划项目的开发。另外，在规划的过程中还应倾听当地社区居民的声音。旅游目的地居民的支持态度涉及当地旅游业的可持续发展的问题。只有通过民众的参与，旅游业的发展才能体现公众的利益，得到当地社区的支持。

5. 创新旅游规划体制机制

（1）制度创新

制度创新能够促进经济增长，通过建立一个高效的系统降低交易成本，激发个人和组织合作意愿，从而极大地提高生产效率和实现经济增长。由于相关部门不配合、不支持而造成的规划执行难的问题屡屡出现，旅游管理部门往往处于一种弱势地位，面对其他部门不协作显得力不从心，因此需要形成一种区域旅游规划协调机制，由政府领导对旅游规划工作进行干预和指导，制定倾斜性政策或法律法规，为旅游规划实施保驾护航。因此，将规划与立策、立法有效结合，通过文件下达等形式，使规划各项工作的实施和运用具有法律效力，从而确保旅游规划编制工作的顺利开展和规划方案的全面贯彻与实施，使区域旅游规划的价值得到充分的体现。

（2）体制机制创新

目前各地旅游业发展区域跨度很大，工作协调难度很高。没有统一的规划、监管、监测和协调机制，导致各单位各行其政，周边旅游项目重复建设的频率很高。在这种情况下，应从互利合作的角度协调政府、企业、社区居民等旅游开发参与者的关系。通过旅游市场和旅游行政管理行为相结合的手段对旅游开发建设进行统一协调规划，构建旅游开发建设各方的利益联系的合作平台，因地制宜，创造最适宜当地的旅游发展环境和最高效、低碳的旅游管理体制机制，从而真正推动当地旅游经济的和谐发展。

建立各级旅游管理局，对区域的旅游活动及相关利益方进行统一的规划管理，协调相互关系整体配置，绝对禁止旅游资源的过度消耗和损毁，避免同类型旅游项目的重复开发建设。通过上述思考，建立以下几种机制，保障旅游规划顺利实施：

建立引导机制。目的是引导当地区域的政府及旅游开发的其他利益相关方增强合作意识，提高合作的积极性。

建立监督机制。一方面，在地区旅游开发时，需要建立针对商业活动的监督机制，防止旅游开发过程中对经济体制和环境的破坏。另一方面，要加强规划实施的监督，保障规划的顺利执行。

建立激励机制。应完善对旅游开发活动中规划实施的激励机制，并且提高政府、旅游利益相关方以及社区居民参与规划实施工作的积极性，从而保障整体效益的提高，确保区域旅游业的可持续发展。

8.3 规划案例：长江三峡区域旅游发展规划

8.3.1 规划背景

1. 三峡旅游发展中面临的问题

三峡的旅游市场受“告别三峡游”等误导性促销的影响严重，而且部分地区存在过度开发、破坏性开发、无序开发和低水平重复开发现象。就区域旅游环境而言，区域内部旅游发展水平较低，并且竞争激烈，这导致各自为政、封锁市场、相互拆台现象时有发生。旅游服务设施供需结构性矛盾和供给不足问题同时存在，旅游人力资源较匮乏也构成了制约其发展的因素。

2. 三峡旅游面临的五大发展机遇

首先，三峡工程在国际、国内的巨大影响力提高了三峡的知名度。其次，国家近年来实施的西部大开发战略提升了西部经济水平，从而带动了旅游业的发展需求。再次，加入 WTO 带来了公平的市场竞争平台，有利于旅游服务水平的提高。此外，建设世界旅游强国战略的实施带来了三峡发展旅游业的政策支持。最后，国民收入水平的上升带来了旅游市场需求，假日旅游的兴起提供了发展旅游业的大环境。

3. 三峡旅游面临的新形势

旅游景观格局的改变，促进了库区旅游景观在湮没、保护与新开发中互动式的发展。部分自然景观消失或受到影响的同时形成新的垄断性人工景观；湮没的人文旅游吸引物经有效保护后仍是三峡旅游不可分割的部分；景致转换促成许多新景观与景区的形成；消落带造成的影响。

城镇体系格局的改变。三峡工程的建设，使大量资金随大坝建设、城乡居民迁建、基础设施复建和输变电网络基础设施的新建而流入库区，这将从根本上改变原有的城乡格局和城乡基础设施体系。宜昌、万州、涪陵等城市的竞争力水平和区域影响力将迅速扩大，成为区域中心城市。随着多个移民新县城的建设，三峡库区的城镇体系结构也将发生重大改变。

4. 三峡工程的建设对三峡旅游规划带来的影响

三峡工程作为一个对自然环境带来巨大变化的项目必定会带来一些不利影响，包括：可能带来新水土流失等环境问题；大坝建设可能对河道中华鲟等珍稀鱼类上下游间的移动及繁殖生产等产生影响和限制；可能引发部分河段库岸的滑坡、泥石流等地质灾害；水体污染趋于严重，淤积速度加快，消落带大量滞留的污染物在丰水期形成沼泽型污染带，并可能引起疾病和瘟疫等；库区移民所遗留的未彻底清理的废弃物在水面的长期漂浮、滞留可能造成的环境影响；大量公路、桥梁、隧道、居民建筑等的建设所造成的植被破坏、土壤和岩石的长期裸露等一系列生态问题。

与此同时，作为一个利国利民的民生项目，三峡工程利用水力发电替代火电减少了污染物的排放。而且舆论的质疑已经引起了国家对三峡库区环境问题的关注，这种趋势将有利于解决已经带来或潜在的环境问题。

8.3.2 规划的范围与期限

1. 规划范围的确定原则

根据与三峡传统旅游主线的关系，以及 175 米水位淹没所导致的旅游地空间联系强度的变化，分为规划核心范围和辐射范围。

规划核心范围为与长江干线紧密联系的区域，也是三峡移民集中的区域。

规划辐射范围包括因河道条件改善或者直接通过铁路、公路交通由核心区范围延伸的区域。辐射范围的旅游地或者具有高等级的旅游吸引物，或者具有特殊的区位条件和区域经济地位。

三峡区域（包括核心区和辐射区）应构成一个独立开放的旅游子系统，并能与周边旅游子系统（如武当山、西安等）方便地构筑区域旅游联系。

2. 规划范围

核心范围：以长江三峡 175 米水位库区所涉及的市县区为核心范围。

辐射范围：以乌江流域、赤水河流域、神农架地区、宜昌市和重庆市其他区县、恩施州、张家界市、湘西州、铜仁地区以及四川泸州、广安、华莹为辐射范围的广大区域。

规划区总面积 21.16 万平方公里，总人口 5376. 82 万人（图 8-2）。

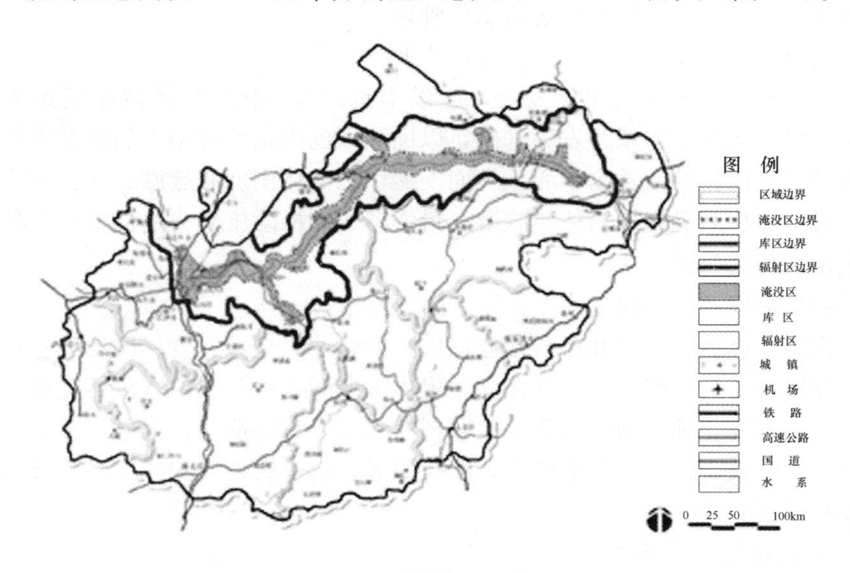

图 8-2 三峡区域旅游发展规划范围

3. 规划期限

三峡工程建设期间是规划区旅游发展变化最大的时期，也是三峡旅游发展不确定性因素出现最多的时期。

确定规划时限为：2003 年至 2010 年。2010 年后根据规划区旅游发展变化情况进行规划修订。

8.3.3 规划的目标与任务

1. 总体目标

将规划区建设成以新三峡为品牌的可持续发展的世界级旅游区。

三峡旅游区以自然生态观光和人文揽胜为基础，以休闲度假和民俗体验为主体，以科学考察探险和体育竞技为补充，融生态化、个性化和专题化旅游为一体，推向国际目标市场。

2. 旅游业发展系统目标

（1）建立可持续旅游业

通过分类开发确保旅游资源的可持续利用，保证有效处理旅游区内废弃物。成立相关机构，制定并实施可持续旅游业管理制度（焦点包括区域分工与协作，景区、景点容量管理，开发项目与当地文化环境的协调，完善评估并禁止非法交易，公众参与与培训，利益与成本公平分配等）。同时，加强监督（核心是对旅游业在区域经济、社会和文化的各个领域产生的种种影响的分析与评价，包括旅游业发展对一个区域某些领域可能产生的负面影响、所增加的机会、存在的不可持续性问题及解决问题的具体措施），利用现代科技帮助三峡实现可持续旅游信息化管理。

（2）将旅游业发展为三峡的支柱产业

三峡旅游区未来的旅游发展，应以丰富、多样化的特色旅游资源为依托，以多元化产品体系开发为基础，以国际、国内正处转型中的旅游市场需求为导向，以旅游效益为中心，全面发展生态与休闲度假旅游、移民文化旅游、民族文化和民俗风情体验旅游、科学考察和探险旅游、其他特种旅游等为主体的特色旅游经济。

（3）为库区移民提供就业安置

主要依靠旅游住宿和旅行社业提供大量就业岗位，安置移民。进一步引导和发展旅游关联产业，为移民安置提供大量间接就业岗位（包括交通、餐饮、商业贸易、邮电通信等直接关联产业和农业、制造业、水电气暖供应业及咨询、教育、科技、公共安全、医疗服务、政府管理等间接关联产业）。

8.3.4 规划思路

1. 网络化空间开发

实施网络旅游开发战略，将有效提高整个区域的旅游运营效率，既有利于旅游经营者降低经营成本，也有利于旅游者节约旅游支出。同时，通过网络化的区域旅游系统，可使旅游经营者根据旅游者的不同旅游需要，组织各具特色的旅游产品，最大限度地满足旅游者的旅游需求（图 8-3）。

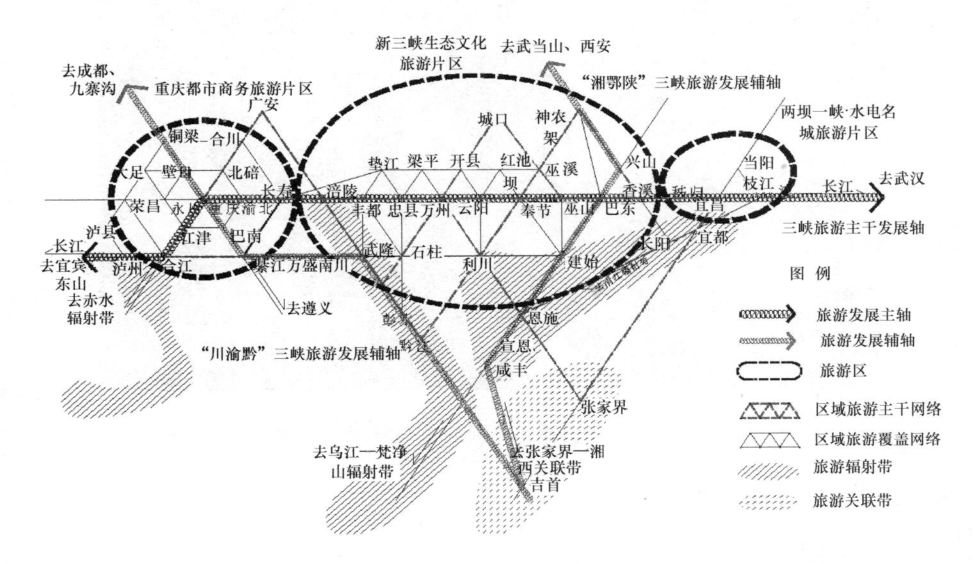

图 8-3　区域旅游规划结构分析图

2. 扶持移民经济发展

在核心区内规划一批旅游开发项目，到规划期末以项目方式提供的直接就业机会占三峡库区剩余安置移民的比例达到 5%以上；同时以餐饮住宿和旅行社业全力进行移民安置，使旅游支柱产业所提供的直接就业机会占库区剩余安置移民的比例分别达到 15%左右，最终实现移民能够"搬得出、稳得住和逐步能致富"的目标。

打造新三峡品牌，运用品牌经营的旅游市场开发理念，通过"新三峡"对于"长江三峡"品牌的扩张与提升，促进发展区域分工协作，共同打造"新三峡"。

建设区域大交通，通过水陆并举，使"新三峡"旅游实现产品创新、经营创新、服务创新和管理创新。

区域大交通具体指重庆和宜昌对外连通国际主要旅游客源地城市的直达航空通道，对内联结国内主要旅游客源地城市直达航空及铁路通道。张家界和万州已实现与国内主要旅游客源地城市直达航空及铁路相通，同时使重庆、宜昌、万州、张家界等进出口通道城市与主要景区中心城市间以铁路或高等级公路相通（图 8-4）。

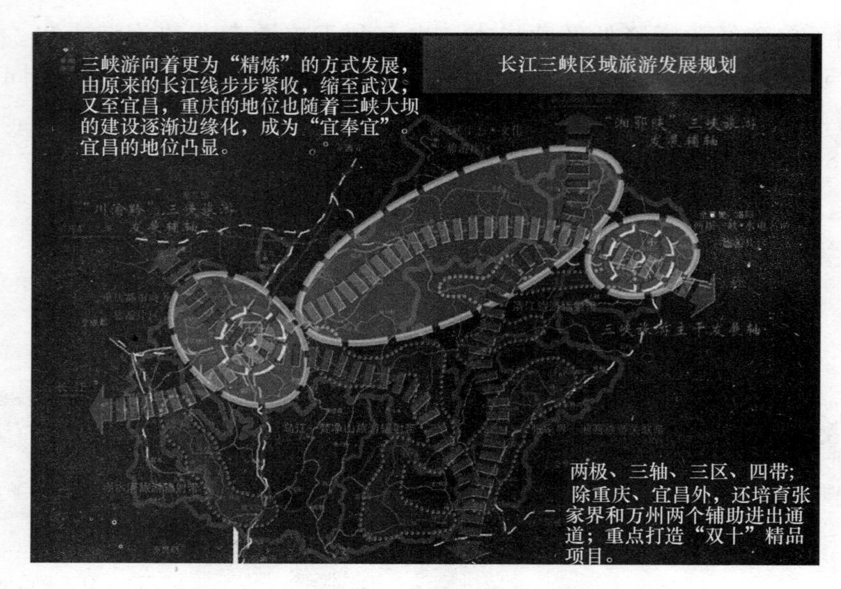

图 8-4　长江三峡区域旅游发展规划结构图

8.3.5　规划主要内容

1. 规划纲要目录

第一篇　任务描述

第一章　项目由来

第二章　规划性质、目的、范围、原则与依据

第二篇　基础分析

第三章　走向成熟和前景广阔的现代旅游业

第四章　三峡工程的影响分析

第五章　旅游发展的历史、现状与存在问题

第六章　SWOT 分析及未来发展态势

第三篇　战略与目标

第七章　旅游业发展定位

第八章　旅游业发展战略

第九章　旅游业发展目标

第四篇　空间布局与产品开发

第十章　旅游发展空间结构

第十一章　旅游支柱产业培育

第十二章　产品开发与线路设计

第十三章　重点项目安排

2. 形象策划

形象策划包括形象定位和形象口号。三峡的形象定位有两个，一个是“浪漫新三峡：自然奇观宝库·峡江文化长河·民俗风情沃野”，另一个是“巨变新三峡：世界水电明珠·人间第一峡湖·全球移民奇迹”。三峡的形象口号是“游新三峡：任凭自然洗礼·感悟凝重历史·体验民风魅力·慨叹水电奇迹”。

3. 旅游整合营销

为了推广新三峡旅游形象与品牌，其旅游营销规划方案采用了制作形象宣传片、应用符号系统、利用旅游目的地营销系统以及加强品牌管理等方式。

4. 空间布局

空间布局的优化是提升三峡旅游体验与服务能力必不可少的一部分，其旅游空间布局规划为三峡旅游业培育“两极、三轴、三区、四带”空间骨架。两个旅游发展增长极包括重庆都市旅游增长极和宜昌都市旅游增长极；三条旅游发展轴分别是三峡旅游主干发展轴、“湘鄂陕”旅游发展辅轴、“川渝黔”旅游发展辅轴；依托旅游发展主轴拓展形成三个旅游片区、分别是重庆大都市商务旅游片区、新三峡生态·文化旅游片区、两坝一峡·水电名城旅游片区；依托主轴和辅轴开发了四大旅游辐射（关联）带，分别是赤水河旅游辐射带、乌江—梵净山旅游辐射带、清江旅游辐射带、张家界—湘西旅游关联带。

5. 产品与线路

（1）产品定位

以自然和人文观光旅游产品开发为基础，以休闲度假旅游产品和民族风情体验性旅游产品为主体，以科考探险和体育竞技等专项旅游产品为补充的多元化旅游产品体系。着力开发三峡游船观光度假旅游产品、三峡移民旅游产品、三峡生态与自然旅游产品、三峡历史与文化旅游产品、三峡都市旅游产品、三峡工程旅游产品和三峡节事与会展旅游产品7大类型25个系列的新型旅游产品。

（2）旅游线路

规划分别对区域进行了跨区域主题旅游线路和区域内部主题旅游两个不同层次的游线设计。跨区域主题旅游线路包括：“湘渝川”世界遗产旅游线、“湘鄂渝陕”遗产与生态保护区旅游线、“湘鄂渝陕”文化与自然遗产旅游线、“渝鄂沪”长江黄金旅游线、“湘鄂渝川”蜀汉及三国文化旅游线、“黔渝川”文化遗迹与自然生态旅游线。区域内部主题旅游线路设计有：三峡峡江文化旅游线，三峡南北自然观光旅游线，大三峡金三角旅游线，三峡东线峡江文化与自然观光旅游线，三峡西线移民景观与文化旅游线，三峡北线生态旅游线，三峡北线名人文化寻踪旅游线，三峡南线遗产旅游线，三峡西、南连线文化古迹旅游线，三峡东、南连线自然奇观旅游线，神山峡湖旅游线，赤水河酒文化与长征文化旅游线，乌江画廊—梵净山旅游线，清江自然生态与民俗风情旅游线，张家界—湘西自然与文化古迹旅游线。

6. 交通体系

（1）建立旅游交通枢纽体系

三峡区域对外主要交通枢纽分别是重庆和宜昌，辅助交通枢纽为张家界和万州。区域内部的交通枢纽是恩施、遵义（含仁怀）、铜仁、泸州、黔江、吉首。而目的地交通枢纽是涪陵、奉节、秀山、巴东、沿河、思南、赤水。

（2）建立东、中、西三大区域旅游交通环路

东环：主要由长江干流主航道、宜万铁路、沪蓉高速重庆至宜昌段、焦柳铁路宜昌至怀化段、319 国道、渝怀铁路围合而成，环上主要结点为重庆、万州、恩施、宜昌、张家界、铜仁、黔江、涪陵。

中环：主要由 319 国道、渝怀铁路、经由铜仁—印江—思南的贵州省道 303 线、326 国道、渝黔铁路、渝黔高速公路围合而成，环上主要结点为重庆、涪陵、黔江、铜仁、思南、遵义、綦江。

西环：主要由渝黔铁路、渝黔高速公路、326 国道、赤水河、隆昌—纳溪高速公路、成渝高速、成渝铁路围合而成，环上主要结点为重庆、綦江、遵义、仁怀、赤水市、泸州、江津。

三条环路以渝怀铁路、渝黔铁路为分界轴，以重庆市主城区为共同的轴心。以三条环路为骨架，将规划区域划分为东、中、西三大旅游交通子区域。在每个环路内部，根据旅游交通的要求，再规划若干子环路，由区域旅游交通枢纽、东中西三条区域旅游交通环路及其子环路共同组成网络化的区域旅游交通系统（图 8-5）。

（3）库区重点建设八条跨区县旅游公路

1）奉节—巫溪—神农架大九湖—木鱼镇二级旅游公路（2004—2005）。

2）木鱼镇—巴东神农溪—官渡口三级旅游公路（2004）。

3）巫山—大昌—巫溪三级旅游公路（2004）。

4）开县—雪宝山—红池坝—巫溪三级旅游公路（2004—2005）。

5）奉节—新民—五马—兴隆—白杨坪三级旅游公路（2004—2005）。

6）石柱—西沱三级旅游公路（2004—2005）。

7）涪陵—丰都—石柱—忠县二级旅游公路（2004—2005）。

8）石柱—彭水二级旅游公路（2004—2005）（图 8-6）。

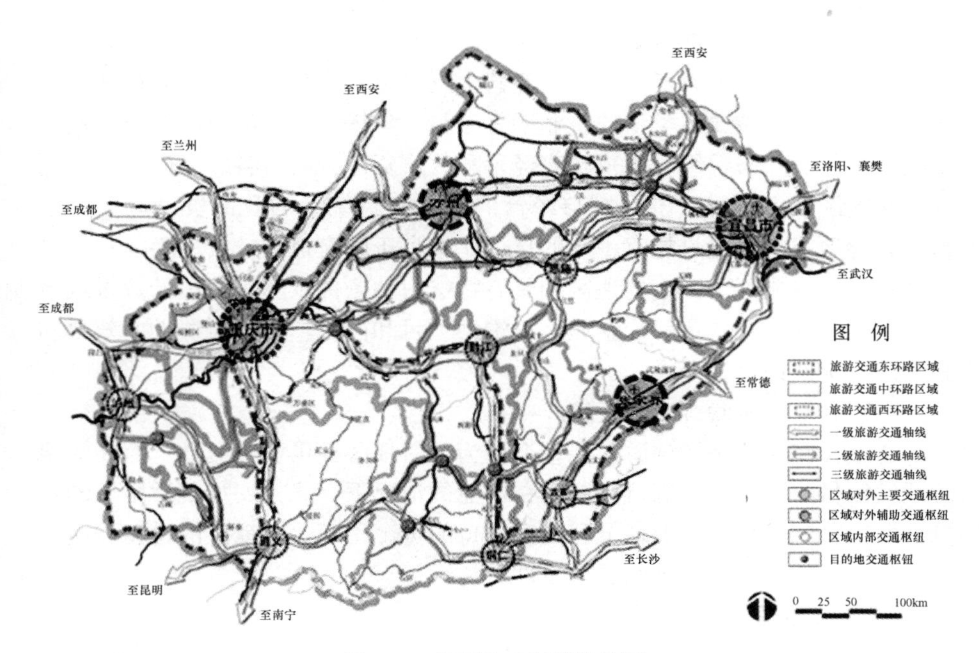

图 8-5　交通体系规划结构图

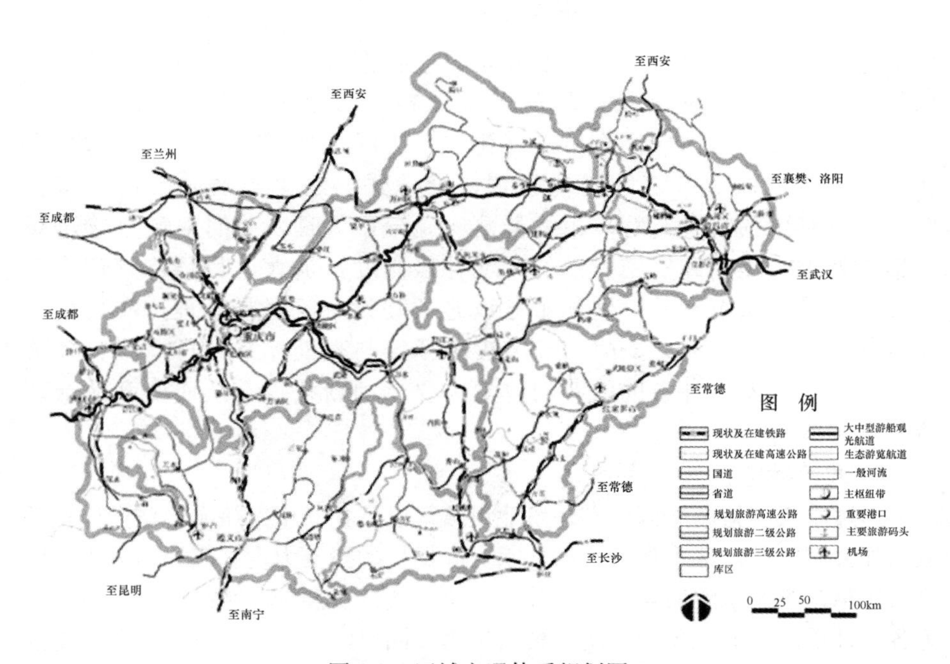

图 8-6　区域交通体系规划图

7. 区域旅游分工与协作政策

（1）规范区域内部竞争政策

在对一个区域旅游资源开发、经营中反对由一家公司垄断。开放区域旅游市场，为各区域、各类型的企业平等参与竞争提供统一的市场环境。规范旅游企业的兼并与重组。规范政府经营和政府资助。所有各级地方政府对到长江三峡区域内进行旅游开发与经营的企业实行统一的政府资助政策，包括：旅游项目的资金只能有一定的百分比来自于政府机构；资助必须具有透明度；资助只能给予一定的地区和具有特殊附加条件（安置移民的数量或吸纳贫困人口的就业数量等）企业；对资助项目和区域，必须对资助的效果和影响进行定期评估。

（2）制定区域联合发展政策

建立长江三峡区域旅游发展基金，为落后地区提供资金援助。对新的旅游开发项目的区域分布进行控制，在可能的情况下，优先安排落后区域的旅游开发项目，将部分发展基金和国家支持的资金用于落后地区的道路、港口等基础设施的建设，改善其进出条件。

8. 生态环境保持

三峡区域内的生态环境保护需要对地质地貌、大气、土壤、水体进行保护，同时应切实加强区域旅游资源环境保护的执法与内部管理工作以确保生态保护的可持续。旅游开发中应根据旅游生态影响进行产品类型与结构设计，从而保持区域旅游景区容量与旅游开发活动的协调统一。在保护过程中，应注意生态绿化与景观绿化的有机结合，通过加强部门协作与加强对游客的宣传教育，维持并依法保护区域生物的多样性。通过对珍稀物种及特殊生物群落实施分区管理，及时对废弃物进行收集与处理，建立和实施有效的环境补偿制度，加大项目环境管理力度以及加强景区旅游基础设施和服务设施的建设、监督与管理，实现生态环境的不断优化。与此同时，环境灾害预警与救助体系、环境灾害预警系统、旅游突发事件救助体系的建立需要借助新技术，从而展开公众环境与灾害教育。

9. 政策措施

通过中央支持的库区生态环境建设政策以及独立生态旅游经济区建设政策来加大国家对库区水环境建设和水资源保护的投资力度。利用地方支持的税收优惠政策给予游船业、旅行社业、旅游餐饮业和旅游商品生产与供应业等各类性质的企业减免企业所得税的优惠。同时，在库区实行“旅游购物退税”和“旅游免税店（含旅行社门店）”政策，对手工纪念制品生产者、旅游商品小商贩应实行为期15年的营业税免除政策，以加速旅游商品生产与供应业和旅游营销的发展。为鼓励移民的就业与创业，移民安置旅游企业可享受更优惠的所得税收政策以及更优惠的土地使用政策，给予其在办理立项批复、工商登记等方面更多便利，并可使其享受灵活且优惠的移民就业人员工资支付政策。

参 考 文 献

[1] 蔡之兵．区域的概念、区域经济学研究范式与学科体系[J]．区域经济评论，2014(6).

[2] 殷为华．基于新区域主义的我国新概念区域规划研究[J]．华乐师范大学，2009.

[3] 龚伟岸．区域主义理论的发展——以新自由主义视角审视区域概念的变化[J]．理论界，2007(10).

[4] 吴志强，李德华．城市规划原理(第四版)[M]．北京：中国建筑工业出版社，2010.

[5] 张可云．区域科学的兴衰、新经济地理学争论与区域经济的未来方向[J]．科技学动态，2013(3).

[6] 刘卫东．区域发展研究方向探讨[J]．地域研究与开发，2014(1).

[7] 吴殿廷．我国区域经济研究热点的新变化[J]．当代经济，2015(8).

[8] 崔功豪，王兴平．当代区域规划导论[M]．南京：东南大学出版社，2006.

[9] 杜宁睿．区域研究与规划[M]．武汉：武汉大学出版社，2004.

[10] 张沛．区域规划概论[M]．北京：化学工业出版社，2006.

[11] 彭震伟．区域研究与区域规划[M]．上海：同济大学出版社，1998.

[12] 罗震东．大伦敦空间发展战略规划[J]．理想空间，2004.

[13] 陈栋生．区域经济学[M]．郑州：河南人民出版社，1993.

[14] 崔功豪，魏清泉，陈宗兴．区域分析与规划[M]．北京：高等教育出版社，1999.

[15] 刘再兴，等．生产布局学原理[M]．北京：人民大学出版社，1985.

[16] 顾朝林，等．集聚与扩散[M]．南京：东南大学出版社，2000.

[17] 孟庆红．区域经济学概论[M]．北京：经济科学出版社，2003.

[18] 吴殿廷．区域经济学[M]．北京：科学出版社，2003.

[19] 马乃喜，惠泱河．生态环境保护理论与实践[M]．西安：陕西人民出版社，2002.

[20] 毛文永．生态环境影响评价概论[M]．北京：中国环境科学出版社，2003.

[21] 周一星．城市地理学[M]．北京：商务印书馆，2007.

[22] 许学强，周一星，宁越敏．城市地理学[M]．北京：高等教育出版社，1997.

[23] 张京祥，庄林德．管治及城市与区域管治：一种新制度性规划理念[J]．规划研究，2000，24(6).

[24] 顾朝林，沈建法，姚鑫，等．城市管治：概念·理论·方法·实证[M]．南京：东南大学出版社，2003.

[25] 王铮．区域管理与发展[M]．北京：科学出版社，2002.

[26] 丁肇忠．城市环境规划[M]．武汉：武汉大学出版社，1999.

[27] 张春楠．论区域环境管治与治理[J]. 生产力研究，2001(4).

[28] 曾国安．管制、政府管制与经济管制[J]. 经济评论，2004(1).

[29] 袁持平．政府管理的经济分析[M]. 北京：人民出版社，2005.

[30] 陶希东，黄丽．美国大都市区规划管理经验及启示[J]. 城市问题，2005(1).

[31] 顾朝林，姚鑫，徐逸伦，等．概念规划：理论·方法·实例[M]. 北京：中国建筑工业出版社，2003.

[32] 杨开忠．论区域发展战略[J]. 地理研究，1994(3).

[33] 魏清泉．区域规划原理和方法[M]. 广州：中山大学出版社，1994.

[34] 谢文蕙，邓卫．城市经济学[M]. 北京：清华大学出版社，1996.

[35] 高洪深．区域经济学[M]. 北京：中国人民大学出版社，1999.

[36] 仇保兴．我国城镇化的特征、动力与规划调控[J]. 城市发展研究，2003(1).

[37] 邹军，张京祥，胡丽娅．城镇体系规划[M]. 南京：东南大学出版社，2002.

[38] 蔡建辉．市域城镇体系规划的编制[J]. 城市规划汇刊，1986.

[39] 王兴平．城市区化：中国城市化的新阶段[J]. 城市规划汇刊，2002(4).

[40] 胡序威，周一星，顾朝林，等．中国沿海城镇密集地区空间集聚与扩散研究[M]. 北京：科学出版社，2000.

[41] 中国城市规划设计研究院．城市土地使用与交通协调发展——北京的探索与实践[M]. 北京：中国建筑工业出版社，2009(3).

[42] 重庆建筑工程学院，同济大学．区域规划概论[M]. 北京：中国建筑工业出版社，1984.

[43] 中国科学院地理研究所．城镇工业布局的区域研究[M]. 北京：科学出版社，1986.

[44] 乔治·J·施蒂格勒．产业组织和政府管制[M]. 潘振民译．上海：上海三联书店，1989.

[45] 史普博．管制与市场[M]. 余晖，等译，上海：上海人民出版社，1989.

[46] P·霍尔．城市与区域规划[M]. 邹德慈，金经元译．北京：中国建筑工业出版社，1985.

[47] J·B·麦劳林．系统方法在城市和区域规划中的应用[M]. 王凤武译．北京：中国建筑工业出版社，1988.

[48] Greater London Authority. The Drafe London Plan——drafe Spatial Development Strategy for Greater London. [EB/OL]. [2002]http：//www. london. gov. uk .

[49] Diana Conyers，PeterHills . An Introduction to Development Planning in the Third World[T]. New York ：John Viley&Sons，1984.

[50] Brian G，Field&Bryan D，Mac Gregor. Forecasting Techniques for Urban and Regional Planning[M]. London：UCL Press Limited，1992.

后　记

“十三五”规划是我国经济社会发展进入新常态以后的第一个五年规划，是引领中国经济社会发展进入新常态的指导方针和路线图。如何实现这一目标，中国共产党第十八届五中全会提出了“创新、协调、绿色、开放、共享”五大发展理念。关于“协调”，就是重点促进城乡区域协调发展，促进经济社会协调发展，促进新型工业化、信息化、城镇化、农业现代化协调发展，不断增强我国发展的整体性和协调性。区域规划是我国城市规划制度体系的重要组成部分，也是中央和地方政府对区域空间资源进行优化调控的重要抓手。区域研究既是区域规划的基础和重要支撑，也是城乡规划理论研究的重要组成部分。

本书就是在上述背景的指导下，结合北京建筑大学张忠国教授《区域经济与规划概论》的课题研究，并结合中国城市规划设计研究院曹传新博士、北京市社会科学研究院孙莉博士和华中师范大学郑文升博士多年城市规划理论研究和实践经验，进行总结和归纳完成的。本书对区域研究的理论进行了梳理和解读，结合具体的实践案例对区域规划的编制进行了诠释和评析，希望对于宏观层面的区域研究和区域规划编制起到一定的借鉴作用。

由于时间比较仓促，书中有很多不足之处，贵请同行们给予批评指正，以便今后作进一步修改和完善。

本书的出版凝聚了很多老师、研究生和编辑工作者的大量付出与劳动，在此一并表示感谢！

编者

2016 年 3 月